应用型本科公共基础课系列教材

大学物理学

（力学、电磁学）

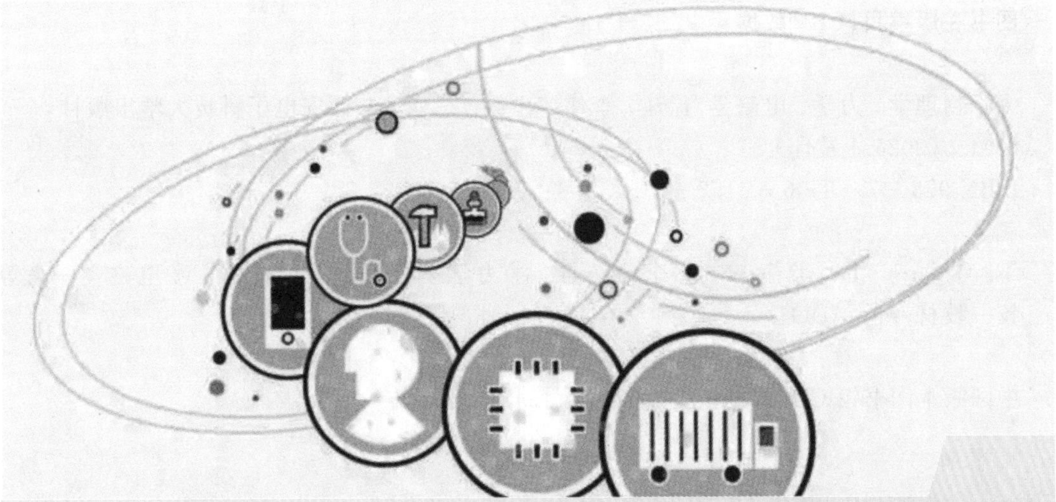

主　编　徐　建　李伟萍
副主编　张双双　袁　宁

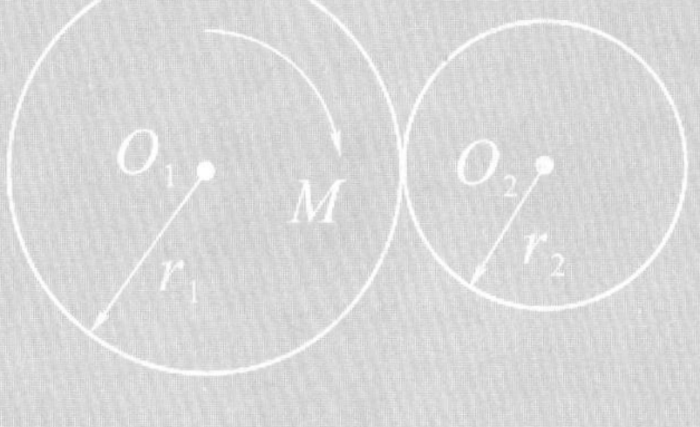

西安电子科技大学出版社

内容简介

本书涵盖了物理学基础理论中的力学和电磁学部分，共分为 9 章：第 1 章为质点运动学，第 2 章为动力学基本定律，第 3 章为刚体和流体，第 4 章为振动和波动，第 5 章为静电场，第 6 章为静电场中的导体和电介质，第 7 章为恒定电流的磁场，第 8 章为电磁感应，第 9 章为电磁场理论。

本书总体上采用凝练经典、简化近代的方法精选和组织内容，并结合二十大精神融合思政元素，将专业知识和思政元素深度融合，构建大学物理课程育人体系。本书理论联系实际，注重介绍物理知识和物理思想在实际中的应用并配以辅助数字资源，便于师生的教与学，培养阅读者的自学能力。

本书知识系统性强，内容详略得当、深入浅出、难度适中，具有基础扎实、内容经典、实用性强的特点，在保证必要的基本训练的基础上，适度降低了例题和习题的难度。本书可作为普通高等学校，尤其是应用型本科院校中理科、工科、农科、医科等非物理类专业的大学物理课程的教材或参考书，也可作为中学物理教师教学或其他读者自学的参考书。

图书在版编目(CIP)数据

大学物理学. 力学、电磁学/徐建，李伟萍主编. —西安：西安电子科技大学出版社，2021.9(2025.1 重印)
ISBN 978-7-5606-6152-0

Ⅰ. ①大…　Ⅱ. ①徐…　②李…　Ⅲ. ①力学—高等学校—教材　②电磁学—高等学校—教材　Ⅳ. ①O4

中国版本图书馆 CIP 数据核字(2021)第 154242 号

策　　划　明政珠　杨航斌
责任编辑　郑一锋　南　景
出版发行　西安电子科技大学出版社(西安市太白南路 2 号)
电　　话　(029)88202421　88201467　　邮　　编　710071
网　　址　www.xduph.com　　电子邮箱　xdupfxb001@163.com
经　　销　新华书店
印刷单位　陕西天意印务有限责任公司
版　　次　2021 年 9 月第 1 版　2025 年 1 月第 4 次印刷
开　　本　787 毫米×1092 毫米　1/16　印张 14
字　　数　325 千字
定　　价　48.00 元
ISBN 978-7-5606-6152-0
XDUP 6454001-4

＊＊＊如有印装问题可调换＊＊＊

前言

党的二十大强调“科技是第一生产力，人才是第一资源，创新是第一动力。”科技创新靠人才，人才培养靠教育。这为推动高等教育高质量发展提供了强大动力，也明确了教育及人才培养的方向。

大学物理课程不仅仅是理工科学生学习专业知识的基础，更是帮助学生树立科学的世界观、涵养科学思维和科学态度、增强分析和解决问题能力、培养探索精神和创新意识、提高科学文化素养的一门重要课程。因此该课程是高校实施“建设教育强国、科技强国、人才强国”的关键一环，地位十分重要。本书遵循党的二十大关于深化教育改革的部署思想，以着力培养造就卓越工程师、大国工匠、高技能人才为指引，以提高应用型本科人才素质为目标，并根据教育部最新制定的《理工科非物理类专业大学物理课程教学基本要求(修订稿)》编写而成。为了使学生更好地理解和掌握物理基本概念和规律，并进一步学会应用物理理论分析问题和解决问题，在本书的编写过程中，作者结合多年来的教学经验并借鉴国内外教材改革的成果，秉承“德育为先，学生为本”的教学理念，以学以致用为目的，坚持联系实际、加强应用、有效过渡、微课辅助、实验演示、融入思政。

一、本书特色

(1) 联系实际。突出物理知识与工程技术相结合，与生活实际相结合。借鉴国外教材的优点，以现代科技发展为背景适当地增加了日常生活与工程应用案例，使学生通过学习可以对自然界或生活中的物理现象“知其然更知其所以然”，体悟现代工程领域的高新技术中所蕴含的物理学原理，领会高新技术与物理学的密切联系，有助于克服教学过程中理论知识与专业需求相脱节的问题。

(2) 加强应用。适当弱化推导，加强实际应用。在注重物理概念准确性的基础上，简化或避免复杂的数学推导，强调物理思想和物理图像，突出物理本质，建立鲜明的物理模型。在内容的选取上采用压缩经典、详略得当、深入浅出等办法，在保证必要的基本训练的基础上，适度降低例题习题的难度，以适应应用型本科院校的学生特点。注重将物理知识与生活实际和社会实践相结合，提高学生的学习兴趣，增强学生的应用意识，与后续专业课的学习进行有效衔接。

(3) 有效过渡。搭建“高中物理”转向“大学物理”知识体系。本书加强了与中学物理相关内容的衔接，考虑到当前中学物理课程教改的动向和高校教学情况的变化，适当增加了部分中学物理内容，可以帮助学生消除中学物理知识断层，顺利完成从中学到大学物理学习的自然过渡。在保证科学准确的前提下，本书力求简洁通俗并兼具趣味性和实用性。例如：在力学部分增加了一维直线运动、力的合成与分解、恒力做功、简谐振动与机械波的特征；在电磁部分增加了库仑定律、安培定律、洛伦兹力、电磁感应现象等。

二、本书配套资源

为了便于教师和学生使用本教材，依托出版社的信息化平台，本书提供了丰富的教学和学习辅助资料。

(1) 微课辅助。提供配套的微课视频、电子教案、课后习题答案等，其内容覆盖本书的全部知识点。在微课教案和习题中，以问题为导向，拓展应用、衔接专业、嵌入前沿。通过恰当地联系实际，使学生更好地理解和掌握物理基本概念和规律，并学会应用物理理论分析问题和解决问题。

(2) 实验演示。提供相关的演示实验视频，并以二维码的形式在书中呈现，将理论讲解与演示实验有机融合，可以增强学生的学习兴趣和创造性思维能力，更好地服务于创新型、应用型人才的培养。

(3) 融入思政。提供丰富的拓展阅读资料，内容涵盖与物理相关的“大国重器”“大国工匠”“爱国科学家精神”等阅读资料，融入二十大精神，深入挖掘思政教育元素，有效实现大学物理课程的育人功能。

本书由天津中德应用技术大学徐建、李伟萍任主编，张双双、袁宁任副主编。其中徐建编写了第 5 章和第 6 章，李伟萍编写了第 7 章、第 8 章和第 9 章，张双双编写了第 1 章和第 2 章，袁宁编写了第 3 章和第 4 章。杨广武教授对课堂演示视频的录制提供了很大的帮助，在此表示感谢。

本书的编写得到了一些同事的大力帮助和支持，编写中我们还参阅了一些兄弟院校的教材、讲义，在此对所有提供帮助的人一并表示感谢。

由于编者水平有限，书中不妥之处在所难免，恳请广大专家、同行、读者批评指正！

编　者

2021 年 3 月

目录

第1章 质点运动学 …… 1
1.1 质点、参考系与坐标系 …… 1
1.1.1 质点 …… 1
1.1.2 参考系与坐标系 …… 2
1.2 一维直线运动 …… 2
1.2.1 一维直线运动中描述质点运动的物理学量 …… 3
1.2.2 一维直线运动规律 …… 9
1.3 矢量与高维空间中的运动 …… 14
1.3.1 矢量 …… 14
1.3.2 直角坐标系下描述质点运动的物理量 …… 19
1.3.3 自然坐标系下的速度与加速度 …… 25
1.3.4 圆周运动及其角量描述 …… 28
1.4 相对运动 …… 31
习题 …… 33

第2章 动力学基本定律 …… 34
2.1 牛顿定律 …… 34
2.1.1 牛顿定律 …… 34
2.1.2 力学中常见的几种力 …… 37
2.1.3 力的合成与分解 …… 42
2.1.4 牛顿定律的应用 …… 44
2.2 动量守恒定律 …… 46
2.2.1 质点的动量定理 …… 46
2.2.2 质点系的动量定理 …… 50
2.2.3 动量守恒定律及其应用 …… 51
2.3 角动量守恒定律 …… 52
2.3.1 质点的角动量定理 …… 54
2.3.2 质点系的角动量定理 …… 57
2.3.3 角动量守恒定律 …… 58

2.4 能量守恒定律 …… 59
2.4.1 功和功率 …… 60
2.4.2 动能和动能定理 …… 64
2.4.3 势能 …… 66
2.4.4 质点系的动能定理与功能原理 …… 67
2.4.5 机械能守恒定律与能量守恒定律 …… 68
2.4.6 碰撞 …… 69
习题 …… 70

第3章 刚体和流体 …… 73
3.1 刚体及其运动规律 …… 73
3.1.1 刚体的运动 …… 73
3.1.2 刚体对定轴的角动量 …… 75
3.1.3 刚体对定轴的角动量定理和转动定律 …… 79
3.1.4 刚体对定轴的角动量守恒定律 …… 80
3.1.5 力矩的功 …… 82
3.1.6 刚体的定轴转动动能和动能原理 …… 83
3.2 流体力学简介 …… 85
3.2.1 理想流体的连续性方程 …… 85
3.2.2 理想流体定常流动的伯努利方程 …… 87
习题 …… 89

第4章 振动和波动 …… 91
4.1 简谐振动 …… 91
4.1.1 简谐振动的基本特征 …… 91
4.1.2 描述简谐振动的物理量 …… 93
4.1.3 简谐振动的旋转矢量表示法 …… 96
4.1.4 简谐振动的能量 …… 98
4.2 同方向同频率简谐振动的合成 …… 99
4.3 机械波的产生和传播的条件 …… 101
4.3.1 机械波的产生条件 …… 101

4.3.2 机械波传播特征 …… 101
4.3.3 波动过程的描述 …… 104
4.4 平面简谐波 …… 106
4.4.1 平面简谐波的波动表达式 …… 106
4.4.2 波函数的物理意义 …… 107
4.4.3 平面简谐波的能量与能流 …… 109
4.5 波的叠加原理和波的干涉 …… 110
4.5.1 波的叠加原理 …… 111
4.5.2 波的干涉 …… 111
4.6 惠更斯原理和波的衍射 …… 114
4.6.1 惠更斯原理 …… 114
4.6.2 波的衍射 …… 115
4.7 多普勒效应 …… 116
习题 …… 117
第5章 静电场 …… 118
5.1 电荷与库仑定律 …… 118
5.1.1 电荷 …… 118
5.1.2 库仑定律 …… 119
5.2 电场与电场强度 …… 122
5.2.1 电场 …… 122
5.2.2 电场强度 …… 123
5.2.3 电场强度的计算 …… 124
5.3 高斯定理及应用 …… 128
5.3.1 电场线 …… 128
5.3.2 电通量 …… 129
5.3.3 高斯定理 …… 130
5.3.4 高斯定理的应用 …… 132
5.4 静电场的环路定理与电势 …… 135
5.4.1 静电场的环路定理 …… 135
5.4.2 电势能 …… 137

5.4.3 电势和电势差 …… 138
5.4.4 电势的计算 …… 139
5.4.5 等势面 …… 141
习题 …… 141

第6章 静电场中的导体和电介质 …… 143
6.1 导体的静电平衡性质 …… 143
6.1.1 导体的静电平衡条件 …… 143
6.1.2 静电平衡时导体上的电荷分布 …… 144
6.1.3 空腔导体 …… 146
6.1.4 静电屏蔽 …… 146
6.2 静电场中的电介质 …… 149
6.2.1 电介质的极化 …… 149
6.2.2 极化强度 …… 150
6.2.3 有电介质时的高斯定理 …… 150
6.3 电容和电容器 …… 151
6.3.1 孤立导体的电容 …… 151
6.3.2 电容器 …… 152
6.3.3 电容器的连接 …… 153
6.4 静电场的能量 …… 154
6.4.1 电容器的能量 …… 154
6.4.2 电场的能量 …… 155
习题 …… 155

第7章 恒定电流的磁场 …… 157
7.1 恒定电流 …… 157
7.1.1 电流强度 …… 157
7.1.2 电流密度 …… 158
7.1.3 电流的连续性方程 …… 159
7.1.4 电动势 …… 159
7.2 磁场与磁感应强度 …… 160

7.2.1 基本磁现象 …… 160
7.2.2 电流的磁效应 …… 162
7.2.3 磁感应强度 …… 163
7.3 毕奥-萨伐尔定律 …… 165
7.3.1 毕奥-萨伐尔定律 …… 165
7.3.2 毕奥-萨伐尔定律的应用 …… 166
7.4 磁场中的高斯定理 …… 170
7.4.1 磁感应线 …… 170
7.4.2 磁通量 …… 171
7.4.3 磁场中的高斯定理 …… 171
7.5 安培环路定理 …… 172
7.5.1 安培环路定理 …… 172
7.5.2 安培环路定理的应用 …… 174
7.6 磁场对载流导线的作用 …… 176
7.6.1 安培定律 …… 176
7.6.2 载流线圈在磁场中所受的磁力矩 …… 180
7.6.3 磁场力的功 …… 181
7.7 磁场对运动电荷的作用 …… 182
7.7.1 洛伦兹力 …… 182
7.7.2 霍尔效应 …… 185
7.8 磁介质 …… 186
7.8.1 磁介质的分类 …… 186
7.8.2 磁介质中的高斯定理 …… 186
7.8.3 磁介质中的安培环路定律 …… 187
习题 …… 187

第8章 **电磁感应** …… 190
8.1 电磁感应定律 …… 190
8.1.1 电磁感应现象 …… 190
8.1.2 楞次定律 …… 192
8.1.3 法拉第电磁感应定律 …… 194

8.2 动生电动势和感生电动势 …… 195
8.2.1 动生电动势 …… 195
8.2.2 感生电动势 …… 198
8.3 互感和自感 …… 200
8.3.1 互感 …… 200
8.3.2 自感 …… 202
8.4 磁场的能量 …… 203
8.4.1 自感磁能 …… 203
8.4.2 磁场能量密度与磁场能量 …… 204
习题 …… 204

第9章 电磁场理论 …… 206
9.1 位移电流与全电流定律 …… 206
9.1.1 位移电流 …… 206
9.1.2 全电流安培环路定理 …… 208
9.2 麦克斯韦方程组 …… 209
9.3 电磁波 …… 210
9.3.1 电磁波的发现 …… 211
9.3.2 平面电磁波的性质 …… 211
9.3.3 电磁波谱 …… 212
习题 …… 213

参考文献 …… 214

第1章 质点运动学

风雨满川，云霓出岫，日月经空，春秋代序……大千世界迭来迭往，瞬息万变。世界是物质的，物质的运动又是绝对的。自然界中最简单、最基本的运动形态为**机械运动**。在机械运动中，物体的空间位置(或物体内部各部分之间的位置)随时间变化，例如行星的公转、地球的自转、汽车的飞驰、河水的流动、鸟儿的飞翔、树叶的摇动等都是机械运动。机械运动通常分为平动、转动以及振动，在平动运动中物体各部分的运动情况相同(在本书第1、2章中介绍)，在转动运动中物体各部分绕轴做圆周运动(在本书第3章中讲解)，在振动运动中物体各部分相对平衡位置做往复运动(在本书第4章中讨论)，而实际物体的运动往往是两种或两种以上运动形式的叠加，例如汽车的行进、子弹的飞行以及大分子的热运动等。

1-1 课程思政

在物理学中，研究物体机械运动规律的分支学科称为力学。人们在力学的研究中，不仅了解了物体做机械运动的规律，而且创造了科学研究的基本方法。所以霍尔顿说：“无论从逻辑还是历史上讲，力学都是物理学的基础，也是物理学及其他科学研究的典范……力学之于物理学如同骨骼之于人体。”一般可以把力学分为运动学、静力学和动力学三部分，其中运动学研究物体的运动规律，动力学探究物体运动的原因，静力学则考察物体平衡时的规律。本书主要涉及运动学以及动力学部分。本章将针对运动学研究描述物体运动状态随时间的变化规律，而不涉及动力学即分析物体运动变化背后的物理原因。本章首先基于力学中一个最简单的物理模型——质点，分别在一维和高维空间中引入描述质点运动的相应物理量，继而分析运动的相对性。

1.1 质点、参考系与坐标系

1.1.1 质点

在现实自然界中，一切客观物体都有一定的大小和形状，它们的运动形式往往非常复杂，各部分的运动规律也有所差别。例如，地球在绕太阳公转的同时也在自转，而且地球各部分的运动轨迹和运动快慢不同，因此要详尽地描述物体的运动并非易事。在物理学中，依据研究问题的侧重方向不同，需要合理地将复杂问题简单化，突出问题的主要方面，忽略次要因素，科学抽象出理想化的“物理模型”，继而将其视为研究对象进行定性、定量的分析。例如，在研究地球运动时，针对地球绕太阳公转，由于地球的直径不到日地距离的万分之一(日地距离约为 1.5×10^{8} km，而地球的直径约为 1.3×10^{4} km)，因此由地球大小引起的各部分运动的差异在公转运动中为次要因素，可以忽略，于是可降低维度，将地球抽象为一个具有质量不占据空间的“几何点”，这样理想化的“几何点”称为质点。质点是描述物体机械运动最简单的理想化物理模型，它的基本属性为：只占据位置，不占据空间，是一维的；具有它所替代物体的全部质量。

在实际问题的处理中，物体能否抽象为质点的关键不在于其大小，而是由所研究问题的性质决定的。注意：可看成质点的物体往往并不很小，因此不能把它同微观粒子如电子等概念混淆。可视为质点的物体满足以下两种条件之一：

(1) 在所研究的问题中，物体的大小和形状可以忽略不计。例如：若要研究由北京开往上海的列车的运动快慢，则可将列车视为质点，因为列车总里程约为 1500 km，而列车的总长仅为 150 m，所以列车的长度为次要因素；但如果要研究列车驶过某一交口的时长，则不可将其视为质点，此时列车的长度变为主要因素。

(2) 物体各部分的运动情况相同，任何一点的运动均可代表整体的运动，即可将做平动运动的物体抽象为一个质点；而当物体转动时，由于各部分的运动快慢等运动性质不同，则不可将其视为一个质点(有关定轴转动物体的运动性质和规律将在 3.1 节中进行讲解)。

1.1.2 参考系与坐标系

自然界中，斗转星移，海陆变迁，大到星系，小到原子、电子、夸克，物体都处在永恒不息的运动中。绝对静止的物体是不存在的，物体运动具有绝对性。但是，描述物体的运动却又总是相对于其他物体而言的，因此物体运动又具有相对性。为了描述物体的运动而选择的标准物称为参考系，选取的参考系不同，物体运动情况的描述也就不同。例如，行进中的火车，如果以静坐的乘客为参考系，则火车是静止的；但是如果以站在地面上的人为参考系，则火车是运动的。

在实际运动问题的处理中，参考系的选取是任意的，选取的原则往往是依据问题的性质使研究最方便、最简单。例如，研究地球绕太阳的公转，通常选取太阳作为参考系；研究地球卫星的运动以及地面上物体的运动，往往选取地球作为参考系。常用的参考系有太阳参考系、地面参考系、实验室参考系等。

选好参考系后，只能对物体的运动进行定性描述，为了进一步对物体运动位置的变化进行详尽的定量分析，需要在参考系上建立适当的坐标系。物体位置可通过其在坐标系中的坐标进行量化表征。坐标系是建立在参考系之上的，参考系是实物，而坐标系是其基础上的数学抽象。常用的坐标系有直角坐标系、自然坐标系、平面极坐标系、柱面坐标系以及球坐标系等。生活中手机实时定位功能基于的是地球经纬度坐标系。

1.2 一维直线运动

大型民用客机为什么在起飞前要滑行一段距离，滑行的距离至少多远？杯子不慎从桌边滑落，为了避免摔碎，需要在多长时间内将其接住？通过本节内容的学习，我们将得到以上问题的答案。以上物体的运动均为典型的一维直线运动，是机械运动中最简单的运动形式。为了实现对一维直线运动状况的全面描述，获知运动过程中位置、运动快慢以及运动快慢的变化，我们将首先引入位移、速度以及加速度三个物理量，并在此基础上总结一维直线运动的特例——匀变速直线运动的规律，然后进一步将这些运动规律应用至生活中的匀变速直线运动的实例——自由落体运动中，最后借助积分的方法，将匀变速直线运动的特殊规律推广至变加速直线运动的一般规律。

在定量描述质点一维直线运动之前，需明确以下几个物理量。

(1) **时间与时刻**。为了描述质点位置随时间的变化，首先需要从物理学的角度严格区分“时间”与“时刻”。时刻是指某一瞬间，例如 8:30 上课，9:15 下课，分别是一节课上课、下课的时刻。时刻在时间轴上用点表示，例如 1 s 末、2 s 末、1 s 初、2 s 初，常用 t_0、t_1、t_2 等表示。时间是两时刻间的一段间隔，例如 45 分钟是上课与下课之间的时间间隔。时间在时间轴上用线段表示，例如 1 s 内、2 s 内、第 1 s 内、第 2 s 内，常用 Δt 表示。注意：Δt 为一个整体，代表变量 t 的改变量，例如：$\Delta t=t_2-t_1$。

(2) **矢量与标量**。在物理学中，有的物理量只有大小没有方向，例如质量、体积、能量等，这样的物理量称为标量，标量之间的运算满足代数运算。而有的物理量既有大小又有方向，例如力、速度、动量等，这样的物理量称为矢量。矢量常用一有向线段表示，矢量之间的运算不同于标量，不满足简单的代数运算，具体将在 1.3.1 节中详细讲解。

(3) **路程与位移**。如果驾车从北京开往上海，导航通常会给出多种路线，不同的路线行程轨迹不同，但就位置的变动而言，无论选取哪种路线，从北京到上海位置变化的直线距离都是固定的，即 1050 km。物体实际运动轨迹的长度称为**路程**，路程是标量，常用 Δs 表示；而运动物体位置的变化称为**位移**，位移是从物体运动的起始位置指向终点位置的有向线段，与路径无关，只与初末位置有关，是矢量。(思考：什么情况下位移的大小与路程相等？)

1.2.1　一维直线运动中描述质点运动的物理学量

1. 位置、运动方程与位移

如图 1-1 所示，当物体沿直线运动时，往往选取这条直线为 x 轴，并同时规定原点 O、正方向和单位长度。

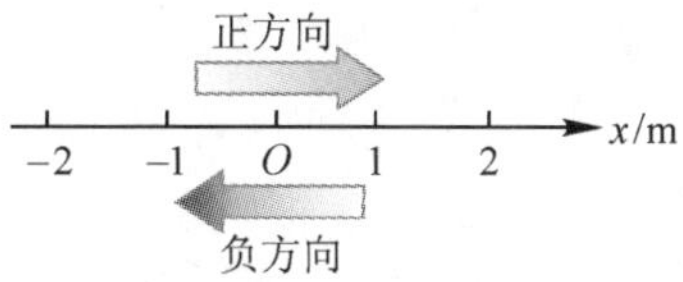

图 1-1　直线坐标系

坐标系建立之后即可定量地描述物体的位置以及位置的变化。以图 1-2 所示的汽车运动为例，位置对应于坐标轴上的坐标，位置随时间的变化关系 $x(t)$ 称为**运动方程**。t_1 时刻汽车的坐标为 $x_1=20$ m，t_2 时刻它的坐标为 $x_2=172$ m，位移为

$$\Delta x=x_2-x_1=152\ \text{m} \tag{1-1}$$

在一维直线运动中，位移的方向包含在正负号中，正值表示沿坐标轴的正方向，负值为负方向。

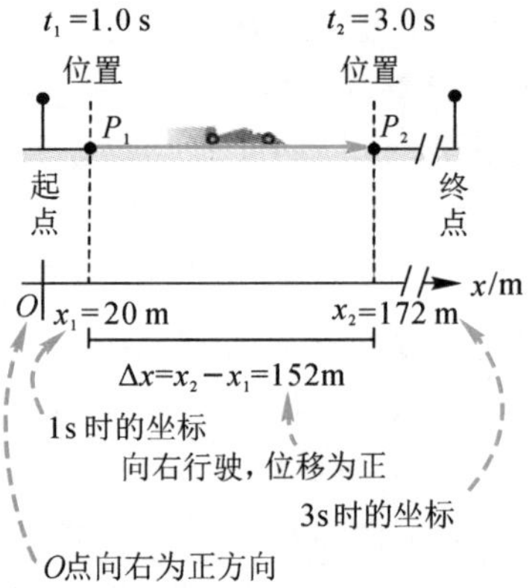

图 1-2　依据汽车直线运动所建立的一维 x 轴坐标系

2. 速度

不同的运动，位置变化的快慢程度不同，在物理学中，通常借助速度这一物理量来描述质点运动快慢与方向。如图 1-2 所示，汽车在 $\Delta t=t_2-t_1=2$ s 时间内，完成了 $\Delta x=x_2-x_1=152$ m 的位移，为了表征汽车在这段时间内运动的快慢和方向，我们采用比值定义法，将汽车发生的位移 Δx 与所经历的时间 Δt 之比定义为这段时间内汽车的**平均速度** $\bar{v}$ ，即

$$\bar{v}=\frac{\Delta x}{\Delta t} \tag{1-2}$$

在国际单位制(SI 单位)中，速度的单位为 m/s 或 $\mathrm{m\cdot s^{-1}}$，常用的单位还有 km/h 或 $\mathrm{km\cdot h^{-1}}$(本书均采用后者)。

$$1\ \mathrm{km\cdot h^{-1}}=\frac{1000\ \mathrm{m}}{3600\ \mathrm{s}}\approx 0.28\ \mathrm{m\cdot s^{-1}}$$

平均速度是矢量，方向是物体位移的方向。图 1-2 中汽车在这段时间内的平均速度大小为 $\bar{v}=\frac{\Delta x}{\Delta t}=76\ \mathrm{m\cdot s^{-1}}$，方向沿着 x 轴正方向。图 1-3 所示为汽车运动的 $x-t$ 图像，在位置随时间变化曲线上通过直线连接初末时刻对应的数据点 P_1 与 P_2，该直线的斜率同样也是位移的变化量 Δx 与时间的变化量 Δt 之比。因此，从数学角度分析，平均速度的大小即为该直线的斜率。

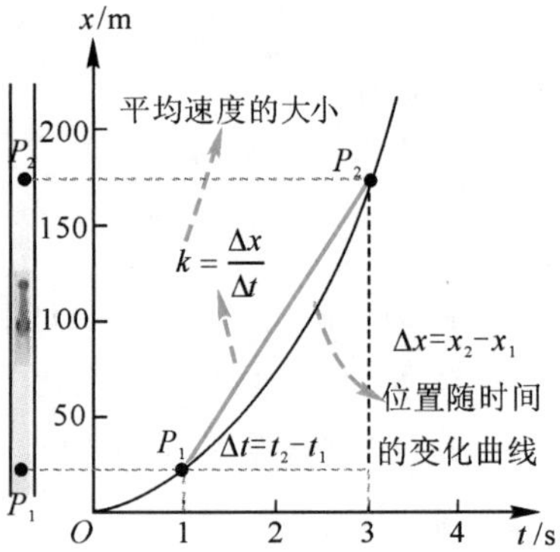

图 1-3　汽车运动的 $x-t$ 图像

但是平均速度只能粗略地刻画物体运动的快慢，是一段时间内的平均值。例如，高速路上的区间测速，就是基于测量车辆通过前后布设的两个监控点之间的时间，借助公式(1-2)计算出车辆在该路段上的平均行驶速度，然后依据这一粗略的平均速度判定车辆是否超速违章。但是由于测速的时间间隔通常较长，因此无法精准判定车辆每时每刻的速度是否超速。而相比于长距离的区间测速，市区经常用到的监控拍照测速则大大缩短了测量时间，测得的平均速度更接近于车辆行驶的那一瞬时的精确速度。汽车每时每刻的速度可以参考仪表盘上速度计的示数，如图1-4所示。

图1-4 汽车速度计

为了得到质点每时每刻(每一瞬时)的精准速度，细致地描述质点运动的快慢，需要尽可能地减小时间间隔 Δt。由图1-2可知，P_2 点越靠近 P_1 点，时间间隔 Δt 越小，Δt 时间内的平均速度就越接近于 t_1 时刻 P_1 点的速度。当时间间隔 Δt 趋于零时，平均速度 $\bar{v}$ 的极限称为**瞬时速度** v，简称**速度**，借助数学上极限以及导数的概念，可写作

$$v=\lim_{\Delta t\to 0}\frac{\Delta x}{\Delta t}=\frac{\mathrm{d}x}{\mathrm{d}t} \tag{1-3}$$

从数学关系上来看，位置 x 随时间 t 变化，是关于时间 t 的函数，质点的瞬时速度的大小等于位置 x 对时间 t 的一阶导数。瞬时速度为矢量，方向是物体运动的前进方向。匀速直线运动是瞬时速度的大小和方向均保持不变的运动。

如图1-5所示，随着时间间隔 Δt 的减小，P_1、P_2 两点间直线斜率的变化趋势，在极限 $\Delta t\to 0$ 的极限条件下，最终变为 P_1 点切线的斜率，即 t_1 时刻的瞬时速度。

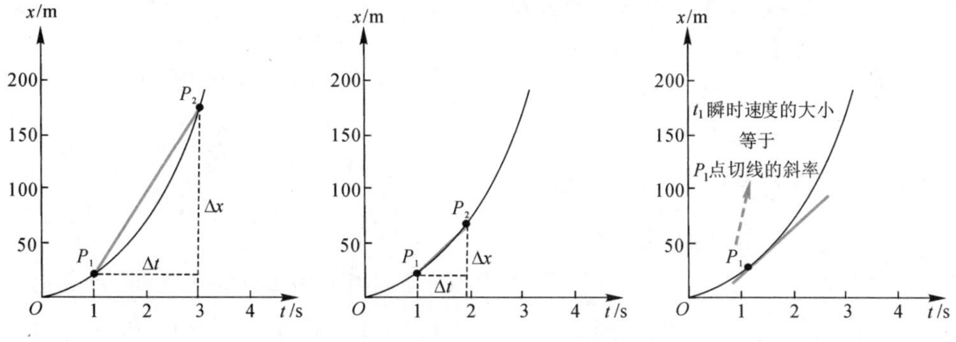

图1-5 瞬时速度的数学图像

从数学图像上来看，随着时间间隔 Δt 的减小，P_2 点沿着 $x-t$ 变化关系线逐渐靠近 P_1 点，当 $\Delta t\to 0$ 时，P_1、P_2 两点重合，P_1P_2 直线的斜率最终变为 P_1 点切线的斜率。因此，在 $x-t$ 图像上，某点处瞬时速度的大小即为该点处切线的斜率。

在物理学中，瞬时是时刻的概念，不是时间的延续，在时间轴上对应于一个几何点。

同样，质点在 Δt 时间内经过的路程 Δs 与所经历的时间 Δt 之比，即可定义为该段时间内质点的**平均速率**，平均速率是标量，只有大小，没有方向。注意：由于通常位移的大小不等于路程，因此平均速度的大小一般不等于平均速率。当 $\Delta t\to 0$ 时，平均速率的极限为**瞬时速率**，简称**速率**，即瞬时速率是路程随时间的一阶导数。在 $\Delta t\to 0$ 的极限条件下，$\mathrm{d}x=\mathrm{d}s$，因此瞬时速度的大小等于瞬时速率，简称速度的大小等于速率。

例 1-1 图 1-6 所示为猎豹的三种不同运动示意图，三种运动均以车上的观察者为参考系，并选定观察者的坐标为坐标原点。在第一种运动中，猎豹静止，运动方程为 $x=20$；在第二种运动中，猎豹以恒定的速度追赶羚羊，运动方程 $x=20+10t$；在第三种运动中，猎豹由静止出发加速追赶羚羊，运动方程 $x=20+5t^2$，(SI 单位)。求：

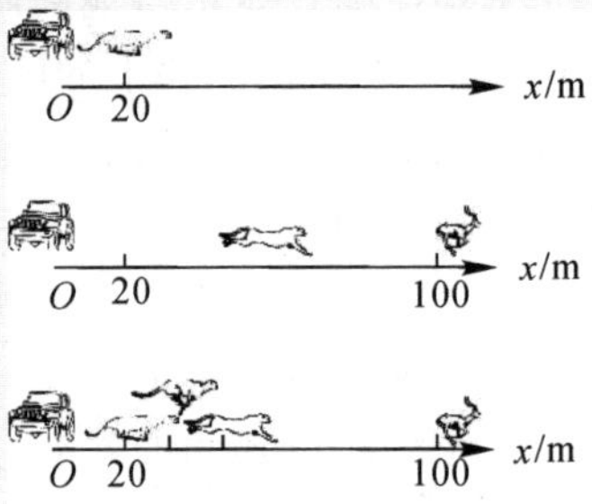

图 1-6 猎豹的三种不同运动示意图

(1) 在三种运动中分别求出 $t_1=1$ s 到 $t_2=2$ s 时间段内的位移大小。

(2) 在三种运动中分别求出 $t_1=1$ s 到 $t_2=2$ s 时间段内的平均速度大小。

(3) 运用求导方法，在三种运动中分别求出瞬时速度随时间的变化关系。

(4) 针对第三种运动，在 $t_1=1$ s 基础上分别增加时间间隔 $\Delta t=0.1$ s、$\Delta t=0.01$ s 以及 $\Delta t=0.001$ s，求这三段时间间隔内的平均速度，并推测当 $\Delta t\to 0$ 时平均速度的极限值。然后利用上一问求导求得的瞬时速度随时间的变化关系，求 $t_1=1$ s 时的瞬时速度的大小，并对比平均速度与瞬时速度的结果。

解 (1) 在第一种运动中，依据运动方程 $x=20$，当 $t_1=1$ s 时，$x_1=20$ m；当 $t_1=2$ s 时，$x_2=20$ m，位移为 $\Delta x=x_2-x_1=0$ m。在第二种运动中，依据运动方程 $x=20+10t$，当 $t_1=1$ s 时，$x_1=30$ m；当 $t_1=2$ s 时，$x_2=40$ m，位移为 $\Delta x=x_2-x_1=10$ m。在第三种运动中，依据运动方程 $x=20+5t^2$，当 $t_1=1$ s 时，$x_1=25$ m；当 $t_1=2$ s 时，$x_2=40$ m，位移为 $\Delta x=x_2-x_1=15$ m。

(2) 依据 $\bar{v}=\dfrac{\Delta x}{\Delta t}$，在第一种运动中 $\bar{v}=\dfrac{\Delta x}{\Delta t}=0\ \text{m}\cdot\text{s}^{-1}$，在第二种运动中 $\bar{v}=\dfrac{\Delta x}{\Delta t}=20\ \text{m}\cdot\text{s}^{-1}$，在第三种运动中 $\bar{v}=\dfrac{\Delta x}{\Delta t}=15\ \text{m}\cdot\text{s}^{-1}$。

(3) 依据 $v=\dfrac{dx}{dt}$，在第一种运动中 $v(t)=\dfrac{dx}{dt}=0\ \text{m}\cdot\text{s}^{-1}$，猎豹每时每刻的速度均为零，保持静止；在第二种运动中 $v(t)=\dfrac{dx}{dt}=10\ \text{m}\cdot\text{s}^{-1}$，猎豹每时每刻的速度均为 $10\ \text{m}\cdot\text{s}^{-1}$，保持匀速直线运动；在第三种运动中 $v(t)=\dfrac{dx}{dt}=10t$，猎豹的速度随着时间一直不断增加。

(4) 已知当 $t_1=1$ s 时，$x_1=25$ m，当 $t_2=1+0.1=1.1$ s 时，$x_2=20+5\times(1.1)^2=26.05$ m，$\bar{v}=\dfrac{\Delta x}{\Delta t}=\dfrac{1.05}{0.1}=10.5\ \text{m}\cdot\text{s}^{-1}$；同理，当 $t_2=1+0.01=1.01$ s 时，$\bar{v}=10.05\ \text{m}\cdot\text{s}^{-1}$；当 $t_2=1+0.001=1.001$ s 时，$\bar{v}=10.005\ \text{m}\cdot\text{s}^{-1}$。可以预测，平均速度的极限值为 $\lim\limits_{\Delta t\to 0}\dfrac{\Delta x}{\Delta t}=10\ \text{m}\cdot\text{s}^{-1}$。

由问题(3)可知，瞬时速度随时间的变化关系为 $v(t)=\dfrac{dx}{dt}=10t$，当 $t_1=1$ s 时，瞬时速度的大小确实为 $v_1=10\ \text{m}\cdot\text{s}^{-1}$。比较平均速度与瞬时速度不难看出，随着时间间隔 Δt 的减小，平均速度越来越接近瞬时速度。

表 1-1 为常见物体的速度。

表 1-1 常见物体的速度

物体	速度/$m \cdot s^{-1}$
蜗牛	约 1×10^{-2}
人步行	约 1
雨滴落地	约 8
男子百米世界纪录(2009 年博尔特)	10.44
猎豹	25
高速公路汽车最快	33
鹰	45
高铁	约 100
大型客机	约 300
步枪子弹	约 900
远程炮弹	约 2×10^{3}
洲际导弹	约 5×10^{3}
人造卫星	约 7×10^{3}
地球公转	3.0×10^{4}
光在真的空中的传播	3.0×10^{8}

3. 加速度

在一维直线运动中，最简单特殊的运动为匀速直线运动，每时每刻速度保持不变，任意相同时间间隔内的位移均相等。但是在实际日常生活中，很多直线运动并不是理想的匀速运动，速度会发生变化，速度发生变化的直线运动称为**变速直线运动**。不同的变速直线运动速度变化的快慢不同。例如，虽然小汽车和客运火车的时速均可以达到 100 $km \cdot h^{-1}$，但是它们由静止达到 100 $km \cdot h^{-1}$ 这个过程中所需要的时间是不同的。小汽车可在 20 秒内完成加速，而火车至少需要大约 10 分钟的时间。为了进一步表征物体运动速度变化的快慢，接下来引入**加速度**的概念。

仍然采用比值定义法，将质点的速度变化 Δv 与所经历的时间 Δt 之比定义为这段时间内汽车的**平均加速度** $\bar{a}$ ，即

$$\bar{a}=\frac{\Delta v}{\Delta t} \tag{1-4}$$

在国际单位制中，加速度单位为 m/s^2 或 $m \cdot s^{-2}$。

在上述引例中，小汽车和火车由静止加速到 100 $km \cdot h^{-1}$(约为 28 $m \cdot s^{-1}$)的过程中，

汽车用了 20 s 的时间，平均加速度为 1.4 $m \cdot s^{-2}$；而火车用了 10 分钟(600 s)的时间，平均加速度约为 0.05 $m \cdot s^{-2}$。因此，相比于笨重的火车，轻巧的小汽车加速更快。

平均加速度为矢量，方向为速度的变化方向。在直线运动中，当速度增加时，速度的变化量 Δv 与速度方向相同，加速度方向即 Δv 的方向与速度方向相同，如图 1-7(a)所示；当速度减小时，速度的变化量 Δv 与速度方向相反，加速度方向即 Δv 的方向与速度方向相反，如图 1-7(b)所示。

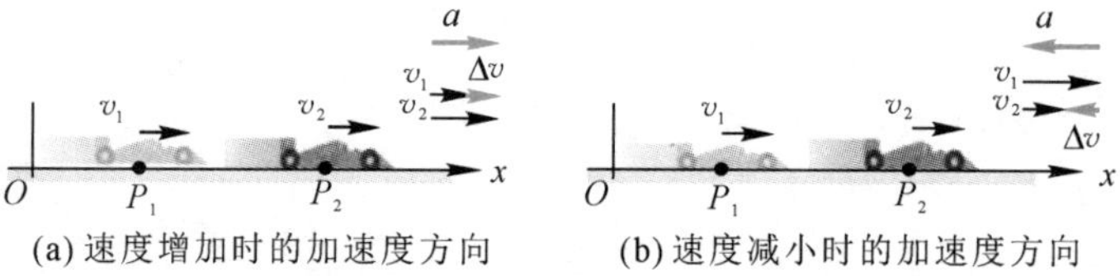

图 1-7　速度增加时和减小时的加速度方向

需要注意的是速度与加速度的区别。速度刻画了质点位置如何随时间的变化，反映了质点运动的快慢和方向；而加速度刻画了速度如何随时间的变化，反映了质点是否加速或减速。

为了得到质点每时每刻(每一瞬时)的精准加速度，细致地描述质点速度变化的快慢，同瞬时速度的定义类似，基于平均加速度，借助数学极限的思想，可以得到**瞬时加速度**，简称**加速度**，即

$$a=\lim_{\Delta t\to 0}\frac{\Delta v}{\Delta t}=\frac{dv}{dt}=\frac{d^2x}{dt^2} \tag{1-5}$$

加速度等于速度对时间的一阶导数，或位置对时间的二阶导数。加速度仍是矢量，方向为速度改变的极限方向。加速度的大小和方向时刻保持不变的运动称为**匀变速直线运动**。

图 1-8 所示的曲线代表了速度随时间的变化关系，这样的图像称为 $v-t$ 图像。从数学图像上分析，在速度随时间变化曲线上通过直线连接初末时刻对应的数据点 P_1 与 P_2，平均加速度为两点间直线的斜率，而 P_1 点的瞬时加速度为速度随时间变化曲线上通过该点处切线的斜率。

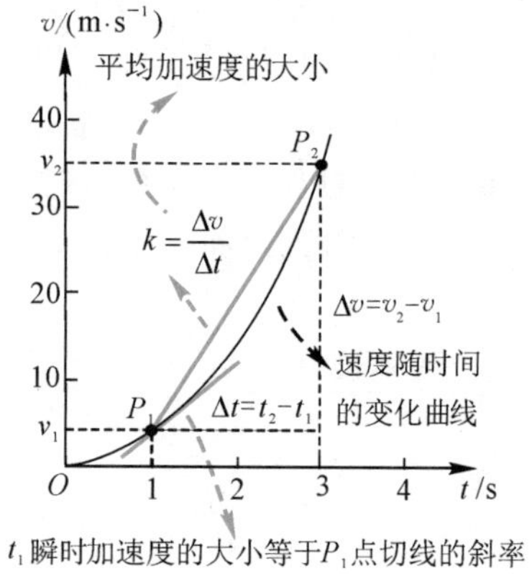

图 1-8　平均加速度和瞬时加速的数学图像

表 1-2 为常见物体的加速度。

表 1-2　常见物体的加速度

物　　体	加速度/($m \cdot s^{-2}$)
旅客列车起步	约 0.35
小型汽车起步	约 2
赛车起步	约 4.5
汽车急刹车	约 −5
喷气式飞机着陆滑行	约 −7
炮弹在炮筒中加速	5×10^4

例 1-2　已知图 1-8 中汽车速度随时间的变化关系为 $v=30+0.5t^2$(SI 单位)，求：

(1) 汽车在 $t_1=1$ s 至 $t_2=3$ s 时间段内的速度改变量 Δv 的大小。

(2) 这段时间段内的平均加速度。

(3) 在 $t_1=1$ s 基础上分别增加时间 $\Delta t=0.1$ s、$\Delta t=0.01$ s 以及 $\Delta t=0.001$ s，求三段时间间隔内的平均加速度大小。并推测当 $\Delta t\to0$ 时平均加速度的极限值。

(4) 利用求导公式，求 $t_1=1$ s 时的瞬时加速度大小，并对比平均加速度与瞬时加速度的结果。

解　(1) 由速度方程 $v=30+0.5t^2$ 可知，当 $t_1=1$ s 时，$v_1=30.5\ m\cdot s^{-1}$，当 $t_1=3$ s 时，$v_2=34.5\ m\cdot s^{-1}$，速度变化量为 $\Delta v=v_2-v_1=4.0\ m\cdot s^{-1}$。

(2) 平均加速度为 $\bar{a}=\dfrac{\Delta v}{\Delta t}=2\ m\cdot s^{-2}$。

(3) 已知当 $t_1=1$ s 时，$v_1=30.5\ m\cdot s^{-1}$。当 $t_2=1+0.1=1.1$ s 时，$v_2=30+0.5\times(1.1)^2=30.605\ m\cdot s^{-1}$，$\bar{a}=\dfrac{\Delta v}{\Delta t}=\dfrac{0.105}{0.1}=1.05\ m\cdot s^{-2}$；同理，当 $t_2=1+0.01=1.01$ s 时，$\bar{a}=1.005\ m\cdot s^{-2}$；当 $t_2=1+0.001=1.001$ s 时，$\bar{a}=1.0005\ m\cdot s^{-2}$。可以预测，平均加速度的极限值为 $\lim\limits_{\Delta t\to0}\dfrac{\Delta v}{\Delta t}=1.0\ m\cdot s^{-2}$。

(4) 依据求导公式 $a(t)=\dfrac{dv}{dt}=1t$，当 $t_1=1$ s 时，瞬时加速度的大小确实为 $a=1\ m\cdot s^{-2}$。

比较平均加速度与瞬时加速度也不难看出，随着时间间隔 Δt 的减小，平均加速度越来越接近瞬时加速度。

1.2.2　一维直线运动规律

1. 匀速直线运动

匀速直线运动是一维直线运动中最简单最特殊的运动形式，速度的大小为固定不变的常数，即 $v(t)=v$，加速度为零。物体的位移均匀增加，物体在 $\Delta t=t-0=t$ 时间内的位移为 $\Delta x=vt$。在 $v-t$ 图像中(见图 1-9)，

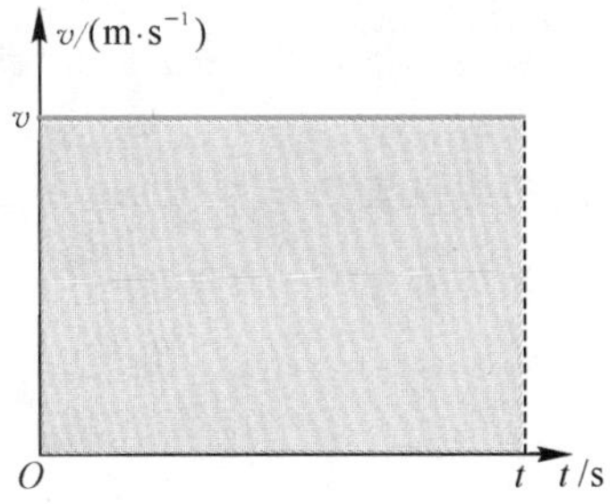

图 1-9　匀速直线运动的 $v-t$ 图像

着色的矩形面积恰好为 vt。因此位移的大小等于 $v-t$ 图像下围成的矩形的面积。如果 $t=0$ 初始时刻物体所处的初始位置为 x_0，则物体任意时刻位置、速度、加速度的表达式为

$$\begin{cases} a=0 \\ v(t)=v \qquad \text{(仅适用于速度恒定的匀速直线运动)} \\ x(t)=x_0+vt \end{cases} \tag{1-6}$$

2. 匀变速直线运动

一维直线运动中的另外一个特例为匀变速直线运动，虽然这种运动形式比较简单特殊，但是在我们的生活中比较常见，例如物体的自由下落(不考虑空气阻力)、滑雪运动员沿长直斜坡赛道滑下、战斗机在航母上的起飞等均可视为匀变速直线运动。

如图 1-10 所示，在匀变速直线运动中，加速度保持不变，物体的速度随时间均匀变化，物体的位移不再均匀变化。如果速度均匀增加，则称为匀加速直线运动；如果速度均匀减小，则称为匀减速直线运动。

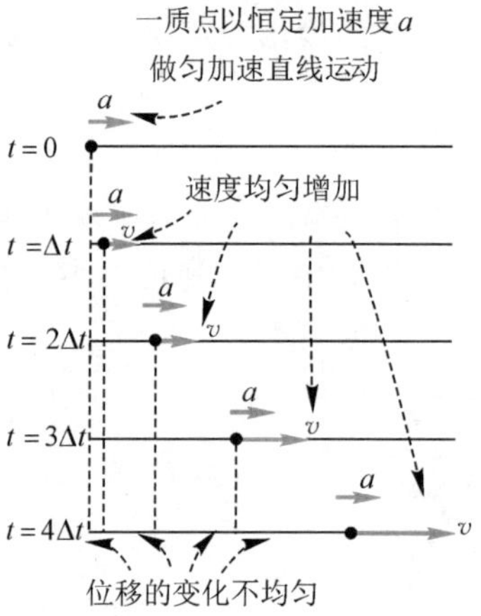

图 1-10 匀加速直线运动中相同时间间隔下位移、速度的变化以及加速度示意图

在匀变速直线运动中，加速度的大小为固定不变的常数 $a(t)=a$，物体的速度均匀增加，如果 $t=0$ 初始时刻物体的初速度为 v_0，则物体在 $\Delta t=t-0=t$ 时间内的速度的增量为 $\Delta v=v-v_0=at$。如图 1-11(a)所示，在 $a-t$ 图像中，着色的矩形面积恰好为 at，因此速度增量的大小等于 $a-t$ 图像下围成的矩形的面积，速度随时间的变化关系即为 $v=v_0+at$。同样，如图 1-11(b)所示，位移的大小等于 $v-t$ 图像下围成的图形面积。该图形由两部分组成，一部分是矩形，面积为 $v_0\Delta t=v_0(t-0)=v_0t$；另一部分为三角形，面积为 $\frac{1}{2}\Delta t\times a\Delta t=\frac{1}{2}a(t-0)^2=\frac{1}{2}at^2$，因此，图形的总面积为 $v_0t+\frac{1}{2}at^2$。如果 $t=0$ 初始时刻物体所处的初始位置为 x_0，则 $\Delta x=x(t)-x_0=v_0t+\frac{1}{2}at^2$。物体任意时刻位置、速度、加速度的表达式分别为

$$\begin{cases} a=a \\ v=v_0+at \text{(仅适用于加速度恒定的匀加速直线运动)} \\ x(t)=x_0+v_0t+\frac{1}{2}at^2 \end{cases} \tag{1-7}$$

联立上式中的后两个式子，消去时间 t，可以得到匀变速直线运动中任意时刻位置与速度的关系推论，即

$$v^2 - v_0^2 = 2a(x - x_0) \tag{1-8}$$

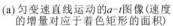

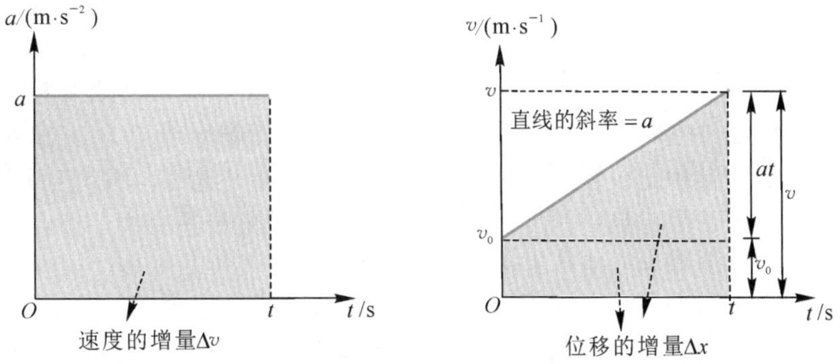

(a) 匀变速直线运动的a-t图像(速度的增量对应于着色矩形的面积)

(b) 匀变速直线运动的v-t图像(位移对应于着色图形的面积)

图 1-11　匀变速直线运动中速度以及位移的数学图像

在日常生活中，自由落体便是典型的匀变速直线运动。**自由落体**是指物体在只受重力作用下从相对静止开始下落的运动。例如，成熟苹果的下落，或用手握住某种物体，不施加任何外力的理想条件下轻轻松开手后物体的下落。

在真空环境下，物体不受空气阻力，只在重力作用下无初速度自由下落，任何物体下落相同高度，所用时间相同，运动规律相同，即具有相同的加速度，这个加速度称为**重力加速度**，用 g 表示，方向竖直向下。如果物体受到的空气阻力远小于重力，则阻力可忽略不计，物体的下落可以近似看作自由落体运动。通常在计算中取 $g=9.8\ \mathrm{m \cdot s^{-2}}$，粗略计算可取 $g=10\ \mathrm{m \cdot s^{-2}}$。

自由落体运动是初速度为零的匀加速直线运动，因此基于匀变速直线运动的基本公式和推论，自由落体运动中加速度、速度以及下落高度 h 随时间的变化关系为

$$\begin{cases} a = g \\ v = gt \\ h = \dfrac{1}{2}gt^2 \end{cases} \tag{1-9}$$

下落高度与速度之间的关系推论为

$$v^2 = 2gh \tag{1-10}$$

3. 变加速直线运动

匀速直线运动以及匀变速直线运动均为一维直线运动的特例，现实生活中大多数运动的加速度是随时变化的。例如，汽车司机会依据路况随时踩踏油门来加速，但加速时，往往汽车的速度越高越难加速，通常情况下，将汽车从 $15\ \mathrm{m \cdot s^{-1}}$ 加速到 $30\ \mathrm{m \cdot s^{-1}}$ 需要的时间是从静止加速到 $15\ \mathrm{m \cdot s^{-1}}$ 所需时间的二倍，因此两个加速过程相比较，加速度发生了变化。加速度变化的直线运动称为**变加速直线运动**，此类运动是一维直线运动中最一般的运动形式。

在变速直线运动中，1.2.1 节已经介绍了基于运动方程 $x(t)$，可以通过求导的方法得

到速度以及加速度随时间的变化关系$\left(v=\dfrac{dx}{dt},\ a=\dfrac{dv}{dt}\right)$。但是在生活中有时位置和速度未知，而加速度随时间的变化关系可测。例如，在客运飞机的飞行过程中，为了沿着精确的航线航行，飞行员需要随时掌握飞机的准确飞行位置和速度，一种方法是借助地面固定发射站导航实现。但是在远离陆地的海面上，无法通过无线电与地面固定发射站实现远距离通信，此时需要借助另外的一种导航系统——惯性导航系统(Inertial Navigation System，INS)。图 1-12 所示为某惯性导航系统的外形图。INS 是一种不依赖外部信息，也不向外部辐射能量的自主式导航系统。可以测量飞机飞行的加速度，结合出发时的初始信息(初始位置、初始速度等)，通过特定计算方法，得到每时每刻飞机的飞行速度和位置等信息。INS 系统是基于何种计算方法实现精确导航的呢？即如何基于变化的加速度预测每时每刻物体的速度和位置呢？显然式(1-6)以及式(1-7)不再适用。

图 1-12　惯性导航系统

已知加速度随时间的变化关系 $a(t)$以及 t_0 时刻的初始速度 v_0，从物理的角度求 t_0 到 t 时间段内速度的增量 Δv，可以转化为从数学的角度求如图 1-13 所示的不规则着色图形的面积。借助定积分的方法，不规则图形的面积为 $\int_{t_0}^{t} a\,dt$，因此 $\Delta v=v-v_0=\int_{t_0}^{t} a\,dt$，从而得到在变加速直线运动中速度随时间变化的表达式：

$$v=v_0+\int_{t_0}^{t} a\,dt \text{（适用于所有已知 } a(t) \text{ 的一维直线运动）} \tag{1-11}$$

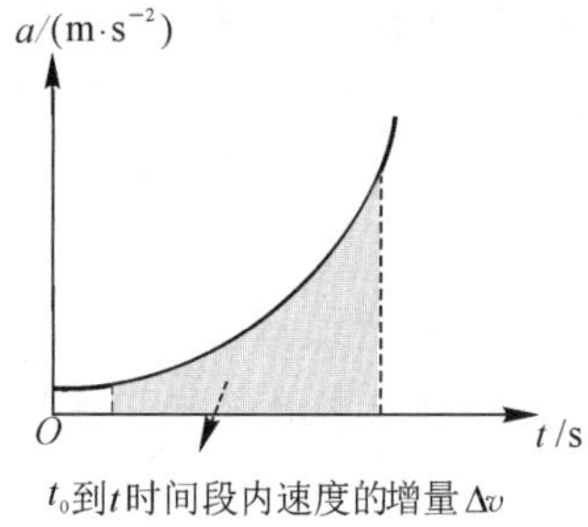

图 1-13　变加速直线运动中速度增量的数学图像

同理，已知速度随时间的变化关系 $v(t)$以及 t_0 时刻的初始位置 x_0，从物理的角度求 t_0 到 t 时间段内位置的增量 Δx，转化为从数学的角度求 $v-t$ 图像中$v(t)$曲线在 t_0 到 t 时间段内所围成的不规则图形的面积。同样借助定积分的方法，不规则图形的面积为 $\int_{t_0}^{t} v\,dt$，因此 $\Delta x = x - x_0 = \int_{t_0}^{t} v\,dt$，从而得到在变加速直线运动中位置随时间的变化表达式：

$$x=x_0+\int_{t_0}^{t} v\,dt \text{（适用于所有已知 } v(t) \text{ 的一维直线运动）} \tag{1-12}$$

因此，基于加速度随时间的变化关系 $a(t)$以及初始时刻的速度 v_0，可以借助式(1-11)得到速度随时间的变化关系 $v(t)$；基于 $v(t)$以及初始时刻的位置 x_0，可以进一步借助式(1-12)得到运动方程 $x(t)$。能通过以上普适的积分方法推导出一维直线运动中的特例匀加速直线运动以及匀速直线运动的运动规律。

一般可将运动学问题分为两类：

（1）已知质点的运动方程，求质点的速度以及加速度随时间的变化关系。在这一类问题中用到的求解方法是求导，即式(1-3)及式(1-5)。

（2）已知质点的加速度随时间的变化关系，结合初始条件(初始时刻的速度)，求质点任意时刻的速度；或已知质点的速度随时间的变化关系，结合初始条件(初始时刻的位置)，求质点的运动方程。在这类问题中用到的求解方法为积分，即式(1-11)及式(1-12)。

以上两类问题的求解方法参见以下例题。

例1-3　已知：一辆汽车因红灯在路口停下，之后沿平直公路行驶，以路口为起始点，运动方程为 $x=bt^2-ct^3$(SI单位)，其中 $b=2.5$，$c=0.15$。求：

（1）汽车任意时刻的速度和加速度。

（2）汽车在 $t=4$ s时的速度和加速度。

解　（1）将运动方程对时间求导，便可得速度 $v=\frac{dx}{dt}=2bt-3ct^2$。将 $b=2.5$，$c=0.15$ 代入，得速度随时间的变化关系为 $v=5t-0.45t^2$。将速度随时间的变化关系对时间求导，便可得加速度 $a=\frac{dv}{dt}=2b-6ct$。将 $b=2.5$，$c=0.15$ 代入，得加速度随时间的变化关系为 $a=5-0.9t$。

（2）依据 $v=5t-0.45t^2$，当 $t=4$ s时，速度的大小为 $v=12.8\ \mathrm{m\cdot s^{-1}}$。依据 $a=5-0.9t$，当 $t=4$ s时，加速度的大小为 $a=1.4\ \mathrm{m\cdot s^{-2}}$。

例1-4　已知：一辆摩托车沿平直公路行驶，加速度随时间的变化关系为 $a=bt-ct^2$(SI单位)，其中 $b=1.8$，$c=1.2$，初始时刻 $t=0$ s时，$v_0=2\ \mathrm{m\cdot s^{-1}}$，$x_0=5$ m。求：

（1）汽车任意时刻的速度和位置。

（2）汽车在 $t=2$ s时的速度和位置。

解　（1）取摩托车为质点作为研究对象。由加速度定义有

$$a=\frac{dv}{dt}=bt-ct^2$$

分离变量

$$dv=(bt-ct^2)dt$$

依据初始条件取积分

$$\int_{v_0}^{v(t)}dv=\int_0^t(bt-ct^2)dt$$

求积分得

$$v-v_0=\frac{1}{2}bt^2-\frac{1}{3}ct^3$$

$$v=2+0.9t^2-0.4t^3$$

由速度定义有

$$v=\frac{dx}{dt}=2+0.9t^2-0.4t^3$$

分离变量

$$dx=(2+0.9t^2-0.4t^3)dt$$

依据初始条件取积分

$$\int_{x_0}^{x(t)}dv=\int_0^t(2+0.9t^2-0.4t^3)dt$$

求积分得

$$x-x_0=2t+0.3t^3-0.1t^4$$

$$x=5+2t+0.3t^3-0.1t^4$$

（2）依据 $v=2+0.9t^2-0.4t^3$，当 $t=2$ s时，速度的大小为 $v=2.4\ \mathrm{m\cdot s^{-1}}$；依据 $x=5+2t+0.3t^3-0.1t^4$，当 $t=2$ s时，位置为 $x=9.8$ m。

1.3 矢量与高维空间中的运动

1.3.1 矢量

在物理学里，位移、速度以及加速度均为矢量，它们既有大小又有方向。在一维直线运动中，这些物理量仅有的两个方向可以借助正负号进行表述。但在高维空间中，仅仅依靠正负号已经无法准确描述这些物理量的方向，需要借助矢量进行表征。1.2 节中对矢量的概念进行了简单的介绍，本节我们将详细讲解矢量的表示方法、合成与分解(加减运算)以及矢量函数的导数和积分，而矢量的乘法运算将穿插在第 2 章的相关内容中。

1. 矢量

矢量通常写作带箭头的字母(如 $\vec{A}$)或黑斜体字母(如 $\boldsymbol{A}$)。在几何上通常用一条有向线段表示，如图 1-14(a)所示，连接矢量起点和终点的有向线段的长度代表矢量的大小，箭头的方向代表矢量的方向。矢量的大小称为矢量的模，通常表示为 $|\boldsymbol{A}|$ 或 A。模长为 1 的矢量称为单位矢量。图 1-14(b)中的三条有向线段大小相等，互相平行，方向相同，因此三个矢量相等，$\boldsymbol{A}=\boldsymbol{B}=\boldsymbol{C}$，即矢量满足平移不变性。典型的矢量为位移矢量，如图 1-14(c)所示，三条不同路径(包括图中的矢量)的始末位置相同，因此位移相同，均为 $\boldsymbol{A}$。

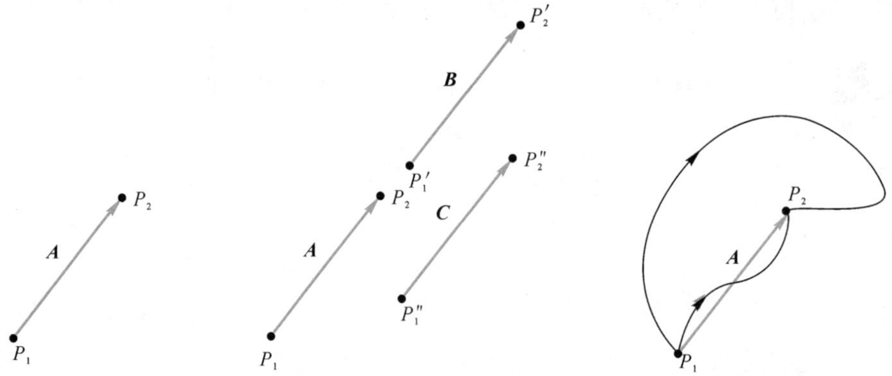

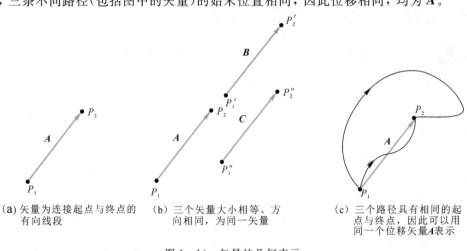

(a) 矢量为连接起点与终点的有向线段　(b) 三个矢量大小相等、方向相同，为同一矢量　(c) 三个路径具有相同的起点与终点，因此可以用同一个位移矢量$\boldsymbol{A}$表示

图 1-14　矢量的几何表示

2. 矢量的合成和分解(加减法运算)

如图 1-15(a)所示，沿任意路径由点 P_1 到 P_2 的位移矢量为由 P_1 指向 P_2 的有向线段，继续沿任意路径由点 P_2 到 P_3 的位移矢量为由 P_2 指向 P_3 的有向线段，两位移的总和效果(即最终的位移矢量)为由 P_1 指向 P_3 的有向线段。此过程就是矢量的合成(或相加)。矢量的合成服从三角形法则：第一个矢量的首指向第二个矢量的尾为两个矢量之和。如图 1-15(b)所示，矢量 $\boldsymbol{A}$ 和矢量 $\boldsymbol{B}$ 相加，使两个矢量首尾相接($\boldsymbol{B}$ 矢量的始端连接 $\boldsymbol{A}$ 矢量的末端)，$\boldsymbol{A}$ 矢量始端指向 $\boldsymbol{B}$ 矢量末端的有向线段即为合矢量 $\boldsymbol{C}$，可表示为

$$\boldsymbol{A}+\boldsymbol{B}=\boldsymbol{C} \quad (\text{矢量的加法}) \tag{1-13}$$

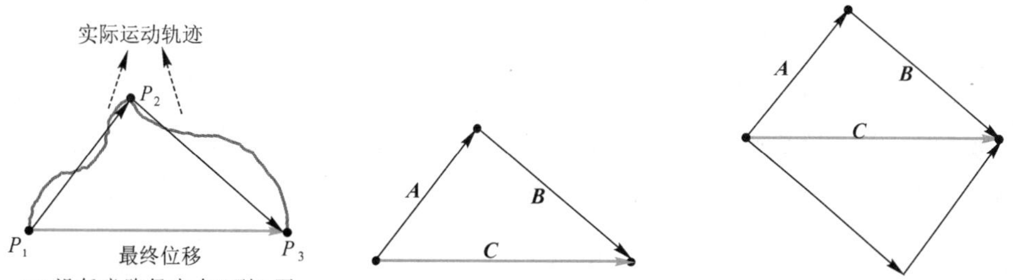

(a) 沿任意路径由点P_1到P_2再到P_3，最终位移为由P_1指向P_3的有向线段　(b) 矢量和的三角形法则　(c) 矢量和的平行四边形法则

图 1-15　矢量的合成

矢量合成的另一种方法称为**平行四边形法则**：以两个矢量为邻边作平行四边形，以第一个矢量的首为始端的对角线矢量为两矢量之和。如图 1-15(c)所示，以矢量 $\boldsymbol{A}$ 和矢量 $\boldsymbol{B}$ 为两个邻边作平行四边形，使两个矢量首尾相接($\boldsymbol{B}$ 矢量的始端连接 $\boldsymbol{A}$ 矢量的末端)，由 $\boldsymbol{A}$ 矢量始端引出的对角线矢量即为合矢量 $\boldsymbol{C}$。

当多个矢量相加时，例如 $\boldsymbol{A}=\boldsymbol{A}_1+\boldsymbol{A}_2+\boldsymbol{A}_3+\cdots+\boldsymbol{A}_n$，则可利用三角形法则，将所有矢量首尾相连，由第一个矢量的始端指向最后一个矢量末端的有向线段即为合矢量。

矢量的加法运算满足交换律和结合律(可自行画图证明)。

$$\boldsymbol{A}+\boldsymbol{B}=\boldsymbol{B}+\boldsymbol{A}\quad\text{(矢量加法交换律)}\tag{1-14}$$

$$(\boldsymbol{A}+\boldsymbol{B})+\boldsymbol{C}=\boldsymbol{A}+(\boldsymbol{B}+\boldsymbol{C})\quad\text{(矢量加法结合律)}\tag{1-15}$$

$-\boldsymbol{A}$ 表示与 $\boldsymbol{A}$ 矢量大小相等且方向相反的矢量，如图 1-16(a)所示。将这两个矢量相加 $\boldsymbol{A}+(-\boldsymbol{A})=\boldsymbol{0}$。因此矢量的减法运算可以等效为对负矢量的加法运算，如图 1-16(b)以及图 1-16(c)所示，即

$$\boldsymbol{C}=\boldsymbol{A}-\boldsymbol{B}=\boldsymbol{A}+(-\boldsymbol{B})\text{(矢量的减法)}\tag{1-16}$$

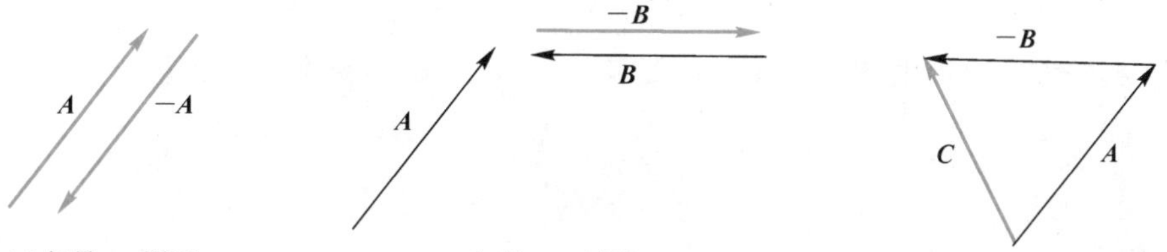

(a) 矢量$-\boldsymbol{A}$图示　(b) 矢量$\boldsymbol{A}$、$\boldsymbol{B}$以及$-\boldsymbol{B}$　(c) $\boldsymbol{A}-\boldsymbol{B}=\boldsymbol{A}+(-\boldsymbol{B})$

图 1-16　矢量相减

多个矢量可以合成为一个矢量，同样一个矢量也可分解为多个矢量，但是分解的结果却有无数多个，因为同一个对角线可以有无数多个平行四边形与之对应，如图 1-17 所示。

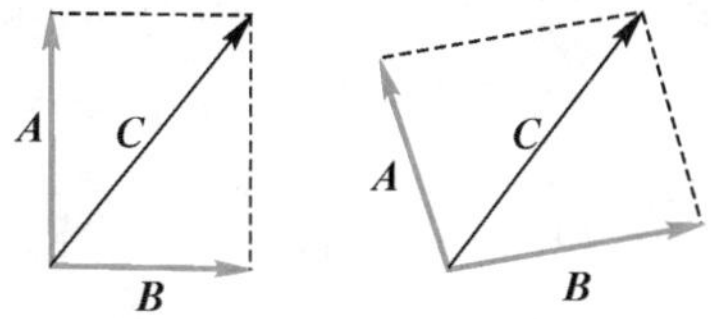

图 1-17　矢量的分解

3. 直角坐标系中的矢量表示与加减运算

1）直角坐标系中矢量的表示

在很多物理问题中，常常将矢量在直角坐标系中进行分解，首先以二维直角坐标系 Oxy 为例，如图 1-18 所示，沿两个坐标轴方向的分矢量分别为 $\boldsymbol{A}_x$、$\boldsymbol{A}_y$，矢量 $\boldsymbol{A}$ 为这两个分矢量之和，可写作

$$\boldsymbol{A}=\boldsymbol{A}_x+\boldsymbol{A}_y$$

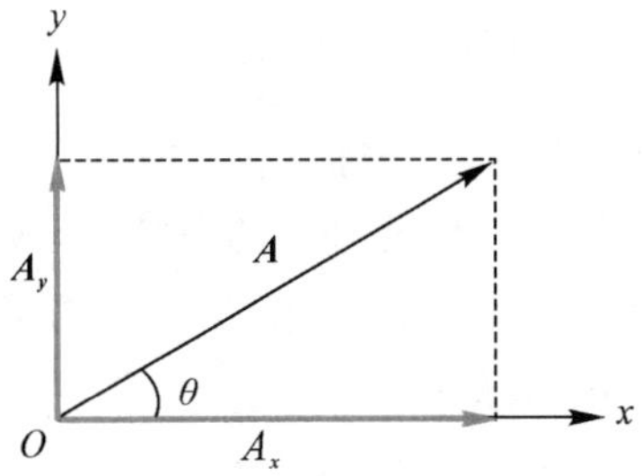

图 1-18　矢量在直角坐标系中沿两个坐标轴方向的分矢量

如图 1-19 所示，在直角坐标系 Oxy 中，沿两个坐标轴 Ox、Oy 方向的单位矢量分别为 $\boldsymbol{i}$、$\boldsymbol{j}$，矢量 $\boldsymbol{A}$ 可进一步表示为

$$\boldsymbol{A}=A_x\boldsymbol{i}+A_y\boldsymbol{j}$$

其中 A_x、A_y 为矢量 $\boldsymbol{A}$ 在 Ox、Oy 两个坐标轴上的投影的分量大小，$A_x=A\cos\theta$，$A_y=A\sin\theta$，矢量 $\boldsymbol{A}$ 的大小为图 1-18 中长方形的对角线长度，即

$$A=\sqrt{A_x^2+A_y^2}$$

矢量 $\boldsymbol{A}$ 的方向可借助图 1-18 中该矢量与坐标轴 Ox 的夹角 θ 的正切值表示

$$\tan\theta=\frac{A_y}{A_x}$$

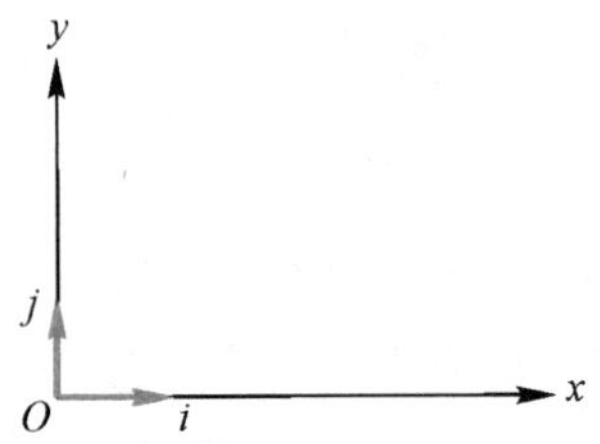

图 1-19　直角坐标系中沿两个坐标轴方向的单位矢量

如果将矢量在三维直角坐标系 $Oxyz$ 中进行分解，如图 1-20 所示，沿三个坐标轴方向的分矢量分别为 $\boldsymbol{A}_x$、$\boldsymbol{A}_y$ 和 $\boldsymbol{A}_z$，矢量 $\boldsymbol{A}$ 为这三个分矢量之和，可写作

$$\boldsymbol{A}=\boldsymbol{A}_x+\boldsymbol{A}_y+\boldsymbol{A}_z$$

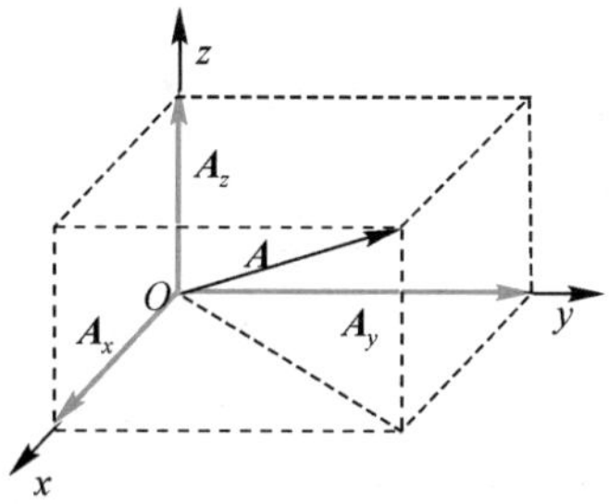

图 1-20　矢量在直角坐标系中沿三个坐标轴方向的分矢量

如图 1-21 所示，在直角坐标系 $Oxyz$ 中，沿三个坐标轴 Ox、Oy、Oz 方向的单位矢量分别为 $\boldsymbol{i}$、$\boldsymbol{j}$、$\boldsymbol{k}$，矢量 $\boldsymbol{A}$ 可进一步表示为

$$\boldsymbol{A}=A_x\boldsymbol{i}+A_y\boldsymbol{j}+A_z\boldsymbol{k} \tag{1-17}$$

其中，A_x、A_y 和 A_z 为矢量 $\boldsymbol{A}$ 在 Ox、Oy、Oz 三个坐标轴上的投影的分量大小，矢量 $\boldsymbol{A}$ 的大小为图 1-20 中立方体的体对角线长度，即

$$A=\sqrt{A_x^2+A_y^2+A_z^2} \tag{1-18}$$

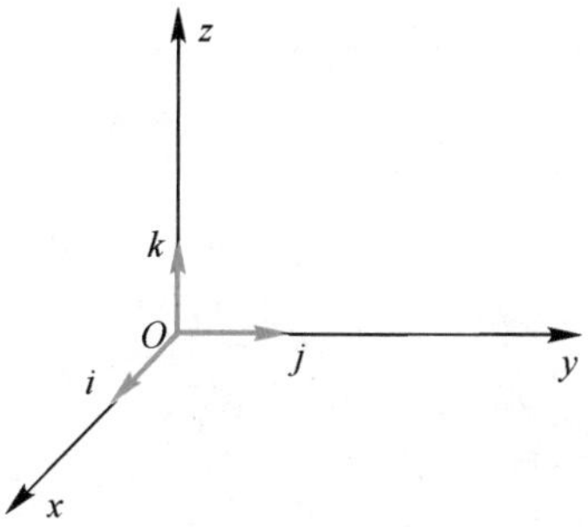

图 1-21　直角坐标系中沿三个坐标轴方向的单位矢量

矢量 $\boldsymbol{A}$ 的方向可借助图 1-22 中该矢量与三个坐标轴 Ox、Oy、Oz 的夹角 α、β、γ 的方向余弦表示：

$$\cos\alpha=\frac{A_x}{A},\ \cos\beta=\frac{A_y}{A},\ \cos\gamma=\frac{A_z}{A}$$

其中，$\cos^2\alpha+\cos^2\beta+\cos^2\gamma=1$。

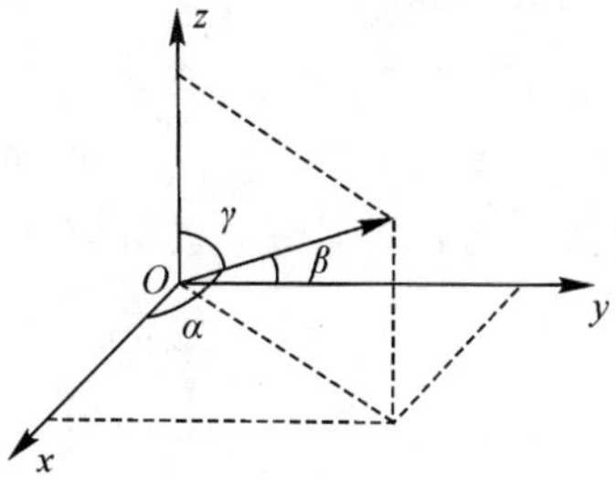

图 1-22　在三维直角坐标系中矢量与三个坐标轴的夹角

2）直角坐标系中矢量的加减运算

首先以二维直角坐标系为例，矢量 $\boldsymbol{A}$ 和 $\boldsymbol{B}$ 的合矢量为 $\boldsymbol{C}$，矢量 $\boldsymbol{A}$、$\boldsymbol{B}$、$\boldsymbol{C}$ 可以表示为

$$\boldsymbol{A}=A_x\boldsymbol{i}+A_y\boldsymbol{j}$$
$$\boldsymbol{B}=B_x\boldsymbol{i}+B_y\boldsymbol{j}$$
$$\boldsymbol{C}=C_x\boldsymbol{i}+C_y\boldsymbol{j}$$

如图 1-23 所示，$C_x=A_x+B_x$，$C_y=A_y+B_y$，因此，

$$\begin{aligned}\boldsymbol{C}=\boldsymbol{A}+\boldsymbol{B}&=A_x\boldsymbol{i}+A_y\boldsymbol{j}+B_x\boldsymbol{i}+B_y\boldsymbol{j}\\&=(A_x+B_x)\boldsymbol{i}+(A_y+B_y)\boldsymbol{j}\\&=C_x\boldsymbol{i}+C_y\boldsymbol{j}\end{aligned}$$

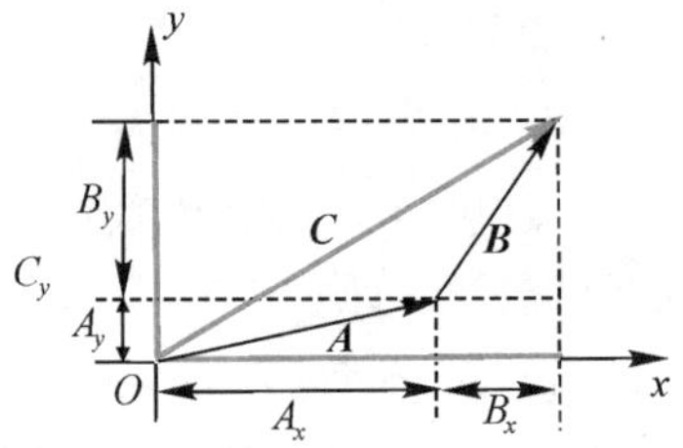

图 1-23　二维直角坐标系中的合矢量示意图

同理，在三维直角坐标系中，

$$\begin{aligned}\boldsymbol{C}=\boldsymbol{A}+\boldsymbol{B}&=A_x\boldsymbol{i}+A_y\boldsymbol{j}+A_z\boldsymbol{k}+B_x\boldsymbol{i}+B_y\boldsymbol{j}+B_z\boldsymbol{k}\\&=(A_x+B_x)\boldsymbol{i}+(A_y+B_y)\boldsymbol{j}+(A_z+B_z)\boldsymbol{k}\\&=C_x\boldsymbol{i}+C_y\boldsymbol{j}+C_z\boldsymbol{k}\end{aligned}\tag{1-19}$$

其中，$C_x=A_x+B_x$，$C_y=A_y+B_y$，$C_z=A_z+B_z$。

对于矢量的减法，在三维直角坐标系中即为

$$\begin{aligned}\boldsymbol{C}=\boldsymbol{A}-\boldsymbol{B}&=A_x\boldsymbol{i}+A_y\boldsymbol{j}+A_z\boldsymbol{k}-(B_x\boldsymbol{i}+B_y\boldsymbol{j}+B_z\boldsymbol{k})\\&=(A_x-B_x)\boldsymbol{i}+(A_y-B_y)\boldsymbol{j}+(A_z-B_z)\boldsymbol{k}\\&=C_x\boldsymbol{i}+C_y\boldsymbol{j}+C_z\boldsymbol{k}\end{aligned}$$

其中，$C_x=A_x-B_x$，$C_y=A_y-B_y$，$C_z=A_z-B_z$。

3. 矢量函数的导数和积分

在数学中，函数往往随自变量 x 变化，在积分和求导运算中是对 x 进行操作的。而在物理学中，通常所研究的物理量随时间变化，自变量为时间 t，因此，在积分和求导运算中经常对 t 进行操作。以矢量 $\boldsymbol{A}$ 为例，其随时间的变化关系为 $\boldsymbol{A}(t)$，在直角坐标系 $Oxyz$ 中，$\boldsymbol{A}(t)=A_x(t)\boldsymbol{i}+A_y(t)\boldsymbol{j}+A_z(t)\boldsymbol{k}$，由于三个坐标轴上的单位矢量 $\boldsymbol{i}$、$\boldsymbol{j}$、$\boldsymbol{k}$ 大小和方向均不随时间变化，因此在求导过程中可视为常量，矢量 $\boldsymbol{A}(t)$ 的导数为

$$\frac{\mathrm{d}\boldsymbol{A}(t)}{\mathrm{d}t}=\frac{\mathrm{d}A_x(t)}{\mathrm{d}t}\boldsymbol{i}+\frac{\mathrm{d}A_y(t)}{\mathrm{d}t}\boldsymbol{j}+\frac{\mathrm{d}A_z(t)}{\mathrm{d}t}\boldsymbol{k}\tag{1-20}$$

矢量 $\boldsymbol{A}(t)$ 在时间区间 $[t_1, t_2]$ 的积分为

$$\int_{t_1}^{t_2}\boldsymbol{A}(t)\mathrm{d}t=\left(\int_{t_1}^{t_2}A_x(t)\mathrm{d}t\right)\boldsymbol{i}+\left(\int_{t_1}^{t_2}A_y(t)\mathrm{d}t\right)\boldsymbol{j}+\left(\int_{t_1}^{t_2}A_z(t)\mathrm{d}t\right)\boldsymbol{k}\tag{1-21}$$

1.3.2 直角坐标系下描述质点运动的物理量

相较于一维直线运动，高维空间中的运动更加复杂，例如我们可以很容易地在平直的马路上驾车行驶，但是如果没有经过系统、严格的训练，则很难将飞机从高空降落在机场的预定跑道，也很难在投篮过程中准确命中，因为高维空间中物体的运动轨迹更加难以预测。本节我们将首先在直角坐标系下对高维空间中质点的运动进行定性描述与定量分析。

1. 位置、运动方程与位移

在天气信息平台上我们常常会看到这样的台风预警信息：中央气象台 12 月 21 日 10 时继续发布台风蓝色预警，今年第 23 号台风“科罗旺”的中心今天上午 8 点钟位于南沙永暑礁南偏东方向约 55 公里的南海南部海面。通过这条消息，我们便可知道 8 点钟台风“科罗旺”的位置，有关台风位置的三个关键信息为：① 参考点为南沙永暑礁；② 方向为南偏东；③ 距离为 55 公里。因此，要确定运动质点在高维空间中的位置，首先需要在选定参考系中确立参考点 O，然后以 O 为始端，引一条确定长度的有向线段，线段的末端即为质点的位置。这样的有向线段称为**位置矢量**，简称**位矢**，通常用 $\boldsymbol{r}$ 表示。

如图 1-24 所示，在直角坐标系 $Oxyz$ 中，图中的黑色曲线给出了运动质点(直升飞机)的运动轨迹，某一时刻飞机的位置矢量 $\boldsymbol{r}$ 可表示为

$$\boldsymbol{r}=x\boldsymbol{i}+y\boldsymbol{j}+z\boldsymbol{k} \tag{1-22}$$

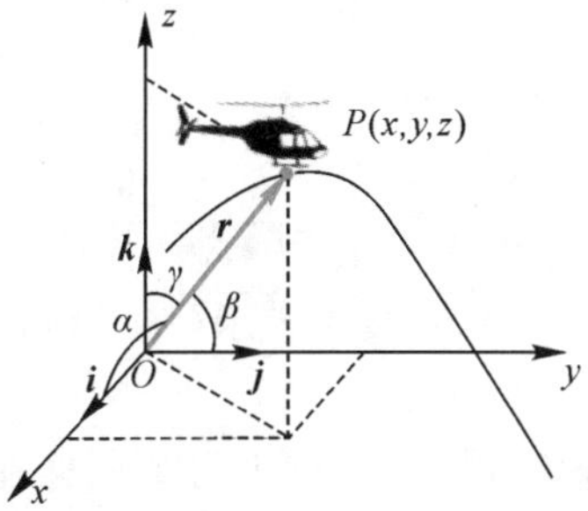

图 1-24 直升飞机在某一时刻的位置矢量

位置矢量 $\boldsymbol{r}$ 的大小为

$$r=|\boldsymbol{r}|=\sqrt{x^2+y^2+z^2} \tag{1-23}$$

位置矢量 $\boldsymbol{r}$ 的方向为

$$\cos\alpha=\frac{x}{r},\ \cos\beta=\frac{y}{r},\ \cos\gamma=\frac{z}{r} \tag{1-24}$$

运动质点的位置是随时间变化的，位置矢量 $\boldsymbol{r}$ 在三个坐标轴上的分量 x、y、z 也随时间变化。因此，位置矢量 $\boldsymbol{r}$ 为时间 t 的函数，有

$$\boldsymbol{r}=\boldsymbol{r}(t)=x(t)\boldsymbol{i}+y(t)\boldsymbol{j}+z(t)\boldsymbol{k} \tag{1-25}$$

该式称为质点在高维空间中的**运动方程**。运动方程也可表示成如下的分量形式：

$$\begin{cases}x=x(t)\\y=y(t)\\z=z(t)\end{cases} \tag{1-26}$$

基于运动方程的分量形式消去时间 t，便可得到质点的**轨道方程**，轨道方程仅是 x、y、z 的函数，不包含时间信息。

经过一段时间，运动质点的位置会发生变化，产生位移。如图 1-25 所示，直升飞机在时间 t 时刻时位于 A 点处，位置矢量为 $\boldsymbol{r}_A$；经过一段时间Δt 后直升飞机运动到 B 点处，位置矢量变为 $\boldsymbol{r}_B$。在这个过程中，飞机的位移为由 A 点指向 B 点的有向线段，即为**位移矢量**，通常写作$\Delta\boldsymbol{r}$。

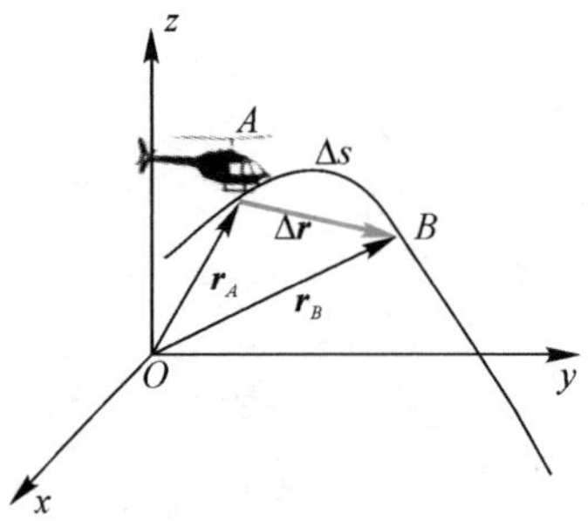

图 1-25　直升飞机在某一时间段内的位移矢量

由于 $\boldsymbol{r}_B=\boldsymbol{r}_A+\Delta\boldsymbol{r}$，因此

$$\begin{aligned}\Delta\boldsymbol{r}&=\boldsymbol{r}_B-\boldsymbol{r}_A\\&=(x_B-x_A)\boldsymbol{i}+(y_B-y_A)\boldsymbol{j}+(z_B-z_A)\boldsymbol{k}\\&=\Delta x\boldsymbol{i}+\Delta y\boldsymbol{i}+\Delta z\boldsymbol{i}\end{aligned}\tag{1-27}$$

位移的大小为

$$|\Delta\boldsymbol{r}|=\sqrt{\Delta x^2+\Delta y^2+\Delta z^2}\tag{1-28}$$

三维空间中位移的方向可由其方向余弦表示(在二维直角坐标系中，通常用位移矢量与坐标轴 Ox 的夹角 θ 的正切值表示)。

在一维直线运动中已经提到位移与路程的区别，同样在高维空间中，一般位移的大小与路程不相等。在图 1-25 中，位移的大小$|\Delta\boldsymbol{r}|$是 A、B 两点间直线的长度，而路程Δs 为 A、B 两点间沿轨迹的弧长，显然$|\Delta\boldsymbol{r}|\neq\Delta s$。两点间曲线的长度大于直线距离，因此一般情况下$|\Delta\boldsymbol{r}|\leqslant\Delta s$。在两种情况下等号成立，一种情况是在一维直线运动中，当质点作单向直线运动时，位移的大小等于路程。另外一种情况是在高维空间的曲线运动中，当 $\Delta t\to0$ 时的极限条件下，位移非常小，可化曲为直，$\lim\limits_{\Delta t\to0}|\Delta\boldsymbol{r}|=\lim\limits_{\Delta t\to0}|\Delta s|$，也就是$|\mathrm{d}\boldsymbol{r}|=\mathrm{d}s$。这个极限条件可以这样通俗理解，大的视野下地球表面是弯曲的，但是站在地球表面上的我们，由于视野非常小，只能看到地球表面非常小的一部分，在这种情况下可认为地球表面是平直的。

2. 速度

在图 1-25 中，运动质点在Δt 时间段内的位移矢量为$\Delta\boldsymbol{r}$，因此**平均速度**为

$$\bar{\boldsymbol{v}}=\frac{\Delta\boldsymbol{r}}{\Delta t}\tag{1-29}$$

平均速度的方向与位移矢量的方向相同。

在 $\Delta t\to0$ 的极限条件下，**瞬时速度**(简称**速度**)为

$$\boldsymbol{v}=\lim_{\Delta t\to 0}\frac{\Delta \boldsymbol{r}}{\Delta t}=\frac{\mathrm{d}\boldsymbol{r}}{\mathrm{d}t} \tag{1-30}$$

速度是质点运动方程 $\boldsymbol{r}(t)$ 对时间的一阶导数。速度的方向为 $\Delta t\to 0$ 时平均速度或位移矢量的极限方向。如图 1-26(a)所示，在 $\Delta t\to 0$ 的过程中，随着 Δt 的不断减小，B 点沿着运动曲线无线靠近 A 点，位移矢量的方向趋向于 A 点处的切线方向。因此，**质点在高维空间中做曲线运动时，某点处的运动方向(即速度方向)为该点处曲线的切线方向，并指向运动的前进方向**，如图 1-26(b)图所示。例如，用切割机的飞轮切割钢铁时，溅出的火花往往沿着圆形飞轮的切线方向飞出。

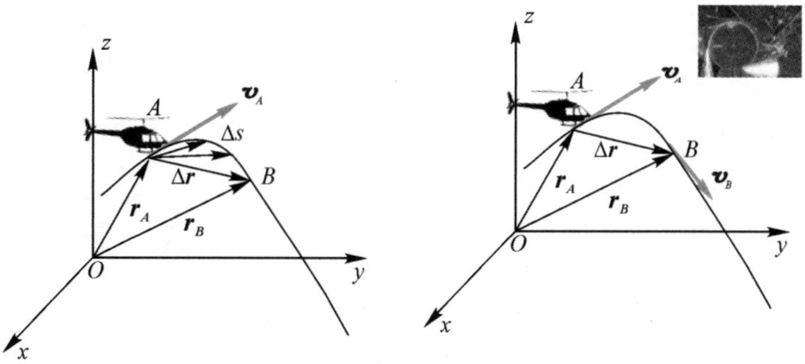

(a) 位移矢量的极限方向　　(b) 直升飞机某一时刻速度的方向示意图

图 1-26　高维空间中速度的方向

在三维直角坐标系中，速度矢量表示为

$$\begin{aligned}\boldsymbol{v}&=\frac{\mathrm{d}\boldsymbol{r}}{\mathrm{d}t}=\frac{\mathrm{d}x}{\mathrm{d}t}\boldsymbol{i}+\frac{\mathrm{d}y}{\mathrm{d}t}\boldsymbol{j}+\frac{\mathrm{d}z}{\mathrm{d}t}\boldsymbol{k}\\&=v_x\boldsymbol{i}+v_y\boldsymbol{j}+v_z\boldsymbol{k}\end{aligned} \tag{1-31}$$

速度的大小为

$$\begin{aligned}v&=|\boldsymbol{v}|=\sqrt{v_x^2+v_y^2+v_z^2}\\&=\sqrt{\left(\frac{\mathrm{d}x}{\mathrm{d}t}\right)^2+\left(\frac{\mathrm{d}y}{\mathrm{d}t}\right)^2+\left(\frac{\mathrm{d}z}{\mathrm{d}t}\right)^2}\end{aligned} \tag{1-32}$$

三维空间中速度的方向可由其方向余弦表示(在二维直角坐标系中，通常用速度矢量与坐标轴 Ox 的夹角 θ 的正切值表示)。

标量平均速率与瞬时速率的定义参见一维直线运动中的定义。

3. 加速度

同样，与一维直线运动类似，可以借助加速度这一物理量来刻画物体速度变化的快慢。

在图 1-27 中，运动质点在 Δt 时间段内的速度的增量为 $\Delta\boldsymbol{v}=\boldsymbol{v}_B-\boldsymbol{v}_A$，因此平均加速度为

$$\bar{\boldsymbol{a}}=\frac{\Delta\boldsymbol{v}}{\Delta t} \tag{1-33}$$

平均加速度的方向与速度增量的方向相同。

在 $\Delta t\to 0$ 的极限条件下，瞬时加速度(简称加速度)为

$$\boldsymbol{a}=\lim_{\Delta t\to 0}\frac{\Delta\boldsymbol{v}}{\Delta t}=\frac{\mathrm{d}\boldsymbol{v}}{\mathrm{d}t}=\frac{\mathrm{d}^2\boldsymbol{r}}{\mathrm{d}t^2} \tag{1-34}$$

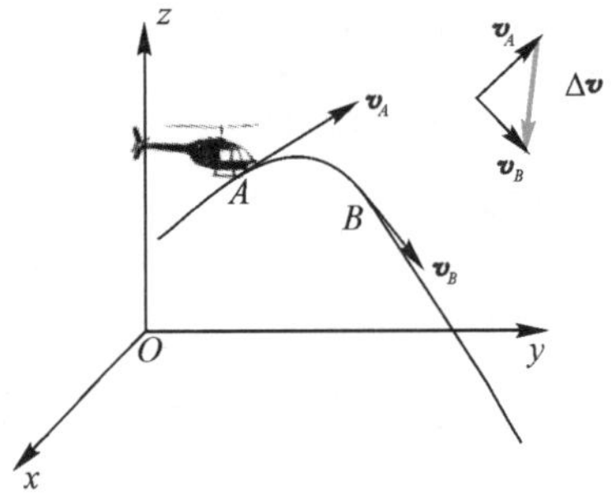

图 1-27　平均加速度为速度增量的方向

加速度为速度$\boldsymbol{v}(t)$对时间的一阶导数或位置矢量$\boldsymbol{r}(t)$的二阶导数。矢量加速度的方向为$\Delta t \to 0$时平均加速度或速度增量的极限方向。质点在高维空间中做曲线运动时，某点处的加速度方向总是指向运动曲线的凹侧。

在三维直角坐标系中，加速度矢量表示为

$$\boldsymbol{a}=\frac{\mathrm{d}\boldsymbol{v}}{\mathrm{d}t}=\frac{\mathrm{d}\boldsymbol{v}_x}{\mathrm{d}t}\boldsymbol{i}+\frac{\mathrm{d}\boldsymbol{v}_y}{\mathrm{d}t}\boldsymbol{j}+\frac{\mathrm{d}\boldsymbol{v}_z}{\mathrm{d}t}\boldsymbol{k}=\frac{\mathrm{d}^2\boldsymbol{r}}{\mathrm{d}t^2}=\frac{\mathrm{d}^2x}{\mathrm{d}t^2}\boldsymbol{i}+\frac{\mathrm{d}^2y}{\mathrm{d}t^2}\boldsymbol{j}+\frac{\mathrm{d}^2z}{\mathrm{d}t^2}\boldsymbol{k}=a_x\boldsymbol{i}+a_y\boldsymbol{j}+a_z\boldsymbol{k} \tag{1-35}$$

加速度的大小为

$$a=|\boldsymbol{a}|=\sqrt{a_x^2+a_y^2+a_z^2}=\sqrt{\left(\frac{\mathrm{d}v_x}{\mathrm{d}t}\right)^2+\left(\frac{\mathrm{d}v_y}{\mathrm{d}t}\right)^2+\left(\frac{\mathrm{d}v_z}{\mathrm{d}t}\right)^2}=\sqrt{\left(\frac{\mathrm{d}^2x}{\mathrm{d}t^2}\right)^2+\left(\frac{\mathrm{d}^2y}{\mathrm{d}t^2}\right)^2+\left(\frac{\mathrm{d}^2z}{\mathrm{d}t^2}\right)^2} \tag{1-36}$$

三维空间中加速度的方向可由其方向余弦表示(在二维直角坐标系中，通常用加速度矢量与坐标轴 Ox 的夹角 θ 的正切值表示)。

在高维运动中最典型的运动为抛体运动。将物体以一定的初速度向空中抛出，仅在重力作用下物体所做的运动称为**抛体运动**。例如在不考虑空气阻力的情况下，排球扣球、篮球投篮、铅球投掷、高台跳水、炮弹或导弹的发射以及喷出的水柱(如图 1-28 所示)均可看作抛体运动。抛体运动的典型特征为加速度恒为重力加速度 $\boldsymbol{g}$，方向竖直向下。接下来我们将在二维直角坐标系中讨论抛体运动的规律。

图 1-28　音乐喷泉喷出的拱形水柱

如图 1-29 所示，一物体以初速度 $\boldsymbol{v}_0$ 抛出，初速度的方向与水平面的夹角为 θ_0(选取锐角)，在二维直角坐标系下，初速度可分解为

$$\boldsymbol{v}_0=v_{0x}\boldsymbol{i}+v_{0y}\boldsymbol{j}=(v_0\cos\theta_0)\boldsymbol{i}+(v_0\sin\theta_0)\boldsymbol{j}$$

在整个运动过程中，物体的位置和速度时刻变化，但加速度恒定不变，方向始终竖直向下，水平方向无加速度。如图 1－29 所示，在水平方向上，由于加速度为零，速度不变，恒为 $v_0\cos\theta_0$，因此在水平方向上的运动为匀速直线运动（例如图 1－30(b)所示的滑板跳高，滑板运动员在水平方向与匀速向前滑行的滑板运动规律相同）；在竖直方向上，加速度恒为重力加速度 $\boldsymbol{g}$，因此在竖直方向上的运动为加速度恒定的匀变速直线运动（例如图 1－30(a)所示的实验，在相同高度相同时间抛出两球，水平抛出的小球在竖直方向上与自由下落的小球的运动规律相同）。

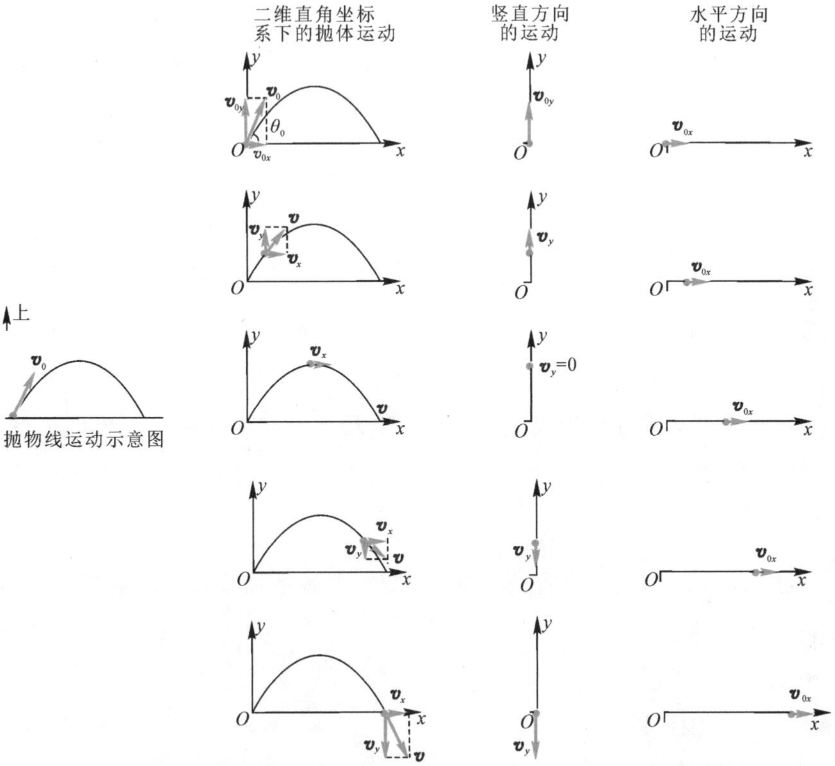

图 1－29 抛体运动示意图

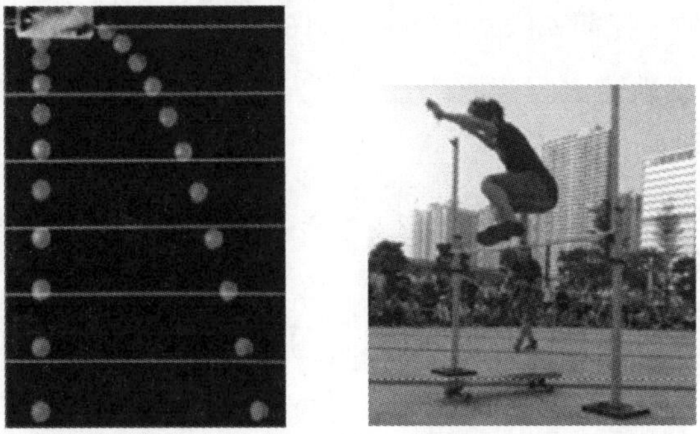

(a) 实验中的自由落体与平抛运动对比

(b) 滑板跳高运动

图 1－30 抛体运动在竖直以及水平方向的运动规律

虽然平抛运动为复杂的曲线运动，但可分解为水平和竖直两个方向上的简单的一维直线运动，并且通过生活实例以及实验可以证实两个方向上的运动相互独立、互不影响。

抛体运动在水平方向上加速度、速度以及位置随时间的变化满足匀速直线运动的规律，参见式(1-6)，即

$$a_x=0$$

$$v_x=v_{0x}=v_0\cos\theta$$

$$x=x_0+v_{0x}t=x_0+v_0\cos\theta t$$

抛体运动在竖直方向上加速度、速度以及位置随时间的变化满足加速度为 $\boldsymbol{g}$ 的匀变速直线运动的规律(向上为正方向)，参见式(1-7)，即

$$a_y=-g$$

$$v_y=v_{0y}+at=v_0\sin\theta-gt$$

$$y=y_0+v_{0y}t+\frac{1}{2}at^2=y_0+v_0\sin\theta t-\frac{1}{2}gt^2$$

在高维运动中，与一维运动类似，往往关注运动学的两类问题。一类是已知运动方程，运用求导的方法，求质点的运动速度以及加速度；另一类是已知质点的加速度，结合初始条件，运用积分的方法，求速度以及运动方程。不同之处在于由原来一维的标量运算上升为高维的矢量运算。接下来通过几个具体例子介绍高维运动中的运动学两类问题的分析与计算过程。

例 1-5 已知：一质点在二维直角坐标系 Oxy 中做平面运动，质点的运动方程为(SI 单位)$\boldsymbol{r}=3t\boldsymbol{i}-4t^2\boldsymbol{j}$。求：

(1) 质点的轨道方程。

(2) $t=2$ s 质点的速度$\boldsymbol{v}$。

(3) $t=2$ s 质点的加速度 $\boldsymbol{a}$。

解 (1) 由运动方程可知 $x=3t$，$y=-4t^2$，消去参量 t 得轨道方程为 $4x^2+9y=0$，其运动轨迹为抛物线。

(2) 将运动方程对时间求导，便可得到速度$\boldsymbol{v}=\frac{\mathrm{d}\boldsymbol{r}}{\mathrm{d}t}=\frac{\mathrm{d}x}{\mathrm{d}t}\boldsymbol{i}+\frac{\mathrm{d}y}{\mathrm{d}t}\boldsymbol{j}=3\boldsymbol{i}-8t\boldsymbol{j}$，当 $t=2$ s 时，$\boldsymbol{v}=3\boldsymbol{i}-16\boldsymbol{j}$，速度的大小为 $v=|\boldsymbol{v}|=\sqrt{3^2+16^2}\ \mathrm{m\cdot s^{-1}}\approx16.28\ \mathrm{m\cdot s^{-1}}$，速度的方向与 x 轴的夹角为 $\tan\theta=\frac{v_y}{v_x}=\frac{16}{3}$，$\theta\approx79.38°$。

(3) 将速度随时间变化的方程对时间求导，便可得到加速度 $\boldsymbol{a}=\frac{\mathrm{d}\boldsymbol{v}}{\mathrm{d}t}=\frac{\mathrm{d}v_x}{\mathrm{d}t}\boldsymbol{i}+\frac{\mathrm{d}v_y}{\mathrm{d}t}\boldsymbol{j}=-8\boldsymbol{j}$，当 $t=2$ s 时 $\boldsymbol{a}=-8\boldsymbol{j}$，加速度的大小为 $a=|\boldsymbol{a}|=8\ \mathrm{m\cdot s^{-2}}$，加速度的方向沿 y 轴负方向。

例 1-6　已知：一质点在二维直角坐标系 Oxy 中做平面运动，初始时刻 $t=0$ s 时质点静止在原点，质点的加速度为(SI 单位)$\boldsymbol{a}=5t^2\boldsymbol{i}+3\boldsymbol{j}$。求：

(1) 质点的速度以及运动方程。

(2) $t=2$ s 质点的速度$\boldsymbol{v}$ 。

(3) 质点的轨道方程。

解　(1) 由加速度定义有

$$\boldsymbol{a}=\frac{\mathrm{d}\boldsymbol{v}}{\mathrm{d}t}=5t^2\boldsymbol{i}+3\boldsymbol{j}$$

分离变量

$$\mathrm{d}\boldsymbol{v}=(5t^2\boldsymbol{i}+3\boldsymbol{j})\mathrm{d}t$$

依据初始条件取积分

$$\int_{v_0}^{v(t)}\mathrm{d}\boldsymbol{v}=\int_0^t(5t^2\boldsymbol{i}+3\boldsymbol{j})\mathrm{d}t$$

求积分得

$$\boldsymbol{v}(t)=\frac{5}{3}t^3\boldsymbol{i}+3t\boldsymbol{j}$$

由速度定义有

$$\boldsymbol{v}=\frac{\mathrm{d}\boldsymbol{r}}{\mathrm{d}t}=\frac{5}{3}t^3\boldsymbol{i}+3t\boldsymbol{j}$$

分离变量

$$\mathrm{d}\boldsymbol{r}=\left(\frac{5}{3}t^3\boldsymbol{i}+3t\boldsymbol{j}\right)\mathrm{d}t$$

依据初始条件取积分

$$\int_{r_0}^{r(t)}\mathrm{d}\boldsymbol{r}=\int_0^t\left(\frac{5}{3}t^3\boldsymbol{i}+3t\boldsymbol{j}\right)\mathrm{d}t$$

求积分得

$$\boldsymbol{r}(t)=\frac{5}{12}t^4\boldsymbol{i}+\frac{3}{2}t^2\boldsymbol{j}$$

(2) 当 $t=2$ s 时，$\boldsymbol{v}=\frac{40}{3}\boldsymbol{i}+6\boldsymbol{j}=13.33\boldsymbol{i}+6\boldsymbol{j}$，速度的大小为 $v=|\boldsymbol{v}|=\sqrt{13.33^2+6^2}$ $\mathrm{m\cdot s^{-1}}\approx 14.62\ \mathrm{m\cdot s^{-1}}$，速度的方向与 x 轴的夹角为 $\tan\theta=\frac{v_y}{v_x}=\frac{6}{13.33}$，$\theta\approx 24.23°$。

(3) 由运动方程可知 $x=\frac{5}{12}t^4$，$y=\frac{3}{2}t^2$，消去参量 t 得轨道方程为 $x-\frac{5}{27}y^2=0$。

1.3.3　自然坐标系下的速度与加速度

上一节介绍了如何建立直角坐标系，并在该坐标系下定义了位移、速度以及加速度等运动学物理量，实现了对质点运动的定量分析。本节将介绍另外一种坐标系——自然坐标系，自然坐标系常用于研究质点的平面曲线运动。

在研究质点的平面曲线运动时，自然坐标系的建立往往“顺其自然”，其中“其”为质点的运动轨迹，即自然坐标系是沿着质点的实际运动轨道建立的。坐标系的建立需要具备三个要素：原点、正方向以及单位长度。如何在质点的运动轨迹上确立三要素呢？例如，京沪高铁上火车沿着铁轨做平面曲线运动，始发站北京南站可选为坐标原点，但是在火车的行进过程中乘客往往无法区分东西南北方向，明确的方向为火车前进的方向，由于行进轨迹是确定的，可以借助火车沿着铁轨实际行进的路程即可唯一确定火车的实时位置，因此沿着铁轨可以建立如图 1-31 所示的自然坐标系。自然坐标系的原点 O 可在质点的运动轨迹上任意选取，通常选取质点运动的出发点。在运动轨迹的切向方向和法向方向建立两个相互垂直的正方向。切向方向为质点的前进方向，其单位矢量用 $\boldsymbol{e}_t$ 表示；法向方向垂直于前进方向并指向曲线凹侧，其单位矢量用 $\boldsymbol{e}_n$ 表示。质点在自然坐标系下的位置坐标用距离原点 O 的实际轨迹路程 s 表示。

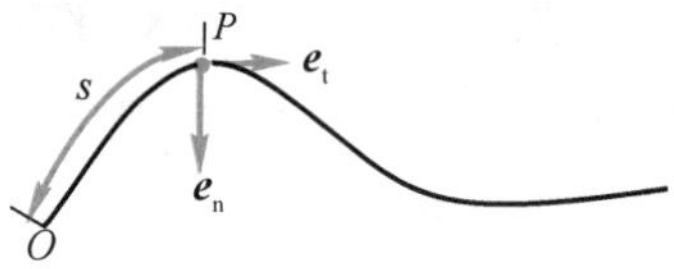

图 1-31 自然坐标系的建立

在此，需注意平面直角坐标系与自然坐标系单位矢量的区别。在平面直角坐标系中，单位矢量 $\boldsymbol{i}$、$\boldsymbol{j}$ 的方向不随时间变化，方向是固定的，例如日常生活中经常提到的东西南北；而在自然坐标系中，在描述曲线运动时，单位矢量 $\boldsymbol{e}_t$、$\boldsymbol{e}_n$ 是随着质点位置的不同而随时变化的，如图 1-32 所示。

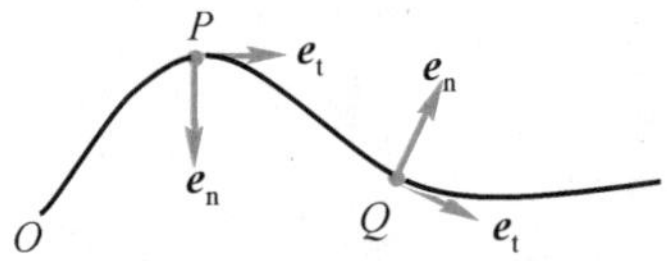

图 1-32 自然坐标系中单位矢量的变化

接下来，在建立好的自然坐标系中基于位置、速度以及加速度三个物理量对质点的运动进行描述。

质点在自然坐标系中的坐标随时间的变化可以表示为

$$s=s(t) \tag{1-37}$$

路程随时间的变化关系即为**自然坐标系下的运动方程**。

质点坐标位置随时间的变化快慢借助于自然坐标系下的速度进行描述，速度为矢量，大小为路程的一阶导数，方向沿着质点前进的方向切向 $\boldsymbol{e}_t$。例如，用切割机的飞轮切割钢铁时，溅出的火花往往沿着圆形飞轮的切线方向飞出。因此速度可表示为

$$\boldsymbol{v}=v\boldsymbol{e}_t=\frac{\mathrm{d}s}{\mathrm{d}t}\boldsymbol{e}_t \tag{1-38}$$

质点运动速度变化的快慢可以进一步定义加速度，在自然坐标系下，速度的大小 v 以及方向 $\boldsymbol{e}_t$ 均随时间发生改变，因此

$$\boldsymbol{a}=\frac{\mathrm{d}\boldsymbol{v}}{\mathrm{d}t}=\frac{\mathrm{d}(v\boldsymbol{e}_t)}{\mathrm{d}t}=\frac{\mathrm{d}v}{\mathrm{d}t}\boldsymbol{e}_t+v\frac{\mathrm{d}\boldsymbol{e}_t}{\mathrm{d}t}$$

加速度分为了两项，第一项 $\frac{\mathrm{d}v}{\mathrm{d}t}\boldsymbol{e}_t$ 源于速度大小 v 的改变带来的加速度，方向沿着切向，称之为**切向加速度**，表示为

$$\boldsymbol{a}_t=\frac{\mathrm{d}v}{\mathrm{d}t}\boldsymbol{e}_t=\frac{\mathrm{d}^2s}{\mathrm{d}t^2}\boldsymbol{e}_t$$

第二项 $v\frac{\mathrm{d}\boldsymbol{e}_t}{\mathrm{d}t}$ 中源于速度方向 $\boldsymbol{e}_t$ 的改变切向带来的加速度，单位矢量 $\boldsymbol{e}_t$ 随时间变化的一阶导数为 $\frac{\mathrm{d}\boldsymbol{e}_t}{\mathrm{d}t}=\frac{v}{\rho}\boldsymbol{e}_n$（推导过程参见本节的知识拓展），其中 ρ 为曲率。因此第二项可以表示为 $v\frac{\mathrm{d}\boldsymbol{e}_t}{\mathrm{d}t}=\frac{v^2}{\rho}\boldsymbol{e}_n$，方向沿着法向，称之为**法向加速度**，表示为

$$\boldsymbol{a}_{\mathrm{n}}=v\frac{\mathrm{d}\boldsymbol{e}_{\mathrm{t}}}{\mathrm{d}t}=\frac{v^2}{\rho}\boldsymbol{e}_{\mathrm{n}}$$

综上所述，在自然坐标系中，质点运动的加速度为

$$\boldsymbol{a}=\boldsymbol{a}_{\mathrm{t}}+\boldsymbol{a}_{\mathrm{n}}=\frac{\mathrm{d}v}{\mathrm{d}t}\boldsymbol{e}_{\mathrm{t}}+\frac{v^2}{\rho}\boldsymbol{e}_{\mathrm{n}} \tag{1-39}$$

总的加速度等于切向加速度与法向加速度的矢量和，如图 1－34 所示，加速度的大小为

$$a=\sqrt{a_{\mathrm{t}}^2+a_{\mathrm{n}}^2} \tag{1-40}$$

如图 1－33 所示，加速度的方向可通过与切向方向的夹角 θ 进行描述：

$$\tan\theta=\frac{a_{\mathrm{n}}}{a_{\mathrm{t}}} \tag{1-41}$$

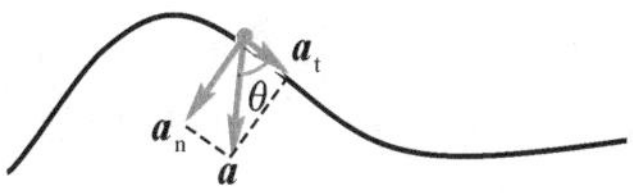

图 1－33　自然坐标系中的加速度

在自然坐标系中，由于切向加速度反映了速度大小随时间的变化，因此可以借助切向加速判定质点速度大小的变化，当切向加速为零时，质点做匀速运动，若不为零，则为变速运动；由于法向加速度反映了速度方向随时间的变化，因此可以借助法向加速度判定质点的运动方向的变化，当法向加速度为零时，质点作直线运动，若不为零时，则为曲线运动。因此在自然坐标系中，可以借助加速度判定质点是否做曲线、变速运动。

知识拓展：推导 $\frac{\mathrm{d}\boldsymbol{e}_{\mathrm{t}}}{\mathrm{d}t}$

按照高等数学导数的定义

$$\frac{\mathrm{d}\boldsymbol{e}_{\mathrm{t}}}{\mathrm{d}t}=\lim_{\Delta t\to 0}\frac{\Delta\boldsymbol{e}_{\mathrm{t}}}{\Delta t}$$

可以先求 $\frac{\Delta\boldsymbol{e}_{\mathrm{t}}}{\Delta t}$ 再取极限。如图 1－34(a)所示，在 Δt 时间内质点沿着轨道由 P_1 点行至 P_2 点，P_1 点处切向单位矢量为 $\boldsymbol{e}_{\mathrm{t}}(t)$，$P_2$ 点处切向单位矢量变为 $\boldsymbol{e}_{\mathrm{t}}(t+\Delta t)$，因此 $\Delta\boldsymbol{e}_{\mathrm{t}}=\boldsymbol{e}_{\mathrm{t}}(t+\Delta t)-\boldsymbol{e}_{\mathrm{t}}(t)$。先分析 $\Delta\boldsymbol{e}_{\mathrm{t}}$ 的大小，如图 1－34(b)所示，$|\Delta\boldsymbol{e}_{\mathrm{t}}|=2|\boldsymbol{e}_{\mathrm{t}}(t)|\sin\frac{\Delta\theta}{2}$，当 $\Delta t\to 0$ 时，$\Delta\theta\to 0$，$\sin\frac{\Delta\theta}{2}\approx\frac{\Delta\theta}{2}$，因此在极限 $\Delta t\to 0$ 的条件下，$|\Delta\boldsymbol{e}_{\mathrm{t}}|=|\boldsymbol{e}_{\mathrm{t}}(t)|\Delta\theta=\Delta\theta$。再分析 $\Delta\boldsymbol{e}_{\mathrm{t}}$ 的方向，当 $\Delta t\to 0$ 时，$\Delta\theta\to 0$，图 1－34(b)中等腰三角形的底角趋近于 90°，因此 $\Delta\boldsymbol{e}_{\mathrm{t}}$ 的方向趋近于的垂直方向 $\boldsymbol{e}_{\mathrm{t}}$，即法向 $\boldsymbol{e}_{\mathrm{n}}$，由此可得

$$\frac{\mathrm{d}\boldsymbol{e}_{\mathrm{t}}}{\mathrm{d}t}=\lim_{\Delta t\to 0}\frac{\Delta\boldsymbol{e}_{\mathrm{t}}}{\Delta t}=\lim_{\Delta t\to 0}\frac{\Delta\theta}{\Delta t}\boldsymbol{e}_{\mathrm{n}}$$

如图 1－34(a)所示，P_1 点至 P_2 点轨道的弧长为 Δs，当 Δt 较小时，Δs 对应于图中所示曲率圆心为 O、曲率半径为 ρ 的圆的一段圆弧弧长，弧长对应的圆心角为 $\Delta\theta$，$\Delta\theta=\frac{\Delta s}{\rho}$。因此

$$\frac{\mathrm{d}\boldsymbol{e}_{\mathrm{t}}}{\mathrm{d}t}=\lim_{\Delta t\to 0}\frac{\Delta s}{\rho\Delta t}\boldsymbol{e}_{\mathrm{n}}=\frac{1}{\rho}\frac{\mathrm{d}s}{\mathrm{d}t}\boldsymbol{e}_{\mathrm{n}}=\frac{v}{\rho}\boldsymbol{e}_{\mathrm{n}}$$

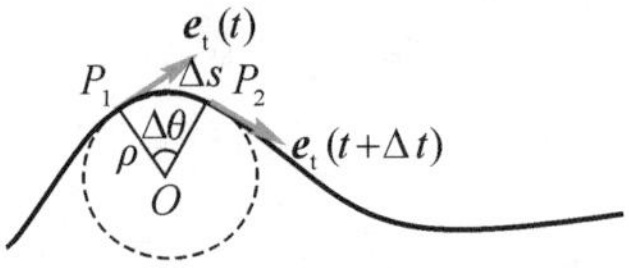

(a) 两个不同时刻下的切向单位矢量

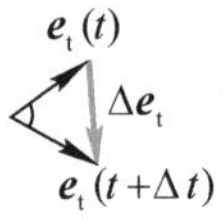

(b) 切向单位矢量的改变

图 1-34　切向单位矢量随时间的改变

1.3.4　圆周运动及其角量描述

质点做平面曲线运动时，如果曲率半径和曲率中心保持不变，则质点的运动轨迹为圆，此时质点的运动称为圆周运动。圆周运动是曲线运动的特例，也是第 3 章研究刚体定轴转动的基础。描述圆周运动的方法有两种：一种是借助线量描述，即位矢、位移、速度以及加速度；另一种是借助角量描述，即角位置、角位移、角速度以及角加速度。两种方法既有区别又有联系。

首先，通过线量描述圆周运动，质点的位置借助沿圆周转过的弧长 s 确定，位移为 Δs，质点的运动方程为 $s=s(t)$。

质点做圆周运动的速度为

$$\boldsymbol{v}=v\boldsymbol{e}_t=\frac{\mathrm{d}s}{\mathrm{d}t}\boldsymbol{e}_t \tag{1-42}$$

当质点做圆周运动时 $\rho=R$，加速度可表示为切向加速度与法向加速度的矢量和，即

$$\boldsymbol{a}=\boldsymbol{a}_t+\boldsymbol{a}_n=\frac{\mathrm{d}v}{\mathrm{d}t}\boldsymbol{e}_t+\frac{v^2}{R}\boldsymbol{e}_n \tag{1-43}$$

由于在圆周运动中，法向始终指向圆心，因此法向加速度 $\boldsymbol{a}_n=\frac{v^2}{R}\boldsymbol{e}_n$ 也常称为**向心加速度**。

接下来通过角量描述圆周运动。如图 1-35 所示，圆周运动的半径为 R，某一时刻 t 质点处于 A 点，该点处的位置也可以借助该点处的位矢与 Ox 轴正方向的夹角确定，该夹角称为**角位置**，记作 θ。角位置随时间的变化表示为

$$\theta=\theta(t) \tag{1-44}$$

上式也就是**角量描述中的运动方程**。

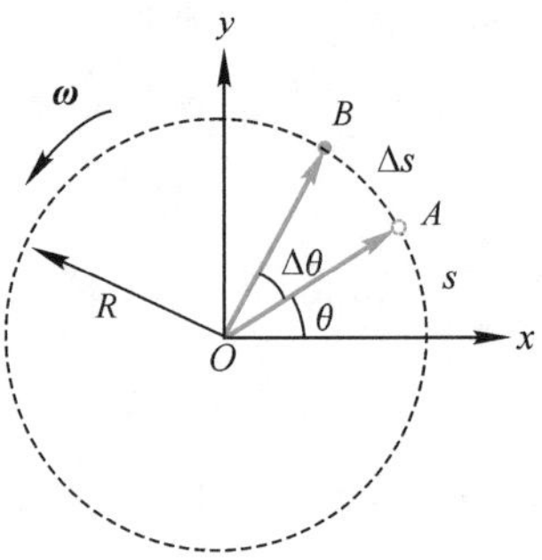

图 1-35　圆周运动的角量描述

经过一段时间 Δt 后，质点沿着圆弧由 A 点行至 B 点，在运动的过程中位矢的大小不变，位矢转过的角度为 $\Delta\theta$，称为质点相对于圆心 O 的**角位移**，表示为

$$\Delta\theta=\theta(t+\Delta t)-\theta(t) \tag{1-45}$$

质点做圆周运动时，角位移不但有大小之分，还有正负之分，一般规定：沿逆时针方向转动的角位移为正，沿顺时针方向转动的角位移为负。

在角量描述中，角位置和角位移的单位为**弧度**，用 rad 表示，而不是用转(rev)或度(°)表示。例如圆周运动旋转一圈转过的圆周的周长为 $2\pi R$，与半径 R 有关，但转过的弧度不依赖于半径，均为 2π rad。弧度、转以及度的关系为

$$1\ \text{rev}=360^\circ=\frac{2\pi R}{R}=2\pi\ \text{rad}$$

因此

$$1\ \text{rad}=57.3^\circ=0.159\ \text{rev}$$

需注意，如果圆周运动旋转一周回到起始位置，转过的角度不归零。例如圆周运动旋转两周，角位移为 4π rad。

在时间段 Δt 内角位移为 $\Delta\theta$，角位移与时间间隔的比值为**平均角速度**，用 $\bar{\omega}$ 表示，表达式为

$$\bar{\omega}=\frac{\Delta\theta}{\Delta t} \tag{1-46}$$

在极限条件 $\Delta t\to 0$ 下，平均角速度的极限值可以定义**瞬时角速度**，简称**角速度**，即

$$\omega=\lim_{\Delta t\to 0}\frac{\Delta\theta}{\Delta t}=\frac{\mathrm{d}\theta}{\mathrm{d}t} \tag{1-47}$$

角速度是角位置随时间的变化量，是角位置对时间的一阶导数，其单位为 rad/s 或 $\text{rad}\cdot\text{s}^{-1}$。

同样，在时间段 Δt 内角速度的变化为 $\Delta\omega$，角速度的变化与时间间隔的比值为平均角加速度，用 $\bar{\alpha}$ 表示，表达式为

$$\bar{\alpha}=\frac{\Delta\omega}{\Delta t} \tag{1-48}$$

在极限条件 $\Delta t\to 0$ 下，平均角加速度的极限值可以定义**瞬时角加速度**，简称**角加速度**，即

$$\alpha=\lim_{\Delta t\to 0}\frac{\Delta\omega}{\Delta t}=\frac{\mathrm{d}\omega}{\mathrm{d}t}=\frac{\mathrm{d}^2\theta}{\mathrm{d}t^2} \tag{1-49}$$

角加速度是角速度随时间的变化率，是角速度对时间的一阶导数，是角位置对时间的二阶导数，其单位为 rad/s^2 或 $\text{rad}\cdot\text{s}^{-2}$。

在圆周运动中借助角量求解运动学的两类问题与线量的方法类似，如果已知角量中的运动学方程，则可以借助求导的方法求角速度以及角加速度；如果已知初始条件以及角加速度，则可以借助积分的方法求角速度以及角位置。

质点做平面圆周运动时，角速度可以看作矢量 $\boldsymbol{\omega}$，方向如图 1-36 所示，角速度的方

向满足右手螺旋定则，右手的四指沿着质点转动的方向弯曲，伸直的拇指方向即为角速度的方向。

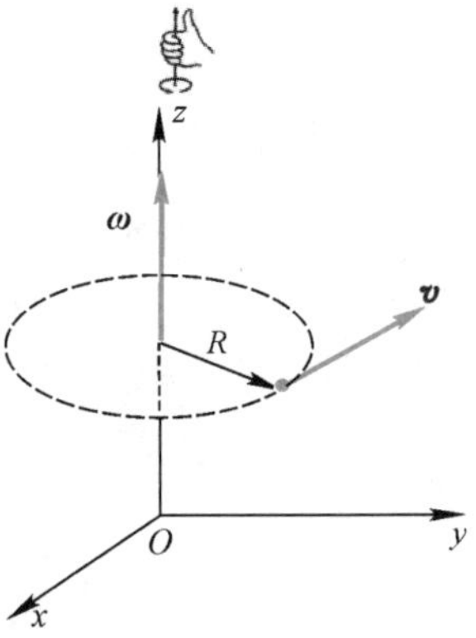

图 1-36　角速度的方向

如果质点做匀速圆周运动，角量运动学方程与匀速直线运动的线量运动学方程类似，即

$$\begin{cases}\alpha=0\\ \omega=\omega_0\\ \theta=\theta_0+\omega_0 t\end{cases}\tag{1-50}$$

同样，如果质点做匀变速圆周运动，角量运动学方程与匀变速直线运动的线量运动学方程类似，即

$$\begin{cases}\alpha=\alpha\\ \omega=\omega_0+\alpha t\\ \theta=\theta_0+\omega_0 t+\dfrac{1}{2}\alpha t^2\end{cases}\tag{1-51}$$

同一种圆周运动，有线量、角量两种描述方法，两种方法之间必然存在联系。由图 1-35 可以看出，线量中转过的弧长 Δs 与角量中转过的角度 $\Delta\theta$ 之间的关系与圆周半径 R 有联系，即

$$\Delta s=R\Delta\theta\tag{1-52a}$$

线量中的速度与角量中的角速度之间的关系也与圆周半径 R 有联系，即

$$v=\frac{\mathrm{d}s}{\mathrm{d}t}=R\frac{\mathrm{d}\theta}{\mathrm{d}t}=R\omega\tag{1-52b}$$

线量中的加速度分为切向加速度与法向加速度两部分，它们与角量中的物理量的联系为

$$\begin{cases}a_{\mathrm{t}}=\dfrac{\mathrm{d}v}{\mathrm{d}t}=R\dfrac{\mathrm{d}\omega}{\mathrm{d}t}=R\alpha\\ a_{\mathrm{n}}=\dfrac{v^2}{R}=\dfrac{R^2\omega^2}{R}=R\omega^2\end{cases}\tag{1-52c}$$

例 1-7 已知：一质点沿半径为 R 的圆周做 $s=v_0t-\frac{1}{2}bt^2$ 的规律运动，式中 s 为质点离圆周某点的弧长，v_0、b 均为常量。求：

(1) t 时刻质点的加速度的大小。

(2) t 为何值时，加速度在数值上等于 b。

(3) t 时刻质点的角速度和角加速度的大小。

解 (1) 由速度定义有 $v=\frac{ds}{dt}=v_0-bt$。由加速度的定义有 $\boldsymbol{a}=\boldsymbol{a}_t+\boldsymbol{a}_n=\frac{dv}{dt}\boldsymbol{e}_t+\frac{v^2}{\rho}\boldsymbol{e}_n$，$a=\sqrt{a_t^2+a_n^2}$。其中切向加速度的大小为 $\boldsymbol{a}_t=\frac{dv}{dt}\boldsymbol{e}_t=-b\boldsymbol{e}_t$；法向加速度的大小为 $\boldsymbol{a}_n=\frac{v^2}{\rho}\boldsymbol{e}_n=\frac{v^2}{R}\boldsymbol{e}_n=\frac{(v_0-bt)^2}{R}\boldsymbol{e}_n$，因此加速度为 $\boldsymbol{a}=\boldsymbol{a}_t+\boldsymbol{a}_n=-b\boldsymbol{e}_t+\frac{(v_0-bt)^2}{R}\boldsymbol{e}_n$，加速度大小为 $a=\sqrt{a_t^2+a_n^2}=\sqrt{b^2+\frac{(v_0-bt)^4}{R^2}}$。

(2) 当 $a=b$ 时 $v_0-bt=0$，即 $t=\frac{v_0}{b}$。

(3) 角速度的大小为 $\omega=\frac{v}{R}=\frac{v_0-bt}{R}$，角加速度的大小为 $\alpha=\frac{d\omega}{dt}=-\frac{b}{R}$。

例 1-8 已知：半径为 $r=0.2$ m 的飞轮，可绕 O 轴转动。已知轮缘上一点 M 的运动方程为 $\theta=-t^2+4t$，求在 1 s 时刻 M 点的速度和加速度。

解 M 点处的角速度为 $\omega=\frac{d\theta}{dt}=-2t+4$，角加速度为 $\alpha=\frac{d\omega}{dt}=-2\ \mathrm{rad\cdot s^{-2}}$。$M$ 点处的速度为 $v=r\omega=0.2(-2t+4)=-0.4t+0.8$。切向加速度为 $a_t=\frac{dv}{dt}=-0.4\ \mathrm{m\cdot s^{-1}}$；法向加速度为 $a_n=\frac{v^2}{r}=\frac{(-0.4t+0.8)^2}{0.2}=0.8(t-2)^2$，总的加速度为 $a=\sqrt{a_t^2+a_n^2}=\sqrt{0.16+0.64(t-2)^4}$。

因此，当 $t=1$ s 时，速度的大小为 $v=-0.4t+0.8=0.4\ \mathrm{m\cdot s^{-1}}$，加速度的大小为 $a=\sqrt{0.16+0.64(t-2)^4}\approx0.89\ \mathrm{m\cdot s^{-2}}$，加速度的方向为 $\theta=\arctan\frac{a_n}{a_t}=\arctan2\approx63.4°$

1.4 相对运动

在描述质点的机械运动中，需要选取适当的参考系，参考系选取不同，则运动情况也不同，这是运动的相对性。下面分析同一质点相对于不同两个参考系运动之间的关系。

如图 1-37 所示，在空间中选取两个参考系 S 和 S'，分别在两个参考系建立坐标系。参考系 S' 相对于参考系 S 以恒定的速度 $\boldsymbol{u}$ 做匀速直线运动，选取参考系 S 为**静止参考系**，参考系 S' 为**运动参考系**。在移动过程中，两个参考系的坐标轴始终保持平行。对于一个处于运动参照系中的物体，相对于静止参照系的运动称为**绝对运动**；物体相对于运动参照系的运动称为**相对运动**；运动参照系相对于静止参照系的运动称为**牵连运动**。

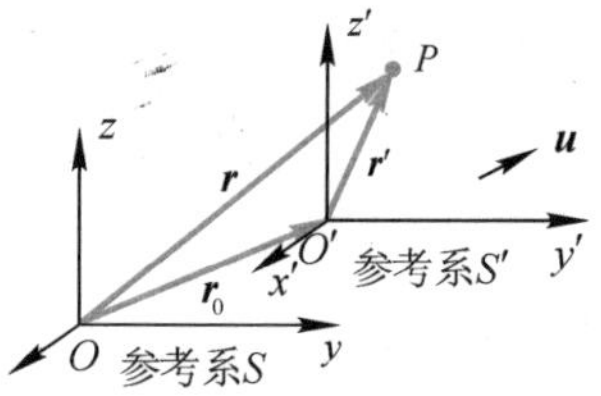

图 1-37 质点相对于两个不同参考系的运动

运动质点在参考系 S'下的位置矢量为 $\boldsymbol{r}'$，在参考系 S'下的位置矢量为 $\boldsymbol{r}$，参考系 S'下的原点 O'在参考系 S 中的位置矢量为 $\boldsymbol{r}_0$。根据矢量相加，有

$$\boldsymbol{r}=\boldsymbol{r}_0+\boldsymbol{r}' \tag{1-53}$$

上式左右两端分别对时间求导，得

$$\frac{\mathrm{d}\boldsymbol{r}}{\mathrm{d}t}=\frac{\mathrm{d}(\boldsymbol{r}_0+\boldsymbol{r}')}{\mathrm{d}t}=\frac{\mathrm{d}\boldsymbol{r}_0}{\mathrm{d}t}+\frac{\mathrm{d}\boldsymbol{r}'}{\mathrm{d}t}$$

式中$\frac{\mathrm{d}\boldsymbol{r}}{\mathrm{d}t}$为质点相对于静止参考系 S 的运动速度，称为**绝对速度**，记作$\boldsymbol{v}$；$\frac{\mathrm{d}\boldsymbol{r}}{\mathrm{d}t}$为质点相对于运动参考系 S'的运动速度，称为**相对速度**，记作$\boldsymbol{v}'$；$\frac{\mathrm{d}\boldsymbol{r}_0}{\mathrm{d}t}$为运动参考系 S'对于静止参考系 S 的运动速度，称为**牵连速度**，即为 $\boldsymbol{u}$。因此，有

$$\boldsymbol{v}=\boldsymbol{u}+\boldsymbol{v}' \tag{1-54}$$

上式给出了运动质点相对于两个不同参考系运动速度的关系，称为**速度变换式**。

如果继续将式(1-54)左右进一步对时间求导，可得

$$\frac{\mathrm{d}\boldsymbol{v}}{\mathrm{d}t}=\frac{\mathrm{d}(\boldsymbol{u}+\boldsymbol{v}')}{\mathrm{d}t}=\frac{\mathrm{d}\boldsymbol{u}}{\mathrm{d}t}+\frac{\mathrm{d}\boldsymbol{v}'}{\mathrm{d}t}$$

式中$\frac{\mathrm{d}\boldsymbol{v}}{\mathrm{d}t}$为质点相对于静止参考系 S 运动的加速度，记作 $\boldsymbol{a}$；$\frac{\mathrm{d}\boldsymbol{v}'}{\mathrm{d}t}$为质点相对于运动参考系 S'运动的加速度，记作 $\boldsymbol{a}'$；$\frac{\mathrm{d}\boldsymbol{u}}{\mathrm{d}t}$为运动参考系 S'对于静止参考系 S 运动的速度，记作 $\boldsymbol{a}_0$。因此，有

$$\boldsymbol{a}=\boldsymbol{a}_0+\boldsymbol{a}' \tag{1-55}$$

由于参考系 S'相对于参考系 S 以恒定的速度 $\boldsymbol{u}$ 做匀速直线运动，因此 $\boldsymbol{a}_0=0$，则有

$$\boldsymbol{a}=\boldsymbol{a}' \tag{1-56}$$

此式表明，如果两个不同参考系做相对匀速直线运动，则在两个参考系下测量质点运动的加速度相同。

需要注意的是，在以上推导中我们默认了在两个参考系下测量同一长度的量值是相同的，即长度的测量与参考系的选取无关，例如在火车上人的身高与以地面为参考系测量的身高相等，这称为长度测量的绝对性。同时，时间的测量也默认与参考系的选取无关，这称为时间测量的绝对性。时间和长度两个测量的绝对性构成了牛顿的绝对时空观，也是本节以上各式成立的前提条件。当物体做接近于光速的高速运动时，空间和时间的测量会依赖于物体的运动，这也就是爱因斯坦的狭义相对论中的内容。因此，本节以上各式的适用条件为低速运动的宏观物体。

习　题

1-1　一辆汽车初始速度为 36 $km \cdot h^{-1}$，并以 0.25 $m \cdot s^{-2}$ 的加速度匀加速行驶，求 $t=20$ s 时汽车的速度。

1-2　一辆火车在长直斜坡上匀加速下行，在顶端的速度为 10 $m \cdot s^{-1}$，加速度为 0.1 $m \cdot s^{-2}$，在斜坡上行驶的时间为 40 s，求斜坡的长度。

1-3　在无风的情况下，一雨滴从高度为 $h=2000$ m 的高空沿直线由静止下落，如果忽略空气阻力，将雨滴看作自由落体运动，求雨滴落地的速度为多大。

1-4　一质点做匀加速直线运动，加速度的大小为恒定的常数 a。初始时刻的速度为 v_0、位置为 x_0。要求运用积分的方法求速度随时间的变化关系以及运动方程。

1-5　一质点在 $x-y$ 平面内运动，其运动学方程为 $\boldsymbol{r}=3\cos(4t)\boldsymbol{i}+3\sin(4t)\boldsymbol{j}$，求 t 时刻质点的位矢、速度、切向加速度以及该质点的轨迹方程。

1-6　已知一质点做直线运动，初始时刻静止在原点，其加速度 $a=4+2t$ $m \cdot s^{-2}$。求该质点在 $t=2$ s 时的速度和位置。

1-7　在半径为 R 的圆周上运动的质点，其速率与时间的关系为 $v=2t^2$，求：

(1) 从 0 到 t 时刻质点走过的路程。

(2) t 时刻质点的切向加速度以及法向加速度。

1-8　一质点沿半径为 0.1 m 的圆周运动，其运动方程为 $\theta=3+4t^3$，角度的单位为弧度，时间的单位为秒，求：

(1) $t=2$ s 时质点的切向加速度与法向加速度的大小。

(2) 当切向加速度的大小为总的加速度的一半时，求角位置 θ。

1-9　一转盘以转速 $n=1500$ $rev \cdot min^{-1}$ 转动，受制动后均匀减速，经过 100 s 后静止，求：

(1) 转盘的角加速度 α 以及由制动到静止转盘的转数。

(2) 制动开始后 $t=50$ s 时转盘的角速度。

(3) 如果转盘的半径为 1 m，求 $t=50$ s 时转盘边缘处任意一点的速度和加速度。

1-10　一辆开着后门的卡车，车厢高为 2 m，当卡车停在路上时，雨滴能被风吹进车厢内 1.5 m 处，见图 1-38。当卡车以 6 $m \cdot s^{-1}$ 的速度沿着平直公路行驶时，雨滴恰好不能落入车厢内。分别求雨滴相对于卡车和雨滴相对于地面的速度。

图 1-38　习题 1-10 图

第2章 动力学基本定律

2-1 课程思政　　2-2 课程思政

自然界中物体的运动并不是孤立的，它们之间存在多种多样的相互作用，正是由于这些相互作用，物体的形状、运动状态以及微观性质等多方面才会发生变化。第1章通过引入位矢、速度以及加速度等物理学量给出了描述质点运动状态以及状态变化的一般方法，即质点的运动学，但并未讨论质点运动状态变化背后的物理原因，也未探寻在多变的自然界运动中运动状态是否存在某些不变性规律，此即动力学的考察范畴。运动学是研究动力学的基础，但只有在动力学的基础上，才能依据相互作用进一步分析运动状态的变化规律。

在力学中，物体间的相互作用称为力，力是改变物体运动状态的物理原因。本章将首先基于运动学的基石——牛顿建立的三大定理，介绍力与运动的关系，分析力的瞬时效应如何使质点产生加速度。然后根据力在时间或空间上的积累效应会带来质点运动状态的改变，通过引入动量、角动量以及能量等力学量介绍质点的运动状态是如何定量表征的，并进一步分别借助动量定理、角动量定理以及动能定理描述质点运动状态是如何定量改变的及其遵循的物理规律。最后分别探讨质点的运动状态是如何保持不变的，并总结与之相应的守恒定律。

牛顿最早基于低速运动的宏观物体提出了力学三大定律以及万有引力定律，建立起了力学体系的核心。然而随着物理学的不断发展，研究对象由宏观深入到了微观，由低速运动拓展到了高速运动，牛顿力学体系不再适用。在高速运动领域，力学的研究方法发展为爱因斯坦的相对论，而在微观领域研究方法发展为量子力学以及量子场论。本章定义的动量、角动量、能量以及它们各自的守恒定律比牛顿定律更加普适深刻，既适用于微观又适用于宏观，既适用于低速下的实物粒子又适用于高速下的场物质。

2.1 牛顿定律

本节将重点阐述引起质点机械运动状态变化的原因以及运动状态变化的规律，分析动力学中力与运动的关系。

2.1.1 牛顿定律

事物往往在否定中前进与发展，对事物发展的认识不是直线式前进的而是螺旋式上升的，伴随着前进性和曲折性，研究物体运动原因的过程也是如此。早期的古代物理学的研究形式属于经验性总结，对事物的认识主要凭直觉和观察，凭猜测和臆想。早在公元前4

世纪，古希腊哲学家亚里士多德认为：一切物体均有保持静止或所谓寻找其自然位置的本性，任何运动着的事物都必然有推动者的作用，一旦将这一作用撤去，运动就会停止。借用后来牛顿定义的力的概念，亚里士多德的观点可以等价于“力是维持物体运动的原因”。在其后的两千年里，这一观点一直处于统治地位。

直至三百多年前，意大利物理学家伽利略借助系统的实验和观察推翻了以亚里士多德为代表的、纯属思辨的传统自然观，开创了以实验事实为根据并具有严密逻辑体系的近代科学。

伽利略对光滑斜面的推论：如图 2-1(a)所示，一个沿斜面滚下的物体，离开斜面后，在水平面上的运动越来越慢，最后停下来。伽利略认为，这是摩擦阻力导致的，随着斜面表面逐渐光滑，物体将滚得越来越远。

伽利略的理想斜面实验：如图 2-1(b)所示，一个沿着光滑斜面向上滑动的物体，因斜面的斜角不同而受到不同程度的减速，斜角越小，减速越小。如在无阻力的水平面上滑动，则应一直保持原速度不变。因而伽利略得出这样的结论：“一个具有一定速度的运动物体，只要没有增加或减小速度的外部原因，便会始终保持这一速度运动。只有在水平面上这一运动才会保持不变，因为在斜面的情况下，朝下的斜面提供了加速的动因，而朝上的斜面提供了减速的动因。”即认为“力并不是维持运动的原因”。由此，伽利略第一次提出了惯性的概念，并将外力与“引起加速或减速的外部原因”即运动的改变联系起来。惯性和加速度的全新概念，为牛顿力学理论体系的建立奠定了基础。

(a) 如果把水平面制作得越光滑，则小球滚得越远

(b) 如果斜面的倾角无限小(平面)，那么小球将沿平面一直滚动下去

图 2-1　伽利略斜面实验

完全光滑的斜面在现实中不存在，因为无法将摩擦力完全消除，因此理想斜面实验属于伽利略的逻辑推理部分。伽利略对力学的贡献在于把有目的的实验和逻辑推理有效地结合在一起，构成了一套完整的科学研究方法。

在伽利略逝世后不到一年里，科学史上的又一伟人——牛顿诞生。结合前人的研究基础，他在 1687 年出版的《自然哲学的数学原理》一书中提出了三条运动定律，后人称之为**牛顿运动定律**，也是整个动力学的核心。

牛顿(Isaac Newton，1642—1727)，英国科学家，提出了万有引力和牛顿运动定律。发明了反射望远镜，发展出微积分学，提出了“牛顿法”以趋近函数的零点和金本位制度。

1. 牛顿第一定律(惯性定律)

牛顿第一定律：**任何物体都将保持静止或匀速直线运动的状态，直到其他物体所作用的力迫使它改变这种状态为止。**数学表达式为

$$\frac{\mathrm{d}\boldsymbol{v}}{\mathrm{d}t}=0 \quad (当\ \boldsymbol{F}=\sum_i \boldsymbol{F}_i=0\ 时) \tag{2-1}$$

其中，$\sum_i \boldsymbol{F}_i$ 为物体所受所有外力的矢量合，简称合外力。牛顿第一定律是完全独立的一条重要的力学定律，它的意义在于明确了两个重要的物理概念：一是“惯性”。物体在不受合外力的作用下，将保持原有的运动状态不变，即保持静止或匀速直线运动(速度的大小和方向均不变)。可见，一切物体都具有保持原有运动状态的固有属性，这一属性称为物体的惯性。因此牛顿第一定律又称惯性定律；二是“力”，无论是在亚里士多德还是在伽利略时代，都没有明确力的概念，牛顿的高明之处在于将物体之间复杂的相互作用抽象为“力”，力是改变物体运动状态的原因，而不是维持物体运动状态的原因。

2. 牛顿第二定律(质点动力学方程)

牛顿第二定律：**物体受到外力作用时，它所获得的加速度的大小与合外力的大小成正比，与物体的质量成反比，加速度的方向与合外力的方向相同。**数学表达式为

$$\boldsymbol{F}=\sum_i \boldsymbol{F}_i=m\frac{\mathrm{d}\boldsymbol{v}}{\mathrm{d}t}=m\boldsymbol{a} \quad (通常简写为\ \boldsymbol{F}=m\boldsymbol{a}) \tag{2-2}$$

牛顿第一定律描述了物体不受合外力情况下的运动状态，在第一定律的基础上牛顿进一步给出了物体在合外力作用下运动状态的变化规律。运动状态的改变使得物体的速度发生改变，从而产生加速度。牛顿第二定律定量给出了合外力、质量以及加速度三者之间的关系。

当物体的质量保持不变时，物体获得的加速度 $\boldsymbol{a}$ 的大小与所受合外力 $\boldsymbol{F}$ 的大小成正比($a\propto F$)，加速度的方向与合外力的方向相同。物体在所受合外力的作用下瞬间产生加速度，如果某一瞬间合外力为零，则质点瞬间失去加速度，将保持该瞬间的状态继续运动下去，即以该瞬间的速度做匀速直线运动。因此，对于同一物体，我们可以依据加速度的大小实现力的度量。力的度量方法为：同一物体先后在两个不同的力 $\boldsymbol{F}_1$ 和 $\boldsymbol{F}_2$ 的作用下分别获得 $\boldsymbol{a}_1$ 和 $\boldsymbol{a}_2$ 的加速度，因为质量 m 一定，则有

$$\frac{F_1}{F_2}=\frac{a_1}{a_2}$$

上式中加速度是可测量，再规定其中一个力为标准力，即可得到另一个力的大小，这也是常用测力仪器的设计原理。

依据牛顿第二定律还可以得到惯性的量度。不同质量的物体在相同外力作用下获得的加速度不同，加速度的大小与物体的质量成反比($a\propto 1/m$)，质量越大，则加速度越小。加速度刻画了物体速度的变化，即定量描述了物体运动状态的变化程度，加速度小意味着在相同外力的作用下，质量大的物体运动状态变化程度小，运动状态不易改变，或者质量大的物体保持其原有的运动状态的固有性质显著，即惯性大。由此可见，可以用质量的大小度量惯性。因此牛顿第二定律中的 m 也称为惯性质量，是物体维持其原有运动状态的固有特性。惯性的度量方法为：在相同外力下，质量分别为 m_1 和 m_2 的两个物体分别获得 a_1

和 a_2 的加速度，因为合外力 F 一定，则有

$$\frac{m_1}{m_2}=\frac{a_1}{a_2}$$

上式中加速度是可测量的，再选定其中一个物体的质量作为惯性质量的单位，即可得到另一个物体的惯性质量。国际单位制中的单位质量为 1 kg，是保存在巴黎国际度量衡局的一个铂合金圆柱体的质量。

牛顿第二定律中的 $\boldsymbol{F}=\sum_i \boldsymbol{F}_i$ 为作用在物体上的合外力。物体获得的加速度的方向与合外力的方向相同。在直角坐标系 $Oxyz$ 下，$\boldsymbol{F}=F_x\boldsymbol{i}+F_y\boldsymbol{j}+F_z\boldsymbol{k}=\sum_i F_{ix}\boldsymbol{i}+\sum_i F_{iy}\boldsymbol{j}+\sum_i F_{iz}\boldsymbol{k}$，$\boldsymbol{a}=a_x\boldsymbol{i}+a_y\boldsymbol{j}+a_z\boldsymbol{k}$，牛顿第二定律的矢量表达式可以沿着三个坐标轴分解为

$$\begin{cases}\sum_i F_{ix}=ma_x\\ \sum_i F_{iy}=ma_y\\ \sum_i F_{iz}=ma_z\end{cases}\tag{2-3}$$

同样，在自然坐标系下，牛顿第二定律的矢量表达式沿着切向和法向可以分解为

$$\begin{cases}F_{\mathrm{t}}=ma_{\mathrm{t}}=m\dfrac{\mathrm{d}v}{\mathrm{d}t}\\ F_{\mathrm{n}}=ma_{\mathrm{n}}=m\dfrac{v^2}{R}\end{cases}\tag{2-4}$$

式中，F_{t} 称为切向分力，F_{n} 称为法向分力。因此，各个方向上的分力只能产生与之相应方向上的加速度。

需要注意的是：牛顿第二定律只适用于质点的运动，因此式(2－2)又称为质点动力学方程。

3. 牛顿第三定律(作用力和反作用力定律)

牛顿第三定律：**两个物体之间的相互作用力(作用力与反作用力)作用在同一直线上，大小相等，方向相反，分别作用在两个物体上。**数学表达式为

$$\boldsymbol{F}=-\boldsymbol{F}'\tag{2-5}$$

力是物体与物体之间的相互作用，只要谈及力，必然存在受力物体和施力物体。例如，划船时桨向后推水，水也在同时向前推桨，从而船能向前推进。因此，两个物体之间的作用总是相互的，一个物体对另一物体施加了力，后一物体也同时对前一物体施加了力，这对力通常称为作用力与反作用力。牛顿第三定律又称为作用力与反作用力定律。

需要注意：① 作用力和反作用力总是成对出现的，任何一方不能单独存在，总是同时产生，又同时消失；② 作用力和反作用力分别作用于两个物体，因此不能平衡或抵消；③ 作用力和反作用力属于同一种性质的力。

2.1.2　力学中常见的几种力

物体之间的相互作用称为力，任何物体都与周围物体有力的相互作用，正是这种相互

作用支配着物体运动状态的改变。在国际单位制中，力的单位是牛顿，简称牛，用N表示。力是矢量，既有大小又有方向。在作图过程通常用如图2-2所示的力的图示表示力，即矢量的表示方法。线段的长短表示力的大小，箭头的方向表示力的方向，线段的始端为力的作用点，线段所在的直线为力的作用线。通常情况下，只需简要画出包含力的作用点和方向的示意图即可，表示物体沿某个方向受到了力的作用。

图2-2 力的图示

力的对外表现形式有多种，例如改变物体的运动形态或形状等等。在粒子物理中可将自然界最基本的相互作用分为引力相互作用、电磁相互作用、强相互作用(使得原子核紧密地保持在一起的强大相互作用)以及弱相互作用(在放射现象中起作用的一种基本相互作用)。日常生活和工程中常见的力有万有引力、重力、弹性力以及摩擦力等。重力属于万有引力在地球表面附近的表现形式，弹性力和摩擦力在微观分子或原子层面上是由电磁力引起的。物体之间的万有引力是通过引力场实现的，电荷之间的电磁相互作用是通过电磁场产实现的，物体之间不需要接触。但是就宏观角度而言，弹性力和摩擦力两种相互作用是在物体相互接触时产生的，可将这两个宏观力看作接触力。本节将详细介绍万有引力、重力、弹性力以及摩擦力的特点和规律。

1. 万有引力和重力

17世纪早期，人们已经能够区分很多力，诸如摩擦力、重力、空气阻力、电磁力等。而牛顿将地球附近物体的下落与月球绕地球的运动仔细进行了一番比较。如图2-3所示，在地球表面水平抛出一个物体，随着抛出的初速度越大，抛出的距离越远。由于地球是圆的，可以设想，当抛出的速度足够大时，物体将无法落回地球表面，而围绕地球转动。因此，牛顿认为，物体的落地源于地球对物体的吸引力，而这种吸引力也必然作用于月球，之所以月球没有落下，是因此月球绕地球转动的速度足够大。推而广之，行星围绕太阳公转也源于太阳对行星的吸引力作用。因此，牛顿开始意识到苹果的落地、人有体重、月球绕地球旋转以及行星围绕太阳转动等现象均是由相同原因引起的，于是将重力推广至“万有”，领悟到宇宙中任何物体之间均存在相互吸引的作用。继而，牛顿在1687年出版的《自然哲学的数学原理》一书中首先提出了万有引力的概念。牛顿利用万有引力定律不仅说明了行星运动的规律，而且解释了彗星的运动轨道和地球上的潮汐现象，还根据万有引力定律成功地预言并发现了海王星。

图2-3 从地球表面附近以不同的速度水平抛出一物体

可以想象万有引力的大小随着距离的增大而减小，即与距离成反比，但是具体是怎样衰减呢？牛顿在研究万有引力时首先思考的问题就是：万有引力的大小与距离存在怎样的关系？

首先将行星围绕太阳的转动简化为匀速圆周运动。行星与太阳之间引力的大小即匀速圆周运动的向心力，依据牛顿第二定律有 $F\propto a$。匀速圆周运动的加速度只有法向加速度，

即向心加速度 $a=\frac{v^2}{R}$。然而在天文观测中，速度并不是可观测量的，而行星的运转周期 T 可测量，存在关系 $v=\frac{2\pi R}{T}$，万有引力向心加速度可表示为

$$a=\frac{4\pi^2 R}{T^2}$$

设两颗行星围绕太阳做匀速圆周运动，轨道半径分别为 R_1 和 R_2，运动周期分别为 T_1 和 T_2，两者的向心加速度之比为

$$a_1 : a_2=\frac{4\pi^2 R_1}{T_1^2} : \frac{4\pi^2 R_2}{T_2^2}=\frac{R_1 T_2^2}{R_2 T_1^2}$$

由开普勒第三定律可知，行星围绕太阳运动一周所需要的时间的二次方，与行星到太阳之间的平均距离的三次方成正比，即

$$\left(\frac{T_1}{T_2}\right)^2=\left(\frac{R_1}{R_2}\right)^3$$

因此，

$$a_1 : a_2=\frac{R_1 T_2^2}{R_2 T_1^2}=R_2^2 : R_1^2$$

即行星围绕太阳转动的向心加速度的大小与距离的二次方成反比。向心力正比于向心加速度，由此得到结论：万有引力的大小与距离的二次方成反比。后来牛顿也证明了二次方反比也同样适用于实际的椭圆轨道。

继而牛顿又有了新的思考：引力的大小与质量有何种关系呢？

以地球表面的物体下落为例，不论物体的轻重有多少，下落的加速度均为 $\boldsymbol{g}$。依据牛顿第二定律 $\boldsymbol{F}=m\boldsymbol{g}$ 可知，引力的大小与物体的质量成正比。又由牛顿第三定律可知，地球对物体存在引力，物体同样对地球存在引力，引力的大小也同样正比于地球的质量，由此得到结论：万有引力的大小正比于两个相互吸引的物体质量的乘积。

综上可得：万有引力的大小与两个物体质量 m_1 和 m_2 的乘积成正比，与两个物体之间的距离的平方成反比，即

$$F\propto\frac{m_1 m_2}{R^2}$$

当时牛顿虽然提出了上式的万有引力理论，但却未能得出万有引力的最终公式。直到1798年英国物理学家卡文迪许利用著名的卡文迪许扭秤实验较精确地测出了引力常量的数值，其值约为 $6.67\times10^{-11}\,\mathrm{N\cdot m^2\cdot kg^2}$。最终得到万有引力的表达式

$$F=G\,\frac{m_1 m_2}{R^2} \tag{2-6}$$

此式即万有引力公式，式中引入了比例常数 G，称为引力常数。应当注意，万有引力公式只适用于质点之间，即两物体的距离远远大于两个物体的尺寸时才可以适用万有引力公式。万有引力定律指出：**任何两个质点之间都存在引力，引力的方向沿着两者的连线方向，其大小与两个质点质量 m_1 和 m_2 的乘积成正比，与两个质点之间距离 R 的平方成反比。**

但是在日常生活中，为什么我们察觉不到周围物体对我们的引力呢？比如，两个同学质量均为 60 kg，相距 0.5 m，他们之间的万有引力不足百万分之一牛顿，而在我们看来一

只蚂蚁拖动细草梗的力非常小，但这个微小力确是这个引力的1000倍。因此对于通常物体，万有引力微乎其微，可以忽略不计。但是，在庞大的天体系统中，由于天体的质量非常大，万有引力对天体的运行起着决定性的主导作用。例如在天体中质量较小的地球，对其他的物体的万有引力已经非常显著，地球通过万有引力束缚着所有地面物体，约束月球和人造地球卫星绕地球旋转而不脱离。

重力，就是由于地面附近的物体受到地球的万有引力而产生的。通常用 $\boldsymbol{G}$ 表示，其大小称为重量，方向竖直向下，可表示为

$$\boldsymbol{G}=m\boldsymbol{g} \tag{2-7}$$

其中，m 为物体的质量。如果忽略地球自转的影响，物体的重力近似等于物体所受地球引力的大小，物体在重力作用下的加速度为重力加速度 $\boldsymbol{g}$。接下来我们依据万有引力定律推导 $\boldsymbol{g}$ 的大小，设地球的质量为 M，依据万有引力定律有

$$mg=G\frac{Mm}{(r+h)^2}$$

上式中 r 为地球的平均半径，h 为物体距离地面的高度，由于 $r\gg h$，从而有

$$g=G\frac{M}{r^2}$$

其中地球的质量约为 $M=5.977\times10^{24}$ kg，地球的平均半径约为 $r=6370$ km，可得重力加速度 $g=9.82\ \mathrm{m\cdot s^{-2}}$。通常取 $g=9.8\ \mathrm{m\cdot s^{-2}}$，在粗略估算中取 $g=10\ \mathrm{m\cdot s^{-2}}$。

2. 弹性力

物体在力的作用下，形状或体积会发生变化，这种变化称为形变。例如在日常生活中，当人们在射箭时，弓箭被拉开，箭射出后，弓恢复原状；在打网球时，击球过程中，网弯曲，网球弹出后，网恢复原状。有些形变物体在撤去外力后能够恢复原状，这种形变称为**弹性形变**。如果超出一定的形变限度，形变过大，撤去外力后形变的物体将无法恢复原状，这个限度称为**弹性限度**。在弹性限度内，发生形变的物体欲恢复原状，对与其接触的物体会产生力的作用，这种力称为**弹性力**。弹性力的大小和方向要根据物体的形变情况决定，下面介绍日常生活中常见的几种弹性力。

1）支持力与压力

支持力和压力是由于物体之间彼此挤压发生形变而引起的弹性力，通常形变量非常微小，不易察觉。例如，一重物置于桌面上，桌面受到重物向下的挤压而发生形变，从而产生了向上的弹性力 $\boldsymbol{F}_\mathrm{N}$，称为桌面对物体向上的支持力，如图2-4所示。根据牛顿第三定律，重物受到桌面向上的挤压而发生形变，从而产生了向下的弹力 $\boldsymbol{F}'_\mathrm{N}$，称为物体对桌面向下的压力。支持力与压力的方向均垂直于物体间的接触面，即接触面的法向方向。

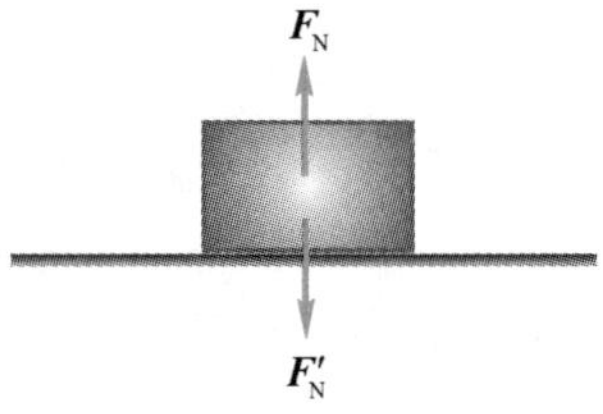

图2-4　桌面对物体的支持力以及物体对桌面的压力

2）弹簧的弹性力

弹簧受力后会伸长或压缩，于是会对与其接触的物体产生弹性力。弹簧发生形变时，弹性力的大小与弹簧的形变量有关。如图2-5所示，弹簧一端固定，另一端连接一小球，

沿着弹簧的方向建立 x 坐标轴，取弹簧自然长度下(没有发生拉伸或压缩)的小球的中心位置为坐标原点 O，小球处于 O 点时不受弹簧弹力，O 点称为小球的平衡位置。弹簧的伸长量可以用物体相对于平衡点的位移 $\boldsymbol{x}$ 表示。当弹簧拉伸时，伸长量为正值；当弹簧压缩时，伸长量为负值。英国科学家胡克发现，弹簧的弹力 $\boldsymbol{F}$ 与弹簧的形变量 $\boldsymbol{x}$ 成正比。关系式如下：

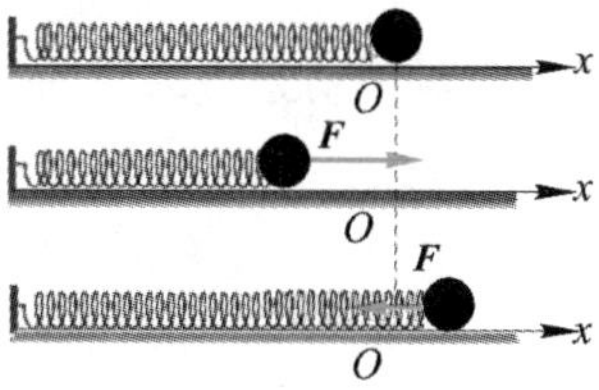

图 2-5 弹簧对物体施加的弹力示意图

$$\boldsymbol{F}=-k\boldsymbol{x} \tag{2-8}$$

式中，k 为比例常数，称为弹簧的**劲度系数**，表征弹簧的力学弹性性能，单位为 $\mathrm{N\cdot m^{-1}}$。k 前的负号表示弹簧的弹力方向与位移方向相反。当位移为正时，弹簧拉伸，物体受到的弹力方向指向平衡位置为负方向；当位移为负时，弹簧压缩，物体受到的弹力方向指向平衡位置为正方向。

3）绳子的拉力

绳子在受到外力拉伸时将会发生形变产生弹性力，弹性力将会遍及绳子的各个部分之间，绳子内部的这种弹性力通常称为张力。当绳子的质量可以忽略不计时，如图 2-6 所示，绳子内部的张力处处相同且等于绳子末端的受力。但是当绳子的质量不能忽略时，各处的张力一般不相等。

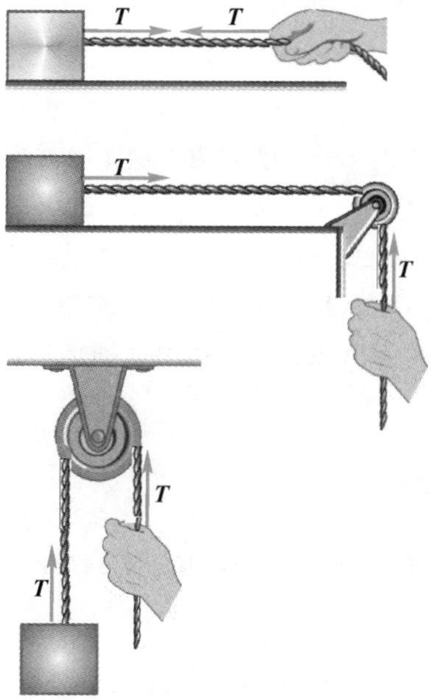

图 2-6 几种常见的绳子张力

3. 摩擦力

摩擦作为一种常见现象，在我们的日常生活和工业生产中发挥着重要作用。两个彼此接触相互挤压的物体，当存在相对运动或相对运动趋势时，会在接触面上产生阻碍相对运动的力，这种力称为摩擦力。没有摩擦力，即绝对光滑的表面是不存在的，只是一种理想模型。摩擦力在两个物体的接触面上产生，方向总是沿着接触面的切线方向，与物体的相对运动或相对运动趋势的方向相反。摩擦力分为静摩擦力、滑动摩擦力以及滚动摩擦力。

1）静摩擦力

如图 2-7 所示，一物体放置在支撑面上，对物体轻轻施加逐渐增大的推力 $\boldsymbol{F}$，物体产生了相对支撑面运动的趋势，但整个过程中物体未动。物体与支撑面之间产生了摩擦力，并与推力 $\boldsymbol{F}$ 保持平衡，两者等大反向，从而使得物体相对支撑面保持静止。两个物体之间存在相对运动趋势，但没有相对运动，这时在接触面上产生的摩擦力称为**静摩擦力**，记作 $\boldsymbol{F}_{f0}$。

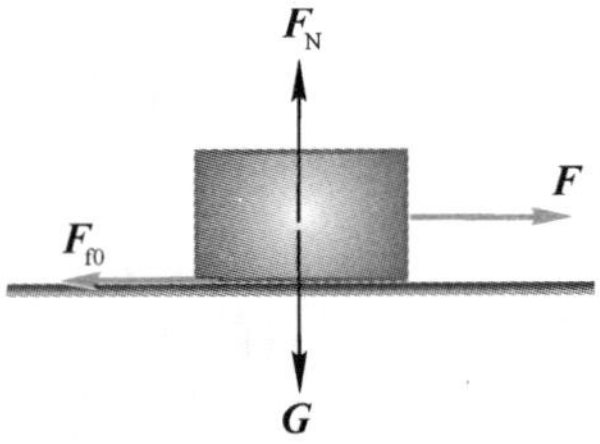

图 2-7 静摩擦力方向与物体的相对运动趋势相反

静摩擦力的方向总是沿着接触面，且与物体相对运动趋势方向相反。当推力增大到一定限度，物体开始滑动，此时的静摩擦力达到最大静摩擦力，记作 $\boldsymbol{F}_{f,\max}$。因此 $0 \leqslant F_{f0} \leqslant F_{f,\max}$。在日常生活中，静摩擦力有时是一种动力，例如人走路时，鞋底相对地面具有向后的运动趋势，静摩擦力向前提供了人向前行走的动力。而在非常滑的冰面上，人们通常寸步难行。

2）滑动摩擦力

当物体相对于支撑面滑动时，在接触面上会产生阻碍相对运动的摩擦力，这种摩擦力称为**滑动摩擦力**，记作 $\boldsymbol{F}_f$。滑动摩擦力的方向总是与相对运动的方向相反。实验表明，滑动摩擦力的大小跟压力成正比，表达式为

$$F_f = \mu F_N \tag{2-9}$$

式中，μ 为滑动摩擦因数，其数值跟相互接触两个物体的材料有关。压力越大，物体接触面越粗糙，产生的滑动摩擦力就越大。

当物体滚动时，接触面一直改变，此时产生的摩擦力为**滚动摩擦力**。滑动摩擦力实质上是静摩擦力。接触面越软，滚动摩擦力就越大。通常情况下，物体之间的滚动摩擦力远小于滑动摩擦力。因此，为了减少摩擦力，常将滚动轴承广泛应用于交通运输以及机械制造工业中。

2.1.3 力的合成与分解

力作为矢量，其合成与分解遵循 1.3.1 节中矢量的合成与分解方法。

1. 力的合成

在日常生活中，当一个物体受到多个力的共同作用时，可以求出这样一个力，这个力产生的效果跟原来几个力的作用效果相同，这个力称为那几个力的**合力**，原来几个力称为**分力**。求几个力的合力的过程称为**力的合成**。力的合成法则遵循矢量的平行四边形法则或三角形法则。如图 2-8 所示，两个力 $\boldsymbol{F}_1$、$\boldsymbol{F}_2$ 的作用效果与 $\boldsymbol{F}$ 的作用效果相同，力 $\boldsymbol{F}$ 称为合力，两个力 $\boldsymbol{F}_1$、$\boldsymbol{F}_2$ 称为分力，满足矢量合的关系：$\boldsymbol{F}=\boldsymbol{F}_1+\boldsymbol{F}_2$。当两个分力的方向相同时，合力最大；当两个分力的方向相反时，合力最小。因此在数值上 $|F_1-F_2| \leqslant F \leqslant F_1+F_2$。

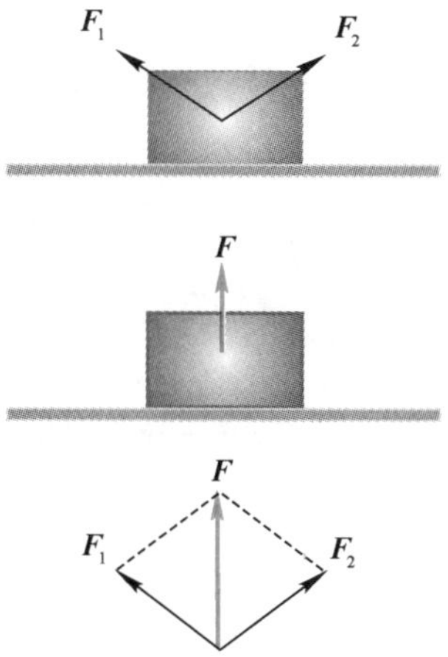

图 2－8　力的合成示意图

物体受到的各力的作用线或作用线的延长线能相交于一点，这样的一组力称为**共点力**。力的合成的平行四边形法则只适用于共点力。如果作用在物体上的多个力的合力为零，则这种情形称为**物体受力平衡**。图 2－9 所示为中心固定可转动的圆盘，图 2－9(a)中圆盘的两个受力大小相等方向相反，为共点力，合力为零，物体受力平衡，原来静止的圆盘将继续保持静止。图 2－9(b)中的两个力虽然也大小相等方向相反，但是两个力为非共点力，两个力的作用效果将使圆盘沿着逆时针转动。

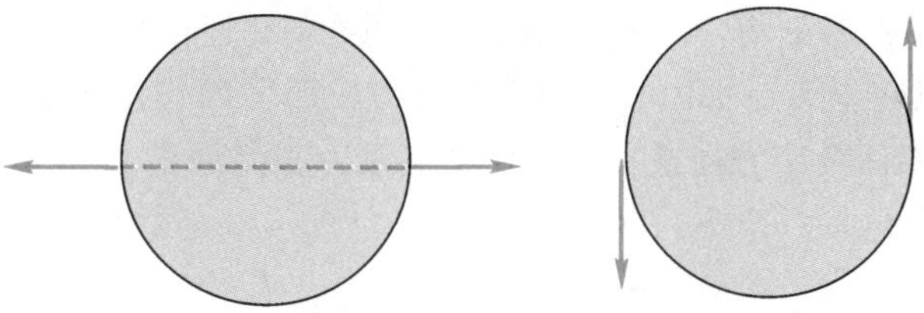

(a) 共点力　　(b) 非共点力

图 2－9　共点力和非共点力示意图

2. 力的分解

已知一个力求它的分力的过程，叫做**力的分解**，力的分解为力的合成的逆运算。在 1.3.1 节中已知：多个矢量可以合成为一个矢量，同样一个矢量也可分解为多个矢量，但是分解的结果却有无数多个。因此，一个力可以分解为无数多组分力，分解的过程同样遵循平行四边形法则，如图 2－10 所示。

对一个已知力的分解要根据实际情况而定。通常情况下有两种分解方法：一是依据力产生的实际效果进行分解，首先按照力产生的实际效果确定分力的方向，再根据平行四边形法则计算分力的大小；二是依据直角坐标系下的“正交分解法”进行分解，首先确定合适的直角坐标系，再根据力在该直角坐标系下坐标轴上的分量确定分力的大小。下面分析几个常见力的分解的实例。

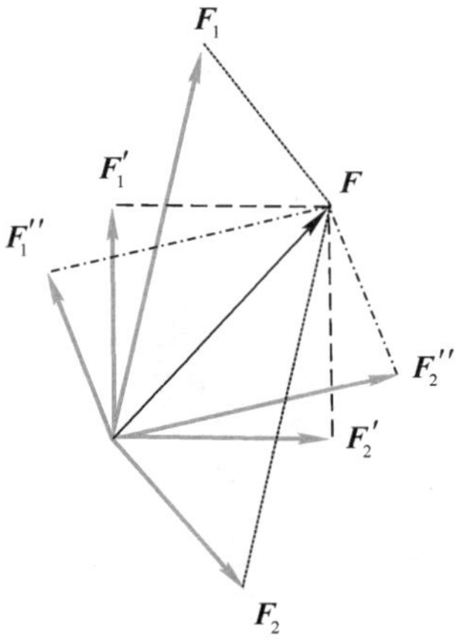

图 2-10　力的分解

如图 2-11(a)所示，放置在水平面上的物体受到斜向上的拉力，此时可以根据力的作用效果进行分解。可以设想，当把该物体放在水平弹簧台秤上，施加一个水平拉力，再使该拉力的方向从水平方向逐渐向上偏转，台秤示数会逐渐变小，说明该拉力除了具有水平向前拉物体的效果外，还有竖直向上提物体的效果。因此，可将斜向上的拉力按照力的作用效果在直角坐标系下沿水平向前和竖直向上两个方向进行分解。如果拉力与水平面的夹角为 θ，两个分量的大小分别为 $F_1=F\sin\theta$，$F_2=F\cos\theta$。

图 2-11(b)所示为斜面上物体所受的重力的分解方法。可以设想在斜面上铺一层海绵，在其上放置一圆柱形重物，该圆柱物在下滚的同时，还能使海绵形变，对海绵存在压力作用。因此，可以将斜面上物体竖直向下的重力按照力的作用效果，在直角坐标系下沿垂直于斜面和沿着斜面两个方向进行分解。如果重力与斜面的夹角为 θ，两个分量的大小分别为 $F_1=G\cos\theta$，$F_2=G\sin\theta$。

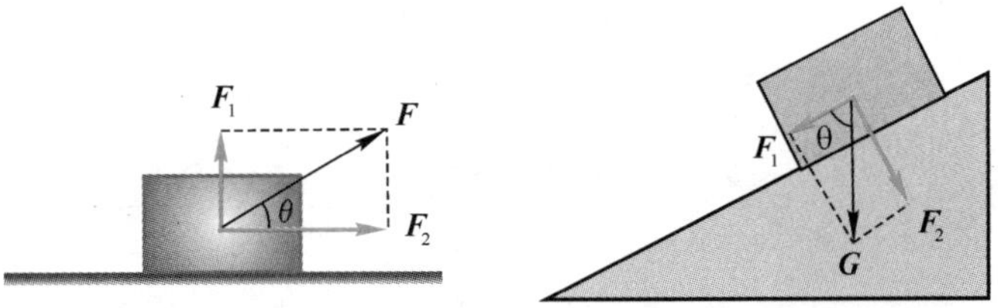

(a) 水平面上物体所受力的分解　　(b) 斜面上物体所受力的分解

图 2-11　力的分解两个实例

2.1.4　牛顿定律的应用

牛顿第二定律 $\boldsymbol{F}=m\boldsymbol{a}$ 中给出了力与运动的关系，其中 $\boldsymbol{F}$ 为作用在物体上的合外力，$\boldsymbol{a}$ 为物体相应的总加速度。借助牛顿第二定律我们能够将物体的运动情况和受力情况相联系。在应用牛顿第二定律时，常常会遇到两类问题。

第一类问题是已知受力情况确定运动情况。在该问题中首先要分析物体的受力，画出力的示意图(如果要研究的对象为多个物体组成的系统，首先要“隔离”各部分物体分别进行受力分析)。其次依据实际情况选定合理的坐标系，随后写出牛顿运动方程沿各个坐标轴的分量表示式，并求解方程得到物体的加速度。最后结合第 1 章运动学的第二类问题的求解方法，进一步得到物体的速度以及位置随时间的变化。

第二类问题是已知运动情况分析受力情况。在此类问题中，可以先结合第 1 章运动学的第一类问题，依据位置或速度随时间的变化求出物体的加速度。其次依据实际情况选定合理的坐标系，随后写出牛顿运动方程沿各个坐标轴的分量表示式(如果要研究的对象为多个物体组成的系统，首先要“隔离”各部分物体分别列式)，并求解方程得到物体的受力情况。

在第二类问题中还会经常遇到求解物体处于平衡状态的条件。依据牛顿第二定律，当物体所受合外力为零时，加速度为零，物体将保持静止或匀速直线运动状态。因此，物体的受力平衡条件为所受合外力为零。

下面将用几个具体实例说明应用牛顿第二定律解决实际问题的计算方法。

例 2-1　如图 2-12 所示在无风的情况下，一质量为 m 的雨滴从高空沿直线由静止下落，设雨滴下落的过程中所受的空气阻力与其下落的速度成正比，比例系数为 k，方向与运动方向相反，求雨滴下落速度随时间的变化关系。

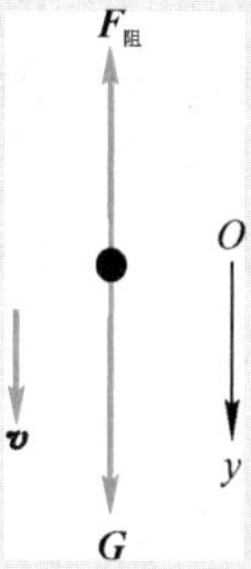

图 2-12　例 2-1 用图

解　将下落雨滴视为质点，在运动过程中受到向下的重力 $\boldsymbol{G}=m\boldsymbol{g}$，向上的空气阻力 $\boldsymbol{F}_{阻}=-k\boldsymbol{v}$，如图 2-12 所示。取地面为参考系，沿着竖直向下的方向建立坐标系 Oy 轴，雨滴下落的初始高度为坐标原点 O。在 Oy 轴上依据牛顿第二定律有

$$mg-kv=ma$$

得

$$a=g-\frac{kv}{m}$$

已知

$$a=\frac{\mathrm{d}v}{\mathrm{d}t}=g-\frac{kv}{m}$$

分离变量得

$$\mathrm{d}t=\frac{1}{g-\frac{kv}{m}}\mathrm{d}v$$

根据初始条件两边取积分

$$\int_0^t \mathrm{d}t=\int_0^v \frac{1}{g-\frac{kv}{m}}\mathrm{d}v$$

求积分，可得

$$v=\frac{mg}{k}(1-e^{-\frac{k}{m}t})$$

当时间逐渐增大时，速度趋于常量 $\frac{mg}{k}$，说明随着雨滴下落，雨滴速度将到达某一恒定值，此时阻力与重力等大反向，$a=0$，之后雨滴匀速下落。这个速度称为雨滴的收尾速度。

例 2-2 如图 2-13 所示，两个质量分别为 m_1、m_2($m_1>m_2$)的两个物体 A、B 通过质量不计的轻绳跨过光滑的可转动的滑轮连接，整个体系的摩擦力均忽略不计，滑轮与绳子之间没有相对滑动且绳子无伸缩。求物体的加速度以及绳子的张力。

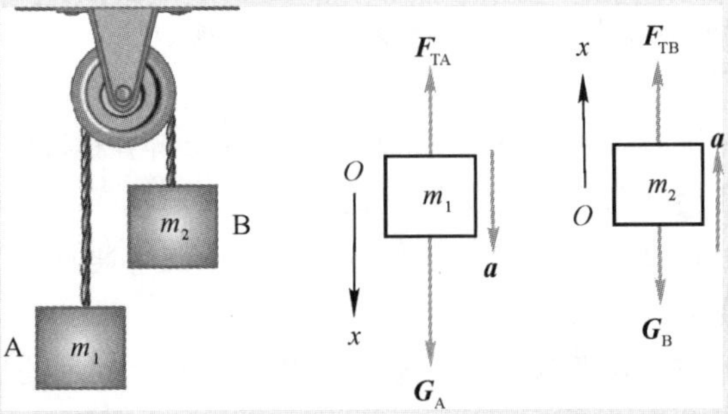

图 2-13 例 2-2 用图

解 如图 2-13 所示，将物体 A、B 隔离，作为两个研究对象分别进行受力分析。物体 A 受到两个力，向下的重力 $\boldsymbol{G}_A=m_1\boldsymbol{g}$ 以及绳子向上的拉力 $\boldsymbol{F}_{TA}$，加速度向下为 $\boldsymbol{a}_1$。物体 B 受到两个力，向下的重力 $\boldsymbol{G}_B=m_2\boldsymbol{g}$ 以及绳子向上的拉力 $\boldsymbol{F}_{TB}$，加速度向上为 $\boldsymbol{a}_2$。由于绳子的质量不计，张力处处相等，有 $\boldsymbol{F}_{TA}=\boldsymbol{F}_{TB}=\boldsymbol{F}_T$。滑轮与绳子之间没有相对滑动，绳子无伸缩，因此两个物体的加速大小相同，即 $a_1=a_2=a$。沿着两个物体的运动方向分别建立如图 2-13 所示的坐标系 Ox 轴，各自运动的初始位置为坐标原点 O。根据牛顿第二定律列运动方程：

$$\begin{cases} m_1g-F_T=m_1a \\ F_T-m_2g=m_2a \end{cases}$$

联立方程求解可得

$$a=\frac{m_1-m_2}{m_1+m_2}g,\ F_T=\frac{2m_1m_2}{m_1+m_2}g$$

2.2 动量守恒定律

通过牛顿第二定律我们知道了力的瞬时效应可以使物体立即产生加速度，本节我们将关注点由力与运动的瞬时关系转向力与运动的过程关系。当力在物体上作用一段时间后，将会产生怎样的效果？即力在时间上的积累效应如何改变物体的运动状态。本节首先引入定量表征物体运动状态的物理量；然后计算力在一段时间内的积累量，并给出物体运动状态在初末两个时刻的量值改变与力在该时间段内的积累量之间的关系(本章第一个定理)；最后介绍物体运动状态守恒的物理条件(本章第一个守恒定律)。

2.2.1 质点的动量定理

1. 动量

如何定量描述物体的运动状态呢？在第 1 章中已经介绍过，速度这一物理量可以反映物体运动状态的快慢，但是却不足以完整定量地刻画物体的运动状态。因为物体的运动状态不仅跟速度有关，还与物体的质量直接相关。例如，在日常生活中，超速和超载往往是引发交通事故的两个重要原因。一方面，在相同的刹车制动下，速度越快车越难停下来，车原有的运动状态越难改变；另一方面，由于车辆超载造成车身质量增大，也很难靠刹车让车及时停下，车原有的运动状态也很难改变。因此，在定量描述物体的运动状态时必须考虑两个因素，即速度与质量。在此，我们引入定量描述物体运动状态的物理量——动量。一质点的动量的定义为该质点质量 m 与其运动速度$\boldsymbol{v}$ 之间的乘积，用字母 $\boldsymbol{p}$ 表示，关系式为

$$\boldsymbol{p}=m\boldsymbol{v} \tag{2-10}$$

动量 $\boldsymbol{p}$ 为矢量，其方向与物体运动的速度$\boldsymbol{v}$ 的方向相同。动量是描述物体运动的状态量，在国际单位制中，其单位为 $\mathrm{kg \cdot m \cdot s^{-1}}$。

在经典力学中，物体的质量是恒定不变的，由此牛顿第二定律可以改写为

$$\boldsymbol{F}=m\boldsymbol{a}=m\frac{\mathrm{d}\boldsymbol{v}}{\mathrm{d}t}=\frac{\mathrm{d}(m\boldsymbol{v})}{\mathrm{d}t}$$

在动量 $\boldsymbol{p}=m\boldsymbol{v}$的基础上可进一步将牛顿第二定律表示为

$$\boldsymbol{F}=\frac{\mathrm{d}\boldsymbol{p}}{\mathrm{d}t} \tag{2-11}$$

即质点所受的合外力等于质点动量对时间的变化率。这也是牛顿第二定律在历史上最初的表达式。牛顿第二定律 $\boldsymbol{F}=m\boldsymbol{a}$ 只适用于经典力学，当物体的速度接近光速时，物体的质量依赖于速度而变化，牛顿定律不再适用，而实验表明 $\boldsymbol{F}=\frac{\mathrm{d}\boldsymbol{p}}{\mathrm{d}t}$仍然适用。因此，$\boldsymbol{F}=\frac{\mathrm{d}\boldsymbol{p}}{\mathrm{d}t}$比牛顿第二定律的适用范围更广，更具有普遍性，不仅适用于低速也适用于高速，不仅适用于宏观也适用于微观。

2. 冲量

接下来计算质点所受外力 $\boldsymbol{F}$ 在 t_1 到 t_2 一段时间内的积累。首先考虑最特殊情况，如果力 $\boldsymbol{F}$ 为恒力，该力在 t_1 到 t_2 时间段 $\Delta t=t_2-t_1$ 内的积累量为 $\boldsymbol{F}\Delta t=\boldsymbol{F}(t_2-t_1)$，其量值的大小为图 2-14(a)中围城矩形的面积。如果力 $\boldsymbol{F}$ 为变力，则该力在 t_1 到 t_2 时间段 $\Delta t=t_2-t_1$ 内积累量的量值的大小为图 2-14(b)中曲线下围成的不规则图形的面积，需借助积分的方法，因此积累量为积分 $\int_{t_1}^{t_2}\boldsymbol{F}\mathrm{d}t$。当 $\boldsymbol{F}$ 为恒力时，积分$\int_{t_1}^{t_2}\boldsymbol{F}\mathrm{d}t=\boldsymbol{F}\int_{t_1}^{t_2}\mathrm{d}t=\boldsymbol{F}(t_2-t_1)$。因此恒力下的计算为变力下的计算的特殊情况。

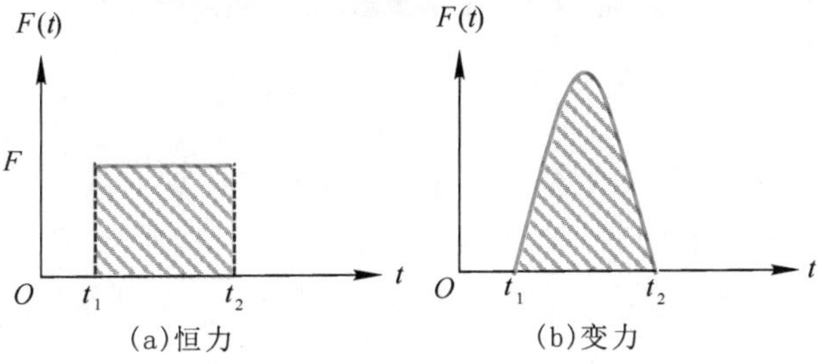

图 2-14　恒力和变力在一段时间内的积累量值示意图

$\int_{t_1}^{t_2}\boldsymbol{F}\mathrm{d}t$ 为质点所受外力 $\boldsymbol{F}$ 在 t_1 到 t_2 一段时间内的积累量，称其为**冲量**，用字母 $\boldsymbol{I}$ 表示。数学表达式为

$$\boldsymbol{I}=\int_{t_1}^{t_2}\boldsymbol{F}\mathrm{d}t \tag{2-12}$$

式中，$\boldsymbol{I}$ 为矢量，其方向与物体所受外力 $\boldsymbol{F}$ 的方向相同，冲量是力对时间的积累量，它是过程量，在国际单位制中，其单位为 N·s。

3. 动量定理

力在时间上的积累是按照怎样的规律定量改变物体的运动状态呢？由式(2-11)可得

$$\boldsymbol{F}\mathrm{d}t=\mathrm{d}\boldsymbol{p} \tag{2-13}$$

如果外力对质点的作用时间为 t_1 到 t_2，两时刻对应的动量分别为 $\boldsymbol{p}_1$ 与 $\boldsymbol{p}_2$，将上式左右对各自变量积分，左侧得积分为 $\int_{t_1}^{t_2}\boldsymbol{F}\mathrm{d}t$，右侧得积分为 $\int_{p_1}^{p_2}\mathrm{d}\boldsymbol{p}=\boldsymbol{p}_2-\boldsymbol{p}_1$，因此得关系式

$$\boldsymbol{I}=\int_{t_1}^{t_2}\boldsymbol{F}\mathrm{d}t=\boldsymbol{p}_2-\boldsymbol{p}_1 \tag{2-14}$$

上式表明：**质点在运动过程中所受合外力的冲量等于质点动量的增量**。此即质点的**动量定理**。冲量 $\boldsymbol{I}$ 的方向为质点所受合外力 $\boldsymbol{F}$ 的方向也即为动量增量 $\Delta\boldsymbol{p}$ 的方向。动量定理给出了力在时间上的积累量 $\boldsymbol{I}$ 这一过程量与描述物体运动的状态量的改变 $\Delta\boldsymbol{p}$ 之间的定量关系。例如，运动员在投掷标枪的准备动作中会将手臂尽量向后伸展，以延长手对标枪的作用时间，从而增加投掷冲量，以获得尽可能大的投掷动量或速度(初始的动量或速度为零)，如图 2-15 所示。

图 2-15　运动员投掷标枪

动量定理在碰撞和打击问题中有重要意义。在碰撞或打击过程中(例如垒球、棒球等等)，力的作用时间往往非常短暂，大约仅为 0.001 秒，而力却非常大，这种力称为**冲力**。由于冲力随时间急剧改变，无法通过牛顿第二定律求出，因此通常借助平均冲力 $\bar{\boldsymbol{F}}$ 进行代替，如图 2-16 所示，具体表示为

$$\bar{\boldsymbol{F}}=\frac{\int_{t_1}^{t_2}\boldsymbol{F}\,\mathrm{d}t}{t_2-t_1} \tag{2-15}$$

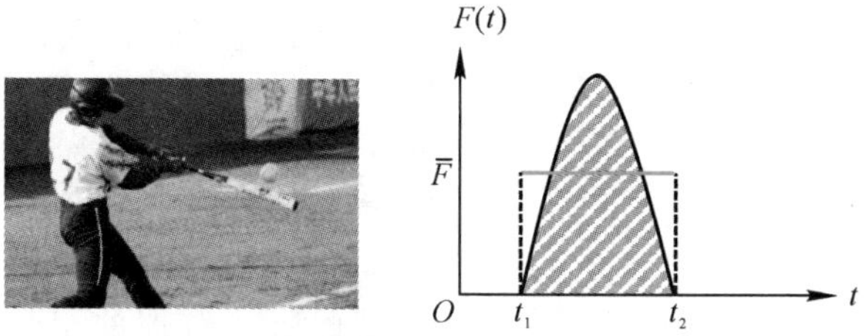

图 2-16　垒球运动员击球以及球杆与球接触期间的冲力与平均冲力

通过引入平均冲力，冲量可以表示为

$$\boldsymbol{I}=\bar{\boldsymbol{F}}(t_2-t_1)=\boldsymbol{p}_2-\boldsymbol{p}_1 \tag{2-16}$$

因此，可以借助动量的增量求出外力作用时间段内的平均冲力。由式(2-16)可知，动量变化一定的前提下，作用时间越长，物体受到的平均冲力越小；反之，则越大。例如，在跳高运动中，地面铺设厚厚的海绵垫即为了增加运动员落地时的作用时间，以减小地面对其的冲力，从而避免身体受伤。人从高处跳下、飞机与鸟相撞、打桩等碰撞事件中，作用时间很短，冲力很大。

在实际问题的处理中，常使用如下的动量定理分量形式：

$$\begin{cases} I_x=\int_{t_1}^{t_2}F_x\,\mathrm{d}t=p_{2x}-p_{1x} \\ I_y=\int_{t_1}^{t_2}F_y\,\mathrm{d}t=p_{2y}-p_{1y} \\ I_z=\int_{t_1}^{t_2}F_z\,\mathrm{d}t=p_{2z}-p_{1z} \end{cases} \tag{2-17}$$

即冲量在某个方向的分量等于在该方向上质点动量的增量，冲量在某个方向的分量只能改变该方向上的动量，而不能改变其他与之垂直方向上的动量。

例 2-3　一做直线运动物体所受合力为 $F=5t$，求物体在第二个 2 s 内和第一个 2 s 内物体所受冲量之比以及动量增量之比？

解　沿着物体直线运动的方向建立 Ox 轴，在第一个 2 s 内，物体所受的冲量为

$$\boldsymbol{I}_1=\int_0^2 5t\,\mathrm{d}t\,\boldsymbol{i}=10\boldsymbol{i}\ \mathrm{N\cdot s}$$

在第二个 2 s 内，物体所受的冲量为

$$\boldsymbol{I}_2=\int_2^4 5t\,\mathrm{d}t\,\boldsymbol{i}=30\boldsymbol{i}\ \mathrm{N\cdot s}$$

冲量之比为

$$\frac{I_2}{I_1}=3$$

由于 $\boldsymbol{I}=\Delta\boldsymbol{p}$，因此

$$\frac{\Delta p_2}{\Delta p_1}=\frac{I_2}{I_1}=3$$

例 2-4 一篮球质量为 $m=0.58$ kg，从 $h=2.0$ m 高度下落(忽略空气阻力)，到达地面后，以同样速率反弹，接触时间仅为 $\Delta t=0.019$ s。求篮球对地的平均冲力。

解 选择向上的方向为正方向建立 Oy 坐标轴，根据自由落体运动规律，篮球落地的速度为

$$\boldsymbol{v}_1=-\sqrt{2gh}\,\boldsymbol{j}=-\sqrt{2\times9.8\times2}\,\boldsymbol{j}=-6.3\boldsymbol{j}\ \mathrm{m\cdot s^{-1}}$$

篮球反弹后的速度为

$$\boldsymbol{v}_2=6.3\boldsymbol{j}\ \mathrm{m\cdot s^{-1}}$$

由动量定理得地对篮球的平均冲力为

$$\boldsymbol{F}=\frac{\boldsymbol{p}_2-\boldsymbol{p}_1}{\Delta t}=\frac{m\boldsymbol{v}_2-m\boldsymbol{v}_1}{\Delta t}=\frac{2\times0.58\times6.3}{0.019}\boldsymbol{j}\ \mathrm{N}=3.8\times10^2\boldsymbol{j}\ \mathrm{N}$$

因此篮球对地的平均冲力大小为 3.8×10^2 N，方向垂直地面向下。

2.2.2 质点系的动量定理

在实际生活和生产中，我们研究的对象往往是多个相互作用的物体。此时，就可以将多个相互作用的物体看作整体进行分析，这样的整体称为物体系。如果每一个物体都可以抽象为质点，则这样的整体即称为质点系。对于由 n 个质点构成的质点系，设系统中各质点的质量分别为 m_1，m_2，…，m_n，各个质点的速度分别为$\boldsymbol{v}_1$，$\boldsymbol{v}_2$，…，$\boldsymbol{v}_n$。

质点系的总动量为各质点动量的矢量和，即

$$\boldsymbol{p}=\sum_{i=1}^{n}\boldsymbol{p}_i=\sum_{i=1}^{n}m\boldsymbol{v}_i \tag{2-18}$$

注意：上式中的速度都必须是相对于同一参考系而言的。

当计算质点系的冲量时，需要考虑系统的内力和外力。我们将系统内部各物体之间的相互作用力称为内力，而将系统以外的物体对系统内任何物体施加的作用力称为系统所受的外力。下面我们从质点的动量定理出发，推导质点系的情况。如图 2-17 所示，考虑由两个质点构成的质点系，两个质点的质量为分别为 m_1 与 m_2，在时间段 $\Delta t=t_2-t_1$ 内，初始速度分别为$\boldsymbol{v}_{11}$与$\boldsymbol{v}_{21}$，末速度分别为$\boldsymbol{v}_{12}$与$\boldsymbol{v}_{22}$，所受的外力分别为 $\boldsymbol{F}_1$ 与 $\boldsymbol{F}_2$，两个质点之间的内力分别为 $\boldsymbol{F}_{12}$ 与 $\boldsymbol{F}_{21}$，两个质点的动量定理分别表示为

$$\int_{t_1}^{t_2}(\boldsymbol{F}_1+\boldsymbol{F}_{12})\mathrm{d}t=m_1\boldsymbol{v}_{12}-m_1\boldsymbol{v}_{11}$$

$$\int_{t_1}^{t_2}(\boldsymbol{F}_2+\boldsymbol{F}_{21})\mathrm{d}t=m_2\boldsymbol{v}_{22}-m_2\boldsymbol{v}_{21}$$

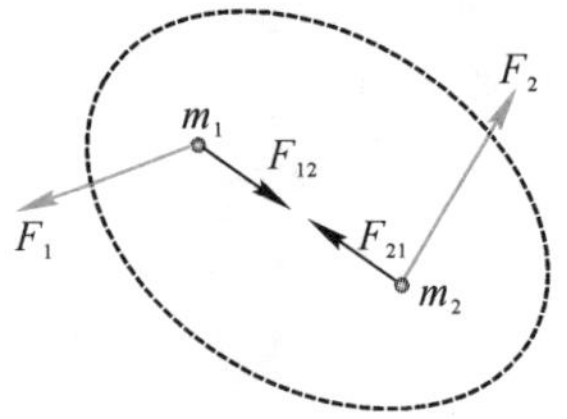

图 2-17 两个质点系构成的质点系

对于单个质点而言，内力和外力的冲量均改变单个质点的动量。将以上两式相加，得

$$\int_{t_1}^{t_2}(\boldsymbol{F}_1+\boldsymbol{F}_2+\boldsymbol{F}_{12}+\boldsymbol{F}_{21})\mathrm{d}t=(m_2\boldsymbol{v}_{22}+m_1\boldsymbol{v}_{12})-(m_2\boldsymbol{v}_{21}+m_1\boldsymbol{v}_{11})$$

式中，$m_2\boldsymbol{v}_{22}+m_1\boldsymbol{v}_{12}$为质点系末时刻总动量$\boldsymbol{p}_2$，$m_2\boldsymbol{v}_{21}+m_1\boldsymbol{v}_{11}$为质点系初始时刻总动量$\boldsymbol{p}_1$。由牛顿第三定律可知，质点之间的相互作用内力$\boldsymbol{F}_{12}=-\boldsymbol{F}_{21}$，即$\boldsymbol{F}_{12}+\boldsymbol{F}_{21}=0$，因此质点系的所有内力的矢量和为零。上式可变换为

$$\int_{t_1}^{t_2}(\boldsymbol{F}_1+\boldsymbol{F}_2)\mathrm{d}t=\boldsymbol{p}_2-\boldsymbol{p}_1$$

由此可见，质点系总动量的增加仅与合外力有关，与内力无关。

推而广之，对于n个质点组成的质点系，动量定理可表示为

$$\int_{t_1}^{t_2}\sum_{i=1}^{n}\boldsymbol{F}_i\mathrm{d}t=\boldsymbol{p}_2-\boldsymbol{p}_1 \tag{2-19a}$$

因此，**质点系的动量定理**可表述为：**系统所受合外力的冲量等于系统总动量的增加**。系统所受的合外力是指系统内各个质点所受外力的矢量和，只有外力才对系统总动量的变化有贡献，而内力不改变系统的总动量。

在直角坐标系$Oxyz$中，质点系的动量定理可表示为分量形式：

$$\begin{cases}\int_{t_1}^{t_2}\sum_i F_{ix}\mathrm{d}t=p_{2x}-p_{1x}\\ \int_{t_1}^{t_2}\sum_i F_{iy}\mathrm{d}t=p_{2y}-p_{1y}\\ \int_{t_1}^{t_2}\sum_i F_{iz}\mathrm{d}t=p_{2z}-p_{1z}\end{cases} \tag{2-19b}$$

2.2.3　动量守恒定律及其应用

接下来将给出物体的运动状态保持不变，即动量守恒的条件。由式(2-19a)质点系的动量定理不难得出，**运动中的系统，如果所受的合外力始终为零，则整个系统的总动量保持不变，此即动量守恒定律**。可表示为

$$\boldsymbol{p}=\sum_i\boldsymbol{p}_i=\text{常矢量}\quad(\boldsymbol{F}_{\text{合外力}}=0) \tag{2-20}$$

在直角坐标系$Oxyz$中，动量守恒可表示为分量形式：

$$\begin{cases}p_x=\sum_i p_{ix}=\text{常量}\quad(F_{\text{合外力}x}=0)\\ p_y=\sum_i p_{iy}=\text{常量}\quad(F_{\text{合外力}y}=0)\\ p_z=\sum_i p_{iz}=\text{常量}\quad(F_{\text{合外力}z}=0)\end{cases} \tag{2-21}$$

载摆小球演示动量守恒

使用动量守恒定律时需要注意以下几点：

(1) 系统的总动量保持不变并不意味着系统内每一个质点的动量保持不变，更不是系统内所有质点动量大小的和保持不变。要注意动量具有矢量性，由于系统内部之间的相互作用，系统内的每个质点的动量均会发生变化，只是系统内所有质点动量的矢量和保持不变。在总动量不变的前提下，系统内部各质点之间可以通过内力的相互作用实现动量的转移。

(2) 动量守恒的条件为系统所受的合外力为零，与质点系内部的相互作用力无关。合外力为零的情况可分为三种：一是没有外力作用；二是存在外力作用，但外力的矢量和为零；三是有外力作用，但外力的大小与内力相比可以忽略，也可将系统的动量近似看作守恒，例如在碰撞、爆炸、击打等过程中。

(3) 由式(2-21)可知，如果系统所受合外力不为零，但是合外力在某方向的分量始终为零，则在该方向上系统的总动量守恒。因此，在实际问题的处理中，可以适当选择坐标轴的取向，使合外力在某个坐标轴方向上为零，则在该方向上动量守恒定律成立，可以使问题得以简化。

(4) 系统内各质点的动量必须相对于同一参考系。

动量守恒定律是物理学最基本的定律之一，适用范围广泛，无论是宏观还是微观系统，无论是低速还是高速领域，只要系统的合外力为零，系统的总动量即守恒。因此动量守恒定律比牛顿第二定律具有更加普适的意义。

例 2-5 如图 2-18 所示，一质量为 M 的平板车以速度 v_0 沿平直轨道前行，车与轨道之间的摩擦忽略不计，一质量为 m 的人相对于车以速度 v_r 从车一端向前行走，求人在行走的过程中平板车的前进速度。

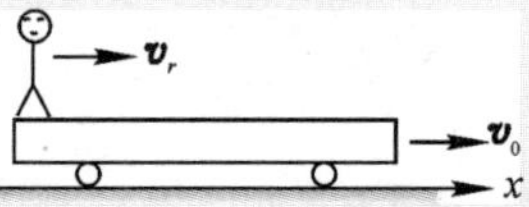

图 2-18 例题 2-5 用图

解 以人与平板车组成的系统作为研究对象。由于系统在水平方向不受外力的作用，人与车之间的摩擦力为系统的内力，因此在水平方向上系统的动量守恒。沿着车前进的水平方向取 x 轴。在人行走之前，系统水平方向相对于地面的动量为

$$p_1=(M+m)v_0$$

人在行走时，平板车相对于地面的速度设为 v，人相对于地面的速度为 $v+v_r$，均水平向右。此时系统相对于地面总的水平方向的动量为

$$p_2=Mv+m(v+v_r)$$

在水平方向动量守恒($p_1=p_2$)，得

$$(M+m)v_0=Mv+m(v+v_r)$$

由此可得人行走的过程中平板车前进的速度变为

$$v=v_0-\frac{mv_r}{M+m}$$

2.3 角动量守恒定律

物理学家始终在多变的世界中寻求守恒不变性，前面讨论质点的机械运动时，用动量 $\boldsymbol{p}$ 定量描述物体的运动状态，并给出了动量守恒定律。但是在研究质点或质点系绕定点作周期性轨道转动时，动量不再是守恒量，因为在例如行星围绕太阳的周期性轨道运动中，行星在近日点转动速度快，而在远日点转动速度慢，在一个运动周期内质点的速度和动量的平均值为零。因此，针对此类转动，需要寻找新的描述物体转动状态的物理量，并探寻

其守恒的物理条件。

本节的知识将会用到矢量的乘积运算，矢量的乘积分为两种不同的形式，一种称为标积，又称点积，将在下一节中讲解；另一种称为矢积，又称叉积，是本节内容的数学基础。

如图 2-19 所示，夹角为 θ 的两个矢量 $\boldsymbol{A}$ 和 $\boldsymbol{B}$，它们的矢积用符号 $\boldsymbol{A}\times\boldsymbol{B}$ 表示，定义 $\boldsymbol{A}\times\boldsymbol{B}$ 为矢量 $\boldsymbol{C}$，即

$$\boldsymbol{C}=\boldsymbol{A}\times\boldsymbol{B} \tag{2-22a}$$

矢量 $\boldsymbol{C}$ 的大小为

$$C=AB\sin\theta \tag{2-22b}$$

矢积的大小在数值上等于以两个矢量为边作的平行四边形的面积。

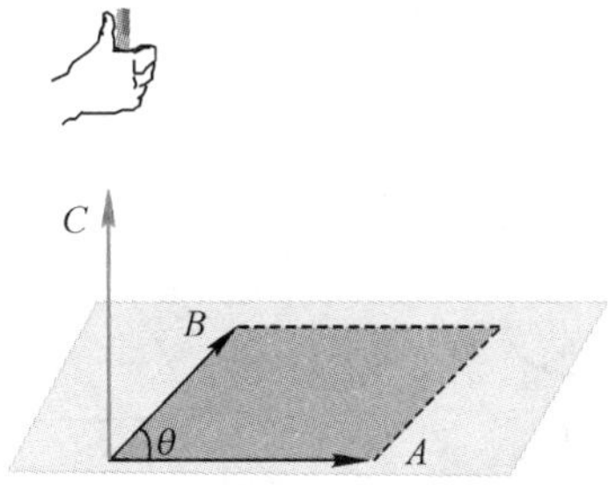

图 2-19　夹角为 θ 的两个矢量的矢积示意图

矢量 $\boldsymbol{C}$ 的方向垂直于矢量 $\boldsymbol{A}$ 和 $\boldsymbol{B}$ 所在的平面，在图 2-19 中，垂直于矢量 $\boldsymbol{A}$ 和 $\boldsymbol{B}$ 所在的平面的方向有两个：一个垂直于平面向上；另一个垂直于平面向下。此处可由右手螺旋定则确定矢积的方向，即伸平右手，拇指垂直于四指，四指的方向首先指向矢积的第一个矢量 $\boldsymbol{A}$，然后弯向第二矢量 $\boldsymbol{B}$，拇指的方向即为矢积 $\boldsymbol{C}$ 的方向。在图 2-19 中，$\boldsymbol{C}$ 的方向垂直于 $\boldsymbol{A}$ 与 $\boldsymbol{B}$ 所在的平面向上。

在直角坐标系 $Oxyz$ 中，矢积可表示为

$$\boldsymbol{A}\times\boldsymbol{B}=(A_x\boldsymbol{i}+A_y\boldsymbol{j}+A_z\boldsymbol{k})\times(B_x\boldsymbol{i}+B_y\boldsymbol{j}+B_z\boldsymbol{k})$$

将上式展开，考虑到如下各单位矢积：

$$\boldsymbol{i}\times\boldsymbol{i}=0,\ \boldsymbol{i}\times\boldsymbol{j}=\boldsymbol{k},\ \boldsymbol{i}\times\boldsymbol{k}=-\boldsymbol{j}$$
$$\boldsymbol{j}\times\boldsymbol{i}=-\boldsymbol{k},\ \boldsymbol{j}\times\boldsymbol{j}=0,\ \boldsymbol{j}\times\boldsymbol{k}=\boldsymbol{i}$$
$$\boldsymbol{k}\times\boldsymbol{i}=\boldsymbol{j},\ \boldsymbol{k}\times\boldsymbol{j}=-\boldsymbol{i},\ \boldsymbol{k}\times\boldsymbol{k}=0$$

可得

$$\boldsymbol{A}\times\boldsymbol{B}=(A_yB_z-A_zB_y)\boldsymbol{i}+(A_zB_x-A_xB_z)\boldsymbol{j}+(A_xB_y-A_yB_x)\boldsymbol{k} \tag{2-23a}$$

也可用行列式表示：

$$\boldsymbol{A}\times\boldsymbol{B}=\begin{vmatrix}\boldsymbol{i} & \boldsymbol{j} & \boldsymbol{k}\\ A_x & A_y & A_z\\ B_x & B_y & B_z\end{vmatrix} \tag{2-23b}$$

矢积满足的性质有

$$\boldsymbol{A}\times\boldsymbol{B}=-\boldsymbol{B}\times\boldsymbol{A}$$
$$\boldsymbol{C}\times(\boldsymbol{A}+\boldsymbol{B})=\boldsymbol{C}\times\boldsymbol{A}+\boldsymbol{C}\times\boldsymbol{B}$$
$$\frac{\mathrm{d}(\boldsymbol{A}\times\boldsymbol{B})}{\mathrm{d}t}=\boldsymbol{A}\times\frac{\mathrm{d}\boldsymbol{B}}{\mathrm{d}t}+\frac{\mathrm{d}\boldsymbol{A}}{\mathrm{d}t}\times\boldsymbol{B}$$

2.3.1 质点的角动量定理

1. 角动量

在转动运动中，定量描述其运动状态的物理量是由于该物理量的守恒性而发现的。以行星围绕太阳的椭圆轨道运动为例，去寻找定量描述行星运动状态的物理量。如图 2-20(a)所示，以太阳为原点 O，行星某一时刻处于 P 点，其位矢为 $\boldsymbol{r}$，在 $\mathrm{d}t$ 时间内行星的位移为 $\mathrm{d}\boldsymbol{r}$，位矢 $\boldsymbol{r}$ 与位移 $\mathrm{d}\boldsymbol{r}$ 的夹角为 θ。$\mathrm{d}t$ 时间内位矢 $\boldsymbol{r}$ 扫过的面积 $\mathrm{d}S$ 为

$$\mathrm{d}S=\frac{1}{2}|\boldsymbol{r}|\cdot|\mathrm{d}\boldsymbol{r}|\sin\theta$$

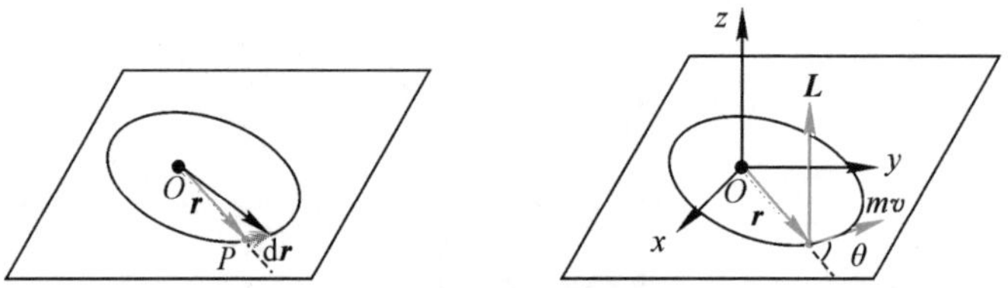

(a) 行星围绕太阳椭圆运动轨迹　(b) 行星围绕太阳运动的角动量

图 2-20　行星围绕太阳运动示意图

依据开普勒第二定律可知：行星在相同时间内扫过相同面积，因此$\frac{\mathrm{d}S}{\mathrm{d}t}$为一常量 C，即

$$\frac{\mathrm{d}S}{\mathrm{d}t}=\frac{1}{2}|\boldsymbol{r}|\cdot\frac{|\mathrm{d}\boldsymbol{r}|}{\mathrm{d}t}\sin\theta=\frac{1}{2}rv\sin\theta=C$$

等号两侧同乘 $2m$ 等号依然成立，有

$$rmv\sin\theta=C'$$

式中 C'为另一常量。由于 $p=mv$，再根据矢量矢积运算法则，上式中保持不变的量为 $\boldsymbol{r}\times\boldsymbol{p}$，我们将位矢与动量的矢积称为**角动量**，用字母 $\boldsymbol{L}$ 表示：

$$\boldsymbol{L}=\boldsymbol{r}\times\boldsymbol{p} \tag{2-24}$$

用角动量定量描述物体的转动运动状态，在国际单位制中，其单位为 $\mathrm{kg}\cdot\mathrm{m}^2\cdot\mathrm{s}^{-1}$。角动量 $\boldsymbol{L}$ 为矢量，其大小为

$$L=rp\sin\theta \tag{2-25}$$

其中，θ 为位矢 $\boldsymbol{r}$ 与动量 $\boldsymbol{p}$ 两个矢量之间小于 180°的角度。角动量 $\boldsymbol{L}$ 的方向垂直于位矢 $\boldsymbol{r}$ 与动量 $\boldsymbol{p}$ 两个矢量所在的平面，满足矢量矢积的右手螺旋定则，如图 2-20(b)所示。

需要注意的是位矢 $\boldsymbol{r}$ 是相对于参考原点 O 而言的，因此角动量 $\boldsymbol{L}$ 也是相对于同一参考原点 O 定义的。参考点不同，则质点的角动量也不同。对于如图 2-21 所示的圆周运动，质点对圆心的角动量大小为 $L=rp\sin 90°=rmv$，方向垂直于位矢 $\boldsymbol{r}$ 与动量 $\boldsymbol{p}$ 两个矢量所在的纸面向外。如果为匀速率圆周运动，则

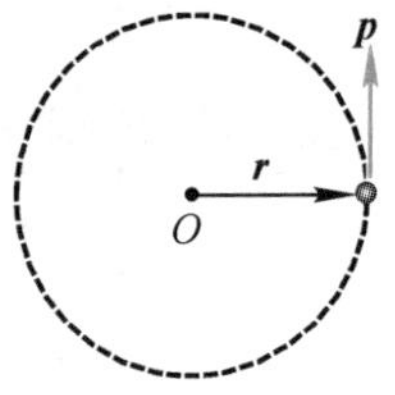

图 2-21　圆周运动的角动量

质点对圆心的角动量大小和方向均保持不变，为常矢量。对于动量而言，动量的大小虽保持不变，但方向一直发生改变。

以上定义的角动量是相对于固定点 O 而言的，接下来定义对轴的角动量。如图 2-22 所示，质点对参考点 O 的角动量 $\boldsymbol{L}$ 在通过点 O 轴线 OA 上的投影 $\boldsymbol{L}_A$ 即为质点对轴线 OA 的角动量，表示为

$$L_A = L\cos\alpha \tag{2-26}$$

式中，α 为质点对参考点 O 的角动量 $\boldsymbol{L}$ 与轴线 OA 的夹角。

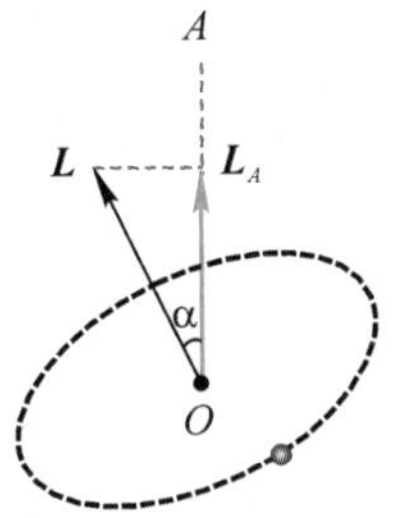

图 2-22　质点对轴线 OA 的角动量

2. 力矩

上一节讲到力是改变质点动量(运动状态)的原因，可得动量定理的微分形式 $\frac{\mathrm{d}\boldsymbol{p}}{\mathrm{d}t}=\boldsymbol{F}$，即动量对时间的变化率为合外力。那么什么是引起质点角动量(转动状态)变化的原因呢？仅有力是不够的。角动量对时间的变化率为

$$\frac{\mathrm{d}\boldsymbol{L}}{\mathrm{d}t}=\frac{\mathrm{d}(\boldsymbol{r}\times\boldsymbol{p})}{\mathrm{d}t}=\frac{\mathrm{d}\boldsymbol{r}}{\mathrm{d}t}\times\boldsymbol{p}+\boldsymbol{r}\times\frac{\mathrm{d}\boldsymbol{p}}{\mathrm{d}t}$$

式中，等号右侧的第一项 $\frac{\mathrm{d}\boldsymbol{r}}{\mathrm{d}t}\times\boldsymbol{p}=\boldsymbol{v}\times\boldsymbol{p}=\boldsymbol{v}\times(m\boldsymbol{v})=0$，第二项为 $\boldsymbol{r}\times\frac{\mathrm{d}\boldsymbol{p}}{\mathrm{d}t}=\boldsymbol{r}\times\boldsymbol{F}$。因此，上式可表示为

$$\frac{\mathrm{d}\boldsymbol{L}}{\mathrm{d}t}=\boldsymbol{r}\times\boldsymbol{F} \tag{2-27}$$

因此，角动量随时间的变化率不仅与力 $\boldsymbol{F}$ 有关，而且与参考点到质点的位矢 $\boldsymbol{r}$ 相关。当 $\boldsymbol{F}$ 的方向与 $\boldsymbol{r}$ 的方向平行时，$\boldsymbol{r}\times\boldsymbol{F}$ 为零；当两者方向垂直时，$\boldsymbol{r}\times\boldsymbol{F}$ 最大。可以想象，通过一轻绳悬挂的小球，如果让静止的小球绕着绳子的固定点转动起来，最好垂直于轻绳的方向(位矢的方向)用力，如果平行于轻绳的方向(位矢的方向)用力，小球将无法转动。在此，我们将改变质点角动量的 $\boldsymbol{r}\times\boldsymbol{F}$ 定义为外力 $\boldsymbol{F}$ 对参考点 O 的力矩，表示为 $\boldsymbol{M}$，即

$$\boldsymbol{M}=\boldsymbol{r}\times\boldsymbol{F} \tag{2-28}$$

力矩为矢量，其大小为

$$M=rF\sin\alpha=Fd \tag{2-29}$$

如图 2-23 所示，式(2-29)中 α 为位矢 $\boldsymbol{r}$ 与力 $\boldsymbol{F}$ 小于 180° 的夹角，$r\sin\alpha=d$ 是参考点 O 到力的作用线的垂直距离，称为**力臂**。在国际单位制中，力矩的单位为 N · m。力矩的方向垂直于位矢 $\boldsymbol{r}$ 与力 $\boldsymbol{F}$ 所在的平面，由右手螺旋定则确定其指向。

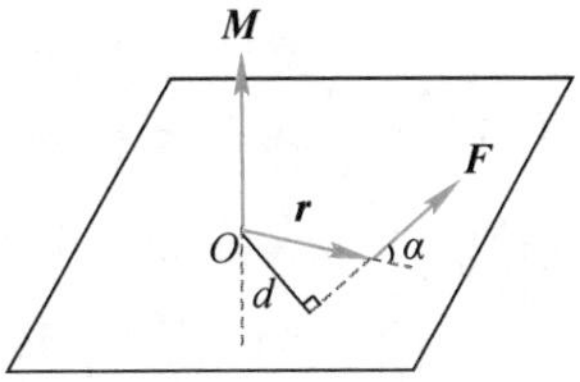

图 2-23　对点的力矩

力矩为零存在两种情况：一是外力为零；二是力 $\boldsymbol{F}$ 与位矢 $\boldsymbol{r}$ 的方向共线，$\sin\alpha=0$。如果物体所受的合外力始终指向或背离某一固定点，则这种力称为有心力，这一固定点称为力心。有

心力对力心的力矩恒为零，因为有心力 $\boldsymbol{F}$ 与位矢 $\boldsymbol{r}$ 始终共线。

接下来定义对轴的力矩，如图 2-24 所示，质点对参考点 O 的力矩 $\boldsymbol{M}$ 在通过点 O 轴线 OA 上的投影 $\boldsymbol{M}_A$ 即为质点对轴线 OA 的力矩，表示为

$$M_A = M\cos\alpha \tag{2-30}$$

式中，α 为质点对参考点 O 的力矩 $\boldsymbol{M}$ 与轴线 OA 的夹角。

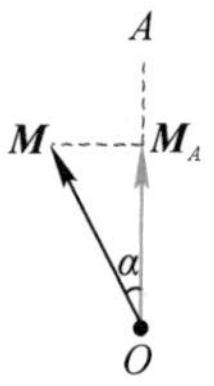

图 2-24　质点对轴线 OA 的力矩

此处需要考虑两个特例：

(1) 如果轴线 OA 垂直于力 $\boldsymbol{F}$ 与位矢 $\boldsymbol{r}$ 所在的平面，且参考点 O 在该平面内，如图 2-25(a)所示，则力 $\boldsymbol{F}$ 对参考点 O 的力矩与对轴 OA 的力矩大小相等。

(2) 如果轴线 OA 平行于或处在力 $\boldsymbol{F}$ 与位矢 $\boldsymbol{r}$ 所在的平面，如图 2-25(b)所示，则力 $\boldsymbol{F}$ 对轴 OA 的力矩为零。

因此在一般情况下，如图 2-25(c)所示，可将力 $\boldsymbol{F}$ 分解为平行于轴线 OA 的分量 $\boldsymbol{F}_{/\!/}$ 以及垂直于轴线 OA 的分量 $\boldsymbol{F}_{\perp}$。力 $\boldsymbol{F}$ 对参考点 O 的力矩为

$$\boldsymbol{M} = \boldsymbol{r}\times\boldsymbol{F} = \boldsymbol{r}\times(\boldsymbol{F}_{/\!/}+\boldsymbol{F}_{\perp}) = \boldsymbol{r}\times\boldsymbol{F}_{/\!/}+\boldsymbol{r}\times\boldsymbol{F}_{\perp}$$

在计算力 $\boldsymbol{F}$ 对轴 OA 的力矩时，$\boldsymbol{r}\times\boldsymbol{F}_{/\!/}$ 此部分的力矩垂直于 OA 轴，其在 OA 轴投影的力矩为零，因此有

$$\boldsymbol{M}_A = \boldsymbol{r}\times\boldsymbol{F}_{\perp} \tag{2-31}$$

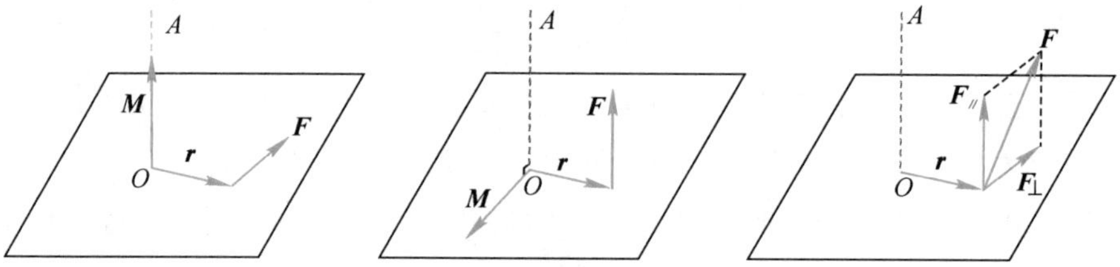

图 2-25　质点对轴线 OA 上力矩

3. 角动量定理

基于力矩的概念，式(2-27)可改写为

$$\boldsymbol{M} = \frac{\mathrm{d}\boldsymbol{L}}{\mathrm{d}t} \tag{2-32}$$

上式说明，质点对某一参考点的力矩等于质点对同一参考点角动量对时间的变化率，这就是质点角动量定理的微分形式。

如果力矩对质点的作用时间为 t_1 到 t_2，两时刻对应的角动量分别为 $\boldsymbol{L}_1$ 与 $\boldsymbol{L}_2$，将式(2-32)分离变量后对各自变量积分，左侧的积分为 $\int_{t_1}^{t_2}\boldsymbol{M}\mathrm{d}t$，右侧的积分为 $\int_{L_1}^{L_2}\mathrm{d}\boldsymbol{L} = \boldsymbol{L}_2 - \boldsymbol{L}_1$，

因此得关系式

$$\int_{t_1}^{t_2} \boldsymbol{M}\mathrm{d}t = \boldsymbol{L}_2 - \boldsymbol{L}_1 \tag{2-33}$$

式中，$\int_{t_1}^{t_2} \boldsymbol{M}\mathrm{d}t$ 称为**冲量矩**，是质点所受的力矩对时间的积累量。上式说明，**作用于质点的冲量矩等于质点在作用时间内角动量的增量。此即角动量定理的积分形式。**

需要注意，力矩和角动量都必须是对同一参考点而言的。

如果将质点对固定参考点的角动量以及力矩向选定的某一坐标轴投影，即可得到质点对轴的角动量和力矩。质点对固定点的角动量定理沿某一坐标轴的分量形式即质点对轴的角动量定理。

2.3.2　质点系的角动量定理

对于由 n 个质点构成的质点系，设系统中各质点对固定参考点 O 的位矢分别为 $\boldsymbol{r}_1$，$\boldsymbol{r}_2$，…，$\boldsymbol{r}_n$，各个质点的动量分别为 $\boldsymbol{p}_1$，$\boldsymbol{p}_2$，…，$\boldsymbol{p}_n$。

质点系对于参考点 O 的总角动量为各质点对参考点 O 角动量的矢量和，即

$$\boldsymbol{L} = \sum_{i=1}^{n} \boldsymbol{L}_i = \sum_{i=1}^{n} (\boldsymbol{r}_i \times \boldsymbol{p}_i) \tag{2-34}$$

设系统中各质点上的力分别为 $\boldsymbol{F}_1$，$\boldsymbol{F}_2$，…，$\boldsymbol{F}_n$，质点系对参考点 O 的力矩为各力单独存在时对同一参考点 O 力矩的矢量和，即

$$\boldsymbol{M} = \sum_{i=1}^{n} \boldsymbol{M}_i = \sum_{i=1}^{n} (\boldsymbol{r}_i \times \boldsymbol{F}_i) \tag{2-35}$$

将式(2-34)质点系对参考点 O 的总角动量对时间求导，可知

$$\frac{\mathrm{d}\boldsymbol{L}}{\mathrm{d}t} = \frac{\mathrm{d}\left(\sum_{i=1}^{n} (\boldsymbol{r}_i \times \boldsymbol{p}_i)\right)}{\mathrm{d}t} = \sum_{i=1}^{n} \left(\frac{\mathrm{d}\boldsymbol{r}_i}{\mathrm{d}t} \times \boldsymbol{p}_i + \boldsymbol{r}_i \times \frac{\mathrm{d}\boldsymbol{p}_i}{\mathrm{d}t}\right)$$

式中，等号右侧括号中的第一项 $\frac{\mathrm{d}\boldsymbol{r}_i}{\mathrm{d}t} \times \boldsymbol{p}_i = \boldsymbol{v}_i \times \boldsymbol{p}_i = \boldsymbol{v}_i \times (m\boldsymbol{v}_i) = 0$，第二项为 $\boldsymbol{r}_i \times \frac{\mathrm{d}\boldsymbol{p}_i}{\mathrm{d}t} = \boldsymbol{r} \times \boldsymbol{F}_i = \boldsymbol{r} \times (\boldsymbol{F}_{i外} + \boldsymbol{F}_{i内})$，$\boldsymbol{F}_{i外}$ 和 $\boldsymbol{F}_{i内}$ 分别为作用在第 i 个质点上的合外力以及和内力。因此有

$$\frac{\mathrm{d}\boldsymbol{L}}{\mathrm{d}t} = \sum_{i=1}^{n} \boldsymbol{r}_i \times \boldsymbol{F}_{i外} + \sum_{i=1}^{n} \boldsymbol{r}_i \times \boldsymbol{F}_{i内}$$

根据牛顿第三定律可知，内力总是成对出现的，大小相等方向相反且作用在同一直线上，因此一对内力对同一参考点的力矩的矢量和必为零，即 $\sum_{i=1}^{n} \boldsymbol{r}_i \times \boldsymbol{F}_{i内} = 0$。$\sum_{i=1}^{n} \boldsymbol{r}_i \times \boldsymbol{F}_{i外}$ 为合外力矩的矢量和，简记为 $\boldsymbol{M}$。因此对于质点系，可得

$$\boldsymbol{M} = \frac{\mathrm{d}\boldsymbol{L}}{\mathrm{d}t} \tag{2-36}$$

上式表明，质点系所受的所有外力对某一参考点的力矩的矢量和等于质点系对同一参考点角动量对时间的变化率，这就是质点系角动量定理的微分形式。质点系角动量定理的积分形式为

$$\int_{t_1}^{t_2} \boldsymbol{M}\mathrm{d}t = \boldsymbol{L}_2 - \boldsymbol{L}_1 \tag{2-37}$$

上式说明，作用于质点系的冲量矩等于质点系在作用时间内角动量的增量。针对质点系的角动量，只有外力矩才对系统总角动量的变化有贡献，而内力矩不改变系统的总角动量。

在实际计算过程中需要区分力矩的矢量和与合力的力矩。力矩的矢量和是对每一个力先求对相同参考点的力矩，再将力矩求矢量和；而合力的力矩是先将每个力求矢量和得到合力，再求合力对参考点的力矩。矢量和操作的先后顺序不同，结果也就不同。如图 2-26 所示，圆周上两个质点的连线通过圆心，它们分别在各自力的作用下做同一圆周运动，两个力始终等大反向。显然对于整个体系而言的合外力为零，合外力的力矩为零。但是每个力的力矩大小分别为 rF，力矩方向均为垂直纸面向外，因此力矩的矢量和的大小显然不为零，为 $2rF$，方向垂直纸面向外。

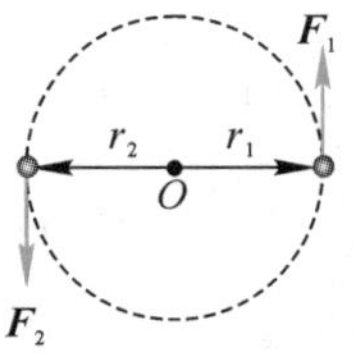

图 2-26 圆周上两个质点做圆周运动

2.3.3 角动量守恒定律

由式(2-32)以及式(2-36)可知，无论是对于质点还是质点系，有

$$\text{若 } \boldsymbol{M}=0\text{，则 } \boldsymbol{L}=\text{常矢量} \tag{2-38}$$

即质点或质点系所受外力对某一参考点的力矩的矢量和为零时，质点或质点系对该点的角动量保持不变。这就是质点或质点系的角动量守恒定律。

如果质点或质点系所受外力对某一参考点的力矩的矢量和不为零，但是对某轴的力矩的和为零，则质点或质点系对该轴角动量守恒，称为质点或质点系对某轴的角动量守恒定律。可表示为

$$\text{若 } \boldsymbol{M}_A=0\text{，则 } \boldsymbol{L}_A=\text{常矢量} \tag{2-39}$$

力矩部分讲到了有心力对力心的力矩恒为零，因此受有心力作用的质点或质点系对力心的角动量守恒。角动量定理同动量定理类似，也是自然界的普适规律，即适用于宏观也适用于微观系统，可应用于低速领域也可应用于高速领域。在天体运动和微观粒子运动中，角动量守恒应用广泛。例如在宏观体系中，行星围绕太阳转动，行星受到的太阳的引力为有心力，力心为太阳，因此行星对太阳的角动量守恒。在微观领域，如带电微观粒子碰撞质量较大的原子核时，两者之间的电场力即为有心力，因此在碰撞过程中对力心的角动量守恒。

例 2-6 一质量为 5.0 kg 的质点在位矢 $\boldsymbol{r}=-3.2\boldsymbol{i}+2.3\boldsymbol{j}$ (m)处的速度为$\boldsymbol{v}=-2.5\boldsymbol{i}-6.4\boldsymbol{j}$ ($\mathrm{m\cdot s^{-1}}$)，求质点相对于坐标原点的角动量。

解 由角动量的定义可得

$$\begin{aligned}\boldsymbol{L}=\boldsymbol{r}\times\boldsymbol{p}&=(-3.2\boldsymbol{i}+2.3\boldsymbol{j})\times(-2.5\boldsymbol{i}-6.4\boldsymbol{j})\times 5\\&=131.15\boldsymbol{k}(\mathrm{kg\cdot m^2\cdot s^{-1}})\end{aligned}$$

例 2-7 如图 2-27 所示，一质量为 m 且置于桌面上的一滑块拴在一根细绳的一端，细绳的另一端穿过桌面上的小孔可以向下牵引。最初滑块在桌面上以初速率 v_0 绕着中心小孔做半径为 r_0 的圆周运动。先将绳子向下牵引，滑块圆周运动的半径变为 r_1，求此时滑块的速率 v_1。

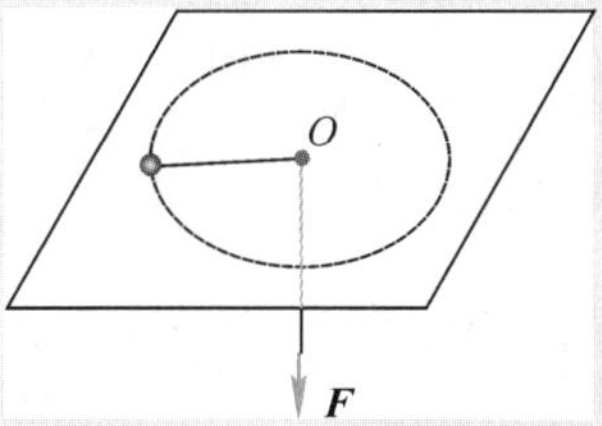

图 2-27 例 2-7 用图

解 将小滑块视为质点，对其进行受力分析，滑块受重力、桌面对其的支持力以及绳子的拉力。其中重力与支持力为平衡力，而绳子的拉力指向圆心，为有心力。因此滑块在转动过程中角动量守恒。依据角动量守恒定理，可得

$$mv_0r_0=mv_1r_1$$

因此可得

$$v_1=\frac{r_0}{r_1}v_0$$

2.4 能量守恒定律

前面的章节已经分析了力在时间上的积累效应，本节将讨论力在空间上的积累效应，进而给出力在空间的积累量将改变哪个状态量，并推导积累量与状态量的改变之间的定量关系式，最后探讨本章所介绍的最后一个守恒定律。

本节介绍的知识将会用到矢量的乘积运算的另一种类型——标积，又称点积。上一节的两个矢量通过矢积运算得到的是矢量，而本节两个矢量通过标积运算将得到标量。

如图 2-28 所示，夹角为 θ 的两个矢量$\boldsymbol{A}$ 和$\boldsymbol{B}$，两个矢量的标积用符号 $\boldsymbol{A}\cdot\boldsymbol{B}$ 表示，标积的运算法则为

$$\boldsymbol{A}\cdot\boldsymbol{B}=AB\cos\theta \tag{2-40}$$

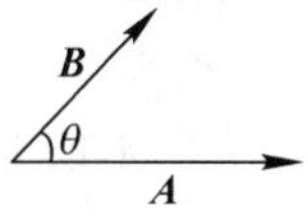

图 2-28 两个矢量的夹角为 θ

注意，θ 的取值范围小于 180°。当两个矢量在同一个方向即 $\theta=0°$时，两个矢量标积后值最大，为 $\boldsymbol{A}\cdot\boldsymbol{B}=AB$；当两个矢量相互垂直即 $\theta=90°$时，两个矢量标积为零，即 $\boldsymbol{A}\cdot\boldsymbol{B}=0$；当两个矢量的方向反向

即 $\theta=180°$时，有 $\boldsymbol{A}\cdot\boldsymbol{B}=-AB$。

在直角坐标系 $Oxyz$ 中，矢积可表示为

$$\boldsymbol{A}\cdot\boldsymbol{B}=(A_x\boldsymbol{i}+A_y\boldsymbol{j}+A_z\boldsymbol{k})\cdot(B_x\boldsymbol{i}+B_y\boldsymbol{j}+B_z\boldsymbol{k})$$

将上式展开，考虑到如下各单位矢积：

$$\boldsymbol{i}\cdot\boldsymbol{i}=1,\ \boldsymbol{i}\cdot\boldsymbol{j}=0,\ \boldsymbol{i}\cdot\boldsymbol{k}=0$$
$$\boldsymbol{j}\cdot\boldsymbol{i}=0,\ \boldsymbol{j}\cdot\boldsymbol{j}=1,\ \boldsymbol{j}\cdot\boldsymbol{k}=0$$
$$\boldsymbol{k}\cdot\boldsymbol{i}=0,\ \boldsymbol{k}\cdot\boldsymbol{j}=0,\ \boldsymbol{k}\cdot\boldsymbol{k}=1$$

可得

$$\boldsymbol{A}\cdot\boldsymbol{B}=A_xB_x+A_yB_y+A_zB_z \tag{2-41}$$

标积满足的性质有

$$\boldsymbol{A}\cdot\boldsymbol{B}=\boldsymbol{B}\cdot\boldsymbol{A}$$
$$\boldsymbol{C}\cdot(\boldsymbol{A}+\boldsymbol{B})=\boldsymbol{C}\cdot\boldsymbol{A}+\boldsymbol{C}\cdot\boldsymbol{B}$$
$$\frac{\mathrm{d}(\boldsymbol{A}\cdot\boldsymbol{B})}{\mathrm{d}t}=\boldsymbol{A}\cdot\frac{\mathrm{d}\boldsymbol{B}}{\mathrm{d}t}+\frac{\mathrm{d}\boldsymbol{A}}{\mathrm{d}t}\cdot\boldsymbol{B}$$

下面介绍矢量函数积分的标积运算，如图 2-29 所示，矢量 $\boldsymbol{A}$ 沿一曲线 l 变化，曲线上一小段为矢量 $\mathrm{d}\boldsymbol{s}$，$\boldsymbol{A}$ 沿该曲线的线积分为 $\int_l \boldsymbol{A}\cdot\mathrm{d}\boldsymbol{s}$ ，在直角坐标系中 $\mathrm{d}\boldsymbol{s}=\mathrm{d}x\boldsymbol{i}+\mathrm{d}y\boldsymbol{j}+\mathrm{d}z\boldsymbol{k}$，线积分可表示为

$$\begin{aligned}\int_l \boldsymbol{A}\cdot\mathrm{d}\boldsymbol{s}&=\int_l(A_x\boldsymbol{i}+A_y\boldsymbol{j}+A_z\boldsymbol{k})\cdot(\mathrm{d}x\boldsymbol{i}+\mathrm{d}y\boldsymbol{j}+\mathrm{d}z\boldsymbol{k})\\&=\int_l A_x\mathrm{d}x+A_y\mathrm{d}y+A_z\mathrm{d}z\end{aligned} \tag{2-42}$$

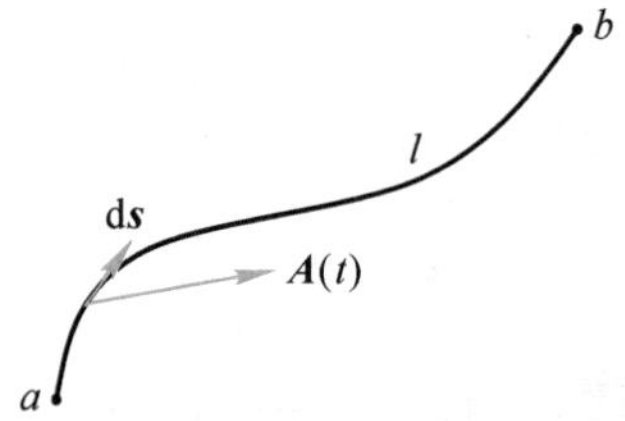

图 2-29 矢量沿一曲线的线积分

2.4.1 功和功率

1. 功

首先分析恒力对直线运动物体所做的功。如图 2-30 所示，一物体在恒力 $\boldsymbol{F}$ 作用下沿直线运动，位移为 $\Delta\boldsymbol{r}$，力 $\boldsymbol{F}$ 与位移 $\Delta\boldsymbol{r}$ 的夹角为θ。则恒力 $\boldsymbol{F}$ 对物体所做的功可以定义为：**力在位移方向上的分量大小与位移大小的乘积(或位移在力的方向上分量的大小与力的大小的乘积)**。功通常用字母 W 表示，可表示为

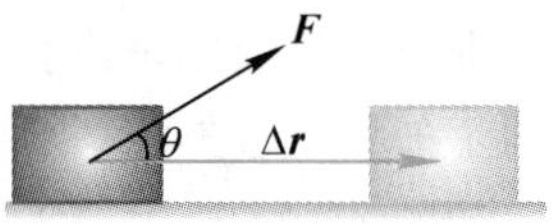

图 2-30 恒力对直线运动物体所做的功

$$W=F|\Delta r|\cos\theta$$

依据两个矢量标积的定义，上式可表示为

$$W=\boldsymbol{F}\cdot\Delta\boldsymbol{r} \tag{2-43}$$

在国际单位制中，功的单位为焦耳，用符号 J 表示。功为力与位移两个矢量的标积，功为标量，只有大小和正负，没有方向。功为零分为三种情况：① 力为零；② 虽有力，但位移为零；③ 力与位移均不为零，但两者的方向相互垂直，即 $\theta=\frac{\pi}{2}$（例如水平运动的物体，重力不做功）。当力与位移的夹角 $0\leqslant\theta<\frac{\pi}{2}$ 时，$W>0$，力 $\boldsymbol{F}$ 对物体做正功；当力与位移的夹角 $\frac{\pi}{2}<\theta\leqslant\pi$ 时，$W<0$，力 $\boldsymbol{F}$ 对物体做负功。

在机械运动中，恒力作用下的直线运动为特例，通常情况下，物体会沿曲线运动，受到的力也要随时间改变。同求变力下的冲量方法类似，求变力对曲线运动物体的做功问题需要借助微积分的思想。如图 2-31 所示，直线在变力 $\boldsymbol{F}$ 的作用下由 a 点到 b 点做曲线运动。显然在运动的过程中，力与位移的大小和方向均随时间改变，式(2-43)不再适用。但如果将运动轨迹曲线 s 分割为许多微小的一小段，每一小段可看作直线，因此由 a 点到 b 点位移的大小为每一小段直线上微小位移 $\Delta\boldsymbol{r}_i$ 的矢量和 $\sum\limits_i\Delta\boldsymbol{r}_i$，当 $\Delta\boldsymbol{r}_i$ 趋于零时，每一微小段的位移为 $\mathrm{d}\boldsymbol{r}$，称为**位移元**。位移元的大小等于每段微小轨迹的长度，即 $|\mathrm{d}\boldsymbol{r}|=\mathrm{d}s$。在位移元中变力做的功称为元功，表示为 $\mathrm{d}W$。在每一段位移元内，由于时间间隔足够小，运动可视为恒力下的直线运动，依据式(2-43)有

$$\mathrm{d}W=\boldsymbol{F}\cdot\mathrm{d}\boldsymbol{r}=F\,|\mathrm{d}\boldsymbol{r}|\cos\theta=F\cos\theta\,|\mathrm{d}\boldsymbol{r}|=F\cos\theta\,\mathrm{d}s$$

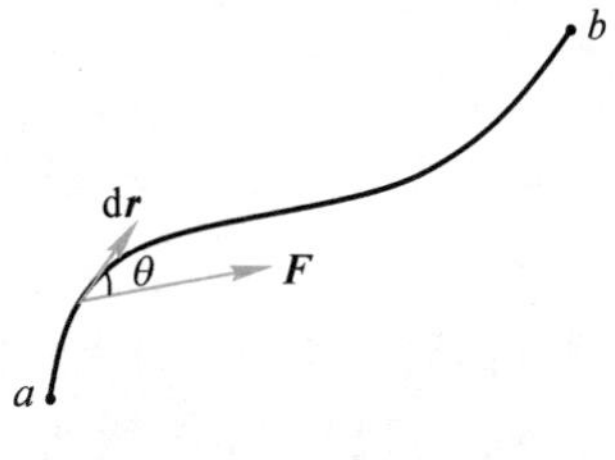

图 2-31　变力对曲线运动物体所做的功

每一段位移元内的元功为标量，在整个曲线运动中变力所做的功即为所有位移元内元功的代数和。当 $\Delta\boldsymbol{r}_i$ 足够小趋于零的极限条件下，求和变为积分，即

$$W=\int_a^b\mathrm{d}W=\int_a^b\boldsymbol{F}\cdot\mathrm{d}\boldsymbol{r}=\int_a^b F\cos\theta\,\mathrm{d}s \tag{2-44}$$

上式即为求变力曲线运动下做功的一般方法。

如果在直角坐标系 $Oxyz$ 下，功的表达式可写作

$$\begin{aligned}W&=\int_a^b\boldsymbol{F}\cdot\mathrm{d}\boldsymbol{r}\\&=\int_a^b(F_x\boldsymbol{i}+F_y\boldsymbol{j}+F_z\boldsymbol{k})\cdot(\mathrm{d}x\boldsymbol{i}+\mathrm{d}y\boldsymbol{j}+\mathrm{d}z\boldsymbol{k})\\&=\int_{a_x}^{b_x}F_x\,\mathrm{d}x+\int_{a_y}^{b_y}F_y\,\mathrm{d}y+\int_{a_z}^{b_z}F_z\,\mathrm{d}z\end{aligned} \tag{2-45}$$

如果在自然坐标系下，功的表达式可写作

$$W=\int_a^b \boldsymbol{F}\cdot \mathrm{d}\boldsymbol{r}=\int_a^b (F_{\mathrm{t}}\boldsymbol{e}_{\mathrm{t}}+F_{\mathrm{n}}\boldsymbol{e}_{\mathrm{n}})\cdot(\mathrm{d}s\boldsymbol{e}_{\mathrm{t}})=\int_{s_a}^{s_b} F_{\mathrm{t}}\mathrm{d}s \tag{2-46}$$

式中，s_a 与 s_b 分别为曲线运动初末位置在自然坐标系下的坐标。

如果物体同时受到多个力的相互作用，分别设为 $\boldsymbol{F}_1$，$\boldsymbol{F}_2$，…，$\boldsymbol{F}_n$，则作用在物体的合力所做功为

$$\begin{aligned} W&=\int_a^b \boldsymbol{F}\cdot \mathrm{d}\boldsymbol{r}=\int_a^b (\boldsymbol{F}_1+\boldsymbol{F}_2+\cdots+\boldsymbol{F}_n)\cdot \mathrm{d}\boldsymbol{r}\\ &=\int_a^b \boldsymbol{F}_1\cdot \mathrm{d}\boldsymbol{r}+\int_a^b \boldsymbol{F}_2\cdot \mathrm{d}\boldsymbol{r}+\cdots+\int_a^b \boldsymbol{F}_n\cdot \mathrm{d}\boldsymbol{r}\\ &=W_1+W_2+\cdots+W_n \end{aligned} \tag{2-47}$$

2. 功率

在日常生活中，有时不仅需要知道做功的量值，还需要确定做功的快慢。做功的快慢可以借助功率这一物理量进行表征，其定义为：**力在单位时间内做的功**，符号为 P。如果力在 Δt 时间内做功为 ΔW，则在这段时间内的**平均功率**为

$$\bar{P}=\frac{\Delta W}{\Delta t} \tag{2-48}$$

当 $\Delta t\to 0$ 时，平均功率的极限为**瞬时功率**，简称**功率**，即

$$P=\lim_{\Delta t\to 0}\frac{\Delta W}{\Delta t}=\frac{\mathrm{d}W}{\mathrm{d}t}=\frac{\boldsymbol{F}\cdot \mathrm{d}\boldsymbol{r}}{\mathrm{d}t}=\boldsymbol{F}\cdot\boldsymbol{v} \tag{2-49}$$

功率的大小为力与速度的标积，在国际单位制中，功率的单位为 $\mathrm{J}\cdot\mathrm{s}^{-1}$，称为**瓦特**，用字母 W 表示。

3. 保守力的功

在力的做功问题中，某些力的做功具有共通之处，接下来介绍这些力做功的特点。

1) 重力的功

重力本质上来源于物体在地球表面附近所受的万有引力。如果所关注的物体在地球表面附近几百米的高度范围内，则可将重力视为恒力，大小为 mg，方向竖直向下。

设一质量为 m 的物体在重力的作用下沿任意路径由 a 点运动至 b 点。建立如图 2-32 所示的坐标系，选择竖直向上的方向为 z 轴的正方向。在上述过程中，重力所做的功为

$$\begin{aligned} W&=\int_a^b \boldsymbol{F}\cdot \mathrm{d}\boldsymbol{r}=\int_a^b m\boldsymbol{g}\cdot \mathrm{d}\boldsymbol{r}\\ &=\int_a^b (-mg\boldsymbol{k})\cdot(\mathrm{d}x\boldsymbol{i}+\mathrm{d}y\boldsymbol{j}+\mathrm{d}z\boldsymbol{k})\\ &=\int_{z_a}^{z_b} -mg\,\mathrm{d}z=mg(z_a-z_b)\\ &=mgz_a-mgz_b \end{aligned} \tag{2-50}$$

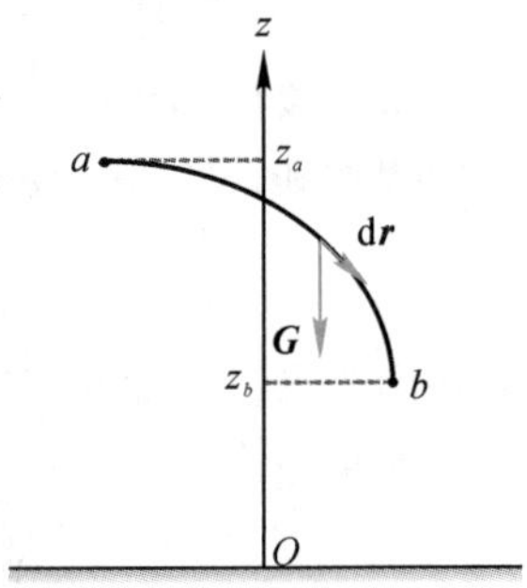

图 2-32　重力做功

上式表明，重力做功只与初末位置的高度有关，与运动的路径无关。

2）万有引力的功

设有两个质点，它们的质量分别为 m 和 M，一质点相对于另一质点在万有引力 $\boldsymbol{F}$ 的作用下旋转，沿着轨迹由 a 点运动至 b 点，如图 2-33 所示，整个过程中，万有引力所做的功为

$$W=\int_a^b \boldsymbol{F}\cdot \mathrm{d}\boldsymbol{r}=\int_a^b -G\frac{Mm}{r^2}\boldsymbol{e}_r\cdot \mathrm{d}\boldsymbol{r}$$

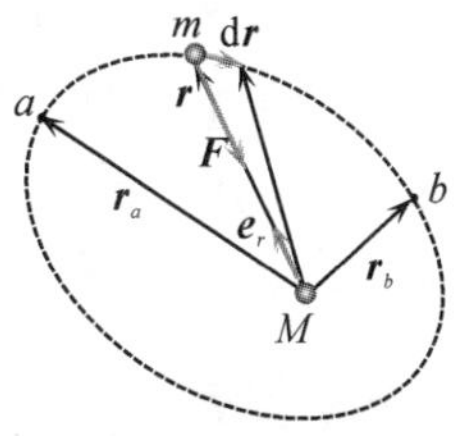

图 2-33 万有引力做功

其中，$\boldsymbol{e}_r$ 为径向的单位矢量，有

$$\begin{aligned}\boldsymbol{e}_r\cdot \mathrm{d}\boldsymbol{r}&=|\boldsymbol{e}_r|\cdot|\mathrm{d}\boldsymbol{r}|\cos\theta\\&=|\mathrm{d}\boldsymbol{r}|\cos\theta=\mathrm{d}r\end{aligned}$$

因此有

$$\begin{aligned}W&=\int_a^b -G\frac{Mm}{r^2}\boldsymbol{e}_r\cdot \mathrm{d}\boldsymbol{r}=\int_{r_a}^{r_b} -G\frac{Mm}{r^2}\mathrm{d}r\\&=\left(-G\frac{Mm}{r_a}\right)-\left(-G\frac{Mm}{r_b}\right)\end{aligned} \tag{2-51}$$

同样，万有引力做的功也只与初末位置有关，与其路径无关。

3）弹力的功

设有一质量为 m 的物体连接在劲度系数为 k 的弹簧一端，弹簧的另一端固定。建立如图 2-34 所示坐标系，选择向右的方向为 x 轴的正方向。在弹簧弹性限度内，物体在弹力的作用下沿水平面内由 x_a 点运动至 x_b 点，忽略摩擦力的作用，在整个过程中弹力所做的功为

$$\begin{aligned}W&=\int_a^b \boldsymbol{F}\cdot \mathrm{d}\boldsymbol{r}=\int_a^b -kx\boldsymbol{i}\cdot \mathrm{d}x\boldsymbol{i}=\int_a^b -kx\,\mathrm{d}x\\&=\frac{1}{2}kx_a^2-\frac{1}{2}kx_b^2\end{aligned} \tag{2-52}$$

因此，弹力做的功也同样只与初末位置有关，与弹性的形变过程无关。

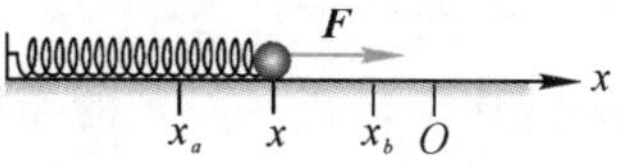

图 2-34 弹力做功

综上所述，可以得到重力、万有引力、弹力做功的共同特点，即做功只与初末位置有关，与具体实际路径无关。我们将具有这一特点的力称为保守力。因此，重力、万有引力、弹力均为保守力。另外，原子之间的分子力以及第 5 章将要介绍的电荷之间的库伦力也为保守力。

显然，如果物体沿一任意闭合路径运动，又回到初始位置，保守力做功为

$$W=\oint \boldsymbol{F}\cdot \mathrm{d}\boldsymbol{r}=0 \tag{2-53}$$

上式是力为保守力的另外一种表述，即质点沿任意闭合路径运动一周，保守力做功为零。

并非所有的力都为保守力，如果力所做的功不仅与质点的初末位置有关，也取决于具体路径；或者说，沿任意闭合路径运动一周，力所做的功不为零，则这样力称为**非保守力**。典型的非保守力有摩擦力，爆炸力等等。

例 2-8 一质量为 2 kg 的物体由静止原点出发，沿向 x 轴的正方向做直线运动。

(1) 设作用在物体上的力为 $F=6x$ (N)，方向向右，求在前 2 m 内力做了多少功？

(2) 如果力为 $F=6t$ (N)，方向向右，求在前 2 s 内力做了多少功？

解 (1) 力为变力，借助积分公式，变力做功为

$$W=\int_0^2 F\,dx=\int_0^2 6x\,dx=12\ \text{J}$$

(2) 根据牛顿第二定律有

$$a=\frac{F}{m}=3t$$

由定义可得

$$a=\frac{dv}{dt}=3t$$

分离变量得

$$3t\,dt=dv$$

两侧积分

$$\int_0^t 3t\,dt=\int_0^v dv$$

计算得

$$v=\frac{3}{2}t^2$$

进一步由定义可得

$$v=\frac{dx}{dt}=\frac{3}{2}t^2$$

得

$$dx=\frac{3}{2}t^2\,dt$$

根据变力做功的积分公式，有

$$W=\int_0^{x_末} F\,dx=\int_0^2 6t\,\frac{3}{2}t^2\,dt=36\ \text{J}$$

2.4.2 动能和动能定理

上一节给出了力在空间上的积累为功这一过程量，下面推导功这一过程量对应于哪个状态量的改变。

如图 2-35 所示，一质量为 m 的质点在合外力 $\boldsymbol{F}$ 的作用下沿一路径由初位置 a 点运动至末位置 b 点，初末位置的速度分别为 $\boldsymbol{v}_1$ 和 $\boldsymbol{v}_2$，力 $\boldsymbol{F}$ 对质点所做的功为

$$\begin{aligned}W&=\int_a^b \boldsymbol{F}\cdot d\boldsymbol{r}=\int_a^b m\,\frac{d\boldsymbol{v}}{dt}\cdot d\boldsymbol{r}\\&=\int_a^b m\,d\boldsymbol{v}\cdot\frac{d\boldsymbol{r}}{dt}=\int_{v_1}^{v_2} m\,d\boldsymbol{v}\cdot\boldsymbol{v}\\&=\int_{v_1}^{v_2}\frac{1}{2}m\,d(\boldsymbol{v}\cdot\boldsymbol{v})=\int_{v_1}^{v_2}\frac{1}{2}m\,dv^2\\&=\frac{1}{2}mv_2^2-\frac{1}{2}mv_1^2\end{aligned}\tag{2-54}$$

由上式可知，等式左侧为力对质点做功所产生的空间积累量，对应于等式右侧$\frac{1}{2}mv^2$这一与速度和质量相关的状态量的增量。$\frac{1}{2}mv^2$单位与功相同，在国际单位制中都为焦耳(J)，存在关系$1\ \mathrm{kg}\cdot\mathrm{m}^2\cdot\mathrm{s}^{-2}=1\ \mathrm{N}\cdot\mathrm{m}=1\ \mathrm{J}$，其与能量的单位相同，即具有能量的量纲。将$\frac{1}{2}mv^2$看作新的独立物理量，称为**动能**，表示为$E_\mathrm{k}$，它是定量表征物体运动状态的新的物理量。$E_{\mathrm{k}1}=\frac{1}{2}mv_1^2$表示质点的初始状态的动能，$E_{\mathrm{k}2}=\frac{1}{2}mv_2^2$表示质点末状态的动能，因此上式可以改写为

$$W=E_{\mathrm{k}2}-E_{\mathrm{k}1} \tag{2-55}$$

由上式可知，**作用在质点上的合力所做的功等于质点动能的增量，称之为动能定理**。

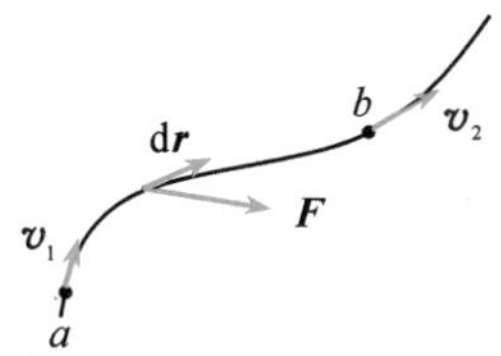

图 2-35 外力对质点所做的功对应于质点动能的增量

关于动能定理需要注意以下几点：

(1) 动能定理中的功为合外力所做的总功，是合外力的空间积累效应所遵循的定量规律。

(2) 动能定理反映了功与能的关系，功与动能为两个不同的概念，功为过程量，动能为状态量。功是能量改变的量度，而不是能量。

(3) 动能和动量虽然都与质量和速度相关，均定量表征物体的运动状态，但是它们的属性完全不同。首先动能为标量，只有大小没有方向；动量是矢量，不仅有大小也有方向。其次，动能的改变对应于合外力对空间的积累量——功；而动量的改变对应于合外力对时间的积累量——冲量。

(4) 由动能定理可知，可以借助于质点初末状态动能的改变求合力所做的功，给出了求功的另外一种方法。

关于运动状态量度的争论曾一度存在，主要分为两种观点：一种观点以笛卡尔为代表，主张以mv量度运动；另一种观点以莱布尼兹为代表，认为应该以mv^2量度运动。经过近半个世纪的争论，最终法国科学家达兰贝尔总结出两种观点实际上是从不同角度描述了运动。现在我们已经知道，动能决定了物体在力的作用下能运动多远，而动量则决定了物体在力的作用下能运动多长时间。动能定理对应于力在空间上的积累效应，而动量定理给出了力在时间上的积累效应。历史上关于运动量度的争论不仅促进了能量的概念的形成，加深了人们对多种运动形式及其相互转变的认识，也在争论中彰显了动能与动量的重要意义。

例 2-9 运用动能定理求例 2-8 问题(2)。

解 由牛顿第二定律有

$$a=\frac{F}{m}=3t$$

由定义有

$$a=\frac{\mathrm{d}v}{\mathrm{d}t}=3t$$

分离变量得

$$3t\,\mathrm{d}t=\mathrm{d}v$$

两侧积分

$$\int_0^t 3t\,\mathrm{d}t=\int_0^v \mathrm{d}v$$

计算得

$$v=\frac{3}{2}t^2$$

可得初始时刻的速度为 $v_1=0\ \mathrm{m\cdot s^{-1}}$，末时刻的速度为 $v_2=6\ \mathrm{m\cdot s^{-1}}$。由动能定理可得这段时间内力所做的功为

$$W=\frac{1}{2}mv_2^2-\frac{1}{2}mv_1^2=36\ \mathrm{J}$$

2.4.3 势能

在运动学中，通常借助位矢 $\boldsymbol{r}$ 与速度$\boldsymbol{v}$来描述物体的运动状态。在动力学中，针对能量这一概念，对应于状态量$\boldsymbol{v}$，定义了与之相关的状态量——动能 E_k，而对应于状态量位矢 $\boldsymbol{r}$ 也可以定义与之相关另一个关于能量的状态量，本小节将引入该状态量。

我们已经知道，保守力做功与具体路径无关，只依赖于质点的初末位置。保守力重力、万有引力以及弹力做功公式分别为

$$W_{重}=mgz_a-mgz_b$$

$$W_{万}=\left(-G\frac{Mm}{r_a}\right)-\left(-G\frac{Mm}{r_b}\right)$$

$$W_{弹}=\frac{1}{2}kx_a^2-\frac{1}{2}kx_b^2$$

对比以上各式，可以看出共通的特点，即保守力做功总是等于与位置有关的函数增量的负值。又已知功是能量转化的量度，因此这种与位置相关的函数对应于某种能量的函数形式。在此我们将该位置函数定义为**势能**，用字母 E_p 表示，单位为 J。势能是空间位置的函数，以上三式均可表达为

$$W_{保}=\int_a^b \boldsymbol{F}_{保}\cdot\mathrm{d}\boldsymbol{r}=-(E_{pb}-E_{pa}) \tag{2-56}$$

上式表明，保守力所做的功等于势能增量的负值。

与重力有关的势能称为重力势能，与万有引力有关的势能称为引力势能，与弹力有关的势能称为弹性势能，分别表示为

$$E_p=mgz \tag{2-57}$$

$$E_p=-G\frac{Mm}{r} \tag{2-58}$$

$$E_p=\frac{1}{2}kx^2 \tag{2-59}$$

关于势能几点讨论：

(1) 由于空间位置是相对值，因此势能是相对量，只有选取了具体的零势能参考点，

势能的大小才能确定，其大小随着不同的零势能参考点变化。零势能点的选取视具体问题而定。通常情况下，常将重力势能的零点选在地面上，引力势能的零点选在无穷远处，弹性势能的零点选在弹簧原长的平衡位置处。具有实际物理意义的是势能的差值，不论零势能点选在何处，两点之间的势能差值是固定的。

(2) 势能函数的具体形式不同于动能，有着唯一固定的表达式，势能的具体表达方式依赖于保守力的性质。

(3) 势能为保守力相互作用的物体系统所共有，不能归属一个单独的物体。

由式(2-56)可知，如果将点 b 设为零势能参考点，则点 a 的势能为

$$E_{pa}=\int_a^b \boldsymbol{F}_{保}\cdot d\boldsymbol{r} \tag{2-60}$$

因此，质点在空间某点处的势能等于将质点从该点移到零势能参考点保守所做的功。

2.4.4 质点系的动能定理与功能原理

对于由 n 个质点构成的质点系，质点系的动能为各质点的动能的代数和，数学表达式为

$$E_k=\sum_i E_{ki}=\sum_i \frac{1}{2}m_i v_i^2 \tag{2-61}$$

对于质点系，系统内部的各个质点除了受到外力的作用以外，还会受到系统内部其他质点施加的内力作用。先分析系统内第 i 个质点上合力的做功：

$$W_i=\int_{a_i}^{b_i}\boldsymbol{F}_{合i}\cdot d\boldsymbol{r}_i=\int_{a_i}^{b_i}(\boldsymbol{F}_{i外}+\boldsymbol{F}_{i内})\cdot d\boldsymbol{r}_i$$

$$=\int_{a_i}^{b_i}\boldsymbol{F}_{i外}\cdot d\boldsymbol{r}_i+\int_{a_i}^{b_i}\boldsymbol{F}_{i内}\cdot d\boldsymbol{r}_i$$

借助质点的动能定理，对质点 i，有

$$W_{i外}+W_{i内}=\frac{1}{2}m_i v_{2i}^2-\frac{1}{2}m_i v_{1i}^2=E_{k2i}-E_{k1i}$$

将上式应用于质点系的所有质点并相加，得

$$\sum_i W_{i外}+\sum_i W_{i内}=\sum_i E_{k2i}-\sum_i E_{k1i}$$

令 $\sum_i W_{i外}=W_{外}$，$\sum_i W_{i内}=W_{内}$，$\sum_i E_{k2i}=E_{k2}$，$\sum_i E_{k1i}=E_{k1}$，上式可表示为

$$W_{外}+W_{内}=E_{k2}-E_{k1} \tag{2-62}$$

上式可表述为，**系统内所有外力和内力做功的代数和等于质点系总动能的增量，此即质点系的动能定理**。

需要注意的是，质点系内部各两质点之间的内力虽然大小相等方向相反，但是两个质点所对应的位移不同，因此内力做功的代数和不为零。因此，质点系总动能的改变不仅取决于外力做的功，也与内力做的功相关。内力所做的功可以改变系统的总动能，与质点系的动量定理不同，内力不能改变系统的总动量。例如两个质量相同的滑冰运动员起初贴近静止，随后一方对另一方面对面施加推力，然后相互沿着相反的方向远去。忽略摩擦力的作用，起初系统的总动量为零，末状态时两个滑冰运动员具有的速度大小相等方向相反，

从而动量等大反向，矢量和为零，因此末状态时系统的总动量依然为零。推力为系统的内力，可见内力不改变整个系统的总动量。而就动能而言，初始时系统的总动能为零，但末状态时两个滑冰运动员具有等大的动能 E_k，因此系统的总动能为 $2E_k$，可见内力改变了系统的总动能。再例如在荡秋千时，将人与秋千看作一个系统，靠着人与秋千之间的内力摩擦力所做的功，系统的动能越来越大，秋千越荡越高。

可以进一步将内力分为内保守力和内非保守力，式(2-62)可以改写为

$$W_{外}+W_{内非}+W_{内保}=E_{k2}-E_{k1}$$

依据式(2-56)，$W_{内保}=-(E_{p2}-E_{p1})$，其中 E_p 为系统内各种势能的总和，从而有

$$W_{外}+W_{内非}=(E_{k2}+E_{p2})-(E_{k1}+E_{p1})$$

令 $E=E_k+E_p$，E 称为**机械能**，为动能与势能之和。上式可表示为

$$W_{外}+W_{内非}=E_2-E_1 \tag{2-63}$$

式(2-63)表明，**系统外力的功与内非保守力做功之和等于系统机械能的增量**，称为质点系的**功能原理**。

质点系的动能定理与功能原理在本质上是相同的，都是功与能量改变之间的关系，使用动能定理可以解决的问题，功能原理同样可以解决。但是两者又有所不同，首先动能定理是关于动能的改变，而功能原理是有关机械能的改变；动能定理中包含所有力做的功，而功能原理只有外力和内非保守力做的功，保守力做的功被势能的改变所替代。功能原理更适用于机械能以及其他形式能量相互转化问题的讨论。

2.4.5 机械能守恒定律与能量守恒定律

由式(2-63)可知，当 $W_{外}+W_{内非}>0$ 时，系统的机械能增加；当 $W_{外}+W_{内非}<0$ 时，系统的机械减小；当 $W_{外}+W_{内非}=0$ 时，系统的机械能保持不变。如果考虑孤立系统，系统不受外力作用，即 $W_{外}=0$，当 $W_{内非}>0$ 时，系统的机械能增大，例如炸弹爆炸，在此类情况中机械能的增加源于其他形式能量的转化；当 $W_{内非}<0$ 时，系统的机械能减小，例如系统内质点克服相互之间的摩擦力做功，消耗了机械能，此类力称为耗散力，此类情况伴随着机械能向其他形式能量的转化；当 $W_{内非}=0$ 时，系统的机械能不变。因此，要保持系统的机械守恒，需外力和内非保守力均不做功，即 $W_{外}=0$，$W_{内非}=0$，系统即与外界无机械能的交换，系统内部也无机械能与其他形式能量的相互转化。当系统机械能守恒时，则机械能 $E_1=E_2$ 为常量，可表示为

弹簧下楼梯实验

$$E_k+E_p=常量 \tag{2-64}$$

上式即为**机械能守恒定律**，可表述为：**当系统中只有保守力做功时，质点系的机械能守恒。**当系统机械能守恒时，系统动能的增加量等于系统势能的减小量。

针对孤立系统有 $W_{外}=0$，由上面的分析可知，当 $W_{外}=0$，$W_{内非}\neq 0$ 时，系统虽然与外界没有机械能的传递，但系统内部机械能仍会发生变化，那增加的机械能来源于何处？减少的机械能又归于何处？如果系统的机械能发生改变，必然伴随着等量其他形式能量的改变，其他形式的能量有内能、化学能、电磁能等等。大量实验事实证明：对于孤立系统，**能量既不会产生，也不会消失，只能从一种形式转化为另一种形式，系统各种形式能量的总和保持不变，此即能量守恒定律。**

能量守恒定律是自然界中最具普适性的定律之一，不仅适用于物质的机械运动、电磁运动、热运动等运动形式，还适用于生物运动以及化学运动等运动形式。由于运动是绝对的，是物质的存在形式，能量又是运动这种存在形式的度量。因此，能量守恒定律也意味着运动守恒，即运动既不会消失也不会被创造，只能从一种形式转化为另一种形式。20世纪初，爱因斯坦在狭义相对论中提出了著名的质能方程 $E=mc^2$，再次印证了孤立系统能量守恒，并揭示了能量守恒下必有质量守恒，将能量守恒与质量守恒相统一。在整个宇宙中，能量与物质不灭支配着一切至今所知的自然现象。

2.4.6 碰撞

碰撞问题在生活中经常遇到，例如打桩、台球、交通事故、子弹入射以及微观粒子散射等等。通常在撞击问题中，物体之间相互作用的时间极其短暂，如果将相互碰撞的物体看作一个系统，碰撞物体之间相互作用力为内力，通常远大于外力，可以忽略外力的影响，整个系统的动量守恒。下面针对两个物体构成的系统讨论处理碰撞问题的基本方法。

设两个物体的质量分别为 m_1 和 m_2，已知碰撞之前它们的初速度分别为 $\boldsymbol{v}_{10}$ 和 $\boldsymbol{v}_{20}$，碰撞之后的速度未知，表示为 $\boldsymbol{v}_1$ 和 $\boldsymbol{v}_2$，依据动量守恒有

$$m_1\boldsymbol{v}_{10}+m_2\boldsymbol{v}_{20}=m_1\boldsymbol{v}_1+m_2\boldsymbol{v}_2$$

若要求解出 $\boldsymbol{v}_1$ 和 $\boldsymbol{v}_2$，则需要两个方程联立，另外的方程需要依据碰撞前后的能量关系，此方程与两个物体相互碰撞的弹性有关。如果碰撞前后体系的机械能守恒没有损失，称这类碰撞为**完全弹性碰撞**。通常情况下，在碰撞过程中，由于热能的产生，机械能存在损耗，因此，一般情况下为**非弹性碰撞**。如果碰撞之后两个物体黏滞在一块以相同的速度运动，这样的碰撞称为**完全非弹性碰撞**。下面就这三类碰撞情况进行具体分析。

1. 完全弹性碰撞

在完全弹性碰撞过程中，系统的动量守恒，相互作用为保守力弹力，因此系统的机械能也守恒，于是有关系式

$$m_1\boldsymbol{v}_{10}+m_2\boldsymbol{v}_{20}=m_1\boldsymbol{v}_1+m_2\boldsymbol{v}_2$$

$$\frac{1}{2}m_1v_{10}^2+\frac{1}{2}m_2v_{20}^2=\frac{1}{2}m_1v_1^2+\frac{1}{2}m_2v_2^2$$

五联球碰撞演示

联立以上两式可得

$$\begin{cases} v_1=\dfrac{(m_1-m_2)v_{10}+2m_2v_{20}}{m_1+m_2} \\ v_1=\dfrac{(m_2-m_1)v_{20}+2m_1v_{10}}{m_1+m_2} \end{cases} \tag{2-65}$$

在完全弹性碰撞中，有以下几种特殊情况：

(1) 若两个物体质量相等，则存在关系 $v_1=v_{20}$，$v_2=v_{10}$，两个物体碰撞后分别以对方的初速度运动，速率相互交换。

(2) 若两个物体质量差别很大($m_1\ll m_2$)，且 $v_{20}=0$，即小球以一定的初速度碰撞静止的大球。则存在关系 $v_1\approx-v_{10}$，$v_2=0$，说明碰撞后质量小的物体会以原来的速度返回，质量大的物体依然保持静止。

(3) 若两个物体质量依然差别很大($m_1 \ll m_2$)，且 $v_{10}=0$，即大球以一定的初速度碰撞静止的小球。则存在关系 $v_1 \approx 2v_{20}$，$v_2=v_{20}$，说明碰撞后质量小的物体会以较大的速率前进，质量大的物体依然保持原有速率。

2. 完全非弹性碰撞

当两个物体发生完全非弹性碰撞时，它们相互挤压，完全无法恢复原状，黏在一起以相同的速度$\boldsymbol{v}$运动，在这个过程中机械不守恒，会存在动能损失。整个过程中只有动量守恒，存在关系式

$$m_1\boldsymbol{v}_{10}+m_2\boldsymbol{v}_{20}=(m_1+m_2)\boldsymbol{v}$$

从而得到

$$v=\frac{m_1v_{10}+m_2v_{20}}{(m_1+m_2)} \tag{2-66}$$

整个过程中动能的损失为

$$\Delta E=\left(\frac{1}{2}m_1v_{10}^2+\frac{1}{2}m_2v_{20}^2\right)-\left(\frac{1}{2}m_1v_1^2+\frac{1}{2}m_2v_2^2\right)$$
$$=\frac{m_1m_2(v_{10}-v_{20})^2}{2(m_1+m_2)}$$

3. 非弹性碰撞

在非弹性碰撞过程中，两个碰撞的物体无法恢复原状，碰撞后各自具有不同的速度，因为整个过程中存在动能损耗，因此机械能不守恒，仅靠动量守恒无法求出碰撞后两个物体各自的速度。依据大量实验数据，牛顿针对非弹性碰撞提出了碰撞定律：**在一维对心碰撞(碰撞前后速度的方向在一条直线上)中，碰撞后两个物体的分离速度$\boldsymbol{v}_2-\boldsymbol{v}_1$与碰撞前两个物体的接近速度$\boldsymbol{v}_{10}-\boldsymbol{v}_{20}$成正比，两个物体材料的性质决定此比值**，用 e 表示，称为**恢复系数**，即

$$e=\frac{v_2-v_1}{v_{10}-v_{20}} \tag{2-67}$$

其取值范围为 $0 \leqslant e \leqslant 1$，下面分析几种特例：当 $e=1$ 时，则速度的关系式为式(2-65)，即完全弹性碰撞；当 $e=0$ 时，则 $v_2=v_1$，即完全非弹性碰撞；当 $0<e<1$ 时，即为一般的非弹性碰撞。

习　题

2-1　质量为 5 kg 的重物，在一恒定的水平推力下沿着光滑水平面行进了 5 m，速度由静止增大到了 $4\ \mathrm{m \cdot s^{-1}}$，求小车所受的水平推力大小。

2-2　质量为 10 kg 的质点在 $x-y$ 平面内运动，受一恒力 $\boldsymbol{F}=4\boldsymbol{i}+8\boldsymbol{j}$ N 作用，初始时刻质点静止在原点，求当 $t=2$ s 时质点的速度以及位矢。

2-3　如图 2-36 所示，一质量为 m 的小球，通过长度为 l 的细绳悬挂在天花板上，小球推动后在水平面内绕着点 O 做匀速圆周运动，旋转的角速度为 ω，空气阻力不计，求绳子与竖直方向的夹角为多少？

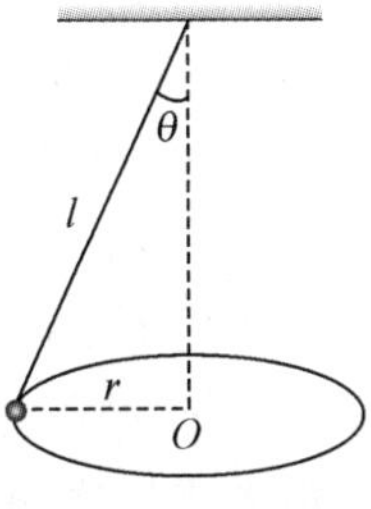

图 2-36 习题 2-3 图

2-4 一质量为 m 的质点在 $x-y$ 平面内做曲线运动，运动方程为 $\boldsymbol{r}=a\cos\omega t\boldsymbol{i}+b\sin\omega t\boldsymbol{j}$。求：

(1) 质点的动量；

(2) 在时间段 $t=0$ 到 $t=\dfrac{\pi}{\omega}$ 内质点的冲量。

2-5 如图 2-37 所示，一质量为 $m=0.01$ kg 的小球，以速度 v_1 与墙碰撞后弹回，弹回的速率保持不变，碰撞前后的速度方向与墙的法线方向夹角均为 $\alpha=60°$。求：

(1) 碰撞过程中小球受到的冲量；

(2) 设碰撞时间 $\Delta t=0.01$ s，求碰撞过程中小球受到的平均冲力。

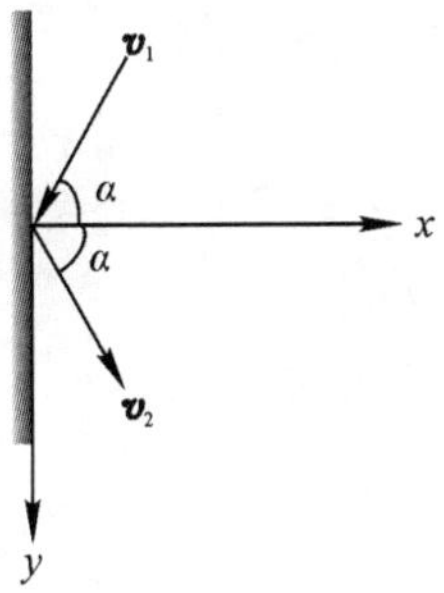

图 2-37 习题 2-5 图

2-6 一质量为 m 的质点沿着一条空间曲线运动，该曲线在直角坐标系下的定义式为 $\boldsymbol{r}=a\cos\omega t\boldsymbol{i}+b\sin\omega t\boldsymbol{j}$，其中 a、b、ω 皆为常数，求此质点所受的力对原点的力矩以及该质点对原点的角动量。

2-7 哈雷彗星绕太阳沿着一椭圆轨道做周期性运动。其距离太阳最近距离为 $r_1=8.75\times10^{10}$ m 时的速率是 $v_1=5.46\times10^4$ m·s^{-1}，其离太阳最远时的速率是 $v_2=9.08\times10^2$ m·s^{-1}，这时它离太阳的距离 r_2 是多少？(太阳位于椭圆的一个焦点)。

2-8 一质点所受的外力为 $\boldsymbol{F}=(x-y)\boldsymbol{i}+2xy^2\boldsymbol{j}$，求质点沿着以下几种路径由点(0，0)运动至点(1，2)的过程中力所做功：

(1) 质点首先沿着 x 轴由点(0，0)运动至点(1，0)，然后再沿 y 轴由点(1，0)运动至点(1，2)；

(2) 沿点(0，0)与点(1，2)之间的直线路径运动；

(3) 沿点(0，0)与点(1，2)之间的曲线 $y=x^2$ 路径运动。

2-9 一根特殊弹簧，在伸长 x 米时，沿伸长方向的弹力为 $50x+40x^2$ N，求：

(1) 将弹簧由 $x=1$ m 拉长到 $x=2$ m，外力克服弹簧弹性力所做的功；

(2) 将弹簧的一端固定，另一端连接质量 $m=5$ kg 的物体，物体的初始位置为弹簧拉长至 $x=1$ m 处，求弹簧缩短至 $x=0.5$ m 处时物体的速度大小。

2-10 如图 2-38 所示，一质量为 M 的木块静止在光滑的桌面上，木块光滑的上表面与桌面接触的地方水平相切。另一质量为 m 的小球从木块高为 h 的顶端由静止下滑，所有接触面的摩擦均忽略不计。求当小球滑到木块底端时木块的速率以及整个过程中小球对木块所做的功。

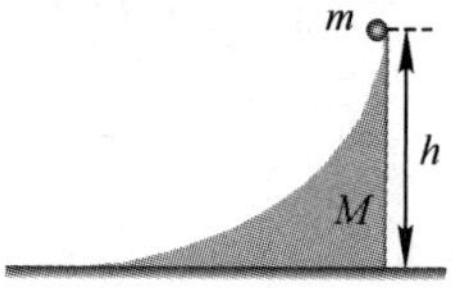

图 2-38 习题 2-10 图

第3章 刚体和流体

3.1 刚体及其运动规律

3-1 课程思政 3-2 课程思政

一般情况下，物体在受到外力作用时，大小和形状都会发生一定的改变，就绝大多数固体而言，这种形变是极其微小的。从前面章节中我们了解到，当物体的大小和形状对所研究的问题影响不大时，或者说物体上的各部分具有相同的运动规律时，我们可以把物体视作只有质量而不计其形状和大小的质点。如果对所研究的问题，需要考虑物体的大小和形状，且物体的大小和形状在外力的作用下变化极其微小，为了便于研究，可认为物体的大小和形状都不发生改变，或者是组成物体的任意两个质点间的距离始终保持恒定，这样的物体被称作**刚体**。刚体也是一种抽象化的理想模型。

3.1.1 刚体的运动

1. 刚体的基本运动

刚体可视作由大量微小的具有一定质量的体积元组成，质量为 $\mathrm{d}m$ 的体积元称为质元，质元可视作质点。因此，刚体是一种特殊的质点系，可以用质点的运动规律来分析研究。

刚体最基本的运动分为平动和转动，其任何复杂的运动都可以视作平动和转动的合成。

如图 3-1 所示，在刚体任意两点之间取一参考线，在刚体运动过程中，若这一参考线始终保持平行，则称这种运动为刚体的**平动**。显然，在平动过程中，组成刚体的各个质元的位移、速度和加速度完全相同，可以取刚体中任一质元来代表整个刚体的运动。因此，关于质点运动的规律就可以用于研究刚体的平动。

若组成刚体的所有质元都绕同一直线做圆周运动，则称这种运动为刚体的**转动**，如图 3-2 所示，这一直线称为转轴。转轴可以在刚体内部，也可以在刚体外部。若刚体在运动过程中，相对于给定的参考系，转轴的位置和方向固定不变，则称刚体做**定轴转动**，例如钟表中指针的运动或电机转子的转动；若转轴的位置或方向随时发生变化，则称刚体做非定轴转动，例如车轮的滚动。如图 3-3 所示，对于旋转中的摩天轮，既有摩天轮的绕轴的转动，又有吊篮的平动。以下只讨论刚体的定轴转动。

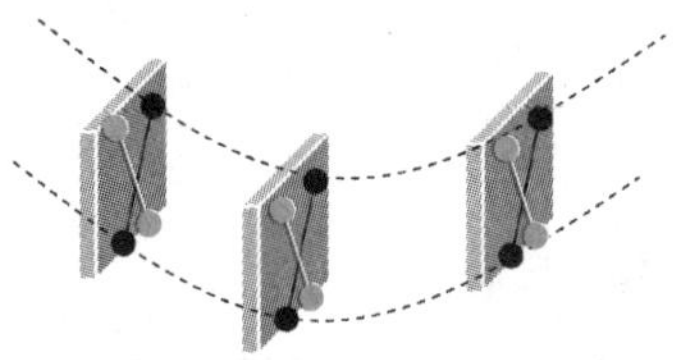

图 3-1 刚体的平动

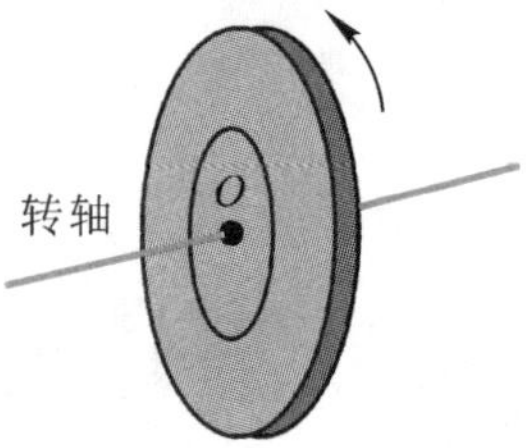

图 3-2 刚体的转动

图 3-3 旋转中的摩天轮

2. 刚体定轴转动的描述

刚体做定轴转动时，刚体中的各个质元绕转轴在各自转动平面内做不同半径的圆周运动，由于各个质元做圆周运动的半径不同，所以相同时间内转过的弧长也不相同，即它们的位移和速度都不相同，但是各个质元在相同时间内，转过的角度却是相同的，因此，我们采用角量来描述刚体的转动。

在刚体中任取一质元 P，过质元 P 作垂直于转轴的平面，此平面称为转动平面，转动平面与转轴相交于点 O，转动平面内所有的质元(包括质元 P)以交点 O 为圆心在该平面内做圆周运动，如图 3-4 所示。以 O 为原点，在该转动平面内建立相对于参考系静止的坐标系 Ox，则质元 P 的位矢 $\boldsymbol{r}$ 与 Ox 轴的夹角 $\theta(t)$ 即为刚体的角位置。由于刚体在做定轴转动时，组成刚体的所有质元具有相同的角位移、角速度和角加速度，因此，质元 P 的角量可以代表整个刚体的角量。刚体的角速度为

$$\boldsymbol{\omega}=\frac{\mathrm{d}\boldsymbol{\theta}}{\mathrm{d}t} \tag{3-1}$$

角速度的方向由右手螺旋定则确定，右手四指循着刚体转动的方向弯曲，拇指的指向即为角速度 $\boldsymbol{\omega}$ 的方向。当刚体绕定轴逆时针旋转时，根据右手螺旋定则，角速度的方向沿转轴向上；反之，当刚体绕定轴顺时针旋转时，角速度的方向沿转轴向下。

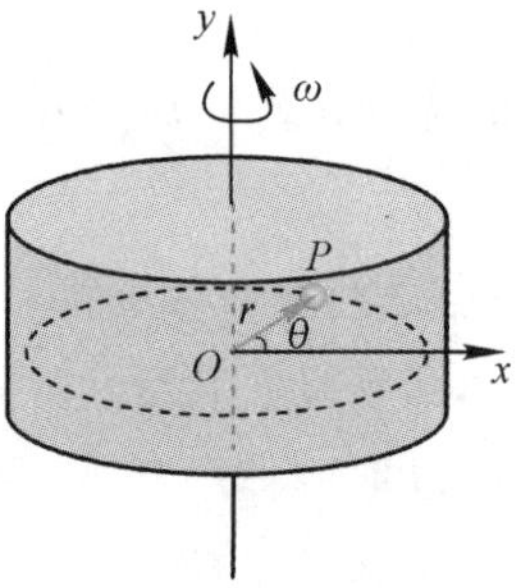

图 3-4 刚体的定轴转动

刚体的角加速度为

$$\boldsymbol{\alpha}=\frac{\mathrm{d}^2\boldsymbol{\theta}}{\mathrm{d}t^2}=\frac{\mathrm{d}\boldsymbol{\omega}}{\mathrm{d}t} \tag{3-2}$$

不难推想，当刚体绕定轴做加速转动时，$\boldsymbol{\alpha}$ 与 $\boldsymbol{\omega}$ 的方向相同，若做减速转动，则 $\boldsymbol{\alpha}$ 与 $\boldsymbol{\omega}$ 的方向相反。

3.1.2 刚体对定轴的角动量

刚体是由大量质元组成的特殊质点系。刚体绕定轴转动时，刚体对转轴的角动量就是组成刚体的各个质元对该转轴的角动量之和。刚体绕定轴 Oz 转动，组成刚体的所有质元都在各自的转动平面内绕 Oz 轴做圆周运动，如图 3－5 所示。设刚体中第 i 个质元的质量为 Δm_i，对 O 点的位矢为 $\boldsymbol{R}_i$，线速度为 $\boldsymbol{v}_i$，角速度为 $\boldsymbol{\omega}$，则该质元对 O 点的角动量为

$$\boldsymbol{L}_i=\boldsymbol{R}_i\times(\Delta m_i\boldsymbol{v}_i)=\Delta m_i\boldsymbol{R}_i\times\boldsymbol{v}_i$$

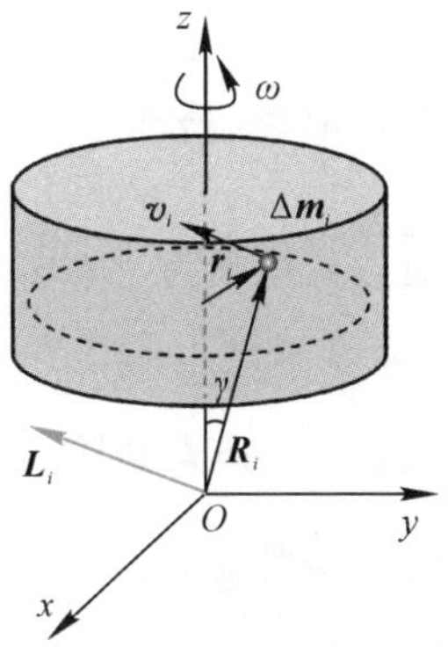

图 3－5 刚体对定轴的角动量

由于质元在垂直于 Oz 轴的转动平面内绕轴作圆周运动，可得 $\boldsymbol{R}_i\perp\boldsymbol{v}_i$，按右手螺旋定则可确定 $\boldsymbol{L}_i$ 的方向为垂直于 $\boldsymbol{R}_i$ 和 $\boldsymbol{v}_i$ 组成的平面，大小为 $L_i=\Delta m_iR_iv_i$，它与转轴 Oz 的夹角为 $\left(\frac{\pi}{2}-\gamma\right)$。第 i 个质元对转轴 Oz 的角动量为

$$L_{iz}=L_i\cos\left(\frac{\pi}{2}-\gamma\right)=\Delta m_iR_iv_i\sin\gamma$$
$$=\Delta m_ir_iv_i=\Delta m_ir_i^2\omega$$

由于整个刚体对转轴 Oz 的角动量就是组成刚体的各个质元对转轴 Oz 的角动量之和，且所有质元绕转轴 Oz 做圆周运动的角速度都是 $\boldsymbol{\omega}$，因此整个刚体对转轴 Oz 的角动量为

$$L_z=\sum_i L_{iz}=\sum_i\Delta m_ir_i^2\omega=\left(\sum_i\Delta m_ir_i^2\right)\omega \tag{3-3}$$

式中，$\sum_i\Delta m_ir_i^2$ 与刚体的运动无关，仅由各质元相对于转轴的分布所决定，称为刚体对转轴 Oz 的**转动惯量**J，可表示为

$$J=\sum_i\Delta m_ir_i^2 \tag{3-4}$$

于是刚体对定轴的角动量可表示为

$$L_z=J\omega \tag{3-5}$$

角动量的方向沿转轴 Oz，与角速度 $\boldsymbol{\omega}$ 一致，其大小不仅取决于角速度 ω，且与转动惯量有关。

式(3-4)中，Δm_i 为第 i 个质元的质量，r_i 是第 i 个质元到转轴的距离。转动惯量的大小取决于刚体的形状、大小、质量分布以及转轴的位置。显然，不同质量、不同质量分布的刚体对同一转轴的转动惯量是不同的；而同一刚体相对于不同的转轴，转动惯量也不相同。因此，涉及转动惯量时要说明是哪个刚体以及相对于哪个转轴的转动惯量。

按转动惯量的定义(式(3-4))可知刚体对转轴转动惯量等于组成刚体的各个质元的质量与其到转轴的距离平方的乘积之和，可表示为以下几种情况：

(1) 如果是单个质点绕某固定轴转动，则其转动惯量为

$$J = mr^2 \tag{3-6}$$

其中，m 是质点的质量，r 是质点到转轴的距离。

如图 3-6(a)所示，一质量可忽略的轻质杆，水平放置且长度为 l，一质量为 m 可视为质点的小球固定在杆的一端，杆绕竖直轴 Oz 转动。则小球和杆组成的系统绕 Oz 轴转动的转动惯量为 $J = mr^2 = ml^2$。

(2) 如果是离散的质点组成的质点系绕某固定轴转动，则其转动惯量为

$$J = \sum_i m_i r_i^2 \tag{3-7}$$

其中，m_i 是第 i 个质点的质量，r_i 是第 i 个质点到转轴的距离。如图 3-6(b)所示，则小球和轻质杆组成的系统绕 Oz 轴转动的转动惯量为 $J = 2mr^2 = 2m\left(\frac{l}{2}\right)^2 = \frac{ml^2}{2}$。

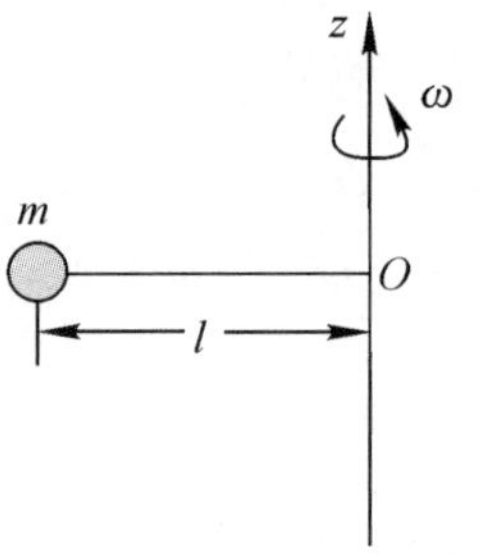

(a) 单个质点绕定轴 Oz 转动

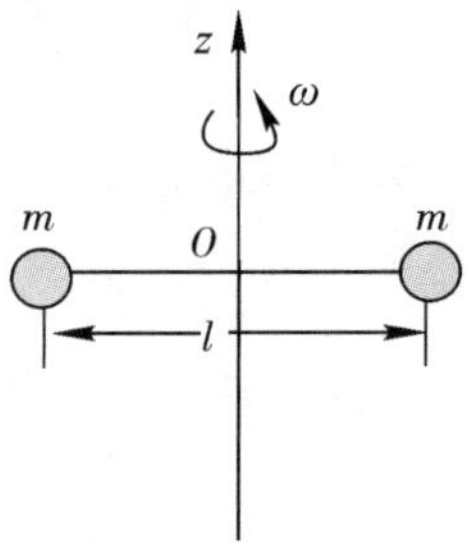

(b) 两个质点组成的质点系绕定轴 Oz 转动

图 3-6 单个和多个质点绕定轴转动情况

(3) 如果是质量连续分布的刚体，可将式(3-4)写成积分形式：

$$J = \int_V r^2 \mathrm{d}m = \int_V r^2 \rho \, \mathrm{d}V \tag{3-8a}$$

式中，积分号下的 V 表示刚体所占据的空间区域，r 是质量为 $\mathrm{d}m$ 的质元到转轴的距离，$\mathrm{d}V$ 是质元的体积，ρ 是刚体的质量密度。如果刚体连续分布在一个平面或一根细线上，则可用质量面密度 σ(单位面积上的质量)或是质量线密度 λ(单位长度上的质量)取代式(3-8a)中的 ρ，此时式(3-8a)中的体积分改为面积分或线积分：

$$J = \int_S r^2 \mathrm{d}m = \int_S r^2 \sigma \, \mathrm{d}S \tag{3-8b}$$

$$J = \int_L r^2 \mathrm{d}m = \int_L r^2 \lambda \, \mathrm{d}l \tag{3-8c}$$

在国际单位制中，转动惯量的单位是 $\mathrm{kg \cdot m^2}$。

例 3-1 如图 3-7 所示，求质量为 m，长为 l 的均匀细棒对于通过棒的中点且垂直于棒的转轴的转动惯量。

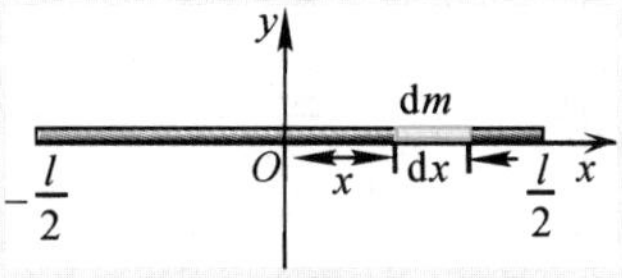

图 3-7 例 3-1 用图

解 建立如图 3-7 所示的坐标系，在均匀细棒上取一小质元，其长度为 dx，质元到转轴的距离为 x，则该棒的线密度为 $\lambda=\frac{m}{l}$，质元的质量 $dm=\lambda dx$，由式(3-8c)可知棒对转轴的转动惯量为

$$J=\int_l x^2\lambda\,dx=\int_{-\frac{l}{2}}^{\frac{l}{2}}\frac{m}{l}x^2\,dx$$

$$=\frac{1}{12}ml^2$$

例 3-2 设有质量为 m，半径为 R 的均质圆盘，如图 3-8 所示，Oz 轴垂直通过圆盘的圆心 O，求圆盘对转轴 Oz 的转动惯量。

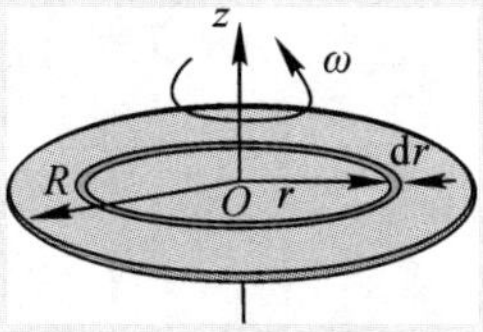

图 3-8 例 3-2 用图

解 圆盘可视作是由无数个同心圆环组成的系统，任取一个半径为 r，宽度为 dr 的圆环，圆环的面积为 $dS=2\pi r\,dr$，圆盘的质量面密度为 $\sigma=\frac{m}{\pi R^2}$，圆环的质量为

$$dm=\sigma dS=\frac{m}{\pi R^2}2\pi r\,dr$$

$$=\frac{2mr}{R^2}dr$$

由式(3-8b)可得圆盘对转轴 Oz 的转动惯量为

$$J=\int_S r^2\,dm=\int_S r^2\sigma\,dS=\int_0^R\frac{2mr^3}{R^2}dr$$

$$=\frac{1}{2}mR^2$$

必须指出，只有几何形状简单、质量连续且均匀分布的刚体，才能用 $J=\int r^2\,dm$ 积分计算它们的转动惯量。对于任意刚体的转动惯量，通常是用实验方法去测定的。表 3-1 给出了几种常见的刚体转动惯量。

此外，还可以通过平行轴定理来求解一些特殊情况下的刚体的转动惯量。已知质量为 m 的刚体相对于通过其质心的某一轴的转动惯量为 J_C，则它相对于与质心轴平行，且距质心轴为 d 的另一轴的转动惯量为

$$J=J_C+md^2 \tag{3-9}$$

上式为**平行轴定理**的表达式。

例 3-3 如图 3-9 所示，求质量为 m，长为 l 的均匀细棒相对于通过棒端且与棒垂直的 Oz 轴的转动惯量。

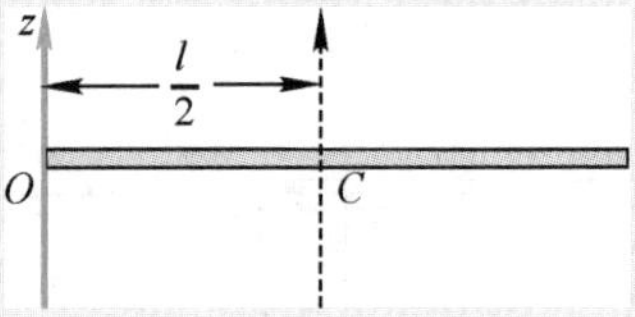

图 3-9 例 3-3 用图

解 由例 3-1 结果可知，细棒对通过质心的轴的转动惯量为

$$J_C=\frac{1}{12}ml^2$$

由题意可知，Oz 轴平行于细棒的质心轴，且与质心轴距离为 $d=\frac{l}{2}$，根据平行轴定理可得细棒相对于 Oz 轴的转动惯量为

$$J=J_C+md^2=\frac{1}{12}ml^2+m\left(\frac{l}{2}\right)^2=\frac{1}{3}ml^2$$

表 3-1 几种常见刚体的转动惯量

刚体	转轴	转动惯量	图形
均匀细棒	转轴通过中心且与棒垂直	$J=\frac{1}{12}ml^2$	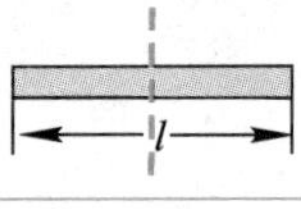
均匀细棒	转轴通过棒端且与棒垂直	$J=\frac{1}{3}ml^2$	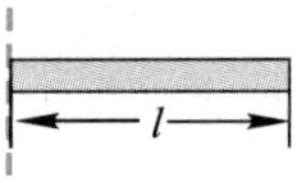
均质圆环	转轴通过中心与环面垂直	$J=mR^2$	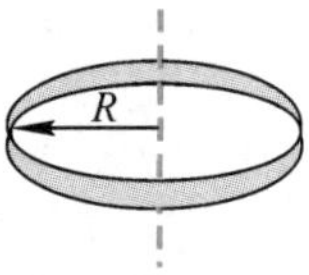
均质圆环	转轴沿直径	$J=\frac{1}{2}mR^2$	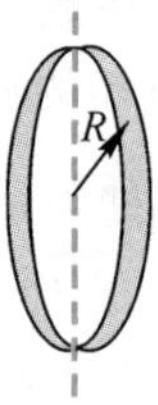
均质圆盘	转轴通过中心与盘面垂直	$J=\frac{1}{2}mR^2$	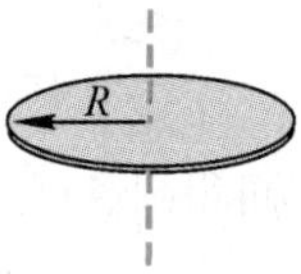
均质圆柱体	转轴通过圆柱中心	$J=\frac{1}{2}mR^2$	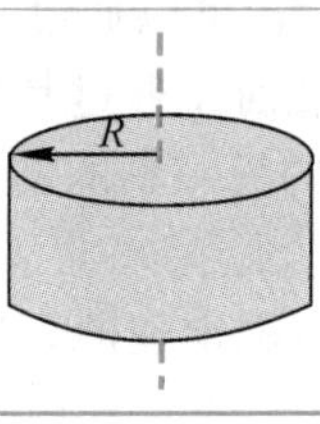

续表

刚体	转轴	转动惯量	图形
均质球壳	转轴沿直径	$J=\frac{2}{3}mR^2$	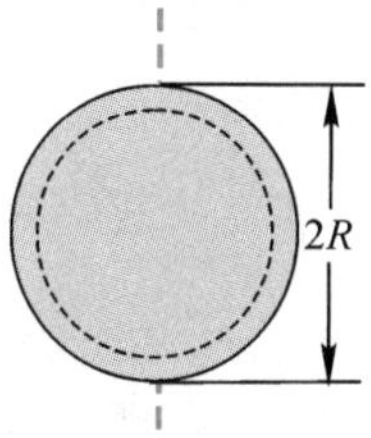
均质球体	转轴沿直径	$J=\frac{2}{5}mR^2$	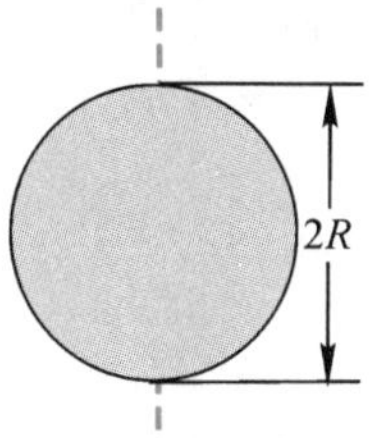

3.1.3 刚体对定轴的角动量定理和转动定律

刚体可视作由许多质元组成的特殊质点系，质点系对轴的角动量定理同样适用于刚体，因此可得

$$M_z=\frac{\mathrm{d}L}{\mathrm{d}t}=\frac{\mathrm{d}(J\omega)}{\mathrm{d}t} \tag{3-10}$$

将上式两边乘以 $\mathrm{d}t$，并积分，时间区间为$[t_1, t_2]$，可得

$$\int_{t_1}^{t_2} M_z \mathrm{d}t = L_2 - L_1 \tag{3-11}$$

式中，$\int_{t_1}^{t_2} M_z \mathrm{d}t$ 是外力矩与作用时间的乘积，称为力矩对定轴的冲量矩，又称角冲量，L_1 和 L_2 分别是刚体在初、末状态时的角动量。上式表明，在某一段时间内作用在刚体上的外力矩的冲量矩等于刚体在这段时间内的角动量增量。这一结论称为**刚体对定轴的角动量定理**。

在经典力学中，刚体绕定轴转动时，它对转轴的转动惯量 J 是一个常量。因此式(3-10)可进一步改写为

$$M=J\frac{\mathrm{d}\omega}{\mathrm{d}t}$$

即

$$M=J\alpha \tag{3-12}$$

式中，α 为刚体绕定轴转动的角加速度，上式表明，刚体绕定轴转动时，刚体的角加速度与所受的合外力矩成正比，而与刚体对转轴的转动惯量成反比。这一结论称为**刚体对定轴的转动定律**。转动惯量 J 是刚体转动惯性的量度。必须指出，式中 M、J、α 三者是瞬时关系。

例 3-4 一转动着的飞轮的转动惯量为 J，在初始时刻角速度为 ω_0，此后飞轮经历制动过程，阻力矩 $\boldsymbol{M}$ 的大小与角速度 ω 的平方成正比，比例系数为常数 $k(k>0)$，求：

(1) 当 $\omega=\frac{1}{3}\omega_0$ 时，飞轮的加速度是多少？

(2) 角速度从开始制动的 ω_0 降到 $\omega=\frac{1}{3}\omega_0$ 时需要多长时间？

解 (1) 由题意可得阻力矩 $M=-k\omega^2$，根据转动定律可得

$$-k\omega^2=J\alpha$$

求得

$$\alpha=-\frac{k\omega^2}{J}$$

将 $\omega=\frac{1}{3}\omega_0$ 代入，求的此时飞轮的角加速度为

$$\alpha=-\frac{k\omega_0^2}{9J}$$

(2) 根据转动定律的微分形式可得

$$M=J\frac{\mathrm{d}\omega}{\mathrm{d}t}$$

$$-k\omega^2=J\frac{\mathrm{d}\omega}{\mathrm{d}t}$$

因为 $t=0$，$\omega=\omega_0$，两边积分可得

$$\int_{\omega_0}^{\frac{1}{3}\omega_0}\frac{\mathrm{d}\omega}{\omega^2}=-\int_0^t\frac{k}{J}\mathrm{d}t$$

解得

$$t=\frac{2J}{k\omega_0}$$

故角速度从开始制动的 ω_0 降到 $\omega=\frac{1}{3}\omega_0$ 时需要的时间为 $t=\frac{2J}{k\omega_0}$。

3.1.4 刚体对定轴的角动量守恒定律

由式(3-11)可以看出，当合外力矩 $M_z=0$ 时，可得

$$L_z=J\omega=\text{常量} \tag{3-13}$$

上式表明，如果刚体所受合外力对转轴的力矩之和等于零，则刚体对该转轴的角动量守恒，这一结论称为**刚体定轴转动的角动量守恒定律**。可以证明，当绕定轴转动的物体系统不是刚体时，上述定理依然适用。

角动量守恒定律不仅适用于宏观物体的机械运动，同样适用于微观粒子的运动，它是物理学中普遍的守恒定律之一，在生产、生活和科技领域应用广泛。下面就几种常见情况进行简单讨论。

(1) 当做定轴转动的刚体所受的合外力矩为零时，角动量守恒。如果刚体转动惯量保持不变，那么刚体将以恒定的角速度转动。回转仪就是应用这一原理制成的。如图 3-10 所示，回转仪的主要部分是厚重且对称的高速转子，一般由内外两环组成的支架支承。这两个环可分别绕相互垂直的两个轴转动，这样转子的转轴可以占据空间的任何方位。转子高速转动时，如果没有外力矩作用，转轴方向恒保持不变，即使支架发生转动或其他变化，都不影响转轴方向。正是由于这一特性，回转仪在轮船、飞机、火箭上被广泛地用于导航定向。

(2) 物体绕定轴转动时，如果物体上各质元相对于转轴的距离可变，则转动惯量是可变的，此时物体绕定轴转动的角动量守恒意味着物体转动的角速度也随之改变，但二者之

积保持恒定。例如滑冰运动员在冰面上旋转时，通过改变身体姿势改变自己对身体中央竖直轴的转动惯量，同时改变其旋转速度。当舞者双臂张开，以一定的初角速度绕身体中央的竖直轴转动，收拢手臂时，系统的转动惯量变小，根据角动量守恒定律，与此同时，角速度相应增大，人体加速旋转，如图 3-11 所示。

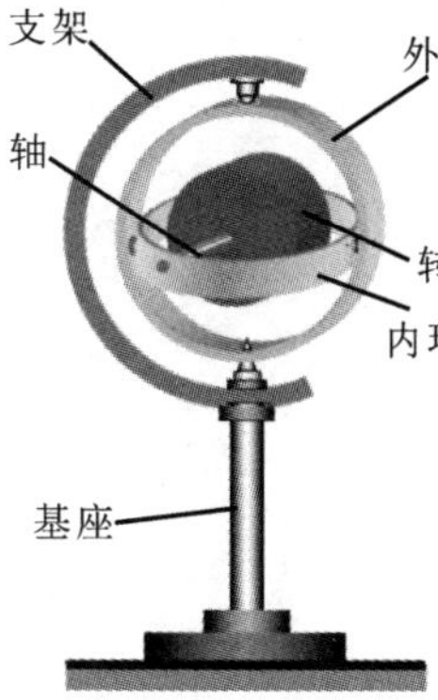

图 3-10　回转仪

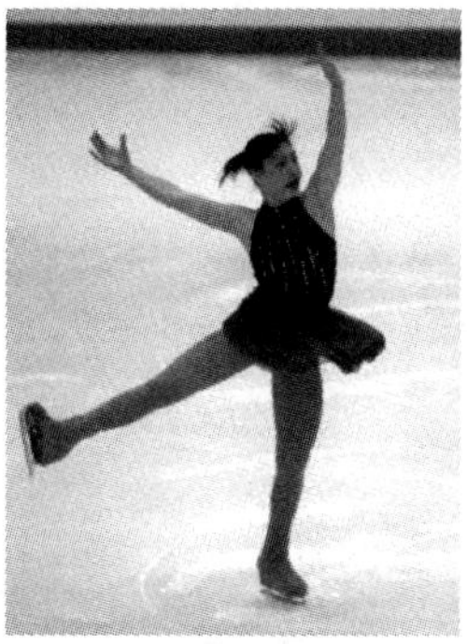

图 3-11　花样滑冰运动员旋转

(3) 若是几个物体组成的系统，绕同一固定轴转动，当系统所受的合外力矩为零时，则系统的角动量也守恒，其公式为

$$\sum_i J_i\omega_i = 常量 \qquad (3-14)$$

角动量守恒演示

必须指出，系统总角动量守恒并不意味着系统内每个物体的角动量守恒，系统内各个物体在内力矩的相互作用下，各自的角动量会发生变化，但是系统总角动量不会发生改变。假设系统由两个物体组成，当其中一个物体的角动量发生了改变，则另一个物体的角动量必然有一个与之等值异号的改变，从而使整个系统角动量保持不变。

例 3-5　如图 3-12 所示，一长为 l，质量为 m_0 的匀质细杆可绕水平轴 O 在竖直面内自由转动。开始时，细杆竖直静止悬挂，现有一质量为 m，速度为 $\boldsymbol{v}_0$ 的子弹水平射入杆的底端，嵌入细杆内并与细杆一起绕 O 点旋转。求此时它们的角速度。

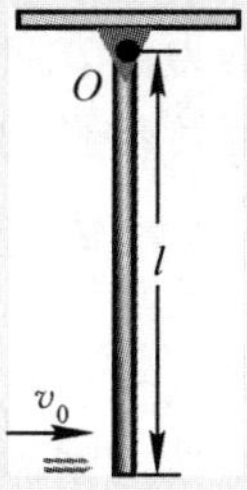

图 3-12　例 3-5 用图

解　取子弹和细杆为一系统，细杆受到的重力以及转轴对杆的支撑力对转轴的力矩均为零，因此，系统对转轴的角动量守恒。初始时刻细杆静止悬挂，系统的角动量仅为子弹关于转轴的角动量

$$L_0=mv_0 l$$

子弹嵌入细杆后，设系统以角速度 ω 绕轴旋转，系统的角动量为

$$L=ml^2\omega+\frac{1}{3}m_0 l^2\omega$$

根据角动量守恒定律可得

$$mv_0 l=ml^2\omega+\frac{1}{3}m_0 l^2\omega$$

解得

$$\omega=\frac{mv_0}{\left(m+\frac{1}{3}m_0\right)l}$$

例 3-6 如图 3-13 所示，一质量为 m_0，半径为 R 的转盘，可绕竖直的中心轴 Oz 旋转，转盘上距转轴 $\frac{R}{2}$ 处站有一质量为 m 的人，设初始时刻人和转盘相对于地面以角速度 ω_0 匀速旋转，求人走到转盘边缘时，人和转盘一起转动的角速度 ω。

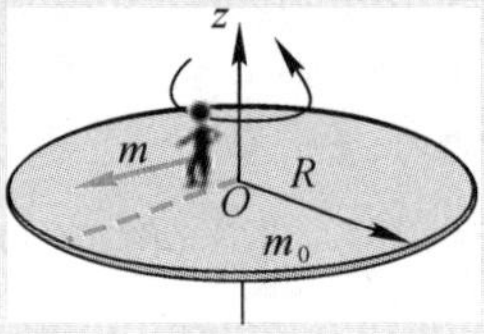

图 3-13 例 3-6 用图

解 取人和转盘为研究系统，由于转盘和人受到的重力以及转轴对转盘的支撑力都与转轴平行，因此这些力对转轴的力矩为零，所以系统对转轴角动量守恒，初始时刻系统的角动量 L_0 等于末状态人走到转盘边缘的角动量 L，则有

$$L_0=L$$

$$\frac{1}{2}m_0R^2\omega_0+m\left(\frac{R}{2}\right)^2\omega_0$$

$$=\frac{1}{2}m_0R^2\omega+mR^2\omega$$

解得人和转盘一起转动的角速度为

$$\omega=\frac{2m_0+m}{2m_0+4m}\omega_0$$

3.1.5 力矩的功

刚体绕定轴转动时，如果刚体所受的力的方向与转轴平行或者通过转轴，则无论力有多大，都不能转动刚体，即外力对刚体的转动影响，不仅与力的大小有关，而且还与力的作用点的位置和力的方向有关。例如推门时，手越靠近转轴，需要的力越大。力矩就是来描述力对刚体转动作用的物理量。

当质点在外力作用下发生了位移，力就对质点做了功。同样，刚体在外力矩的作用下绕转轴转动发生了角位移，我们就说力矩就对刚体做了功。

由于组成刚体的各质元间的相对位置不变，内力做功之和始终为零，因此，只需考虑外力做功即可。在上一章中我们已经知道，若要计算外力对转轴的力矩，只需要考虑在转动平面内的外力，或外力在转动平面内的分量对转轴的力矩。如图 3-14 所示，刚体绕定轴 Oz 转动，刚体中的某一质元 P 受到了转动平面内的外力 $\boldsymbol{F}$ 的作用，且外力 $\boldsymbol{F}$ 与质元 P 的位矢 $\boldsymbol{r}$ 之间的夹角为 φ，刚体绕轴转过了一微小的角位移 $\mathrm{d}\theta$，相应的质元 P 的线位移为 $\mathrm{d}s=r\mathrm{d}\theta$，根据功的定义，外力在这段位移中所做的元功为

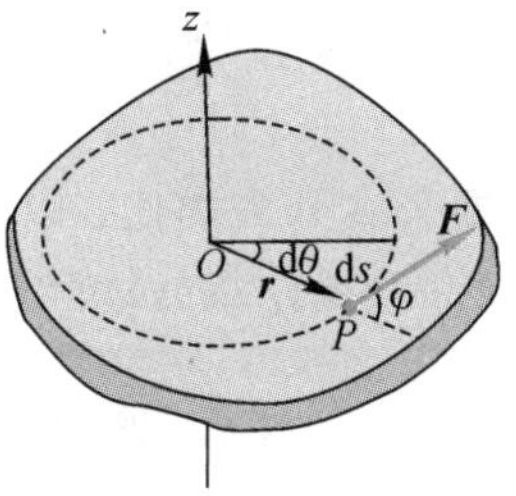

图 3-14 力矩的功

$$dW=\boldsymbol{F}\cdot d\boldsymbol{s}=F\sin\varphi r d\theta$$

又因为外力 $\boldsymbol{F}$ 对转轴的力矩为 $M=Fr\sin\varphi$，故上式可写成

$$dW=Md\theta$$

上式说明力矩所做的元功等于力矩与角位移的乘积。当刚体在力矩的作用下转过的角度为 θ，则力矩对刚体做功为

$$W=\int_0^\theta M d\theta \tag{3-15}$$

根据功率的定义，可得力矩的瞬时功率为

$$P=\frac{dW}{dt}=M\frac{d\theta}{dt}=M\omega \tag{3-16}$$

当输出功率一定时，力矩与角速度成反比。

3.1.6 刚体的定轴转动动能和动能原理

刚体绕定轴转动的动能应等于组成刚体的所有质元绕定轴转动的动能之和。当刚体以角速度 ω 绕定轴转动时，在刚体中任取一质元，其质量为 Δm_i，速度为 v_i，距离转轴为 r_i，则其动能为

$$E_{ki}=\frac{1}{2}\Delta m_i v_i^2=\frac{1}{2}\Delta m_i r_i^2\omega^2$$

整个刚体的转动动能为

$$E_k=\sum_i E_{ki}=\sum_i \frac{1}{2}\Delta m_i r_i^2\omega^2=\frac{1}{2}\left(\sum_i \Delta m_i r_i^2\right)\omega^2$$

其中，$\sum_i \Delta m_i r_i^2$ 为刚体对定轴的转动惯量 J，故上式可表示为

$$E_k=\frac{1}{2}J\omega^2 \tag{3-17}$$

设在合外力矩 M 的作用下，刚体绕定轴转过了角位移 $d\theta$，则合外力矩所做的元功为

$$dW=Md\theta$$

将转动定律的表达式代入上式，可得

$$dW=J\frac{d\omega}{dt}d\theta=J\omega d\omega$$

设在 t_1 到 t_2 时间内，由合外力矩对刚体做功，使得刚体的角速度从 ω_1 变到 ω_2，于是可得

$$W=\int_{\omega_1}^{\omega_2} J\omega d\omega=\frac{1}{2}J\omega_2^2-\frac{1}{2}J\omega_1^2 \tag{3-18}$$

上式表明，合外力矩对刚体所做的功等于刚体转动动能的增量。这一结论称为**刚体绕定轴转动的动能定理**。

现将平动和定轴转动的一些重要公式列表类比，以供参考。

表 3-2 质点平动与刚体定轴转动的动力学规律对照表

质　点	刚体(定轴转动)
力 $\boldsymbol{F}$，质量 m	力矩 $\boldsymbol{M}=\boldsymbol{r}\times\boldsymbol{F}$，转动惯量 $J=\int r^2\mathrm{d}m$
牛顿第二定律 $\boldsymbol{F}=m\boldsymbol{a}$	转动定律 $\boldsymbol{M}=J\boldsymbol{\alpha}$
动量 $m\boldsymbol{v}$，冲量 $\int_{t_1}^{t_2}\boldsymbol{F}\mathrm{d}t$	角动量 $J\boldsymbol{\omega}$，冲量矩 $\int_{t_1}^{t_2}\boldsymbol{M}\mathrm{d}t$
动量定理 $\int_{t_1}^{t_2}\boldsymbol{F}\mathrm{d}t=m\boldsymbol{v}-m\boldsymbol{v}_0$	角动量定理 $\int_{t_1}^{t_2}\boldsymbol{M}\mathrm{d}t=J\boldsymbol{\omega}_2-J_0\boldsymbol{\omega}_1$
动量守恒定律 $\sum\boldsymbol{F}_i=0$，$\sum m_i\boldsymbol{v}_i=$常矢量	角动量守恒定律 $\boldsymbol{M}=0$，$J\boldsymbol{\omega}=$常矢量
平动动能 $\frac{1}{2}mv^2$	转动动能 $\frac{1}{2}J\omega^2$
力的功 $A=\int_a^b\boldsymbol{F}\cdot\mathrm{d}\boldsymbol{r}$	力矩的功 $W=\int_0^\theta M\mathrm{d}\theta$
动能定理 $W=\frac{1}{2}mv^2-\frac{1}{2}mv_0^2$	动能定理 $W=\frac{1}{2}J\omega_2^2-\frac{1}{2}J\omega_1^2$
功能原理 $W_{外力}+W_{非保守内力}=E_{末}-E_{初}$	功能原理 $W_{外力矩}+W_{非保守内力矩}=E_{末}-E_{初}$

例 3-7　一根长为 l，质量为 m 的均质细杆 OA，一端可绕固定轴在竖直平面内转动，如图 3-15 所示。现将杆从水平位置自由下摆，不计空气阻力，试求杆转到竖直位置时的角速度。

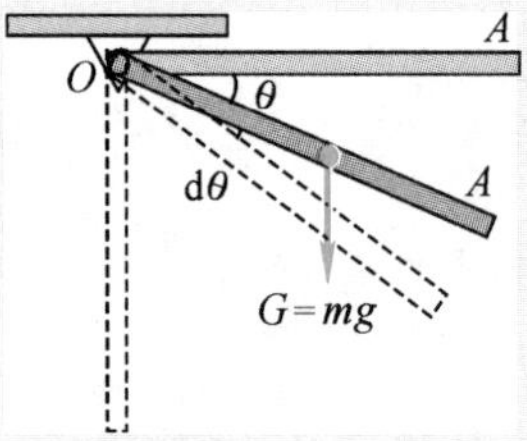

图 3-15　例 3-7 用图

解　细杆的受力如图 3-15 所示，其中，轴的支承力通过转轴，不产生力矩，因此不做功。细杆所受的重力可视为作用在其质心处，重力对转轴的力矩 $M=mg\frac{l}{2}\cos\theta$，重力矩是关于 θ 的函数，当杆由 θ 转到 $\theta+\mathrm{d}\theta$ 过程中，重力所做的元功为

$$\mathrm{d}W=M\mathrm{d}\theta=mg\frac{l}{2}\cos\theta\mathrm{d}\theta$$

因此，细杆由水平位置转到竖直位置过程

中，重力矩所做的总功

$$W=\int_0^{\frac{\pi}{2}} mg\ \frac{l}{2}\cos\theta\,\mathrm{d}\theta=mg\ \frac{l}{2}$$

根据刚体绕定轴转动的动能定理，有

$$W=\frac{1}{2}J\omega^2-\frac{1}{2}J\omega_0^2$$

$$mg\ \frac{l}{2}=\frac{1}{2}\left(\frac{1}{3}ml^2\right)\omega^2-0$$

故细杆转到竖直位置时的角速度为

$$\omega=\sqrt{\frac{3g}{l}}$$

3.2 流体力学简介

流体是气体和液体的总称，是与固体相对应的一种物体形态。流体由大量的、不断做热运动而且无固定平衡位置的分子构成，它的基本特征是没有一定的形状并且具有流动性，其形状随容器的形状而异。

流体都有一定的可压缩性。液体可压缩性很小，有一定的体积，能形成自由表面；气体的可压缩性较大，不存在自由表面。大气和水是最常见的两种流体。大气运动、海水运动(包括波浪、潮汐、中尺度涡旋、环流等)乃至地球深处熔浆的流动都是流体的研究内容。因此，流体力学主要研究流体的宏观运动规律。

3.2.1 理想流体的连续性方程

1. 理想流体

在压力的作用下，无论是液体还是气体，它们的体积都会减少从而表现出一定的可压缩性。压缩会导致其密度发生变化。例如 10℃的水，每增加一个大气压，其体积的减少量不到原体积的两万分之一，所以通常可忽略液体的压缩性。气体很容易被压缩，但对于流动的气体，由于其具有良好的流动性，故作用在其两端的压强差并不足以引起气体体积的明显减少，因此，在研究流动气体时，可视其为不可压缩。

流体流动时，流体内相邻流层之间会发生相对运动，同时会出现阻碍相对运动的内摩擦力，这种力表现为流体的黏性。例如，河道中心的水流动较快，由于黏性，靠近河床和河岸的水却几乎不动。流体在运动过程中需要克服黏性做功，就必须消耗自身的能量。当在所研究的问题中，流体的流动性居于主要地位，而黏性是次要的，则可忽略其黏性，比如水、汽油、天然气等流体。

我们把不可压缩的无黏性的流体称为**理想流体**。由于理想流体不可压缩，则其密度 ρ 为常量，又因无黏性，因此流动时相邻流层之间不存在相对运动，故各个流层具有相同流速而相对静止。因此，运动的理想流体内部的压强与静止流体内的压强具有相同的性质。即对于理想流体，无论运动与否，其内部某一点的压强沿各个方向都是相等的。

2. 定常流动、流线和流管

流体可视作由许多流体质元组成的特殊质点系。跟踪研究每个流体质元的速度是非常困难的。但是我们可以换个角度，在固定空间点去观察各个流体质元经过该点的速度，则相对容易。

一般情况下，流体的速度既与观察点的位置有关又与观察的时刻有关，在同一时刻，在不同空间点观察到的流体速度是不一样的；在同一个空间点，不同时刻观察到的流体速度也是不同的。因此流体的流速既是关于位置的函数，也是关于时间的函数。在流体运动中，若流体的速度仅与位置有关，而与时间无关，即空间各点的流速虽不相同，却不随时间改变，这种流动称为**定常流动**或者**稳定流动**(简称“**稳流**”)。定常流动是最简单、最基本的一种流动形式。一般水在管道或水渠中的缓慢流动可近似看作定常流动。

在定常流动中，流体中各点的运动速度不随时间改变，只与其经过的空间位置有关，与具体的流体质元无关。在流体经过的空间取 1，2，3…等一些空间点，无论是哪部分流体质元，当流经这些空间点时，都必定以 $v_1, v_2, v_3\cdots$ 的速度运动，设 1，2，3…是一些连续点，当流体从点 1 流出后，必然依次流经 2，3…等点，则这样一些点的轨迹称为**流线**。流线上每一点的切线方向和流体质元流经该点的速度方向一致，如图 3－16(a)所示。流线较密的地方，流体速度较大；相反，则流体速度较小。由于空间各点具有确定的速度，故流线不可相交。流体在定常流动时，流线和流体质元运动轨迹一致。

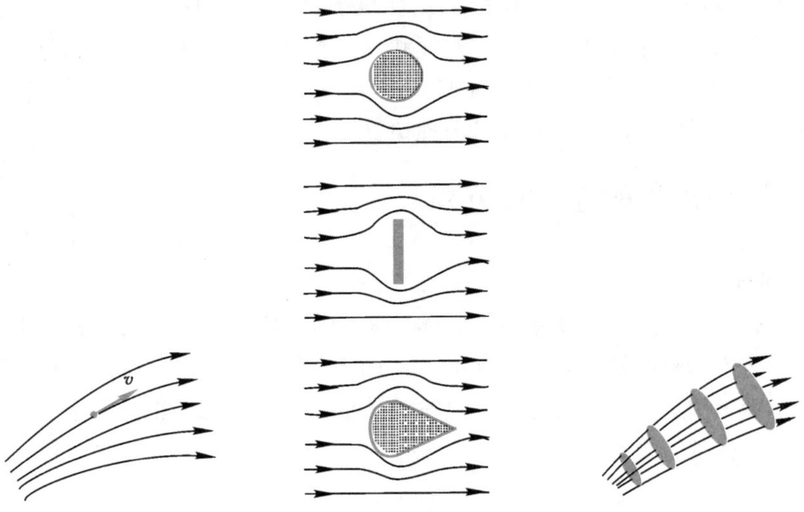

(a) 流线的画法　　(b) 流体的流线　　(c) 流管

图 3－16　流线及流管

图 3－16(b)中分别是流体稳定流过圆柱体、垂直于流体的平板以及流线型鱼形截面的物体的流线图。

在定常流动的流体中，可以选取一组连续分布的流线围成一个细管，称为**流管**，如图 3－16(c)所示。由于流线不相交，因此管内流体不会流出管外，管外流体不会流入管内。

在定常流动中，流管的形状不随时间改变，且与实际管道非常相似，可以设想管道内流体由许多流管组成，那么研究了每个流管中流体的运动情况，就掌握了整个流体的运动规律。

3. 连续性方程

在定常流动理想流体中，任意截取两个垂直于流管的截面，面积分别为 ΔS_1 和 ΔS_2，如图 3－17 所示，因为流管很细，故同一截面上各点的流速可视作相同，设截面 ΔS_1 和 ΔS_2 上的流速分别为 v_1 和 v_2，由于流体是不可压缩的，所以相同时间内流过 ΔS_1 和 ΔS_2

的流体体积相同，即

$$v_1 \Delta S_1 = v_2 \Delta S_2 \tag{3-19a}$$

由于垂直于流管的截面是任取的，因此对于任何垂直于流管的截面都适用，即

$$v \Delta S = \text{恒量} \tag{3-19b}$$

式中，$v\Delta S$ 是单位时间内通过截面的流体的体积，称为流量。上式表明，**在定常流动的理想流体中，通过流管各横截面的流量相等，这就是连续性方程。**

气体流速与压强的关系

由连续性方程可知，同一流管内，横截面越小，流速越大；反之，横截面越大，流速越小。

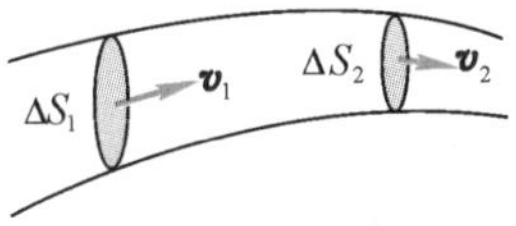

图 3-17 连续性方程推导用图

3.2.2 理想流体定常流动的伯努利方程

动力学问题的解决方法有三种，一是牛顿方程，突出过程的矢量性和瞬时性；二是动量定理和角动量定理，突出始末状态的矢量关系；三是功能原理，突出始末状态的标量关系。鉴于流体的流动性和连续性，过程中的瞬时性和矢量性非常复杂，因此一般用功能原理处理流体力学问题，可以求得流体力学的基本方程式——伯努利方程。

伯努利(D. Bernoulli，1700—1782)。瑞士物理学家、数学家。1738 年撰写和出版了《流体动力学》一书，建立了反映理想流体做定常流动时能量关系的伯努利方程。

下面讨论在惯性系中理想流体在重力场中作定常流动的情况。如图 3-18 所示，在理想流体的某一流管内任取一质元 AB，自位置 1 移动到位置 2，在位置 1 和位置 2 的长度分别为 Δl_1 和 Δl_2，底面积分别为 ΔS_1 和 ΔS_2，相对于基准面 OO' 的高度分别为 z_1 和 z_2，由于理想流体不可压缩，故密度 ρ 不变，质元 AB 的质量为 $m=\rho\Delta l_1\Delta S_1=\rho\Delta l_2\Delta S_2$。

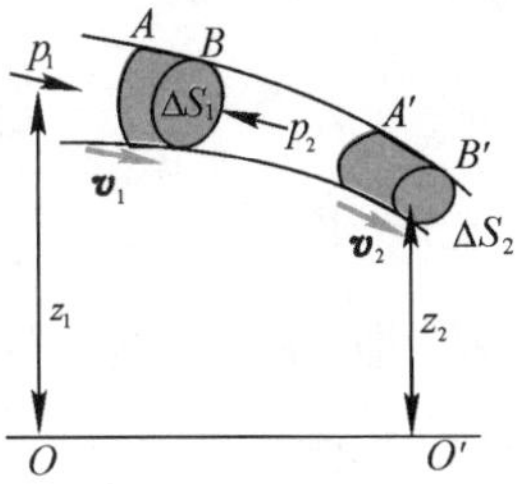

图 3-18 伯努利方程推导用图

质元的体积相对于流体流过的空间很小，故质元可视作质点，其上各点的压强和流速是相同的，分别为 p_1 和 p_2，v_1 和 v_2，根据功能原理，有

$$W_{外}+W_{非保内}=(E_{k_2}+E_{p_2})-(E_{k_1}+E_{p_1})$$

其中质元的动能增量为

$$\begin{aligned}E_{k_2}-E_{k_1}&=\frac{1}{2}mv_2^2-\frac{1}{2}mv_1^2\\&=\frac{1}{2}\rho\Delta l_2\Delta S_2v_2^2-\frac{1}{2}\rho\Delta l_1\Delta S_1v_1^2\end{aligned}$$

质元势能增量为

$$E_{p_2}-E_{p_1}=mgz_2-mgz_1=\rho g\Delta l_2\Delta S_2z_2-\rho g\Delta l_1\Delta S_1z_1$$

由于流体是理想情况，不存在黏性做功，流体质元受到来自周围流体对它的压力并做功，且压力与所取截面垂直，故作用在质元侧面上的压力不做功，只有作用在质元前后两个底面的压力才做功。作用在后底面的压力为 $p_1\Delta S_1$，由 A 到 A' 做正功；作用在前底面的压力为 $p_2\Delta S_2$，由 B 到 B' 做负功，前后底面都经过路程 BA'，由于是定常流动，前后底面经过路程 BA' 中同一位置时具有相同的截面积和压强。不同的是压力 $p_1\Delta S_1$ 做正功而压力 $p_2\Delta S_2$ 做负功，故两者相加为零。因此，只需要计算压力 $p_1\Delta S_1$，由 A 到 B 做正功，以及压力 $p_2\Delta S_2$，由 A' 到 B' 做负功，即

$$W_{外}+W_{非保内}=p_1\Delta S_1\Delta l_1-p_2\Delta S_2\Delta l_2$$

根据功能原理，可得

$$\begin{aligned}&\frac{1}{2}\rho v_2^2\Delta l_2\Delta S_2+\rho gz_2\Delta l_2\Delta S_2-\frac{1}{2}\rho v_1^2\Delta l_1\Delta S_1-\rho gz_1\Delta l_1\Delta S_1\\&=p_1\Delta S_1\Delta l_1-p_2\Delta S_2\Delta l_2\end{aligned}$$

因理想流体不可压缩，应用连续性原理 $\Delta S_1\Delta l_1=\Delta S_2\Delta l_2=\Delta V$ 代入前式，且等式两边同除 ΔV，整理可得

$$\frac{1}{2}\rho v_2^2+\rho gz_2+p_2=\frac{1}{2}\rho v_1^2+\rho gz_1+p_1 \tag{3-20a}$$

由于位置 1，2 是任取的，因此，对同一流管内任意截面都成立，即

$$\frac{1}{2}\rho v^2+\rho gz+p=恒量 \tag{3-20b}$$

式(3-20)称为理想流体定常流动的伯努利方程，简称**伯努利方程**。

若流管水平放置，则 $z_1=z_2$，伯努利方程变为

$$\frac{1}{2}\rho v_2^2+p_2=\frac{1}{2}\rho v_1^2+p_1 \tag{3-21a}$$

或

$$\frac{1}{2}\rho v^2+p=恒量 \tag{3-21b}$$

吹气浮球实验

从上式可以看出速度和压强之间的关联，即速度小的地方压强大，速度大的地方则压强小。

伯努利方程适用的条件有三个，一是流体是不可压缩非黏性的理想流体；二是流体是定常流动；三是对同一流管内任意截面都成立。在解决实际问题时，前两个要求可近似处理，最后一个则必须满足，否则不好比较相应关系。

例 3-8　试分析如图 3-19 所示喷雾器的工作原理。

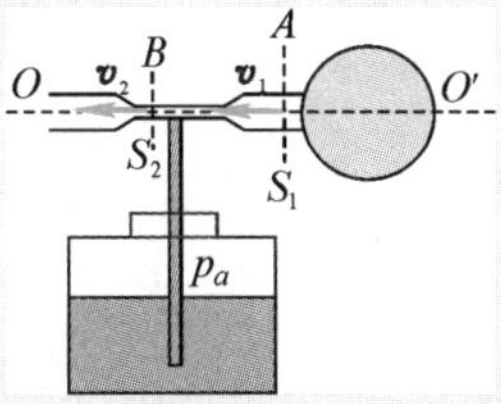

图 3-19　例 3-9 用图

解　图中水平管道内的空气从右向左做定常流动，现取横截面 A、B，设其面积分别为 S_1 和 S_2，且 $S_1>S_2$，流速和压强分别为 v_1、v_2 和 p_1、p_2。沿水平管轴取基准面 OO'，则截面中心相对于基准面的高度为 $z_1=z_2=0$，根据伯努利方程可得

$$\frac{1}{2}\rho v_2^2+p_2=\frac{1}{2}\rho v_1^2+p_1$$

显然，流速较大处，压强较小，反之，流速较小处则压强较大。流动的空气可视作理想流体，应用连续方程可得

$$v_1S_1=v_2S_2$$

因为 $S_1>S_2$，故 $v_2>v_1$，$p_2<p_1$，截面 B 处的压强较小于大气压强，结果容器液面上的大气压就将流体压上去而被导管中的气体吹散成雾。这种现象就是空吸作用，内燃机的挥发器、农药喷雾器以及香水喷出口等都是利用这个原理制成的。

习　题

3-1　如图 3-20 所示，三个质量相等的可视作质点的小球等间距地分布在 $x-y$ 平面的角平分线上。若它们绕 Oy 轴转动，求系统的转动惯量。

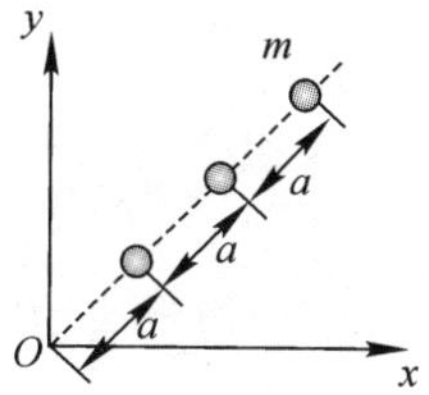

图 3-20　习题 3-1 图

3-2　如图 3-21 所示，一轻质杆长度为 $2l$，两端各固定一小球，小球可视作质点，A 球质量为 m，B 球质量为 $2m$，杆可绕过中心的水平轴 O 在铅垂面内自由转动，求杆与竖直方向成 θ 角时的角加速度。

3-3　一根长为 l，质量为 m 的均质细杆 OA，一端可绕固定轴在竖直平面内转动，如图 3-22 所示。现将杆从水平位置自由下摆，不计空气阻力，试求：

(1) 初始时刻的角加速度；

(2) 杆转过 θ 角时的角速度。

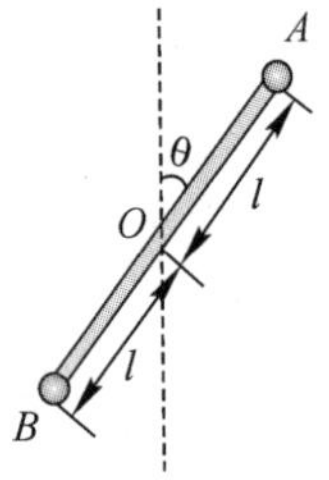

图 3-21　习题 3-2 图

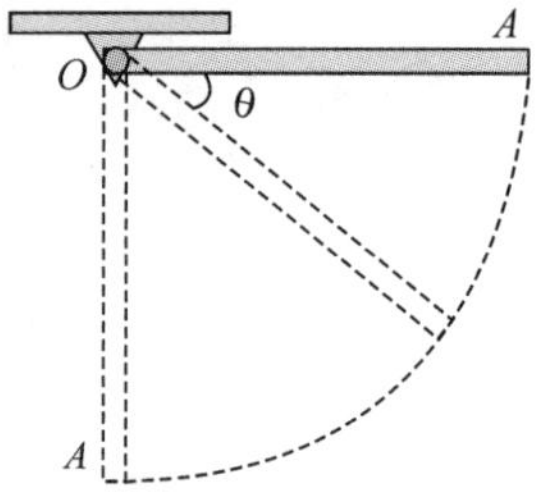

图 3-22　习题 3-3 图

3-4　如图 3-23 所示，一根长为 l、质量为 M 的匀质细杆自由悬挂于通过其上端的光滑水平轴上。现有一质量为 m 的子弹以水平速度 v_0 射向杆的中心，并以 $v_0/2$ 的水平速度穿出杆，此后杆的最大偏转角恰为 60°，求 v_0 的大小。

3-5　如图 3-24 所示，一半径为 R、质量为 M 的水平圆形转盘可绕竖直的中心轴 z 旋转，有一人静止站立在距转轴的 $R/2$ 处，人的质量 m 是圆盘质量 M 的 1/10，设开始时盘载人相对于地以角速度 ω_0 匀速转动。如果此人垂直于圆盘半径相对于盘以速率 v 沿与盘转动相反方向做圆周运动，已知圆盘对中心轴的转动惯量为 $MR^2/2$，求：

（1）圆盘对地的角速度 ω；

（2）欲使圆盘对地静止，人沿着半径为 $R/2$ 的圆周对圆盘的速度 v 的大小和方向。

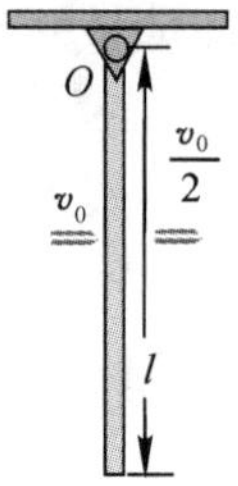

图 3-23　习题 3-4 图

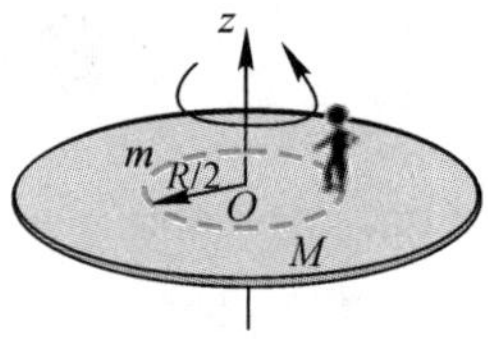

图 3-24　习题 3-5 图

3-6　流体在流管中稳定流动，截面积 0.5 cm^2 处的流速为 12 cm·s^{-1}。那么流速 4 cm·s^{-1} 的地方的截面积是多少？

3-7　试分析理想流体在一水平管中做稳定流动时，截面积 S、流速 v 以及压强 p 之间的关系。

3-8　在大容器的水面下方 h 处开一小孔，求从小孔流出的水流速度。

第4章 振动和波动

4-1 课程思政

钟摆来回的摆动、水中浮标上下的浮动、琴弦的振动、脉搏的跳动、发动机气缸活塞的运动、树梢在微风中的摇摆……通过观察，我们会发现上述物体总是在某一位置附近做往复性的运动。我们把物体或物体的一部分在一个位置附近的往复运动称为**机械振动**。除了机械振动以外，生活中常见的还有**电磁振动**，又称**电磁振荡**，即在电路中，电流、电压、电场强度或磁场强度在某个确定的数值附近有周期性的变化。机械振动和电磁振动在本质上虽不同，但都有相似的振动规律，可以用统一的数学形式来描述。

振动状态在空间的传播称为**波动**，简称**波**。振动状态的传播过程，也是能量的传播过程，波动也是能量传播的一种形式。振动是波动产生的根源，激发波动的振动系统称为波源。通常波动分为两大类：一类是机械振动在介质中的传播，称为**机械波**，例如水波、声波和地震波；另一类是变化的电场和变化的磁场在空间的传播，称为**电磁波**，例如无限电波、光波、红外线、X 射线等。

在各种不同的振动中，最简单和最基本的振动是简谐振动。任何复杂的振动形式都可以看作若干个简谐振动的合成。因此，研究简谐振动是进一步研究复杂振动的基础。本章将以机械振动和机械波为主要内容，从讨论简谐振动的基本规律入手，进而讨论振动的合成、波的传播规律及其运动特性。

4.1 简谐振动

4.1.1 简谐振动的基本特征

一根用转轴悬挂在天花板处的竖直杆，将其拉向一侧后释放，它会做往复摆动；置于碗中的小球，将其推离平衡点后释放，会来回滚动。这些都是处于平衡状态的物体受到轻微扰动偏离平衡点后做简谐振动的实例。

研究简谐振动的理想模型是**弹簧振子**，如图 4-1 所示，它由不计质量的轻弹簧和系于弹簧一端的小球(可以是正方体或其他形状的物体)所组成。现将这一系统放置在一个水平面上，并把弹簧的另一端固定，小球与水平面之间的摩擦阻力忽略不计。设弹簧处于自然伸长时，小球处于平衡位置 O 点，把小球向右拉开一段距离后释放，它就在平衡位置附近做往复运动。小球运动时所受的空气阻力很小，可忽略不计。以 O 点为坐标原点，沿着小球的振动方向建立坐标轴，规定水平向右为正方向。小球在平衡位置的右边时它的位置坐

标 x 为正，在左边时位置坐标 x 为负。小球的位置坐标反映了小球相对于平衡位置的位移，小球位置一时间图像就是小球的位移一时间图像。

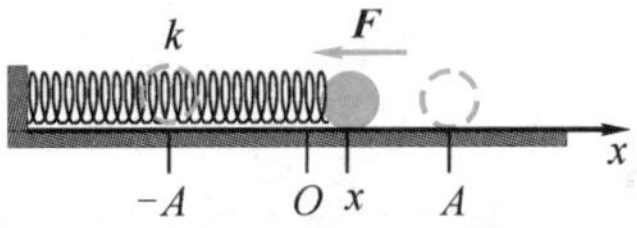

图 4-1　弹簧振子在一个水平面上做简谐振动

首先我们通过实验的方法测得小球位移与时间之间的函数关系。实验的关键在于记录不同时刻小球的位置。利用频闪照相、照相机连拍，或用摄像机摄像后逐帧观察的方式，都可以得到相等时间间隔的不同时刻小球的位置。图 4-2 所示为频闪拍照得到的弹簧振子的系列照片。拍摄时底片从上向下匀速运动，频闪仪每隔 0.05 s 闪光一次，照亮小球的同时并拍照，因此相邻两个位置之间的时间间隔为 0.05 s。

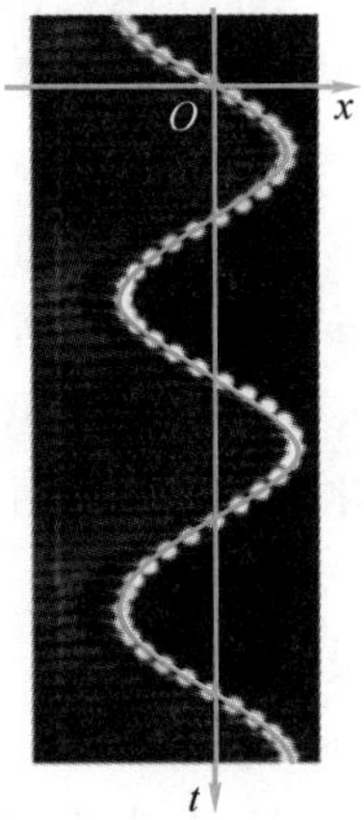

图 4-2　弹簧振子做简谐运动的频闪照片和 $x-t$ 图像

如图 4-2 所示，在弹簧振子的频闪照片上建立坐标系，选取小球的一平衡位置为坐标原点 O，分别沿小球的振动方向和底片运动的方向建立位移 x 轴和时间 t 轴。把不同时刻的小球的球心连在一起，得到的曲线就是小球在平衡位置附近往复运动时的位移—时间图像，即 $x-t$ 图像。将图片和坐标系沿逆时针旋转 90°可以看出，$x-t$ 图像与正弦函数图形相符，即 $x-t$ 函数关系可以用正弦或余弦函数来表示。接下来，我们再通过牛顿第二定律从理论方面推导一下 $x-t$ 函数关系，并对实验结果进行验证。

如图 4-1 所示。根据胡克定律，弹簧发生弹性形变时，小球所受的弹性力 $\boldsymbol{F}$ 可表示为 $\boldsymbol{F}=-k\boldsymbol{x}$，式中，$k$ 为弹簧的劲度系数，负号表示力和位移的方向相反。如果小球向右偏离，则 $\boldsymbol{x}$ 方向向右，$\boldsymbol{F}$ 方向向左，弹性力指向平衡位置；如果小球向左偏离，$\boldsymbol{x}$ 方向向左，$\boldsymbol{F}$ 方向向右，弹性力又是指向平衡位置，这样的力称为回复力。

由牛顿第二定律得

$$F=ma$$

$$-kx=m\frac{\mathrm{d}^2x}{\mathrm{d}t^2}$$

对于一个给定的弹簧振子，k 和 m 都是正值常量，令

$$\frac{k}{m}=\omega^2 \tag{4-1}$$

代入整理可得

$$\frac{d^2x}{dt^2}=-\omega^2 x \tag{4-2}$$

仔细观察方程，不考虑 ω^2 这个正值常量，那么满足方程的函数的二阶导数就是它自身的负数，而三角函数满足这样的性质，解方程可得小球的运动方程：

$$x=A\cos(\omega t+\varphi) \tag{4-3a}$$

因为 $x=A\cos(\omega t+\varphi)=A\sin\left(\omega t+\varphi+\frac{\pi}{2}\right)$，令 $\varphi'=\varphi+\frac{\pi}{2}$，则有

$$x=A\sin(\omega t+\varphi') \tag{4-3b}$$

式(4-3)是微分方程(4-2)的解，式中 A 和 φ(或 φ')为积分常量，我们把位移随时间 t 按**余弦(或正弦)函数规律变化的振动称为简谐振动。**

物体做简谐振动三大基本特征(满足其中任意一项就可以判定为简谐运动)如下：

(1) 物体受到一个形如 $\boldsymbol{F}=-k\boldsymbol{x}$ 的弹性回复力的作用；

(2) 物体的位移满足微分方程式(4-2)；

(3) 物体的运动方程形如式(4-3a)或式(4-3b)。

将物体的位移对时间求一阶、二阶导数，可以得到物体的振动速度和加速度分别为

$$v=\frac{dx}{dt}=-\omega A\sin(\omega t+\varphi) \tag{4-4}$$

$$a=\frac{d^2x}{dt^2}=-\omega^2 A\cos(\omega t+\varphi)=-\omega^2 x \tag{4-5}$$

由此可见，物体做简谐振动时，其速度和加速度也随时间有周期性变化。图 4-3 画出了简谐振动的位移、速度和加速度之间的关系。

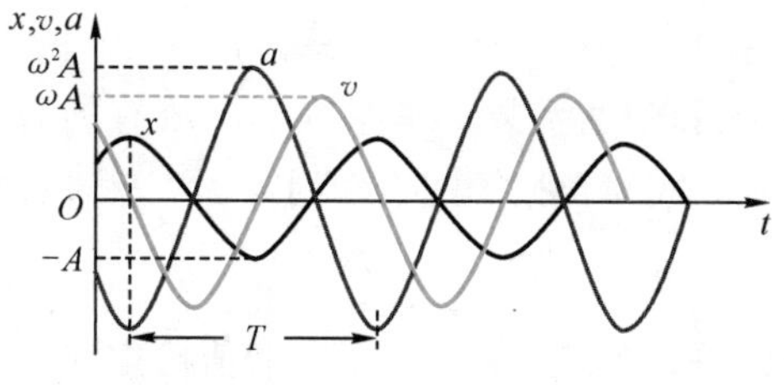

图 4-3 简谐振动的位移、速度、加速度与时间的关系

4.1.2 描述简谐振动的物理量

1. 振幅

因为余弦(正弦)函数的绝对值不能大于 1，所以由式(4-3)可知，物体在 $+A$ 和 $-A$ 之间振动，A 表示做振动的物体离开平衡位置的最大位移，我们称之为振幅。振幅是表示

振动幅度大小的物理量，单位是米。振动物体的运动范围是振幅的两倍。

2. 周期和角频率

如图 4-1 所示，小球自平衡位置 O 点，向右运动到 A，之后再向左通过 O 点运动到 $-A$，再向右回到 O。这样一个完整的振动过程称为一次**全振动**。全振动的起点可任意选取，例如可以自位置 $-A$ 向右经 O 点运动到 A，之后再向左经 O 点再回到 $-A$，但是完成一次全振动所需时间是相同的。简谐振动具有周期性，我们把**完成一次全振动所经历的时间称为周期**，用 T 表示。每隔一个周期，振动状态完全重复一次，故有

$$x=A\cos[\omega(t+T)+\varphi]=A\cos(\omega t+\varphi)$$

满足上述方程的 T 的最小值应为 $\omega T=2\pi$，所以

$$T=\frac{2\pi}{\omega} \tag{4-6}$$

单位时间内振动物体完成全振动的次数称为频率，用 ν 表示，单位为赫兹(Hz)，显然频率与周期的关系为

$$\nu=\frac{1}{T}=\frac{\omega}{2\pi} \tag{4-7}$$

或

$$\omega=2\pi\nu \tag{4-8}$$

所以 ω 表示物体在 2π 秒时间内所做的全振动次数，称为**角频率或圆频率**，单位为 $\text{rad}\cdot\text{s}^{-1}$，物体振动越快，周期就越小，频率和角频率就越大，所以频率、角频率和周期一样，都反映了振动的快慢。

把$\dfrac{k}{m}=\omega^2$ 代入式(4-6)和式(4-7)可以得到弹簧振子的振动周期和频率为

$$T=\frac{2\pi}{\omega}=2\pi\sqrt{\frac{m}{k}} \tag{4-9}$$

$$\nu=\frac{1}{T}=\frac{\omega}{2\pi}=\frac{1}{2\pi}\sqrt{\frac{k}{m}} \tag{4-10}$$

由于弹簧振子的质量 m 和劲度系数 k 是系统本身故有的属性，因此周期和频率完全决定于振动系统本身的性质。故弹簧振子的振动周期和频率被称为**固有周期和固有频率**。

3. 相位和初相位

从 $x=A\cos(\omega t+\varphi)$ 中可以发现，当$(\omega t+\varphi)$的值确定时，$\cos(\omega t+\varphi)$的值也就确定了，所以$(\omega t+\varphi)$反映了做简谐振动的物体此时正处于一个运动周期中的哪个状态。物理学中把$(\omega t+\varphi)$称作**相位**。“相”是“相貌”的意思，即相位决定了简谐振动的“相貌”。φ 是 $t=0$ 时的相位，称作**初相位**，或**初相**。

振幅 A 和初相 φ，可以通过物体的初始运动状态来确定。将 $t=0$ 分别代入式(4-3b)和式(4-4)，可得振动物体在初始时刻的位移 x_0、速度 v_0 和 A、φ 的关系，即

$$\begin{cases}x_0=A\cos\varphi\\ v_0=-\omega A\sin\varphi\end{cases} \tag{4-11}$$

由上式可求得两个积分常量

$$A=\sqrt{x_0^2+\left(\frac{v_0}{\omega}\right)^2} \tag{4-12}$$

$$\varphi=\arctan\left(-\frac{v_0}{\omega x_0}\right) \tag{4-13}$$

通常把 $t=0$ 时的 x_0、速度 v_0 称为初始条件，因而 A 和 φ 是通过初始条件决定的。

综上所述，振幅、频率以及相位是描述简谐振动的三个特征量，其中，角频率取决于系统本身的动力学性质，振幅和初相完全由初始条件确定。因此，对于给定的简谐振子，当初始条件改变时，角频率不变，改变的是振幅和初相。

通过相位可以对两个同频率简谐振动物体的运动状态进行比较。设两个物体 P 和 Q 的运动学方程分别为

$$x_1=A_1\cos(\omega t+\varphi_1)$$
$$x_2=A_2\cos(\omega t+\varphi_2)$$

两者相位差为

$$\Delta\varphi=(\omega t+\varphi_2)-(\omega t+\varphi_1)=\varphi_2-\varphi_1$$

显然，在任意时刻两者的相位差都等于其初相位差。当 $\Delta\varphi=2k\pi(k=0,1,2,\cdots)$时，P 和 Q 振动步调完全一致，同时分别从 O 点运动到的 A_1 和 A_2，同时从 A_1 和 A_2 经 O 点运动到 $-A_1$ 和$-A_2$，称这样的两个振动为**同相**，如图 4-4 所示(a)。当 $\Delta\varphi=(2k+1)\pi\ (k=0,1,2,\cdots)$ 时，两个物体步调完全相反，当 P 运动到 A_1 的同时，Q 运动到$-A_2$，即同时到达各自相反方向的最大位移处，我们称这样的两个振动为**反相**，如图 4-4(b)所示。当 $\Delta\varphi$ 为其他值时，如果 $\varphi_2-\varphi_1>0$，我们称物体 Q 的相位超前于物体 P 的相位为 $\Delta\varphi$，或者说 P 的相位落后于 Q 的相位 $\Delta\varphi$；如果 $\varphi_2-\varphi_1<0$，则表示 P 的相位超前于 Q 的相位$|\Delta\varphi|$，或者说 Q 的相位落后于 P 的相位$|\Delta\varphi|$。由于简谐振动的周期性，当两个振动的相位差为 2π 时运动状态相同。因此，关于相位超前和落后的描述具有相对性。例如，当 $\Delta\varphi=\frac{3}{2}\pi$ 时，可以说物体 Q 的相位超前于物体 P 的相位$\frac{3}{2}\pi$，也可以说物体 Q 的相位落后于物体 P 的相位$\frac{1}{2}\pi$。通常选择第二种说法，把$|\Delta\varphi|$控制在 $0\sim\pi$ 以内来描述相位的超前和落后。

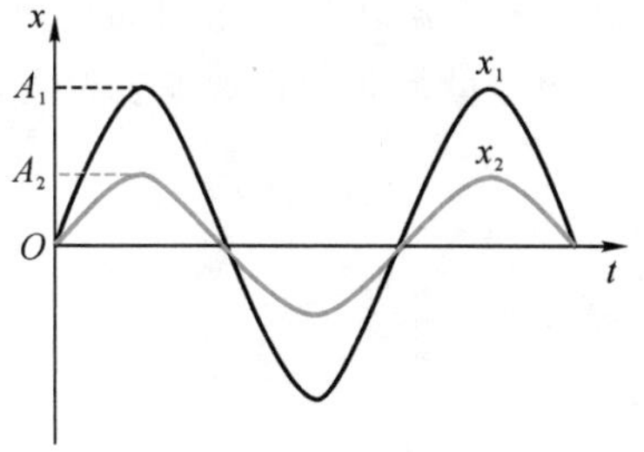

(a) 两个同相的简谐振动

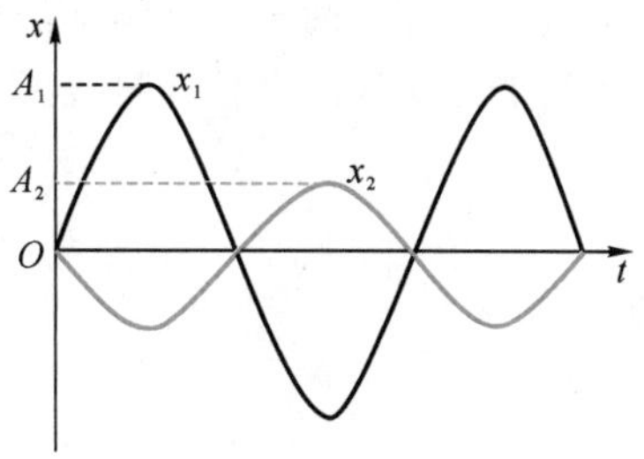

(b) 两个反相的简谐振动

图 4-4 同相和反相

例 4-1 做简谐振动的小球，速度的最大值为 $v_m=0.03\ \text{m}\cdot\text{s}^{-1}$，振幅为 $A=0.02$ m。求：

(1) 振动周期；

(2) 若令速度具有正最大值的时刻为 $t=0$，写出振动的表达式。

解 (1) 根据速度最大值 $v_m=\omega A$，可得

$$\omega=\frac{v_m}{A}=1.5\ \text{rad}\cdot\text{s}^{-1}$$

因此可得振动周期为

$$T=\frac{2\pi}{\omega}=4.19\ \text{s}$$

(2) 已知初始条件：

$$\begin{cases}x_0=0\\v_0=v_m\end{cases}$$

可求得初相：

$$\varphi=\arctan\left(-\frac{v_0}{\omega x_0}\right)=\arctan(-\infty)=-\frac{\pi}{2}$$

于是可得振动表达式为

$$x=A\cos(\omega t+\varphi)=0.02\cos\left(1.5t-\frac{\pi}{2}\right)(\text{SI})$$

4.1.3 简谐振动的旋转矢量表示法

在研究简谐振动时，为了更直观领会 A、ω 和 φ 三个物理量的意义，常采用一种几何描述法，这种方法称为**旋转矢量法**。该方法在描述简谐振动和处理振动的合成问题上提供了一种简捷的手段。

旋转矢量

如图 4-5 所示，在直角坐标系 Oxy 中，以原点 O 为始端作一个矢量 $\boldsymbol{A}$，矢量的长度等于振幅 A，以数值等于角频率 ω 的角速度绕 O 点做逆时针方向的匀速转动，矢量 $\boldsymbol{A}$ 称为旋转矢量或振幅矢量。设在 $t=0$ 的时，矢量 $\boldsymbol{A}$ 与 Ox 轴的夹角为 φ，等于简谐振动的初相位，经过时间 t 以后，矢量 $\boldsymbol{A}$ 转过角度 ωt，与 Ox 轴之间的夹角变为 $\omega t+\varphi$，等于简谐振动在该时刻的相位，则矢量 $\boldsymbol{A}$ 的端点 P 在 x 轴上的投影 M 点的运动方程为

$$x=A\cos(\omega t+\varphi)$$

这便是简谐振动的表达式。矢量 $\boldsymbol{A}$ 的端点 P 在 x 轴上的投影 M 点的运动是简谐振动。在矢量 $\boldsymbol{A}$ 的转动过程中，P 点做匀速圆周运动，则矢量 $\boldsymbol{A}$ 转一周所需的时间就是简谐振动的周期，矢量 $\boldsymbol{A}$ 的长度即简谐运动的振幅 A，矢量 $\boldsymbol{A}$ 的角速度即振动的角频率 ω，矢量 $\boldsymbol{A}$ 与 Ox 轴的夹角 φ 即振动的初相位，任意时刻矢量 $\boldsymbol{A}$ 与 Ox 轴之间的夹角即为振动的相位 $\omega t+\varphi$。利用旋转矢量法可以看出两个简谐运动的相位差就是两个旋转矢量之间的夹角。所以旋转矢量法把描述简谐运动的三个特征量以及其他一些物理量都非常直观地表示出来了。

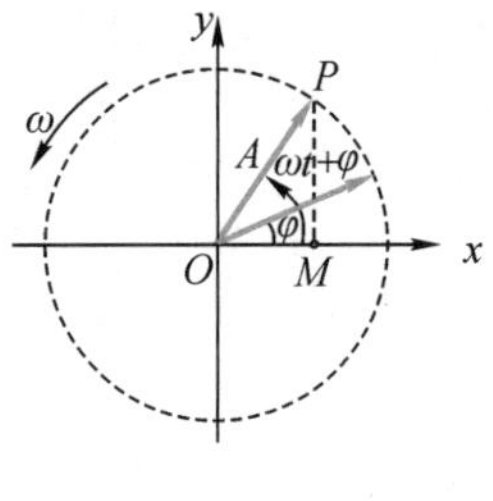

图 4-5 旋转矢量表示法

例 4-2　一个做简谐振动的物体，其振动曲线如图 4-6 左侧图所示，试写出其振动表达式。

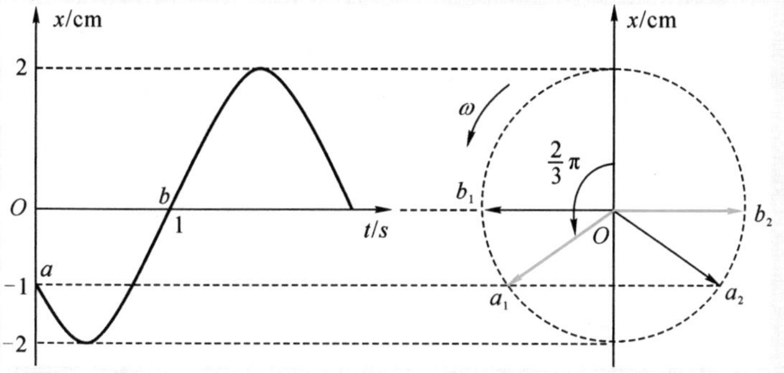

图 4-6　例 4-2 用图

解　解法一：设该简谐振动表达式为

$$x=A\cos(\omega t+\varphi)$$

由振动曲线可得 $A=2\ \text{cm}=0.02\ \text{m}$，还需要求出 ω 和 φ。由振动曲线可得初始条件 $t=0$，$x=-0.01\ \text{m}$，且物体向 Ox 轴负方向运动，则 $v_0<0$，代入振动表达式可得

$$-0.01=0.02\cos\varphi$$

故 $\varphi=\pm\frac{2}{3}\pi$，又因为 $v_0=-\omega A\sin\varphi<0$，得 $\sin\varphi>0$，所以 $\varphi=\frac{2}{3}\pi$。

从图中还可以得到 $t=1\ \text{s}$，$x=0$，且向正方向移动，则 $v>0$，代入振动表达式得

$$\cos\left(\omega+\frac{2}{3}\pi\right)=0$$

所以 $\omega+\frac{2}{3}\pi=\frac{3}{2}\pi$ 或 $\frac{5}{2}\pi$（注意这里不能取 $\pm\frac{\pi}{2}$），同时要满足 $v=-\omega A\sin\left(\omega+\frac{2}{3}\pi\right)>0$，即 $\sin\left(\omega+\frac{2}{3}\pi\right)<0$，故应取 $\omega+\frac{2}{3}\pi=\frac{3}{2}\pi$，即 $\omega=\frac{5}{6}\pi$，则所求振动表达式为

$$x=0.02\cos\left(\frac{5}{6}\pi t+\frac{2}{3}\pi\right)\text{(SI)}$$

解法二：利用旋转矢量法，如图 4-6 所示，在振动曲线右侧作 Ox 轴与位移坐标轴平行，以 O 为圆心，$A=0.02\ \text{m}$ 为半径作一圆周。由振动曲线可知，a，b 两点分别对应 $t=0\ \text{s}$ 和 $t=1\ \text{s}$ 时刻的振动状态，由 a 向 Ox 轴作垂线，垂线与圆相交于 a_1 和 a_2 两点，这两点即为旋转矢量在 $t=0\ \text{s}$ 时刻可能的端点位置。由于旋转矢量的旋转方向只能是逆时针的，物体 $t=0\ \text{s}$ 时刻沿 Ox 负方向运动，故应该选择点 a_1，旋转矢量与 Ox 轴正向的夹角为初相位 $\varphi=\frac{2}{3}\pi$。

由 b 向 Ox 轴作垂线，垂线与圆相交于 b_1 和 b_2 两点，这两点即为旋转矢量在 $t=1\ \text{s}$ 时刻可能的端点位置，物体 $t=1\ \text{s}$ 时刻沿 Ox 正方向运动，故应该选择点 b_2，旋转矢量与 Ox 轴正向的夹角就是该时刻的振动相位，即 $\omega+\frac{2}{3}\pi=\frac{3}{2}\pi$，可得 $\omega=\frac{5}{6}\pi$，则所求振动表达式为

$$x=0.02\cos\left(\frac{5}{6}\pi t+\frac{2}{3}\pi\right)\text{(SI)}$$

4.1.4 简谐振动的能量

在前面的章节中我们了解到，若系统不受外力和非保守内力的作用，则机械能守恒。弹簧振子是一个不考虑摩擦阻力、空气阻力、弹簧的质量以及振子的大小和形状的理想化的物理模型。因此做简谐振动的弹簧振子系统遵守机械能守恒定律。

弹簧振子的振动表达式为 $x=A\cos(\omega t+\varphi)$，取振子在平衡位置的势能为零，则振子的弹性势能和动能分别为

$$E_p=\frac{1}{2}kx^2=\frac{1}{2}kA^2\cos^2(\omega t+\varphi) \tag{4-14}$$

$$E_k=\frac{1}{2}mv^2=\frac{1}{2}m\omega^2A^2\sin^2(\omega t+\varphi) \tag{4-15}$$

因为 $\omega^2=\frac{k}{m}$，所以动能还可以表示为

$$E_k=\frac{1}{2}kA^2\sin^2(\omega t+\varphi)$$

振子系统总能量为

$$E=E_p+E_k=\frac{1}{2}kA^2 \tag{4-16}$$

从上面的计算过程中可以看出，势能和动能变化分别由依赖于时间 t 作周期性变化的 $\cos^2(\omega t+\varphi)$和$\sin^2(\omega t+\varphi)$决定，变化的周期为振动周期的一半，如图 4-7(a)所示。当振子到达最大位移处，将会返回，故速度为零，动能为零，势能达到最大值$\frac{1}{2}kA^2$；当振子通过平衡位置(势能零点)时，位移为零，故势能为零，动能达到最大值$\frac{1}{2}kA^2$。虽然势能和动能随时间 t 作周期性变化，但是势能和动能之和与时间无关，即总的机械能是恒量，这一结论同样适用于其他形式的简谐振动。

图 4-7(b)所示为弹簧振子的势能随位置 x 的变化曲线，相应的数学表达式为 $E_p=\frac{1}{2}kx^2$。从图中可知，在任一位置 x 处，总能量与势能之差为动能。

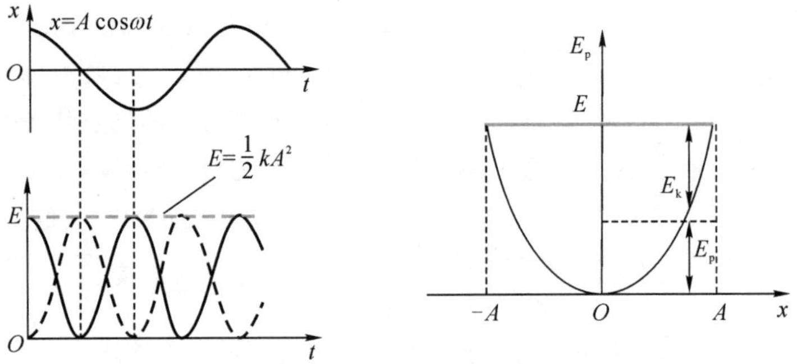

(a) 弹簧振子系统的动能和势能的x-t图像　(b) 弹簧振子系统的势能曲线

图 4-7　弹簧振子系统

4.2　同方向同频率简谐振动的合成

在很多实际问题中，常常涉及一个质点同时参与两个或两个以上振动的情况。根据叠加原理，质点的振动是多个振动的合成，称为合振动，参与合成的这几个振动称为分振动。我们可以通过分析合振动的振动表达式来研究质点的振动情况。一般振动的合成比较复杂，下面我们仅研究一种最简单的情况，即同方向同频率简谐振动的合成。

设有一质点同时参与振动方向相同、角频率相等的两个简谐振动，它们的振动表达式分别为

$$x_1=A_1\cos(\omega t+\varphi_1)$$

$$x_2=A_2\cos(\omega t+\varphi_2)$$

因为两个分振动的振动方向相同，所以质点的合位移等于两个位移的代数和，即

$$x=x_1+x_2=A_1\cos(\omega t+\varphi_1)+A_2\cos(\omega t+\varphi_2)$$

通过三角学知识可以从上式给出合成结果。但是此处可以通过旋转矢量法更直观快捷地得出合振动的振动表达式。

如图4-8所示，两个分振动的旋转矢量 $\boldsymbol{A}_1$ 和 $\boldsymbol{A}_2$ 均以角速度 ω 绕 O 点做逆时针方向的匀速转动，在 $t=0$ 时刻，它们与 Ox 轴的夹角分别为 φ_1 和 φ_2。由平行四边形法则可求得合矢量 $\boldsymbol{A}$，$\boldsymbol{A}=\boldsymbol{A}_1+\boldsymbol{A}_2$。矢量 $\boldsymbol{A}$、$\boldsymbol{A}_1$ 和 $\boldsymbol{A}_2$ 在 Ox 轴上的投影分别为 x、x_1 和 x_2，且有 $x=x_1+x_2$。由于 $\boldsymbol{A}_1$ 和 $\boldsymbol{A}_2$ 均以角速度 ω 做匀速转动，因此在旋转过程中，以 $\boldsymbol{A}_1$ 和 $\boldsymbol{A}_2$ 为邻边组成的平行四边形的形状保持不变，显然，合矢量 $\boldsymbol{A}$ 的长度也保持不变，且以相同的角速度 ω 作旋转。因此合振动的振动表达式为

$$x=A\cos(\omega t+\varphi)$$

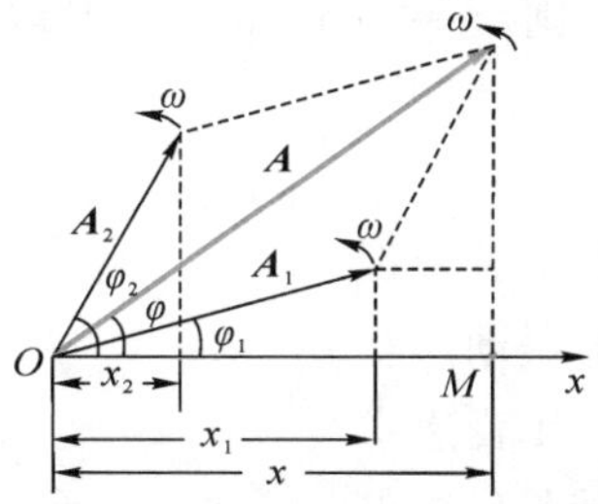

图4-8　两个同方向同频率的简谐振动合成的旋转矢量图

利用三角函数关系可求得 A 和 φ 的值分别为

$$A=\sqrt{A_1^2+A_2^2+2A_1A_2\cos(\varphi_2-\varphi_1)} \tag{4-17}$$

$$\tan\varphi=\frac{A_1\sin\varphi_1+A_2\sin\varphi_2}{A_1\cos\varphi_1+A_2\cos\varphi_2} \tag{4-18}$$

从上两式可以看出，合振动振幅不仅与分振动的振幅有关，还取决于两个分振动的相位差。下面分两种特殊情况进行讨论。

(1) 若两个分振动的相位相同，即

$$\varphi_2-\varphi_1=2k\pi\quad(k=0,\ \pm1,\ \pm2,\ \cdots)$$

这时 $\cos(\varphi_2-\varphi_1)=1$，则有

$$A=\sqrt{A_1^2+A_2^2+2A_1A_2}=A_1+A_2$$

即合振动的振幅等于两个分振动的振幅之和，此时合振动加强，合振幅最大，如图 4-9(a)所示。

(2) 若两个分振动的相位相反，即

$$\varphi_2-\varphi_1=(2k+1)\pi \quad (k=0, \pm1, \pm2, \cdots)$$

这时 $\cos(\varphi_2-\varphi_1)=-1$，则有

$$A=\sqrt{A_1^2+A_2^2-2A_1A_2}=|A_1-A_2|$$

即合振动的振幅等于两个分振动的振幅之差，此时合成的结果是相互削弱，合振幅最小，如图 4-9(b)所示。

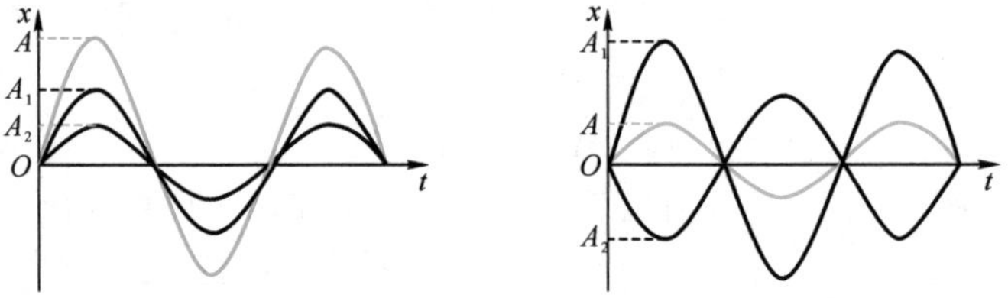

(a) 两个分振动同相时合振动加强　(b) 两个分振动反相时合振动减弱

图 4-9　分振动同相和反相

例 4-3　已知两个简谐振动的振动表达式分别为

$$x_1=2\cos\left(10\pi t+\frac{\pi}{2}\right) \quad \text{(SI)}$$

$$x_2=2\cos(10\pi t-\pi) \quad \text{(SI)}$$

求：

(1) 它们合振动的表达式；

(2) 若 $x_3=3\cos(10\pi t+\theta)$，则 $x_3=3\cos(10\pi t+\theta)$ 取何值时，三个简谐振动叠加后，合振动的振幅最大?

解　(1) 这是两个同方向(沿 Ox 轴振动)同频率(角频率为 10π)的简谐振动的合成问题，合振动也是简谐振动，其表达式为 $x=A\cos(10\pi t+\varphi)$。利用旋转矢量法求解，如图 4-10 所示，在 $t=0$ 时刻，两个分振动的旋转矢量 $\boldsymbol{A}_1$ 和 $\boldsymbol{A}_2$ 均以角速度 $\omega=10\pi$ 绕 O 点做逆时针方向的匀速转动，它们与 Ox 轴的夹角分别为 $\varphi_1=\dfrac{\pi}{2}$ 和 $\varphi_2=-\pi$，由三角函数关系可推出合振动的振幅及初相位分别为

$$A=\sqrt{2}A_1=\sqrt{2}A_2=\sqrt{2}\times2=2\sqrt{2}\ \text{m}$$

$$\varphi=\frac{3\pi}{4}$$

因此合振动的表达式为

$$x=2\sqrt{2}\cos\left(10\pi t+\frac{3\pi}{4}\right)$$

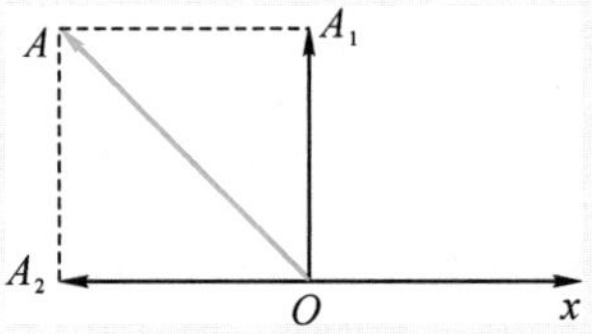

图 4-10　例 4-3 用图

(2) 若第三个旋转矢量 $\boldsymbol{A}_3$ 与 $\boldsymbol{A}$ 的相位相同，即 $\theta-\varphi=2k\pi(k=0, \pm1, \pm2, \cdots)$ 时合振动加强，合振幅最大，即

$$\theta=2k\pi+\frac{3\pi}{4} \quad (k=0,\pm1,\pm2,\cdots)$$

此时合振幅最大为 $3+2\sqrt{2}=5.83$ m。

4.3 机械波的产生和传播的条件

波是振动状态在空间的传播，自然界中主要存在两种波，一种是机械波，例如声波、水波等；一种是电磁波，例如光波、无线电波、X射线等。机械波必须依靠弹性介质才能传播。此外，近、现代物理指出，包含微观粒子在内的任何物体都具有波动性，称之为物质波。虽然各种波的机制不同，但都具有波动的共同特征。下面以机械波为例，讨论波的产生和传播过程中的规律。

4.3.1 机械波的产生条件

机械振动在弹性介质中的传播称为**机械波**。产生机械波需要产生机械振动的系统以及传播振动的弹性介质两个条件，其中产生机械振动的系统称为**波源**。波源能够维持振动的传播，不间断地输入能量。而**弹性介质**是指由无穷多个质元通过相互之间的弹性力组合在一起的连续介质。从宏观上来说，弹性介质可以是气体、液体或者固体。例如，人通过声带发声，声音通过空气传到听者耳朵里；敲击鼓面，鼓面振动带动周围的空气振动，形成疏密相间的波动，向远处传播；将石子投入平静的湖水中，石头入水处的水质元会发生振动，并以石子入水处为中心向四周传播。其中声带、鼓面和石子是波源，空气和水是弹性介质。

4.3.2 机械波传播特征

根据介质中质元振动方向和波传播方向的关系，机械波可分为横波和纵波，质元振动方向和波传播方向相互垂直的波称为**横波**。质元振动方向和波传播方向相互平行的波称为**纵波**。

如图4-11所示，取一根较长的软绳，一端固定，用手握住另一端并且拉直，向上抖动一次，可以看到绳上形成一个凸起部分沿着绳索向固定端传播，凸起的最高处称为**波峰**。向下抖动一次，可以看到绳上形成一个凹下部分沿着绳索向固定端传播，凹下的最低处称为**波谷**。上下各抖动一次，可以看到波峰在前波谷在后向固定端传播。不停地上下抖动，可以看到一个个峰谷相间的波形向固定端传播，在绳索上形成连续的横波。同时还可以看到，绳索上各点只是在一定位置上下振动，并没有随波前进，波传递只是振动状态，而振动状态由相位来描述，因此波动的过程也是相位的传播过程。横波的波形特征表现为呈现波峰和波谷。

图4-11 沿绳传播的波

为了更清楚地描绘质元振动和波的传播的关系，设想一条绳子由许多个可视作质点的质元组成，质元之间存在弹性力的作用，如图4-12所示。设在 $t=0$ 时刻，质元都在各自的平衡位置，此时，质元 P_1 受到外界的扰动离开平衡位置开始向上运动，相邻质元间存在弹性力，由于形变，质元 P_2 将对质元 P_1 施加一个弹性力的作用，以对抗这一扰动。与此同时，根据作用力与反作用力定律，质元 P_1 也将给质元 P_2 以弹性力的作用，使质元 P_2

离开平衡位置向上运动，由于各质元间的弹性联系，以此类推，继而质元 P_2 又带动质元 P_3……于是振动在绳索中由近及远地传播出去，形成波动。图中画出了不同时刻各质元的振动状态。设波源的振动周期为 T，在 $t=\frac{1}{4}T$ 时刻，质元 P_1 到达波峰后开始向下振动，质元 P_3 开始离开平衡位置向上振动，也即质元 P_1 的初始振动状态传到了质元 P_3；当 $t=\frac{1}{2}T$ 时，质元 P_1 又回到了平衡位置，质元 P_1 的初始振动状态传到了质元 P_5；在 $t=\frac{3}{4}T$ 时刻，质元 P_1 到达波谷，并开始向上振动，质元 P_1 的初始振动状态传到了质元 P_7；在 $t=T$ 时刻，质元 P_1 完成了自己的一次全振动，其初始振动状态传到了质元 P_9。此时，连接质元 P_1 至质元 P_9 的质心就构成了一个完整的波形。此后，波源每振动一个周期，就会向右传出一个完整波形。

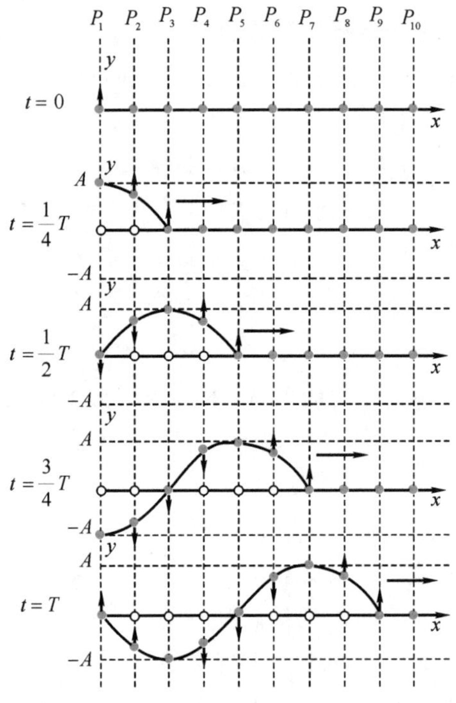

横波

图 4-12　横波的形成

横波的振动方向与传播方向垂直，当横波在介质中传播时，介质中的层与层之间会产生切变，由于气体和液体难以承受切变，因此横波只能在固体中传播。

将一根长弹簧水平放置，在左端沿弹簧轴线方向不断推拉弹簧，在弹簧上会形成疏密相间向右传播的纵波，纵波中质元的振动方向和传播方向平行，如图 4-13 所示，波形特征为稀疏和稠密区域相间分布。例如，在空气中传播的声波就是纵波。纵波中质元振动和波的传播的关系不再详细描述。纵波在介质中传播时，可引起介质产生容变，气体、液体和固体均可以承受容变，因此纵波可以在所有物质中传播。

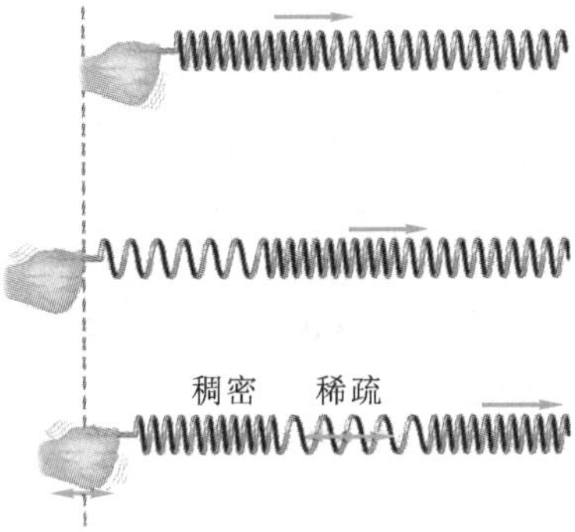

纵波

图 4－13　沿弹簧传播的纵波

自然界中有些波动是纵波和横波的组合，例如水面波，当波在水面传播时，水的质元除了上下运动，还有前后运动，质元的运动轨迹近似为圆形。

例 4－4　质点 P 为波源，机械波在绳上传到了质点 Q 时的波形如图 4－14 所示。

(1) 请判断此机械波的类型；

(2) P 点从平衡位置刚开始振动时，是朝哪个方向运动？

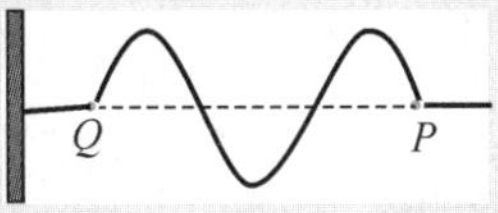

图 4－14　例 4－4 用图

解　(1) 波形呈现出明显的波峰和波谷，所以此机械波是横波。

(2) 波动的过程是相位的传播过程，波传递只是振动状态，此时波传到了 Q 点，Q 点的相位就是 P 点刚开始振动的相位，很明显 P 点是从平衡位置向上运动的。

例 4－5　图 4－15 为某绳波形成过程的示意图。质元 P_1 在外力作用下沿竖直方向作简谐振动，带动 P_2、P_3、P_4…各个质元依次上下振动，把振动从绳的左端传到右端。已知 $t=0$ 时刻，质元 P_1 从平衡位置开始向上振动；在 $t=\frac{1}{4}T$ 时刻，质元 P_1 到达波峰，质元 P_5 开始从平衡位置向上振动。求：当 $t=\frac{1}{2}T$ 时，质元 P_8、P_9 和 P_{10} 的运动状态

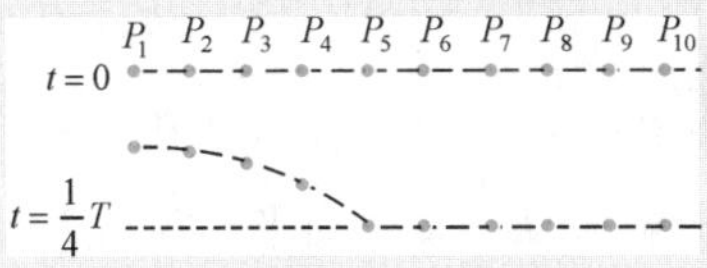

图 4－15　例 4－5 用图

解　波动传播的是振动状态，经过 $t=\frac{1}{4}T$ 后，质元 P_1 的初始的振动状态传到了质元 P_5，则质元 P_1 和 P_5 之间的距离为 $\frac{1}{4}\lambda$，那么在 $t=\frac{1}{2}T$ 时，质元 P_1 的初始的振动状态传给了质元 P_9，因此质元 P_9 离开平衡位置向上振动，质元 P_8 的运动状态是沿竖直方向向上振动，因为波还没传到质元 P_{10}，所以质元 P_{10} 在平衡位置保持静止。

4.3.3　波动过程的描述

为了形象地描述波在介质中传播的情况，我们引入波线、波面和波前等几个概念。沿波的传播方向可以画出带箭头的射线来表示波传播的方向，这些射线称为**波线**；在某一时刻，介质中振动相位相同的点连接而成的空间曲面，称为**波面**。在任一时刻，波面可以有任意多个，一般只画几个作为代表。波在传播过程中，行进在最前面的波面称为**波前**。波前只有一个，随着时间的推移，波前以波速向前传播。按照波面的形状可以将波划分为**球面波**、**平面波**、**柱面波**等，如图 4－16 所示。在各向同性的均匀介质中，波线与波面处处垂直。

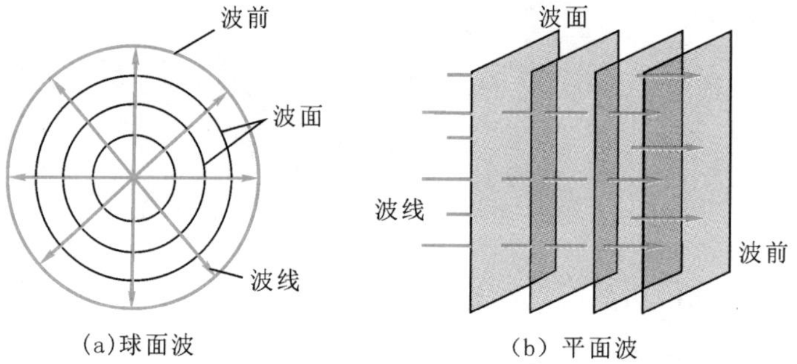

图 4－16　球面波和平面波

在各向同性的均匀介质中，无论是点波源产生的球面波还是线波源产生的柱面波，在距离波源很远的波的局部可近似看成平面波。例如太阳发出的光波是球面波，因为地球距离太阳很远，所以在地球上可将其近似看作平面波。

波动不仅在时间上具有周期性，在空间也具有周期性，为了定量地描述波动，我们引入波长、周期(或频率)和波速这几个重要的物理量。下面以横波为例，对这几个物理量进行表述。

1. 波长

在图 4－12 中，从 $t=0$ 到 $t=T$ 这段时间内，质元 P_1 的初始振动状态传到了质元 P_9，同时，质元 P_1 完成了一次全振动，又回到平衡位置开始向上振动，与质元 P_9 的振动步调完全一致，且两者相位差为 2π。此时，连接质元 P_1 至质元 P_9 的质心就构成了一个完整的波形。在一个周期内，振动状态传播的距离称为**波长**，通常用 λ 表示，这个距离是一个完整波形的长度，如图 4－17 所示。显然，横波上相邻两个波峰或相邻两个波谷之间的距离都是一个波长。纵波上相邻两个密部或相邻两个疏部之间的距离为一个波长。波长反映了波的空间周期性。

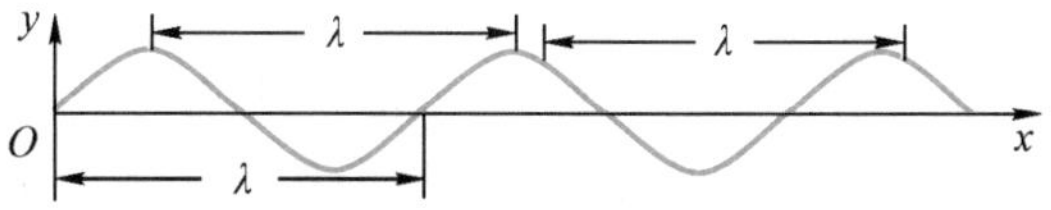

图 4-17　波长

2. 周期

波前进一个波长的距离所需要的时间称为**周期**，用 T 表示。由于波源每完成一次全振动，就有一个完整的波形输出，因此，当波源相对介质静止时，波动的周期即为波源的振动周期。单位时间内，通过介质中某个质元的完整波的数目称为**频率**，用 ν 表示。显然周期和频率互为倒数关系，即

$$T=\frac{2\pi}{\omega}=\frac{1}{\nu} \tag{4-19}$$

3. 波速

波速是振动状态(或相位)在介质中的传播速度，用 u 表示。经过一个周期 T，波传播一个波长 λ 的距离，因此

$$u=\frac{\lambda}{T}=\lambda\nu \tag{4-20}$$

上式包含了波速、周期(或频率)和波长，把波的时间周期性和空间周期性联系了起来。

对于机械波，波速通常由介质的特性决定。可以证明，在拉紧的绳索或弦中，横波的波速为

$$u=\sqrt{\frac{T}{\mu}} \tag{4-21}$$

式中，T 为拉紧的绳索或弦的张力，μ 为其质量的线密度。

在固体中横波和纵波的传播速度分别为

$$u=\sqrt{\frac{G}{\rho}}\quad（横波） \tag{4-22}$$

$$u=\sqrt{\frac{E}{\rho}}\quad（纵波） \tag{4-23}$$

式中，ρ 为固体的密度，G 和 E 分别为固体的切变模量和弹性模量。

在液体和气体中，只能传播纵波，其波速为

$$u=\sqrt{\frac{K}{\rho}}\quad（纵波） \tag{4-24}$$

式中，ρ 为液体或气体的密度，K 为其体积模量。

以上各式表明，机械波的波速决定于介质的性质，而与波源无关。此外，波速还和介质的温度有关。例如，声波在 $t=0℃$ 时，在空气中传播的速度为 331 $m\cdot s^{-1}$，在 $t=20℃$ 时，在空气中传播的速度为 344 $m\cdot s^{-1}$。

4.4 平面简谐波

上节我们了解到在各向同性均匀的介质中，无论是柱面波还是球面波，在距离波源很远的波的局部可近似看成平面波。当平面波在介质中传播时，若各质元均做同频率、同振幅的简谐运动，则称该平面波为**平面简谐波**。可以证明，任何复杂的波，都可以看成是由若干个不同频率的简谐波叠加而成。因此，研究平面简谐波具有特别重要的意义。本节将建立平面简谐波的数学表达式，并就其物理意义进行讨论。

4.4.1 平面简谐波的波动表达式

研究单个质元的运动情况时，用 $x-t$ 图像可以很直观地描述质元在任意时刻的位移，而波动是大量质元参与的一种集体运动，各个质元在同一时刻的位移都不尽相同。例如前面介绍的在绳索中传播的横波，可以建立直角坐标系来描述，用 x 轴表示波的传播方向，横坐标 x 表示在波的传播方向上绳中各质元的平衡位置，纵坐标 y 表示某一时刻绳中各质元偏离平衡位置的位移。通常规定位移向上时 y 取正值，向下时 y 取负值。换言之，描述波的传播，应该知道 x 处的质元在任意时刻的位移 y，即 $y(x,t)$。描述波传播的函数 $y(x,t)$称作波的波动表达式。在平面简谐波中，波线与波面垂直，而波面上各点的振动状态完全一致，因此可选其中一根波线为代表来研究平面简谐波的传播规律。

设平面简谐波沿 Ox 正方向传播，波速为 u，Ox 轴即为某条波线，如图 4-18 所示。设原点 O 处质元的简谐振动表达式为

$$y_O(t)=A\cos(\omega t+\varphi_0)$$

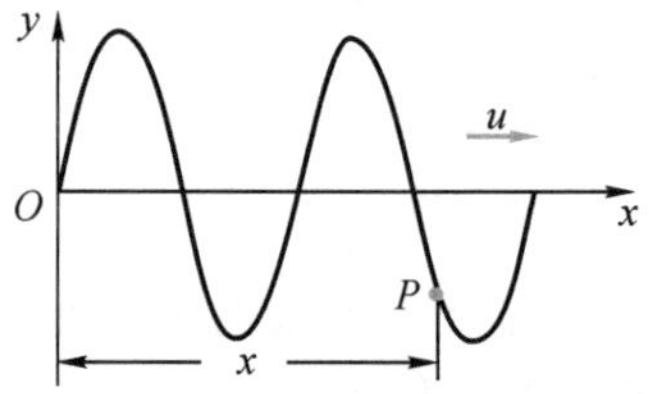

图 4-18　平面简谐波波动表达式推导用图

在 Ox 轴正方向上任取一点 P，它与 O 点距离为 x，当振动状态从原点 O 传播到 P 点时，如果不考虑波传播过程中的能量损失，则 P 点将以相同的振幅和频率重复 O 点的振动，不同的是开始振动的时间落后于原点处的质元。振动从 O 点传播到 P 点所需时间为 $\Delta t=\dfrac{x}{u}$，这表明若 P 点振动的时刻为 t，则 O 点振动的时刻为 $t-\Delta t$，即在 t 时刻，P 点的相位是 $\omega\left(t-\dfrac{x}{u}\right)+\varphi_0$，则 P 点在 t 时刻的振动表达式为

$$y_P(t)=y_O(t-\Delta t)=A\cos\left[\omega\left(t-\frac{x}{u}\right)+\varphi_0\right]$$

由于 P 点的选取是任意的，因此可以把 y 的下标 P 省略，从而可得到 Ox 轴上各点位移随时间变化的规律：

$$y(x,t)=A\cos\left[\omega\left(t-\frac{x}{u}\right)+\varphi_0\right] \tag{4-25}$$

该式适用于表述 Ox 轴上所有质元的振动。这就是沿 Ox 轴正方向传播的平面简谐波的波动表达式。

因为 $\omega=\frac{2\pi}{T}$，$uT=\lambda$，所以式(4-25)又可表示成

$$y(x,t)=A\cos\left(\omega t-\frac{2\pi x}{\lambda}+\varphi_0\right) \tag{4-26}$$

或

$$y(x,t)=A\cos\left[2\pi\left(\frac{t}{T}-\frac{x}{\lambda}\right)+\varphi_0\right] \tag{4-27}$$

将式(4-25)与原点处的振动表达式比较可知，坐标为 x 处的质元的振动相位比原点 O 处的质元的振动相位落后了$\frac{2\pi x}{\lambda}$。当 $x=n\lambda(n=1,2,\cdots)$时，在这些位置处质元的振动状态与原点处的振动状态完全相同，波长 λ 反映了波的空间周期性。

若平面简谐波沿 Ox 轴负方向传播，则 P 点振动比 O 点早开始了一段时间 $\Delta t=\frac{x}{u}$。当 O 点的相位为 $\omega t+\varphi_0$ 时，P 点的相位是 $\omega\left(t+\frac{x}{u}\right)+\varphi_0$，则点 P 在任一时刻的振动表达式为

$$y(x,t)=A\cos\left[\omega\left(t+\frac{x}{u}\right)+\varphi_0\right] \tag{4-28}$$

上式就是沿 Ox 轴负方向传播的平面简谐波的波动表达式。同样也可以写成以下两种常用形式：

$$y(x,t)=A\cos\left(\omega t+\frac{2\pi x}{\lambda}+\varphi_0\right) \tag{4-29}$$

或

$$y(x,t)=A\cos\left[2\pi\left(\frac{t}{T}+\frac{x}{\lambda}\right)+\varphi_0\right] \tag{4-30}$$

若已知的振动点不在原点，而是在 x_0 点，则只需要将波动表达式中的 x 替换成$(x-x_0)$即可。

4.4.2　波函数的物理意义

为了进一步理解波动表达式的物理意义，下面以沿 Ox 轴正方向传播的平面简谐波的波动表达式(4-25)为例，分情况进行讨论。

(1) 当 x 为一给定值 x_0 时，位移 y 仅为时间 t 的函数，此时式(4-25)变成

$$y(t)=A\cos\left[\omega\left(t-\frac{x_0}{u}\right)+\varphi_0\right]$$

它表示距离原点 O 为 x_0 处的质元在不同时刻的位移，即该质元的振动表达式。

(2) 当 t 为一确定时刻 t_0 时，位移 y 仅为坐标 x 的函数，此时式(4-25)变成

$$y(x)=A\cos\left[\omega\left(t_0-\frac{x}{u}\right)+\varphi_0\right]$$

它表示在给定时刻 t_0，波线上各质元的位移 y 随 x 的分布情况，称为 t_0 时刻的波形表达式。

(3) 当时间 t 和坐标 x 都变化时，则位移 y 为坐标 x 和时间 t 的二元函数，波动表达式表示为波线上各个不同的质元在不同时刻的位移。图 4-19 分别画出了 t 和 $t+\Delta t$ 时刻的波形图，在这两个波形图上分别取两个点 A 和 B，使 A 和 B 两个质元具有相同的运动规律，即具有相同的位移和速度。图中描绘出了位于坐标 x 处的质元 A 的振动状态，Δt 时间内传播了 Δx 的距离，到达坐标为 $x+\Delta x$ 的质元 B 处。因为质元 A 和 B 具有相同的位移和速度，所以相位相同，由波动表达式可得

$$\omega\left(t-\frac{x}{u}\right)+\varphi_0=\omega\left(t+\Delta t-\frac{x+\Delta x}{u}\right)+\varphi_0$$

解得

$$\Delta x=u\Delta t$$

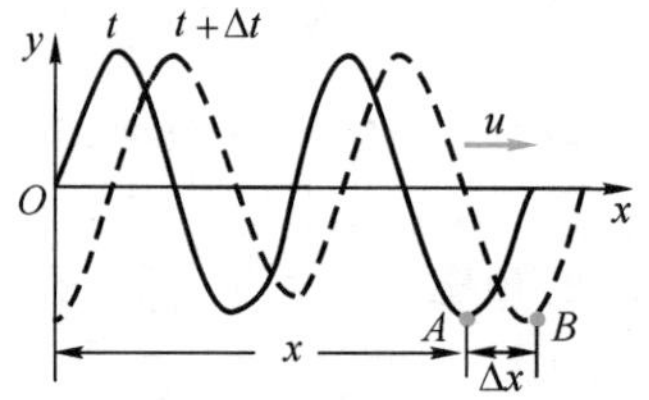

图 4-19　t 和 $t+\Delta t$ 时刻的波形图

由此可见，波的传播是整个波形的传播，在 Δt 时间内，整个波形向前移动了 $u\Delta t$ 的距离。总之，当时间 t 和坐标 x 都变化时，波动表达式就描述了波的传播过程，所以这种波也称为行波。

例 4-6　一平面简谐波沿 Ox 轴正方向传播，已知其波动表达式为 $y=0.02\cos\pi(5x-200t)$，求波的振幅、波长、周期和波速。

解　将已知波动表达式写成标准形式：

$$y=0.02\cos2\pi\left(100t-\frac{5}{2}x\right)$$

将上式与 $y=A\cos\left[2\pi\left(\frac{t}{T}-\frac{x}{\lambda}\right)+\varphi_0\right]$ 比较，可得

$$A=0.02\ \text{m}$$

$$\lambda=\frac{2}{5}\text{m}=0.4\ \text{m}$$

$$T=\frac{1}{100}\text{s}=0.01\ \text{s}$$

$$u=\frac{\lambda}{T}=40\ \text{m}\cdot\text{s}^{-1}$$

例 4-7　一平面简谐波以 $400\ \text{m}\cdot\text{s}^{-1}$ 的波速沿 Ox 轴正方向传播，已知坐标原点处质元的振动周期为 0.01 s，振幅为 0.01 m，并且在 $t=0$ 时刻，其正好经过平衡位置向正方向运动。求：

(1) 波动表达式；

(2) 距离原点 2 m 处的质点的振动表达式。

解 (1) 设原点处质元的振动表达式为 $y_O(t)=A\cos(\omega t+\varphi_0)$，由题意可得 $A=0.01\ \mathrm{m}$，$\omega=\frac{2\pi}{T}=\frac{2\pi}{0.01}=200\pi\mathrm{s}^{-1}$，又当 $t=0$ 时，$y_O=0$ 且 $v_O>0$，由旋转矢量法可得出 $\varphi_0=-\frac{\pi}{2}$，故 O 点处质元的振动表达式为

$$y_O(t)=0.01\cos\left(200\pi t-\frac{\pi}{2}\right)$$

由于波以 $400\ \mathrm{m\cdot s^{-1}}$ 的波速沿 Ox 轴正方向传播，因此该平面简谐波的波动表达式为

$$y(x,t)=0.01\cos\left[200\pi\left(t-\frac{x}{u}\right)-\frac{\pi}{2}\right]$$

$$y(x,t)=0.01\cos\left[200\pi\left(t-\frac{x}{400}\right)-\frac{\pi}{2}\right]$$

(2) 将 $x=2\ \mathrm{m}$ 代入波动表达式，得 2 m 处质点的振动表达式为

$$y(t)=0.01\cos\left(200\pi t-\frac{3\pi}{2}\right)$$

4.4.3 平面简谐波的能量与能流

机械波在均匀介质中由远及近地传播出去，使得一些质元依次获得能量，由静止开始在各自平衡位置附近振动，振动中的质元不仅具有动能，同时因产生形变而具有弹性势能。因此，波动的过程也是能量传播的过程。下面以平面简谐波为例，对波的能量传播作简单分析。

1. 波的能量和能量密度

设介质是密度为 ρ，对波的能量无吸收的弹性介质，有一平面简谐波在介质中沿 Ox 轴正方向传播，其波动表达式为

$$y=A\cos\left[\omega\left(t-\frac{x}{u}\right)+\varphi_0\right]$$

沿波的传播方向取一体积为 $\mathrm{d}V$ 的质元，其质量为 $\mathrm{d}m=\rho\mathrm{d}V$，质元足够小，整个质元的振动状态可视作完全一致，波传播到该质元并引起其振动，振动速度为

$$v=\frac{\partial y}{\partial t}=-A\omega\sin\left[\omega\left(t-\frac{x}{u}\right)+\varphi_0\right]$$

因此，该质元的振动动能为

$$\mathrm{d}E_\mathrm{k}=\frac{1}{2}(\mathrm{d}m)v^2=\frac{1}{2}\rho A^2\omega^2\sin^2\left[\omega\left(t-\frac{x}{u}\right)+\varphi_0\right]\mathrm{d}V \tag{4-31}$$

同时可以证明，质元因形变而产生的弹性势能 $\mathrm{d}E_\mathrm{p}$ 与动能相等，其总的机械能为

$$\mathrm{d}E=\mathrm{d}E_\mathrm{k}+\mathrm{d}E_\mathrm{p}=\rho A^2\omega^2\sin^2\left[\omega\left(t-\frac{x}{u}\right)+\varphi_0\right]\mathrm{d}V \tag{4-32}$$

从式(4-32)可以看出，波动在介质中传播时，任一质元的动能、势能和总能量都随时间 t 作周期性变化，其动能和势能不仅大小相等而且相位相同。这说明该质元与相邻质元之间存在能量交换。沿着波传播的方向，该质元不断地从后面的质元获得能量，并把能量传给前面的质元。这样能量就从介质的一部分传到另一部分。因此，波动的过程也是能量传播的过程。

值得注意的是，波动的能量和简谐振动的能量明显不同，简谐振动系统是孤立的，动能和势能相互转换，与周围不存在能量交换。动能为零时，势能达到最大值，势能为零时，动能达到最大值，系统总是机械能守恒。

介质单位体积内所具有的波的能量，称为能量密度，用 w 表示，即

$$w=\frac{\mathrm{d}E}{\mathrm{d}V}=\rho A^2\omega^2\sin^2\left[\omega\left(t-\frac{x}{u}\right)+\varphi_0\right] \tag{4-33}$$

在实际应用中，常用到平均能量密度，即

$$\bar{w}=\frac{1}{T}\int_0^T\rho A^2\omega^2\sin^2\left[\omega\left(t-\frac{x}{u}\right)+\varphi_0\right]\mathrm{d}t=\frac{1}{2}\rho A^2\omega^2 \tag{4-34}$$

从式(4－34)可以得出，平均能量密度与振幅的平方、角频率的平方及介质密度成正比，这一结论适用于各种弹性波。

2. 波的能流和能流密度

为了描述波动过程中能量的传播，人们引入了平均能流的概念。我们把单位时间内垂直通过某一面积的平均能量称为**平均能流**，用 $\bar{P}$ 表示，单位为瓦特(W)。如图 4－20 所示，能量的传播速度是波速 u，在介质中，取一垂直于波传播方向的面积为 S 的截面，单位时间内，通过截面 S 的平均能量，即平均能流为

$$\bar{P}=\bar{w}uS=\frac{1}{2}\rho A^2\omega^2uS \tag{4-35}$$

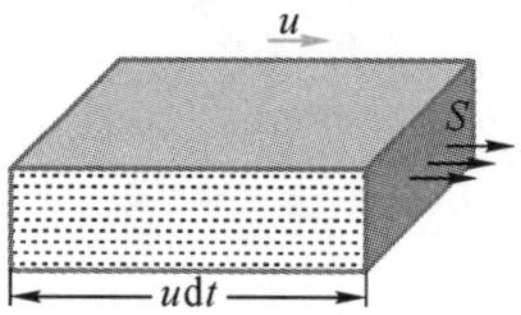

图 4－20　平均能流公式推导用图

单位时间内垂直通过单位面积的平均能量称为**能流密度**，用 I 表示，即

$$I=\frac{\bar{P}}{S}=\bar{w}u=\frac{1}{2}\rho A^2\omega^2u \tag{4-36a}$$

能流密度的单位是 $\mathrm{W\cdot m^{-2}}$。能流密度同样可以表示成矢量，方向与波速方向相同，矢量式为

$$\boldsymbol{I}=\frac{1}{2}\rho A^2\omega^2\boldsymbol{u} \tag{4-36b}$$

从式(4－36)可以看出，在给定的均匀介质中，从某一波源发出的波，其能流密度与振幅的二次方、角频率的二次方成正比。

4.5 波的叠加原理和波的干涉

上节我们讨论了平面简谐波在弹性介质中传播的波动表达式，现在我们讨论两列或两列以上的波在介质中传播并相遇时，介质中质元的运动情况和波的传播规律。

4.5.1　波的叠加原理

当几列波在同一介质中传播并相遇时，在相遇区域内，各质元的振动是各列波在该处激起的振动的合成，各质元的位移是几列波在该处所引起的位移的矢量和；而在相遇之后，则仍保持各自原有的特征(频率、波长、振动方向等)继续传播，就像在各自传播过程中不曾遇到其他波一样。这就是**波的叠加原理**和**波传播的独立性原理**。

图 4-21 所示是一列三角形脉冲波和一列正方形脉冲波在同一直线相向传播和叠加的过程。值得注意的是，波的叠加原理只有当几列波的波幅不大，且波动微分方程为线性方程时才成立。

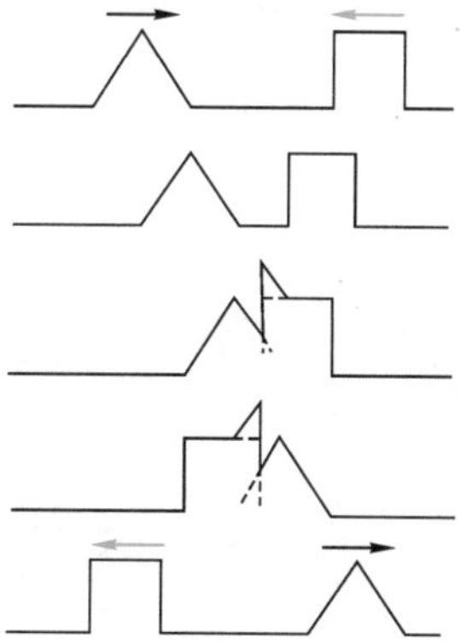

图 4-21　波的叠加原理示意图

4.5.2　波的干涉

一般情况下，几列波叠加形成的合成波，情形很复杂且不稳定。只有满足一些特定条件的波，叠加起来才会形成稳定的图样。当两列波的频率相同、振动方向相同且在相遇区域每个点上具有相同的相位或恒定的相位差时，在合成波场中，一些质元的振动始终加强，一些质元的振动始终减弱(或完全抵消)，这种现象称为**波的干涉**，这两列产生干涉的波称为**相干波**，它们的波源称为**相干波源**。如图 4-22 所示，两列同频率、同振动方向的水波形成的干涉图像，有些地方质元振动始终加强，有些则始终减弱。图 4-23 所示为两列相干波在 P 点的叠加。

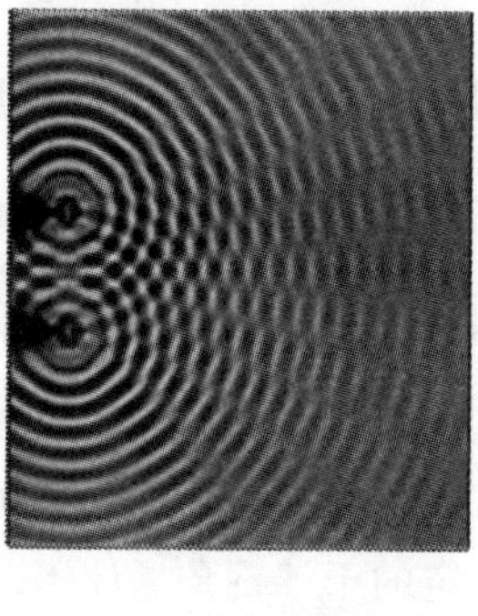

图 4-22　两列水波的干涉图像

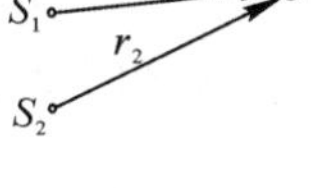

图 4-23　两列相干波在 P 点的叠加

若要定量分析波的干涉，则需要应用波的叠加原理及同方向同频率简谐振动合成的结论，确定加强质元和减弱质元所满足的条件，来分析干涉现象。

如图 4－23 所示，设两个相干波源 S_1 和 S_2 的振动表达式分别为

$$y_{10}=A_{10}\cos(\omega t+\varphi_1)$$

$$y_{20}=A_{20}\cos(\omega t+\varphi_2)$$

式中，ω 为两个波源的振动角频率；A_{10} 和 A_{20}、φ_1 和 φ_2 分别为两个波源的振幅和初相位。设两个波源发出的两列波在同一介质中传播，分别经过 r_1 和 r_2 的距离后在 P 点相遇，相遇时的振幅分别为 A_1 和 A_2。由于两个波源的角频率 ω 相同，传播介质相同，因此波长也相等，且均为 λ。则两个波源在 P 点引起的振动表达式分别为

$$y_{1P}=A_1\cos\left(\omega t-\frac{2\pi r_1}{\lambda}+\varphi_1\right)$$

$$y_{2P}=A_2\cos\left(\omega t-\frac{2\pi r_2}{\lambda}+\varphi_2\right)$$

根据振动的合成，P 点的合振动也是简谐振动，且振动表达式为

$$y=y_{1P}+y_{2P}=A\cos(\omega t+\varphi)$$

由式(4－17)，可得合振动的振幅为

$$A=\sqrt{A_1^2+A_2^2+2A_1A_2\cos\left[(\varphi_2-\varphi_1)-\frac{2\pi}{\lambda}(r_2-r_1)\right]} \tag{4-37a}$$

由式(4－18)，可得初相位为

$$\varphi=\arctan\frac{A_1\sin\left(\varphi_1-\frac{2\pi r_1}{\lambda}\right)+A_2\sin\left(\varphi_2-\frac{2\pi r_2}{\lambda}\right)}{A_1\cos\left(\varphi_1-\frac{2\pi r_1}{\lambda}\right)+A_2\cos\left(\varphi_2-\frac{2\pi r_2}{\lambda}\right)} \tag{4-37b}$$

简谐波的强度正比于振幅的平方，因此合成波的强度为

$$I=I_1+I_2+2\sqrt{I_1I_2}\cos\Delta\varphi \tag{4-38}$$

式中，I、I_1 和 I_2 的分别表示合振动和两个分振动的强度。$\Delta\varphi$ 为两列波传到 P 点时的相位差：

$$\Delta\varphi=(\varphi_2-\varphi_1)-\frac{2\pi}{\lambda}(r_2-r_1) \tag{4-39}$$

式中，$(\varphi_2-\varphi_1)$是两个波源的初相位差，为一常量；(r_2-r_1)是两个波源发出的波传播到 P 点的路程之差，称为波程差。$\frac{2\pi}{\lambda}(r_2-r_1)$是由于波程差而引起的相位差，对空间任一给定点，它是常量。因此，对于空间任一给定点，$\Delta\varphi$ 是恒定的，故合振幅 A 或强度 I 也是恒定的；对于空间不同的点，若波程差(r_2-r_1)不同，则 $\Delta\varphi$ 不同，合振幅 A 或强度 I 也不同。因此，两列相干波在相干区域内振幅或强度在空间形成一种稳定的分布，某些点的振动始终加强，某些点振动始终减弱，呈现出一种稳定的干涉现象。具体讨论如下：

(1) 由式(4－37)可知，当满足关系式

$$\Delta\varphi=(\varphi_2-\varphi_1)-\frac{2\pi}{\lambda}(r_2-r_1)=\pm 2k\pi \quad (k=0, 1, 2\cdots) \tag{4-40}$$

时，$\cos\Delta\varphi=1$，此时合振幅和强度最大，分别为 $A=A_1+A_2=A_{\max}$，$I=I_1+I_2+2\sqrt{I_1I_2}=I_{\max}$，这些点处的振动始终加强，称为干涉加强或干涉相长。

（2）当满足关系式

$$\Delta\varphi=(\varphi_2-\varphi_1)-\frac{2\pi}{\lambda}(r_2-r_1)=\pm(2k+1)\pi \quad (k=0, 1, 2\cdots) \tag{4-41}$$

时，$\cos\Delta\varphi=-1$，此时合振幅和强度最小，分别为 $A=|A_1-A_2|=A_{\min}$，$I=I_1+I_2-2\sqrt{I_1I_2}=I_{\min}$，这些点处的振动始终减弱，称为干涉减弱或干涉相消。

如果 $\varphi_1=\varphi_2$，则相位差 $\Delta\varphi$ 只取决于波程差(r_2-r_1)，上述干涉加强或减弱的条件简化为

$$\delta=r_2-r_1=\begin{cases}\pm k\lambda & (A_{\max}=A_1+A_2)\\ \pm(2k+1)\dfrac{\lambda}{2} & (A_{\min}=|A_1-A_2|)\end{cases} \quad (k=0, 1, 2\cdots) \tag{4-42}$$

从上式可以看出，当两个相干波源同相位时，在相干区域内，对那些波程差等于零或半波长的偶数倍的各点，振幅和强度最大；波程差等于半波长的奇数倍的各点，振幅和强度最小；其余各点，其振幅和强度在最大值和最小值之间。

图 4-24 为两个相干波源 S_1 和 S_2 发出的两列波相干叠加的示意图。图中的实线和虚线分别表示两列相干波的波峰和波谷。实线和实线的交点为两列波的波峰相遇处，同理，虚线和虚线的交点为波谷的相遇处，此时合振幅最大，合成波最强。实线和虚线的交点为两列波的波峰和波谷相遇处，合振幅最小，合成波最弱。

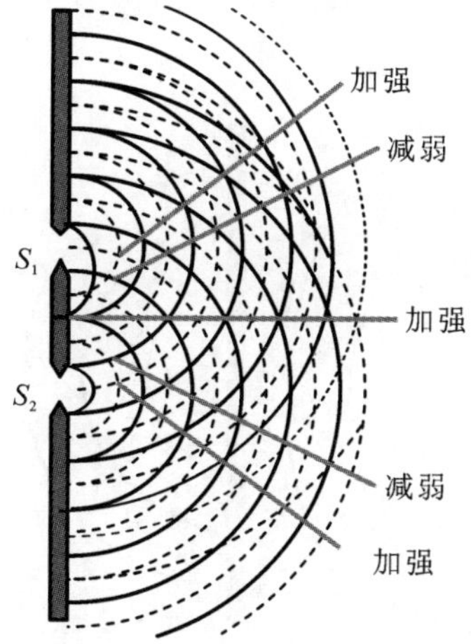

图 4-24　两列相干波的干涉示意图

例 4-8　在同一介质中的两个相干波源 P、Q 位于 x 轴上，相距 10 m，它们的振幅相同，频率均为 100 Hz，初相位差为 π，波速为 400 $m\cdot s^{-1}$，试求 x 轴上波源 P、Q 之间因干涉而静止的各点位置。

解　如图 4-25 所示，把 P 点设为坐标原点 O，x 轴上任意一点 R 与两个波源 P 和 Q 的距离分别为 r_1 和 r_2，要使两列波传到 R 点叠加后而使 R 点静止，则两列波传到 R 点的相位差需满足

$$\Delta\varphi=(\varphi_Q-\varphi_P)-\frac{2\pi}{\lambda}(r_2-r_1)$$
$$=\pm(2k+1)\pi\quad(k=0,1,2\cdots)$$

由题意可知 $\varphi_Q-\varphi_P=\pi$，波长 $\lambda=\frac{u}{\nu}=\frac{400}{100}\text{m}=4\ \text{m}$，而 $r_2-r_1=(10-x)-x$，代入上式，可得

$$\Delta\varphi=\pi-\frac{\pi}{2}(10-2x)=\pi x-4\pi$$
$$=\pm(2k+1)\pi\quad(k=0,1,2\cdots)$$

可解得

$$x=(\pm 2k+5)\text{m}$$

于是 x 轴上波源 P、Q 之间因干涉而静止的点位置为 $x=1,3,5,7,9$(m)，共 5 个静止点。

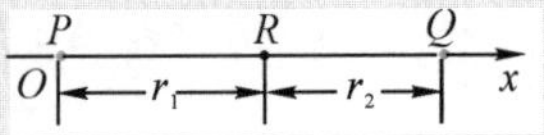

图 4-25　例 4-7 用图

4.6 惠更斯原理和波的衍射

4.6.1 惠更斯原理

水面波传播时，沿着传播方向，若没有障碍物，波保持原来的波面形状传播，若有一块开有小孔的隔板挡在波的前面，如图 4-26 所示，只要小孔的孔径足够小，则无论原来的波面是什么形状，通过小孔以后的波总是以小孔为中心的圆形波，就好像波源是从小孔这个点发出的一样，这样小孔就可以看作是一个发出新波的波源，其所发射的波称为子波或者次波。

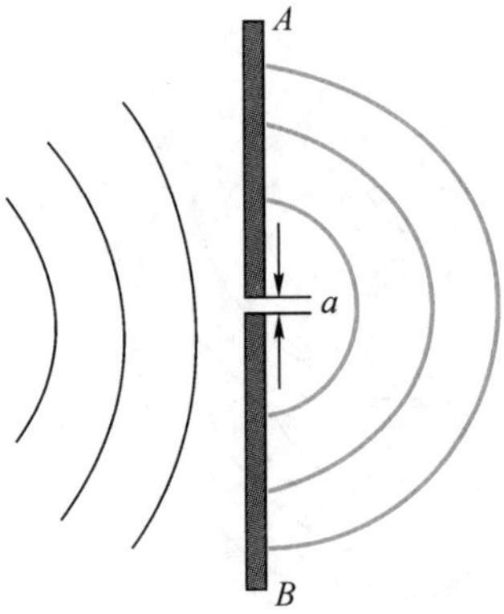

图 4-26　障碍物上的小孔

荷兰物理学家惠更斯在总结了上述现象后，于 1690 年提出了以他名字命名的惠更斯原理，对上述的问题给出了初步的解释。惠更斯指出：波在传播时，同一波面上的各点，都可以看作发射子波的波源，在其后的任意时刻，这些子波的包迹(包络面)就是该时刻新的波面，这就是**惠更斯原理**。惠更斯原理是一条描述波传播特性的重要原理，不仅适用于机

械波，也适用于电磁波，无论波是在均匀介质还是在非均匀介质中传播，只要知道了某一时刻的波阵面，就可以通过此原理，利用几何组图法确定以后任一时刻的波阵面。下面以球面波和平面波为例，说明惠更斯原理的应用。

设在各向同性的介质中有一点波源 O，产生的球面波以速度 u 在介质中传播，在 t 时刻的波阵面是半径为 $R_1=ut$ 的球面 S_1，如图 4-27(a)所示。根据惠更斯原理，球面 S_1 上的各点可以看作发出新波的点波源，每个点波源发出的球面子波，经过 Δt 时间后形成以 S_1 上各点为中心，$r=u\Delta t$ 为半径的许多球面子波，这些子波波面的包迹就是 $t+\Delta t$ 时刻新的波阵面 S_2。显然，S_2 仍是以波源 O 为中心，以 $R_2=u(t+\Delta t)$ 为半径的球面。关于平面波，同样可以采用以上方法求得新波阵面，如图 4-27(b)所示。

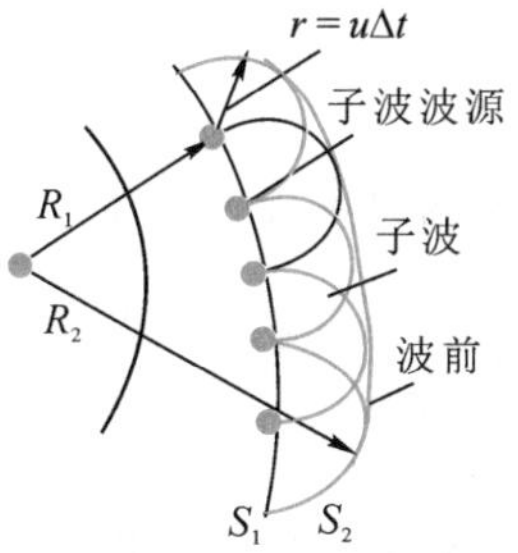

(a) 球面波

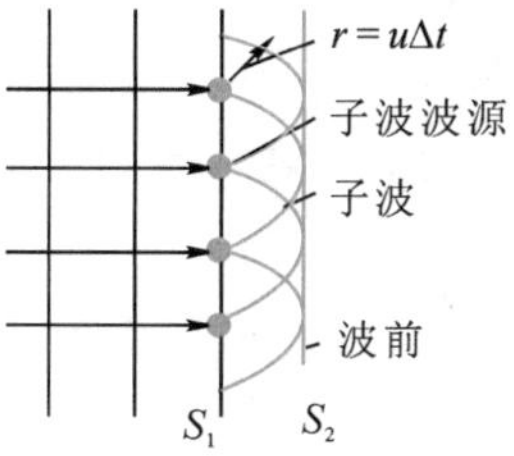

(b) 平面波

图 4-27　惠更斯原理示意图

4.6.2　波的衍射

当波在传播过程中遇到障碍物时，可以绕过障碍物继续传播的现象称作波的衍射。与干涉一样，衍射也是波动的一个重要特征。研究表明，当障碍物的线度跟波长相差不多，或者比波长更小时，才会出现明显的衍射现象，反之，则不明显。

根据惠更斯原理可以很好地解释波的衍射现象。

如图 4-28 所示，当平面波传播到挡板位置时，挡板开口处的尺寸与波长相近，根据惠更斯原理，开口处介质的各点质元都可以作为新的子波源，Δt 时间后，这些子波源发出的球面波的包迹就是新的波阵面。在开口边缘处，新的波阵面不再保持原来的平面，而是发生了弯曲，波的传播方向也发生了改变。

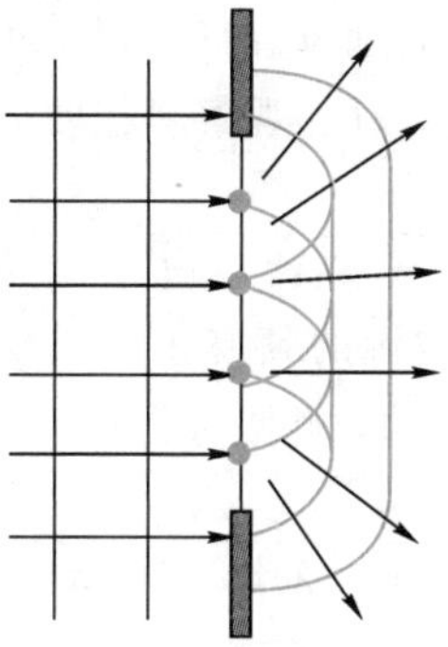

图 4-28　根据惠更斯原理解释波的衍射现象

4.7 多普勒效应

前面关于波的讨论，都是假定波源和观察者(或接收器)相对于介质是静止的情况，因此观察者接收到的频率与波源的振动频率相同。如果波源、观察者或者两者都相对于介质运动，那么观察者接收到的频率与波源的振动频率不再相同，这种现象称为**多普勒效应**。例如，当一列高速运动的火车向我们驶来时，我们听到火车的鸣笛声要比火车实际的鸣笛音调高，即频率较大，而当火车离去时，我们听到火车的鸣笛声要比火车实际的鸣笛音调低，即频率较小。机械波和电磁波都会产生多普勒效应，但是两者又有本质的区别，下面以机械波为例讨论多普勒效应。

设波源的振动频率为 ν，波在介质中的传播速度为 u，观察者接收到的频率为 ν'，波源相对于介质的运动速度为 v_s，观察者相对于介质的运动速度为 v_o。当波源相对于介质静止时，波源发出的波的波长为 $\lambda=\dfrac{u}{\nu}$。

下面分三种情况进行讨论：

(1) 波源相对于介质静止，$v_s=0$，观察者相对于介质以速度 v_o 运动。

观察者接收到的频率取决于观察者在单位时间内接收到完整波形的数目。设观察者以速度 v_o 向着波源运动(即 v_o 与 u 方向相反)，那么相对于观察者波速应该为 $u+v_o$，因此，观察者单位时间内接收到的完整波形的数目(即频率)为

$$\nu'=\frac{u+v_o}{\lambda}=\frac{u+v_o}{u}\nu=\left(1+\frac{v_o}{u}\right)\nu \tag{4-43}$$

显然，观察者以速度 v_o 向着波源运动时，接收到的频率要大于波源的频率。

若观察者以速度 v_o 远离波源运动，类似可得

$$\nu'=\frac{u-v_o}{\lambda}=\frac{u-v_o}{u}\nu=\left(1-\frac{v_o}{u}\right)\nu \tag{4-44}$$

此时，观察者接收到的频率要小于波源的频率。

(2) 观察者相对于介质静止，$v_o=0$，波源相对于介质以速度 v_s 运动。

当波源相对于介质静止时，它发出的波是以波源为中心的球面波，当波源以速度 v_s 向着观察者运动时，它发出的球面波不再同心，向着观察者一侧的波被压缩，波长变短。每个波阵面的球心都相对于一个振动周期 T 前的波阵面的球心，向观察者前进了 v_sT 的距离。观察者所在处的波长为 $\lambda'=\lambda-v_sT$。观察者接收到的频率为

$$\nu'=\frac{u}{\lambda'}=\frac{u}{\lambda-v_sT}=\frac{u}{u-v_s}\nu \tag{4-45}$$

显然，观察者接收到的频率要大于波源的频率。

若波源以速度 v_s 远离观察者运动，类似可得

$$\nu'=\frac{u}{\lambda'}=\frac{u}{\lambda+v_sT}=\frac{u}{u+v_s}\nu \tag{4-46}$$

此时，观察者接收到的频率要小于波源的频率。

(3) 波源和观察者同时相对于介质运动。

将前两种情况的结果合并，可得

$$\nu'=\frac{u+v_o}{\lambda'}=\frac{u+v_o}{u-v_s}\nu \tag{4-47}$$

综上所述，无论是哪种情况，只要两者相互接近，观察者接收到的频率就大于波源的频率。相反，若两者互相远离，则观察者接收到的频率就小于波源的频率。

习 题

4-1 一物体做简谐振动，运动方程为 $x=A\cos\left(\omega t+\frac{\pi}{4}\right)$，在 $t=\frac{T}{4}$ 时刻（T 为周期），物体的速度和加速度大小是多少？

4-2 一质点做简谐运动，周期为 T，振幅为 A，它由平衡位置沿 x 轴负方向运动到 $x=-\frac{A}{2}$ 处所需要的最短时间是多少？

4-3 试用最简单的方法求出下列两组简谐振动合成后所得合振动的振幅。

(1) $\begin{cases} x_1=5\cos\left(3t+\frac{1}{3}\pi\right)\text{cm} \\ x_2=5\cos\left(3t+\frac{7}{3}\pi\right)\text{cm} \end{cases}$　　(2) $\begin{cases} x_1=5\cos\left(3t+\frac{1}{3}\pi\right)\text{cm} \\ x_2=5\cos\left(3t+\frac{4}{3}\pi\right)\text{cm} \end{cases}$

4-4 一质点沿 x 轴做简谐振动，振动范围的中心点为 x 轴的原点，已知周期为 T，振幅为 A。当 $t=0$ 时，求以下各种情况的振动表达式：

(1) 质点在负方向的端点；

(2) 质点过 $x=0$ 处且朝 x 轴正方向运动；

(3) 质点过 $x=\frac{A}{2}$ 处且朝 x 轴负方向运动。

4-5 一横波的波动表达式为 $y=0.02\sin2\pi(100t-0.4x)$ （SI 单位），求：

(1) 波的振幅、波长、周期和波速；

(2) 介质中质元振动的最大速度。

4-6 图 4-29 中的正弦曲线是一弦线上的波在时刻 t 的波形，其中 a 处质点向下运动，问：

(1) 波向哪个方向传播？

(2) 图中 b、c、d、e 处各质点向什么方向振动？

(3) 能否由此波形曲线确定波源振动的频率和初相？

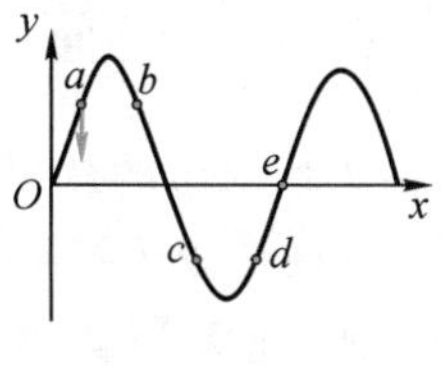

图 4-29 习题 4-6 图

4-7 两列波叠加产生干涉现象的条件是什么？在什么情况下两列波相互叠加增强？在什么情况下两列波相互叠加减弱？

4-8 声源向着观察者和观察者向着声源运动都使观察者接收的频率变高，这两种过程在物理上有何区别？

第5章 静电场

电磁运动是物质的一种基本运动形式，物理学的一个重要分支——电磁学，就是研究电磁现象的产生、电磁运动及其规律的一门学科。电磁学理论的发展大大推动了社会的进步。今天，我们目之所及的手机、电脑、投影仪、电灯、电视、汽车、家用电器等，其工作原理都是以电磁学基本原理为核心的。

5-1 课程思政

人类对电和磁的认识可以追溯到远古时期。早在公元前 6 世纪，古希腊的泰勒斯就观察到琥珀被毛皮摩擦后能够吸引草屑的现象。在我国，早在公元前 4 世纪就发现磁矿石具有吸引铁物质的特性，并发明了指向工具——司南。

在相当长的历史时期内，人们认为电和磁是两种完全不同的现象，对它们的研究都是独立进行的。直到 1820 年，丹麦物理学家奥斯特发现了电流的磁效应，人们这才认识到电和磁的相关性。1831 年，法拉第发现了电磁感应现象，进一步揭示了电和磁的内在联系，并首次提出电力和磁力都是通过“场”作为中间媒介来实现相互作用的。

到了 1865 年，麦克斯韦在前人工作的基础上，提出了感应电场和位移电流假说，总结出一套完整的电磁场理论。该理论预言了电磁波的存在，并指出光是一种电磁波，这样就把光学统一到了电磁学理论中。这一理论也被称为经典电磁学，它是继牛顿力学之后物理学理论的又一重要成果。

从本章开始，我们将主要研究经典电磁学。

5.1 电荷与库仑定律

5.1.1 电荷

人们对电的认识最早是从自然界的雷电和摩擦起电现象开始的。实验指出，硬橡胶棒被毛皮摩擦后，或玻璃棒被丝绸摩擦后对细小的物体都有吸引作用，这种现象称为**带电现象**。人们认为硬橡胶棒和玻璃棒分别带有电荷。进一步实验发现，硬橡胶棒所带电荷与玻璃棒所带电荷属于不同种类。人们把被丝绸摩擦过的玻璃棒所带的电荷称为**正电荷**；把被毛皮摩擦过的硬橡胶棒所带的电荷称为**负电荷**。大量实验证明，自然界只有这两种电荷，同种电荷互相排斥，异种电荷互相吸引。物体所带电荷的多少称为**电荷量**，用 Q 或 q 表示。在国际单位制中，电荷量的单位是库仑，记作 C。正电荷的电荷量为正值，负电荷的电荷量为负值。

摩擦起电

感应起电机

近代物理学认为，任何物体都是由分子、原子构成的。原子又由带正电的原子核和带负电的核外电子构成，原子核中有带正电的质子和不带电的中子，如图5-1所示。通常情况下，原子核所带的正电荷与核外电子所带的负电荷数量相等，故物体呈电中性。但是当不同物体之间发生摩擦时，会使一个物体上的电子转移到另一个物体上，从而使失去电子的物体带正电，得到电子的物体带负电。因此，物体带电的本质是其电荷的迁移和重新分配。除了摩擦起电外，还有"接触"或"感应"等起电方法，它们的本质都相同。在冬天，穿、脱毛衣时很容易产生的静电就是一种接触带电。

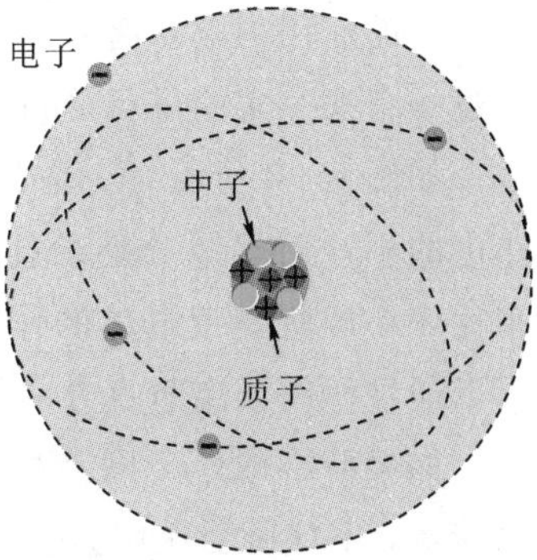

图5-1　原子内部结构

大量事实表明，**在一个孤立系统中，无论发生了怎样的物理过程，电荷既不会创生，也不会消灭，它只能从一个物体转移到另一个物体，或者从物体的一部分转移到另一部分，在转移的过程中，电荷的代数和是守恒的**，这就是**电荷守恒定律**。近代物理实验发现，在粒子的相互作用过程中，电荷是可以产生和消失的。例如，一个高能光子与一个重原子核作用时，该光子可以转化为一个正电子和一个负电子(这叫电子对的"产生")；而一个正电子和一个负电子在一定条件下相遇，又会同时消失而产生两个或三个光子(这叫电子对的"湮灭")。正、负电荷总是成对出现或成对消失。由于光子不带电，而正、负电子又各带着等量异号电荷，所以这种电荷的产生和消失并不改变系统中电荷的代数和，电荷守恒定律仍然有效，电荷守恒定律是自然界最重要的基本规律之一。

1911年，美国物理学家密立根通过油滴实验发现，带电体的电荷量总是等于一个基本单元的整数倍。这个电荷量的基本单元称为**基本电荷或元电荷**，它等于电子所带电荷量的绝对值，用e表示，近似为$e=1.602\times10^{-19}$ C。

带电体所带的电荷量必然是e的整数倍，即$q=\pm ne(n=1, 2, 3, \cdots)$。这种电荷量只能取分立的、不连续的量值的性质称为**电荷的量子化**。

电子、质子、中子的电荷量和质量如表5-1所示。

表5-1　电子、质子、中子的电荷量和质量

	电荷量/C	质量/kg
电子(e)	$-1.602\ 177\times10^{-19}$	$9.109\ 389\times10^{-31}$
质子(p)	$1.602\ 177\times10^{-19}$	$1.672\ 623\times10^{-27}$
中子(n)	0	$1.672\ 623\times10^{-27}$

5.1.2　库仑定律

在发现电现象后的2000多年内，人们对电的认识一直停留在定性阶段。在通过牛顿力学成功地研究了物体的机械运动之后，人们很自然地把带电物体在相互作用中的表现，与力学中的作用力联系起来。那么，电荷之间作用力的大小决定于哪些因素呢？下面，我们通过一个探究实验进行分析。

如图 5-2 所示，O 是一个带正电的物体，我们把带正电的小球用丝线分别悬挂于 P_1、P_2、P_3 等不同位置来比较小球所受带电体的作用力的大小。作用力的大小可以通过丝线偏离竖直方向的角度显示出来。

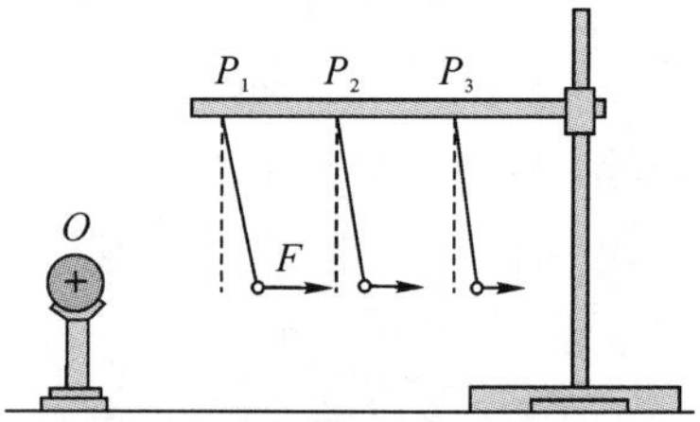

图 5-2 探究影响电荷间相互作用力的因素

如果使小球处于同一位置，增大或减少小球所带的电荷量，小球所受作用力会有什么变化呢？

哪些因素影响电荷间的相互作用力？这些因素对作用力的大小有什么影响？

实验表明，电荷之间的作用力随着电荷量的增大而增大，随着距离的增大而减小，因此我们猜想：电荷之间的作用力会不会与万有引力具有相似的形式呢？也就是说，带电体之间的相互作用力，会不会与它们电荷量的乘积成正比，而与它们之间距离的二次方成反比？

事实上，电荷之间的作用力与引力的相似性早已引起当年一些研究者的注意，卡文迪许和普里斯特利等人都确信“平方反比”规律适用于电荷之间的作用力，他们同时也发现，引力与电荷之间的作用力并不完全相同。带电体之间的作用力十分复杂，不仅与物体所带电荷量有关，而且与带电体的形状、大小以及周围介质有关，因此，上述实验仅是定性描述了影响电荷之间相互作用力的因素，并不能证实我们的猜想。

1785 年，法国物理学家库仑提出了点电荷的理想模型，他认为当带电体之间的距离远远大于带电体自身的大小时，可以忽略其形状和大小，把它看作一个带电的几何点。如图 5-3 所示，库仑利用扭秤实验，定量测量了真空中两个静止点电荷之间的相互作用力。通

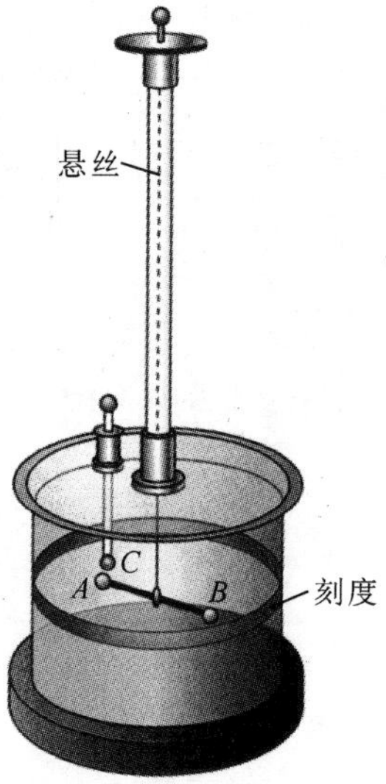

图 5-3 库仑扭秤实验装置

过分析，库仑得到了两个点电荷在真空中的相互作用规律，即库仑定律：在真空中，**两个静止点电荷之间的相互作用力，其大小与这两个点电荷所带电量 q_1 和 q_2 的乘积成正比，与它们之间的距离 r 的平方成反比，作用力的方向沿着两个点电荷的连线方向，同号电荷相斥、异号电荷相吸**。相互作用力 F 的大小可表示为

$$F=k\frac{q_1q_2}{r^2} \tag{5-1}$$

式中，k 为比例常数，其值取决于式中各物理量所选取的单位。

在国际单位制中，$k=8.9880\times10^9\ \mathrm{N\cdot m^2/C^2}\approx9.0\times10^9\ \mathrm{N\cdot m^2/C^2}$。为使以后导出的公式有理化，通常我们将 k 表示为

$$k=\frac{1}{4\pi\varepsilon_0}$$

式中，ε_0 称为**真空介电常量**，又称**真空电容率**，其量值为

$$\varepsilon_0=8.854\ 187\ 817\times10^{-12}\ \mathrm{C^2\cdot N^{-1}\cdot m^{-2}}$$

这样，式(5-1)可表示为

$$F=\frac{1}{4\pi\varepsilon_0}\frac{q_1q_2}{r^2} \tag{5-2}$$

为了表示力的方向，可采用矢量式表示库仑定律：

$$\boldsymbol{F}=\frac{1}{4\pi\varepsilon_0}\frac{q_1q_2}{r^2}\boldsymbol{e}_r \tag{5-3}$$

式中，$\boldsymbol{e}_r$ 是由施力电荷指向受力电荷方向的单位矢量，如图 5-4 所示。电荷 q_1 和 q_2 的电荷量值可正可负，当 q_1 和 q_2 同号时，$\boldsymbol{F}$ 与 $\boldsymbol{e}_r$ 同向，表现为斥力；当 q_1 和 q_2 异号时，$\boldsymbol{F}$ 与 $\boldsymbol{e}_r$ 反向，表现为吸力。

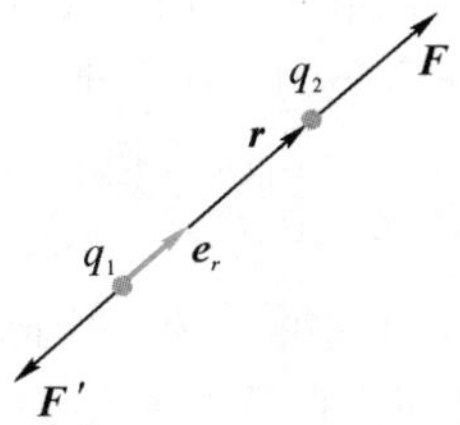

图 5-4 点电荷间的库仑力

近代物理实验表明，当两个点电荷之间的距离在 $10^{-17}\sim10^7\,\mathrm{m}$ 的范围内时，库仑定律是极其准确的。

库仑定律只适用于两个点电荷之间的相互作用。当空间中同时存在多个点电荷时，根据**力的叠加原理**，它们共同作用于某一点电荷 q_0 的静电力等于其他各点电荷单独存在时作用在该点电荷上的静电力的矢量和，即

$$\boldsymbol{F}=\sum_{i=1}^{n}\boldsymbol{F}_i=\sum_{i=1}^{n}\frac{1}{4\pi\varepsilon_0}\frac{q_0q_i}{r_i^2}\boldsymbol{e}_{ri} \tag{5-4}$$

例 5-1 已知氢核(质子)的质量 $m_1=1.67\times10^{-27}$ kg，电子的质量 $m_2=9.1\times10^{-31}$ kg，在氢原子内它们之间的最短距离 $r=5.3\times10^{-11}$ m。试比较氢核与电子之间的库仑力和万有引力。(引力常量 $G=6.67\times10^{-11}\ \mathrm{N\cdot m^2\cdot kg^{-2}}$)。

解 氢核与电子所带电荷量相等，均为元电荷 $q=1.602\times10^{-19}$ C。

库仑力大小为

$$F_e=\frac{1}{4\pi\varepsilon_0}\frac{q^2}{r^2}$$

$$=\frac{1}{4\times3.14\times(8.9\times10^{-12})}\times\frac{(1.6\times10^{-19})^2}{(5.3\times10^{-11})^2}\ \mathrm{N}$$

$$=8.2\times10^{-8}\ \mathrm{N}$$

万有引力大小为

$$F_g=G\frac{m_1m_2}{r^2}$$

$$=(6.7\times10^{-11})\times\frac{(1.67\times10^{-27})\times(9.1\times10^{-31})}{(5.3\times10^{-11})^2}\ \mathrm{N}$$

$$=3.6\times10^{-47}\ \mathrm{N}$$

两力之比为

$$\frac{F_e}{F_g}=2.3\times10^{39}$$

可见，微观粒子之间的库仑力远比它们之间的万有引力大得多。在研究微观粒子之间的相互作用时，万有引力完全可以忽略。但是在宏观领域内，尤其是大质量天体之间的作用，万有引力则起主导作用。

5.2 电场与电场强度

5.2.1 电场

库仑定律虽然给出了两个电荷之间相互作用的定量关系，但是并未告诉我们这种作用是如何传递的。力学中我们所熟知的摩擦力、弹力都是接触力。例如，人推车时，推力是通过手和车的直接接触把力作用在车子上，但两个电荷并没有直接接触，那么电荷之间的静电力是怎样传递的呢?

在很长一段历史时期内，人们认为这种力的作用既不需要中间媒介，也不需要经历时间，就能实现远距离的相互作用，这种作用称为超距作用。直到 19 世纪 30 年代，法拉第提出了一种新的观点：在电荷周围存在着一种特殊形态的物质，称为**电场**。电荷和电荷之间是通过电场这种物质传递相互作用的，如图 5-5 所示。

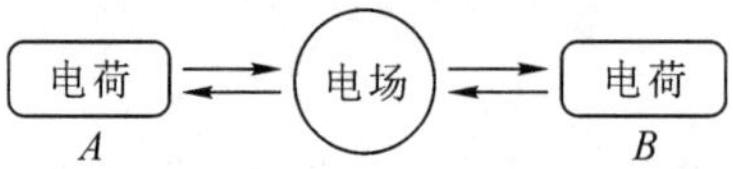

图 5-5 电荷通过电场传递示意图

电场对电荷的作用力称为**电场力**。电荷 A 对电荷 B 的电场力，就是电荷 A 在周围空间激发的电场对电荷 B 的作用；电荷 B 对电荷 A 的电场力，就是电荷 B 激发的电场对电荷 A 的作用。

近代物理学证实，电场力的传递速度虽然很快(约 $3\times10^8\ \mathrm{m\cdot s^{-1}}$)，但并非不需要时间，“超距作用”的观点是错误的，肯定了场的观点，并证明了电磁场的存在。电场也是一种物质，具有质量、动量和能量等属性，但与其他实物不同，比如几个电场可以同时占据同一空间。因此，电场是一种特殊形态的物质。

相对于观察者静止的电荷在周围空间激发的电场称为**静电场**，静电场对外界表现主要有：

(1) 处于电场中的任何带电体都受到电场力的作用；

(2) 当带电体在电场中移动时，电场力将对带电体做功。

5.2.2　电场强度

电场中任一点处电场的性质，可从电荷在电场中受力的特点来定量描述。我们在电场中引入一个试验电荷 q_0，试验电荷必须是一个带电量很小的点电荷，这样既不会影响原来的电场分布，又方便确定空间中各点的电场性质。为叙述方便，我们假设试验电荷为正电荷。

如图 5-6 所示，在静止电荷 Q 激发的电场中，先后将试验电荷 q_0 放在电场中 A、B、C 三个不同的位置处。实验表明，试验电荷 q_0 在不同位置所受电场力的大小和方向都不相同。如果将试验电荷 q_0 放在电场中某一固定点处，当改变 q_0 的电荷量时它所受的电场力 $\boldsymbol{F}$ 的方向不变，但力的大小随之改变。然而，两者的比值 $\boldsymbol{F}/q_0$ 始终为一恒矢量。显然，$\boldsymbol{F}/q_0$ 反映了 q_0 所在点处电场的性质，称为**电场强度**，记作 $\boldsymbol{E}$，即

$$\boldsymbol{E}=\frac{\boldsymbol{F}}{q_0} \tag{5-5}$$

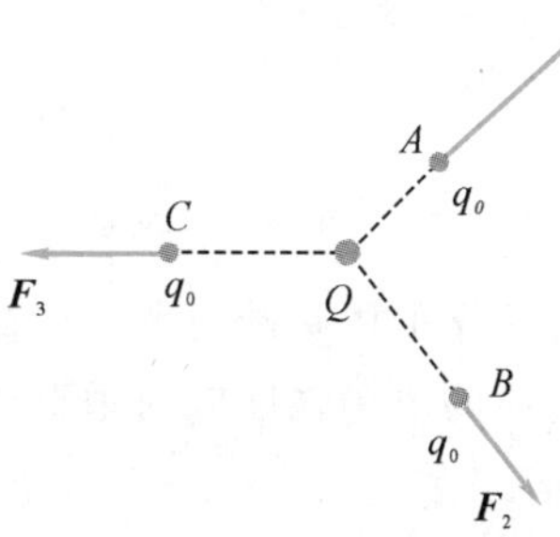

图 5-6　试验电荷 q_0 在电场中不同位置所受的电场力

当 q_0 为一个单位正电荷时，$\boldsymbol{E}=\boldsymbol{F}$，即电场中任一点的电场强度等于单位正电荷在该点所受的电场力。在国际单位制中，电场强度 $\boldsymbol{E}$ 的单位是 $\mathrm{N\cdot C^{-1}}$，也可表示为 $\mathrm{V\cdot m^{-1}}$。

电场中每一个点都有一个确定的电场强度矢量，不同点处的电场强度的大小和方向是各不相同的，要想完整地描述整个电场，必须知道空间各点的电场强度分布。如果已知空间各点处的电场强度 $\boldsymbol{E}$，则点电荷 q 在该点处受到的电场力为

$$\boldsymbol{F}=q\boldsymbol{E} \tag{5-6}$$

可见，正电荷在电场中所受电场力的方向与该处电场强度方向一致，负电荷所受电场力与该处电场强度方向相反。在应用式(5-6)计算电场力时，我们一般先用其标量形式 $F=|q|E$ 计算电场力的大小，然后再根据电场强度的方向和电荷的性质判断电场力的方向。

5.2.3 电场强度的计算

如果已知电荷分布，那么从点电荷的电场强度公式出发，根据电场强度的叠加原理，原则上就可以求出任意电荷分布所激发的电场强度。下面分三种情况介绍计算电场强度的方法。

1. 单个点电荷的电场

设真空中有一静止的点电荷 q，我们将一个试验电荷 q_0 放在距离 q 为 r 的 P 点(称为场点)。根据库仑定律，q_0 受到的电场力为

$$\boldsymbol{F}=\frac{1}{4\pi\varepsilon_0}\frac{qq_0}{r^2}\boldsymbol{e}_r$$

式中，$\boldsymbol{e}_r$ 是从 q 指向 P 点的单位矢量。由定义式(5-5)可得 P 点的电场强度为

$$\boldsymbol{E}=\frac{\boldsymbol{F}}{q_0}=\frac{1}{4\pi\varepsilon_0}\frac{q}{r^2}\boldsymbol{e}_r \tag{5-7}$$

由上式可知，点电荷 q 在空间中任意一点所激发的电场强度大小与 q 的电荷量成正比，与 q 到场点 P 的距离 r 的平方成反比。电场强度的方向取决于 q 的符号。如图 5-7 所示，若 $q>0$，则 $\boldsymbol{E}$ 与 $\boldsymbol{e}_r$ 同向；若 $q<0$，则 $\boldsymbol{E}$ 与 $\boldsymbol{e}_r$ 反向。

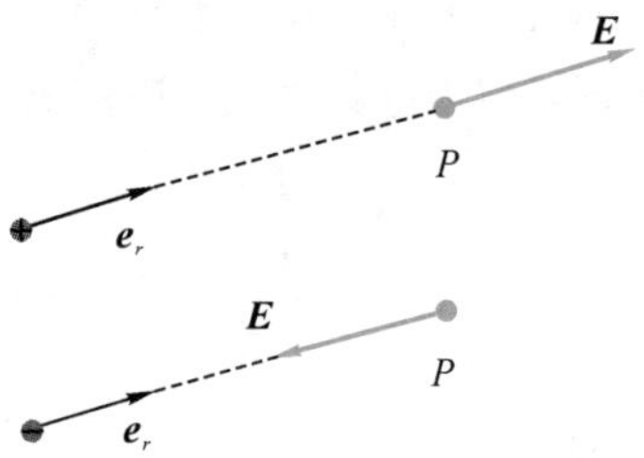

图 5-7 等量异号点电荷的电场

式(5-7)还表明，点电荷的电场分布具有球对称性，在以 q 为中心的每一个球面上，各点电场强度的大小相等。正点电荷的电场强度方向垂直球面向外，负点电荷的电场强度方向垂直球面向里，如图 5-8 所示。

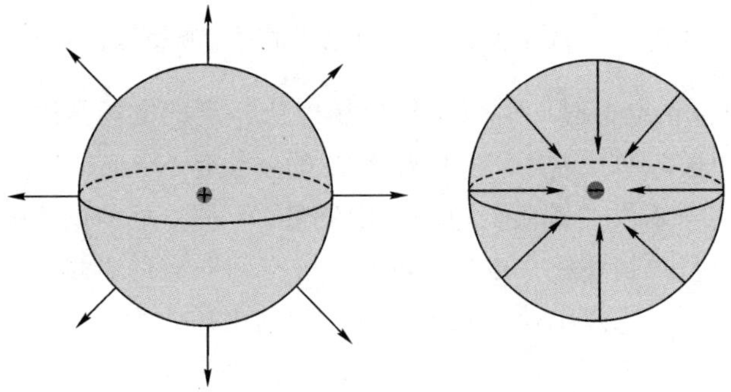

图 5-8 点电荷电场的球对称性

2. 点电荷系的电场

如图 5-9 所示，设真空中有一个由 n 个点电荷 q_1，q_2，…，q_n 构成的点电荷系，每个点电荷周围都有各自激发出的电场。把试验电荷 q_0 放在场点 P 处，根据力的叠加原理，作用于 q_0 上的电场力的合力 $\boldsymbol{F}$ 应该等于各个点电荷分别作用于 q_0 上的电场力 $\boldsymbol{F}_1$，$\boldsymbol{F}_2$，…，$\boldsymbol{F}_n$ 的矢量和，即

$$\boldsymbol{F}=\boldsymbol{F}_1+\boldsymbol{F}_2+\cdots+\boldsymbol{F}_n \tag{5-8}$$

把上式的两边分别除以 q_0，由电场强度定义式，可得 P 点的合电场强度为

$$\begin{aligned}\boldsymbol{E}&=\frac{\boldsymbol{F}}{q_0}=\frac{\boldsymbol{F}_1}{q_0}+\frac{\boldsymbol{F}_2}{q_0}+\cdots+\frac{\boldsymbol{F}_n}{q_0}\\&=\boldsymbol{E}_1+\boldsymbol{E}_2+\cdots+\boldsymbol{E}_n=\sum_{i=1}^{n}\boldsymbol{E}_i\end{aligned} \tag{5-9}$$

上式表明，**点电荷系在空间某点激发的电场强度，等于各个点电荷单独存在时在该点激发电场强度的矢量和，这就是电场强度的叠加原理。**

将点电荷的电场强度公式(5-7)代入式(5-9)可得 P 点的电场强度为

$$\boldsymbol{E}=\sum_{i=1}^{n}\boldsymbol{E}_i=\sum_{i=1}^{n}\frac{q_i}{4\pi\varepsilon_0 r_i^2}\boldsymbol{e}_{ri} \tag{5-10}$$

式中，$\boldsymbol{e}_{ri}$ 表示第 i 个点电荷 q_i 到场点 P 的位矢 $\boldsymbol{r}_i$ 方向上的单位矢量。

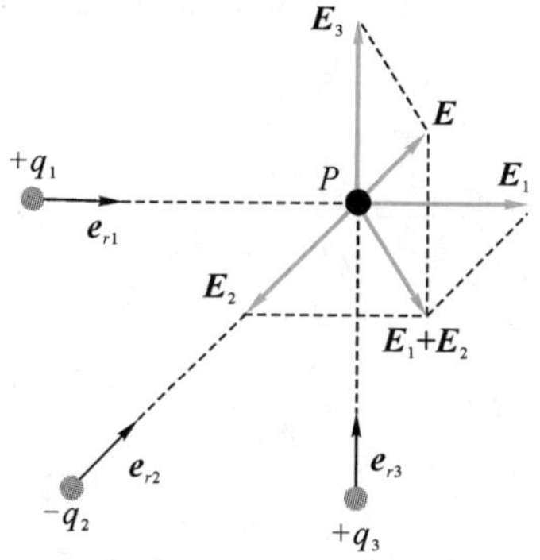

图 5-9 点电荷系的电场强度

3. 电荷连续分布的带电体的电场

对于连续带电体，可以将它分割成无数多个极小的电荷元 $\mathrm{d}q$。如图 5-10 所示，每个电荷元 $\mathrm{d}q$ 都可以当作点电荷来处理，$\mathrm{d}q$ 在场点 P 的电场强度为

$$\mathrm{d}\boldsymbol{E}=\frac{\mathrm{d}q}{4\pi\varepsilon_0 r^2}\boldsymbol{e}_r \tag{5-11}$$

式中，$\boldsymbol{e}_r$ 是电荷元 $\mathrm{d}q$ 指向 P 点的单位矢量。根据电场强度叠加原理，连续带电体在 P 点的总电场强度为

$$\boldsymbol{E}=\int\mathrm{d}\boldsymbol{E}=\int\frac{1}{4\pi\varepsilon_0}\frac{\mathrm{d}q}{r^2}\boldsymbol{e}_r \tag{5-12}$$

对于三维连续带电体，电荷元体积为 $\mathrm{d}V$，电荷体密度为 ρ，则式(5-12)中 $\mathrm{d}q=\rho\mathrm{d}V$；对于二维连续带电曲面或平面，电荷元面积为 $\mathrm{d}S$，电荷面密度为 σ，则 $\mathrm{d}q=\sigma\mathrm{d}S$；对于一

维连续带电曲线或直线，电荷元长度为 $\mathrm{d}l$，电荷线密度为 λ，则 $\mathrm{d}q=\lambda\mathrm{d}l$。

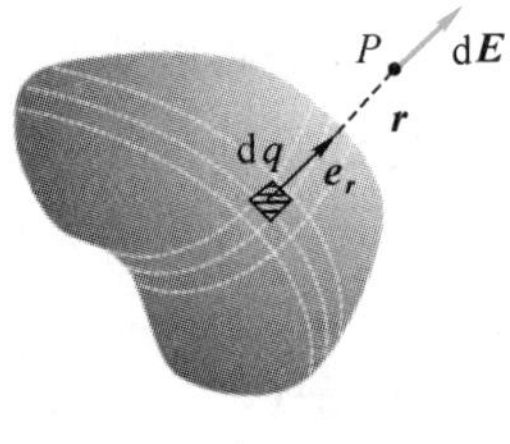

图 5-10 连续带电体的电场强度

电场强度的计算是本章的重点和难点之一。用式(5-12)计算带电体产生电场强度的步骤如下：

(1) 将带电体分成许多电荷元 $\mathrm{d}q$，电荷元可视为点电荷。

(2) 由点电荷的场强公式写出任一电荷元 $\mathrm{d}q$ 在所求场点产生的场强。

(3) 根据电场强度叠加原理，对所有电荷元产生的电场强度进行矢量积分。若各电荷元在所求点产生的电场强度方向相同，可直接进行标量积分；若不同，则可选取适当的坐标系，将 $\mathrm{d}\boldsymbol{E}$ 沿坐标轴进行分解，再对各坐标轴分量分别进行标量积分。

(4) 计算出电场强度 $\boldsymbol{E}$ 的大小和方向。

例 5-2 如图 5-11 所示，对于两个等量异号的点电荷 $+q$ 和 $-q$，当它们之间的距离 l 远小于它们的中点到场点的距离 r 时，这一点电荷系称为电偶极子。由负电荷指向正电荷的矢径 $\boldsymbol{l}$ 称为电偶极子的轴，$q\boldsymbol{l}$ 为电偶极矩，简称电矩，用 $\boldsymbol{P}$ 表示，即 $\boldsymbol{P}=q\boldsymbol{l}$。求电偶极子轴线延长线上的任一点 A 和轴的中垂线上的任一点 B 的电场强度。

解 如图 5-11 所示，以电偶极子轴线的中点为坐标原点 O，沿电偶极子的轴线方向和垂直轴线的方向，建立坐标系 Oxy。正、负电荷在 A 点激发的电场强度大小分别为

$$E_+=\frac{q}{4\pi\varepsilon_0(r-l/2)^2}$$

$$E_-=\frac{q}{4\pi\varepsilon_0(r+l/2)^2}$$

E_+ 沿 x 轴正方向，E_- 沿 x 轴负方向。A 点处总的电场强度大小为

$$\begin{aligned}E_A&=E_+-E_-\\&=\frac{q}{4\pi\varepsilon_0}\left[\frac{1}{(r-l/2)^2}-\frac{1}{(r+l/2)^2}\right]\\&=\frac{q\cdot 2rl}{4\pi\varepsilon_0[(r-l/2)(r+l/2)]^2}\end{aligned}$$

由于 $r\gg l$，因此

$$E_A\approx\frac{2ql}{4\pi\varepsilon_0 r^3}=\frac{2p}{4\pi\varepsilon_0 r^3}$$

方向沿 x 轴正向，与 $\boldsymbol{P}$ 同向，因此

$$\boldsymbol{E}_A\approx\frac{2\boldsymbol{p}}{4\pi\varepsilon_0 r^3}$$

类似地计算出 B 点处的电场强度：

$$E_+=E_-=\frac{q}{4\pi\varepsilon_0(r^2+l^2/4)}$$

根据平行四边形法则可知，$\boldsymbol{E}_B$ 只有沿 x 轴方向的分量，因此

$$\begin{aligned}E_B&=-(E_+\cos\theta+E_-\cos\theta)=-2E_+\cos\theta\\&=-2\frac{q}{4\pi\varepsilon_0\left(r^2+\frac{l^2}{4}\right)}\cdot\frac{\frac{l}{2}}{\sqrt{r^2+\frac{l^2}{4}}}\\&=\frac{-ql}{4\pi\varepsilon_0\left(r^2+\frac{l^2}{4}\right)^{\frac{3}{2}}}\\&\approx\frac{-ql}{4\pi\varepsilon_0 r^3}=\frac{-p}{4\pi\varepsilon_0 r^3}\end{aligned}$$

方向沿 x 轴负方向，与电矩方向相反，故

$$\boldsymbol{E}_B \approx -\frac{\boldsymbol{p}}{4\pi\varepsilon_0 r^3}$$

电偶极子的物理模型在后面研究电介质极化以及电磁波辐射时都会用到。

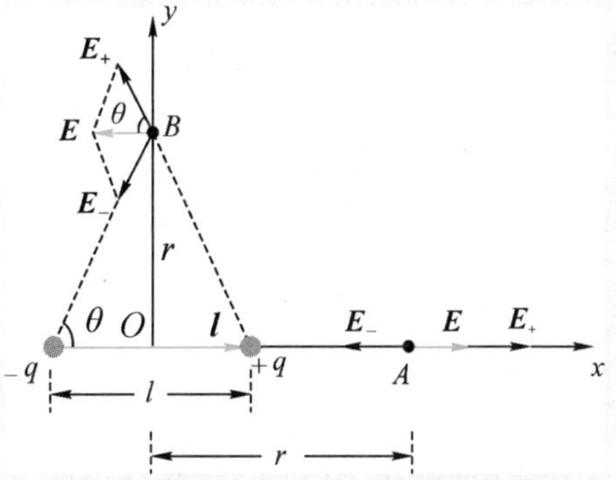

图 5-11 电偶极子的电场强度

例 5-3 一长为 L 的均匀带电细棒，所带电荷量为 q，求带电细棒延长线上距离细棒端点为 a 的 P 点处的电场强度。

解 如图 5-11 所示，P 点到带电细棒右端点的距离为 a，在 x 处取一段长度为 $\mathrm{d}x$ 电荷元 $\mathrm{d}q$，则 $\mathrm{d}q=\lambda\mathrm{d}x=q/L\ \mathrm{d}x$。电荷元 $\mathrm{d}q$ 在 P 点处的电场强度 $\mathrm{d}\boldsymbol{E}$ 的方向均沿 x 轴的正方向，因此可直接进行标量运算，$\mathrm{d}\boldsymbol{E}$ 的大小为

$$\mathrm{d}E=\frac{\lambda\mathrm{d}x}{4\pi\varepsilon_0(L+a-x)^2}$$

对等式左右两边同时积分可得

$$E=\int_0^L\frac{\lambda\mathrm{d}x}{4\pi\varepsilon_0(L+a-x)^2}$$

$$=\frac{\lambda}{4\pi\varepsilon_0}\left[\frac{1}{L+a-x}\right]_0^L=\frac{q}{4\pi\varepsilon_0 a(L+a)}$$

方向沿 x 轴的正方向。当 $a\gg L$ 时，$E\approx\dfrac{q}{4\pi\varepsilon_0 a^2}$，此结果显示，离带电细棒很远处的电场相当于一个点电荷的电场。

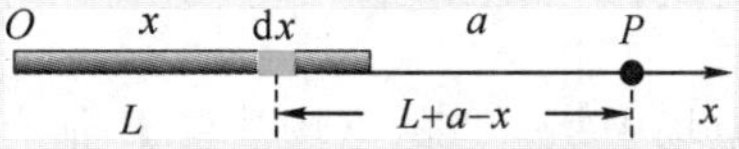

图 5-12 均匀带电细棒延长线上任一点处的电场强度

例 5-4 一均匀带电圆环，半径为 R，所带电荷量为 $q(q>0)$，求圆环轴线上任一点 P 的电场强度。

解 如图 5-13 所示，取圆环的轴线为 x 轴，轴线上 P 点与环心 O 的距离为 x。将圆环分割成许多电荷元 $\mathrm{d}q=\lambda\mathrm{d}l=\dfrac{q}{2\pi R}\mathrm{d}l$，任一电荷元到 P 点的距离均为 r，$\mathrm{d}q$ 在 P 点激发的电场强度为

$$\mathrm{d}\boldsymbol{E}=\frac{1}{4\pi\varepsilon_0}\frac{\mathrm{d}q}{r^2}\boldsymbol{e}_r$$

由对称性分析可知，各电荷元在 P 点的电场强度沿垂直于轴线方向上的分量 $\mathrm{d}\boldsymbol{E}_\perp$ 相互抵消，而平行于轴线方向上的分量 $\mathrm{d}\boldsymbol{E}_x$ 则相互加强，因此合电场强度大小为

$$
\begin{aligned}
E &= \int_L \mathrm{d}E_x = \int_L \mathrm{d}E\cos\theta \\
&= \int_L \frac{\cos\theta}{4\pi\varepsilon_0}\frac{\mathrm{d}q}{r^2} \\
&= \frac{\cos\theta}{4\pi\varepsilon_0 r^2}\int_L \mathrm{d}q \\
&= \frac{q\cos\theta}{4\pi\varepsilon_0 r^2}
\end{aligned}
$$

上式中，积分号下的 L 表示对整个带电圆环积分。将 $\cos\theta=x/r$，$r=\sqrt{x^2+R^2}$ 代入上式得

$$E=\frac{qx}{4\pi\varepsilon_0(x^2+R^2)^{3/2}}$$

电场强度的方向沿 x 轴正向。由上式可知，在环心处 $\boldsymbol{E}=0$；当 $x\gg R$ 时，$E\approx\frac{q}{4\pi\varepsilon_0 x^2}$，此时带电圆环可近似看作一点电荷。

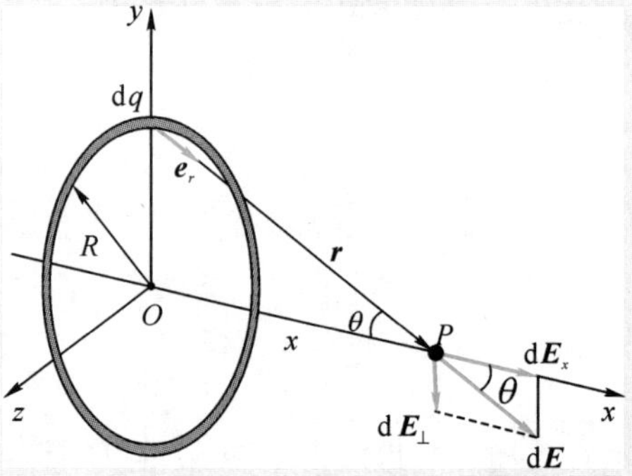

图 5-13　均匀带电圆环轴上的电场强度

5.3 高斯定理及应用

5.3.1 电场线

电场中每一点的电场强度 $\boldsymbol{E}$ 都有一定的大小和方向。为了形象地描述电场，可以将电场用一种假想的几何曲线来表示，这种几何曲线称为电场线。为了使电场线既能显示空间各点的电场强度大小，又能显示各点电场强度的方向，在绘制电场线时通常有如下规定：

(1) 电场线上每一点的切线方向都与该点处的电场强度方向一致。

(2) 在电场中任一点处，电场线的疏密程度表示电场强度的大小，即通过垂直于 $\boldsymbol{E}$ 的单位面积内电场线的数目(即电场线密度)等于该点处 $\boldsymbol{E}$ 的大小。

如图 5-14 所示，在电场中任取一点，作一个垂直于该点处电场强度方向的面积元 $\mathrm{d}S_\perp$，由于 $\mathrm{d}S_\perp$ 很小，所以 $\mathrm{d}S_\perp$ 上各点的电场强度可认为是相同的，则通过面积元 $\mathrm{d}S_\perp$ 的电场线数 $\mathrm{d}N$ 与该点处的电场强度大小有如下关系：

$$\mathrm{d}N=E\cdot\mathrm{d}S_\perp$$

或

$$E=\frac{\mathrm{d}N}{\mathrm{d}S_\perp} \tag{5-13}$$

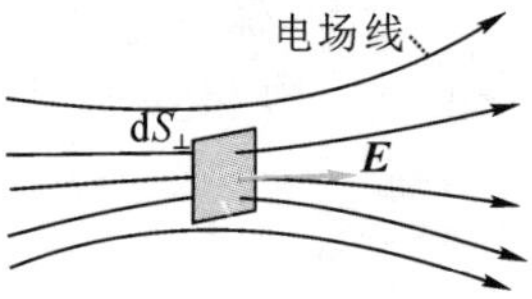

图 5-14　电场线密度与电场强度

点电荷电力线

图 5-15 是几种常见电场的电场线分布。从中可看出电场线有以下基本特性：

(1) 电场线不会形成闭合曲线也不会中断，而是起自正电荷(或无穷远处)，止于负电荷(或无穷远处)。

(2) 没有电荷处，任意两条电场线不会相交，说明静电场中每一点的电场强度是唯一的。

(3) 电场线密集的地方，电场强度大；电场线稀疏的地方，电场强度小。

必须指出，电场线只是为了描述电场分布而引入的一簇曲线，不能把它误认为是电荷在电场中的运动轨迹。

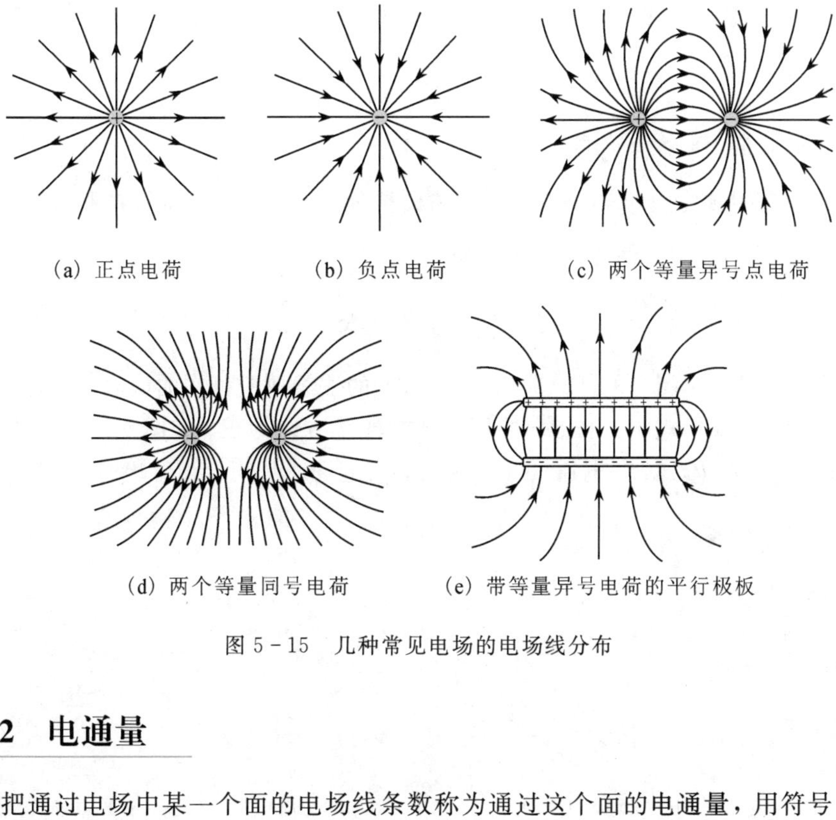

(a) 正点电荷　(b) 负点电荷　(c) 两个等量异号点电荷

(d) 两个等量同号电荷　(e) 带等量异号电荷的平行极板

图 5-15　几种常见电场的电场线分布

5.3.2　电通量

我们把通过电场中某一个面的电场线条数称为通过这个面的电通量，用符号 Φ_e 表示。下面我们将分两种情况讨论电通量的计算。

1. 在均匀电场中通过平面的电通量

如图 5-16(a)所示，电场是均匀电场，且与平面 S 垂直。均匀电场的电场强度处处相等，因此电场线密度也是处处相等的。由式(5-13)可知，通过与均匀电场垂直的平面 S 的电通量为

$$\Phi_e = ES \tag{5-14}$$

如果平面 S 与均匀电场 $\boldsymbol{E}$ 不垂直，那么平面 S 在电场空间可取很多方位。为了把平面 S 的大小和方位同时表示出来，我们引入面积矢量 $\boldsymbol{S}$，规定其大小为面积 S，其方向用垂直于它的单位法线矢量 $\boldsymbol{e}_n$ 来表示，即 $\boldsymbol{S}=S\boldsymbol{e}_n$。如图 5-16(b)所示，平面 S 的单位法线矢量 $\boldsymbol{e}_n$ 与电场强度 $\boldsymbol{E}$ 的夹角为 θ，则平面 S 在垂直于电场强度 $\boldsymbol{E}$ 的方向上的投影面积

为 $S'=S\cos\theta$，通过平面 S 的电通量等于通过投影面 S' 的电通量，即

$$\Phi_e = ES' = ES\cos\theta = \boldsymbol{E}\cdot\boldsymbol{S} \tag{5-15}$$

2. 在非均匀电场中通过任意曲面的电通量

计算非均匀电场中通过任意曲面的电通量时，我们可以把曲面划分为无限多个面元 $\mathrm{d}\boldsymbol{S}$，每个面元 $\mathrm{d}\boldsymbol{S}$ 都可以看成一个小平面，并且每个面元上的电场强度可以看成是处处相等的。如图 5-16(c)所示，任取一面元 $\mathrm{d}\boldsymbol{S}$，其法线 $\boldsymbol{e}_n$ 方向与该点处电场强度 $\boldsymbol{E}$ 方向的夹角为 θ。则通过该面元 $\mathrm{d}\boldsymbol{S}$ 电通量为

$$\mathrm{d}\Phi_e = E\mathrm{d}S\cos\theta = \boldsymbol{E}\cdot\mathrm{d}\boldsymbol{S} \tag{5-16}$$

通过曲面 S 的电通量 Φ_e 就等于曲面 S 上所有面元 $\mathrm{d}\boldsymbol{S}$ 电通量 $\mathrm{d}\Phi_e$ 的总和，即

$$\Phi_e = \int_S \mathrm{d}\Phi_e = \int_S \boldsymbol{E}\cdot\mathrm{d}\boldsymbol{S} \tag{5-17}$$

式中，$\int_S$ 表示对整个曲面 S 的积分。

如果曲面是闭合曲面，式(5-17)中的曲面积分应换成对闭合曲面的积分，闭合曲面积分用 $\oint_S$ 表示，故通过闭合曲面的电通量为

$$\Phi_e = \oint_S \boldsymbol{E}\cdot\mathrm{d}\boldsymbol{S} \tag{5-18}$$

必须指出，对于非闭合的任意曲面，面元 $\mathrm{d}\boldsymbol{S}$ 的法线取向可在曲面的任一侧选取。但对于闭合曲面而言，我们规定：取指向曲面外部的法线方向为正。如图 5-16(d)所示，当电场线穿入闭合面时，$\theta>90°$，电通量 $\mathrm{d}\Phi_e$ 为负；当电场线从闭合面穿出时，$\theta<90°$，电通量 $\mathrm{d}\Phi_e$ 为正。

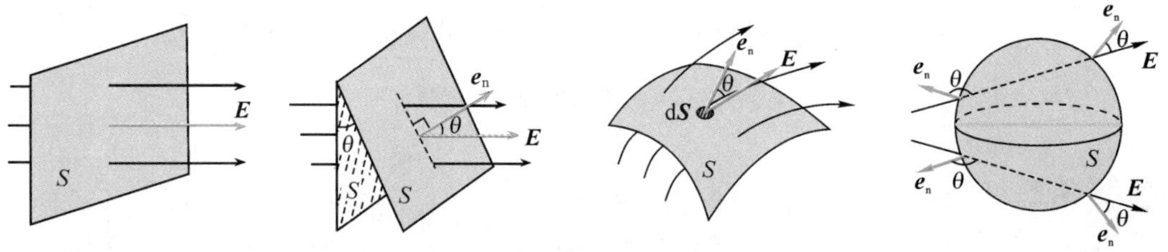

(a) 在均匀电场中电场线垂直通过平面　(b) 在均匀电场中电场线不垂直通过平面　(c) 在非均匀电场中电场线穿过任意曲面　(d) 电场线穿过闭合曲面

图 5-16　电通量

5.3.3　高斯定理

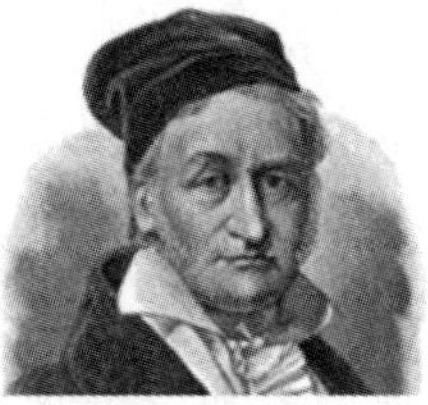

高斯(K. F. Gauss，1777—1855)，德国著名数学家、物理学家、天文学家、几何学家，大地测量学家。高斯发明了磁强计，并和韦伯画出了世界第一张地球磁场图，是微分几何的始祖之一。

高斯定理是表征静电场性质的一条基本原理，它给出了静电场中通过任一闭合曲面的电通量与该闭合曲面内所包围的电荷之间的量值关系。下面我们来推导高斯定理。

首先，我们讨论以点电荷 q（设 $q>0$）为球心、半径为 r 的闭合球面的电通量，如图5－17(a)所示。球面 S 上任一点处的电场强度 $\boldsymbol{E}$ 的大小均为$\dfrac{q}{4\pi\varepsilon_0 r^2}$，方向都沿矢径 $\boldsymbol{r}$ 的方向，且处处与球面垂直。在球面 S 上任取一面元 $\mathrm{d}\boldsymbol{S}$，显然其法线 $\boldsymbol{e}_\mathrm{n}$ 与面元处电场强度 $\boldsymbol{E}$ 的方向相同，即 $\theta=0°$。所以，通过整个闭合球面 S 的电通量为

$$\Phi_\mathrm{e}=\oint_S \boldsymbol{E}\cdot\mathrm{d}\boldsymbol{S}=\int_S \frac{q}{4\pi\varepsilon_0 r^2}\cos 0°\mathrm{d}S$$

$$=\frac{q}{4\pi\varepsilon_0 r^2}\int_S \mathrm{d}S=\frac{q}{4\pi\varepsilon_0 r^2}\cdot 4\pi r^2=\frac{q}{\varepsilon_0}$$

此结果表明，通过闭合球面的电通量与球面半径 r 无关，只与它所包围的电荷量 q 有关。这意味着，对以点电荷 q 为中心的任意球面来说，通过它们的电通量都等于 q/ε_0。

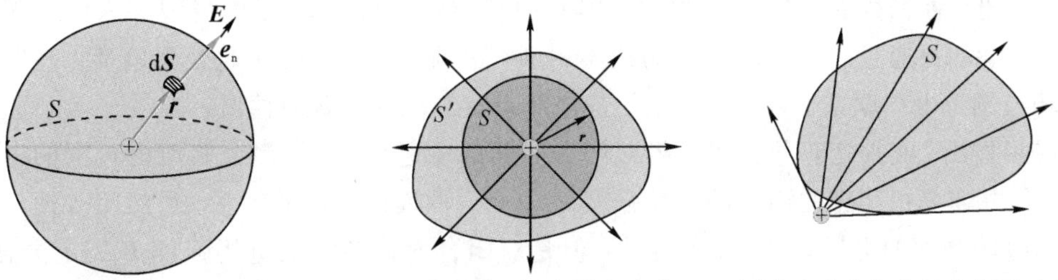

(a) 点电荷为球心、半径为r的闭合球面　(b) 闭合曲面S'包围点电荷　(c) 点电荷在任意闭合曲面S之外

图5－17　证明高斯定理示意图

如果包围点电荷 q 的是任意闭合曲面 S'，如图5－17(b)所示。S 和 S'包围同一个点电荷 q，且 S 和 S'之间并无其他电荷，故电场线不会中断，因此穿过球面 S 的电场线都将穿过闭合曲面 S'，即通过任意闭合曲面 S'的电通量与通过球面 S 的电通量相等，在数值上都等于 q/ε_0。

接下来讨论点电荷 q 在任意闭合曲面 S 之外的情况。如图5－17(c)所示，只有在与闭合曲面相切的锥体范围内的电场线才能通过闭合曲面 S。由电场线的连续性可知，每一条电场线从某处穿入曲面，必从曲面上的另一处穿出，一进一出正负抵消，因此通过这一闭合曲面电通量的代数和为零，即

$$\Phi_\mathrm{e}=\oint_S \boldsymbol{E}\cdot\mathrm{d}\boldsymbol{S}=0 \tag{5-19}$$

考虑一个由点电荷 q_1，q_2，…，q_n 组成的点电荷系，根据电场强度叠加原理，电场中任意一点的电场强度为

$$\boldsymbol{E}=\boldsymbol{E}_1+\boldsymbol{E}_2+\cdots+\boldsymbol{E}_n \tag{5-20}$$

其中，$\boldsymbol{E}_1$，$\boldsymbol{E}_2$，…，$\boldsymbol{E}_n$ 为各个点电荷单独存在时的电场强度，$\boldsymbol{E}$ 为总电场强度。此时通过任意闭合曲面 S 的电通量为

$$\Phi_e = \oint_S \boldsymbol{E} \cdot d\boldsymbol{S} = \oint_S \boldsymbol{E}_1 \cdot d\boldsymbol{S} + \oint_S \boldsymbol{E}_2 \cdot d\boldsymbol{S} + \cdots + \oint_S \boldsymbol{E}_n \cdot d\boldsymbol{S}$$
$$= \Phi_{e1} + \Phi_{e2} + \cdots + \Phi_{en}$$

其中，Φ_{e1}，Φ_{e2}，…，Φ_{en} 为各个点电荷的电场线通过闭合曲面的电通量。根据我们前面的讨论，当 q_i 在闭合曲面内时，$\Phi_{ei}=q_i/\varepsilon_0$；当 q_i 在闭合曲面外时，$\Phi_{ei}=0$，因此上式可以写成

$$\Phi_e = \oint_S \boldsymbol{E} \cdot d\boldsymbol{S} = \frac{1}{\varepsilon_0}\sum_{i=1}^{n} q_i \tag{5-21}$$

式中，$\sum_{i=1}^{n} q_i$ 表示在闭合曲面内的电荷量的代数和。电荷连续分布的带电体与点电荷系的情况相同。

式(5-21)就是高斯定理的数学表达式，它表明：**在真空中的静电场内，通过任何闭合曲面的电通量，等于包围在该闭合曲面内所有电荷的代数和的 $1/\varepsilon_0$ 倍。**

高斯定理说明了通过闭合曲面的电通量只取决于它所包围的电荷的代数和。若闭合曲面内有正电荷，则它对闭合曲面贡献的电通量是正的，表示电场线从正电荷发出且穿出闭合面；若闭合曲面内有负电荷，则它所贡献的电通量是负的，表示电场线穿入闭合面且止于负电荷。如果通过闭合曲面的电场线不中断，电通量为零，说明此处无电荷。高斯定理将电场与场源电荷联系了起来，揭示了静电场是有源场这一普遍性质。

应当指出，高斯定理给出了电场对闭合曲面的电通量 Φ_e 与闭合曲面内包围的电荷的关系，但并非是指闭合曲面上的电场强度 $\boldsymbol{E}$ 与闭合曲面内电荷的关系。虽然闭合面外的电荷对通过闭合面的电通量 Φ_e 没有贡献，但是对闭合面上各点的电场强度 $\boldsymbol{E}$ 是有贡献的，即闭合面上各点的电场强度是由闭合面内、外所有电荷共同激发的。

5.3.4 高斯定理的应用

通常情况下，如果电荷分布已知，根据高斯定理很容易求得任意闭合曲面的电通量，从高斯定理的数学表达式(5-21)来看，电场强度 $\boldsymbol{E}$ 位于积分号内，通常不易求解。但是，当电荷分布具有某些对称性，从而使相应的电场分布也具有一定的对称性时，我们可以选取合适的闭合曲面(常称**高斯面**)，使得高斯面上的电场强度大小处处相等，且方向与各点处面元 $d\boldsymbol{S}$ 的法线方向一致或具有相同的夹角，这时 $\boldsymbol{E}\cdot d\boldsymbol{S}=E\cos\theta dS$ 可作为常量从积分号中提出来，这样就可以解出 E 的值。利用高斯定理求电场强度的关键在于对称性的分析，只有当带电系统的电荷分布具有一定的对称性时，才有可能利用高斯定理求电场强度。具体步骤如下：

(1) 从电荷分布的对称性来分析电场强度的对称性，判定电场强度的方向。

(2) 根据电场强度的对称性，作相应的高斯面(通常为球面、圆柱面等)，以满足：高斯面上的电场强度大小处处相等；面元 $d\boldsymbol{S}$ 的法线方向与该处的电场强度 $\boldsymbol{E}$ 的方向一致或具有相同的夹角。

(3) 确定高斯面内所包围的电荷的代数和。

(4) 根据高斯定理计算出电场强度大小。

下面我们通过几个例题来说明如何应用高斯定理求电场强度。

例 5-5 已知半径为 R，带电荷量为 q（设 $q>0$）的均匀带电球面，求其空间的电场强度分布。如果是均匀带电球体，那么它在空间的电场强度分布情况又将如何？

解 先分析电场分布的对称性。如图 5-18 所示，由于电荷分布是球对称的，可判断出空间电场强度分布必然是球对称的，即与球心 O 距离相等的球面上各点的电场强度大小相等，方向沿半径呈辐射状。

为了计算空间中某点 P 的电场强度，可根据电场的球对称性特点，以 O 点为球心，过 P 点作一半径为 r 的球形高斯面。由于高斯面上各点的电场强度大小处处相等，方向又分别与相应点处面元 $\mathrm{d}\boldsymbol{S}$ 上的法线方向一致，则通过此高斯面的电通量为

$$\begin{aligned}\Phi_e &= \oint_S \boldsymbol{E}\cdot \mathrm{d}\boldsymbol{S} = \oint_S E\mathrm{d}S \\ &= E\oint_S \mathrm{d}S \\ &= E\cdot 4\pi r^2\end{aligned}$$

当 P 点在球面外时（$r>R$），此时高斯面 S 所包围的电荷为 q，根据高斯定理有

$$4\pi r^2 E = \frac{q}{\varepsilon_0}$$

由此得 P 点的电场强度为

$$E = \frac{q}{4\pi\varepsilon_0 r^2}$$

考虑到 $\boldsymbol{E}$ 的方向，可得电场强度的矢量式为

$$\boldsymbol{E} = \frac{q}{4\pi\varepsilon_0 r^2}\boldsymbol{e}_r \qquad (5-22)$$

其中，$\boldsymbol{e}_r$ 为位矢 $\boldsymbol{r}$ 方向的单位矢量。

当 P 点在球面内时（$r<R$），由于高斯面 S 内没有电荷，根据高斯定理有

$$4\pi r^2 E = 0$$

则

$$E = 0 \qquad (5-23)$$

这表明，均匀带电球面在外部产生的电场强度大小，与电荷全部集中在球心时产生的电场一样；均匀带电球面内部空间的电场强度处处为零，如图 5-18 所示。采用如下公式统一表示：

$$\boldsymbol{E} = \begin{cases} 0 & (r<R) \\ \dfrac{q}{4\pi\varepsilon_0 r^2}\boldsymbol{e}_r & (r>R) \end{cases} \qquad (5-24)$$

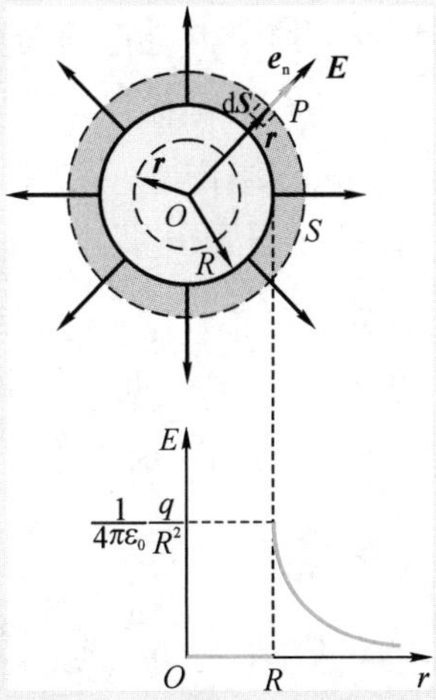

图 5-18　均匀带电球面的电场强度分布

如果电荷 q 均匀分布在球体内，可以用同样的方法计算电场强度。球体外的电场强度与球面外的电场强度完全相同。计算球体内的电场强度时，根据高斯定理，有

$$E\cdot 4\pi r^2 = \frac{q}{4\pi R^3/3}\cdot\frac{4}{3}\pi r^3\cdot\frac{1}{\varepsilon_0} \quad (r\leqslant R)$$

可得

$$E=\frac{qr}{4\pi\varepsilon_0 R^3}\quad (r\leqslant R)\qquad (5-25)$$

这表明，均匀带电球体内部空间的电场强度大小与场点到球心的距离成正比，如图5-19所示。考虑到$\boldsymbol{E}$的方向，球体内外电场强度也可以统一表示为

$$\boldsymbol{E}=\begin{cases}\dfrac{qr}{4\pi\varepsilon_0 R^3}\boldsymbol{e}_r & (r\leqslant R)\\[2ex] \dfrac{q}{4\pi\varepsilon_0 r^2}\boldsymbol{e}_r & (r>R)\end{cases}\qquad (5-26)$$

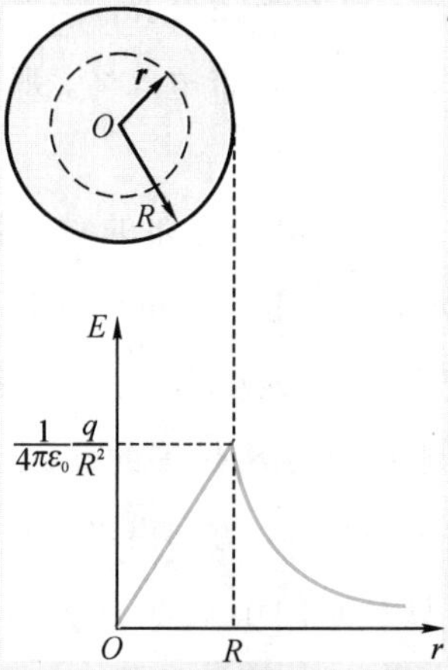

图5-19 均匀带电球体的电场强度分布

例5-6 求“无限长”均匀带电细棒的电场强度分布。

解 设带电细棒的电荷线密度为λ。因为无限长带电细棒上电荷均匀分布，所以其电场分布具有轴对称性，即与细棒距离相等的各点电场强度大小相等，方向垂直于该细棒沿径向，如图5-20所示。为了求任一点P处的电场强度，以带电细棒为轴，过P点作半径为r，长为h的圆柱形高斯面S，则通过高斯面的电通量为

$$\Phi_e=\oint_S \boldsymbol{E}\cdot d\boldsymbol{S}$$

$$=\int_{侧面}\boldsymbol{E}\cdot d\boldsymbol{S}+\int_{上底面}\boldsymbol{E}\cdot d\boldsymbol{S}+\int_{下底面}\boldsymbol{E}\cdot d\boldsymbol{S}$$

由于$\boldsymbol{E}$与圆柱两底面的法线方向垂直，所以后两项的积分为零，而侧面上各点$\boldsymbol{E}$的方向与各点的法线方向相同，且E为常量，故有

$$\Phi_e=\oint_S \boldsymbol{E}\cdot d\boldsymbol{S}=\int_{侧面}\boldsymbol{E}\cdot d\boldsymbol{S}=\int E\,dS$$

$$=E\int dS=E\cdot 2\pi rh$$

式中，$2\pi rh$为圆柱面的侧面积。圆柱形高斯面内包围的电荷为λh。根据高斯定理，有

$$2\pi rhE=\frac{\lambda h}{\varepsilon_0}$$

因此高斯面上任一点的电场强度的大小为

$$E=\frac{\lambda}{2\pi\varepsilon_0 r}\qquad (5-27)$$

当$\lambda>0$时，$\boldsymbol{E}$的方向沿径向指向外；当$\lambda<0$时，$\boldsymbol{E}$的方向沿径向指向内。

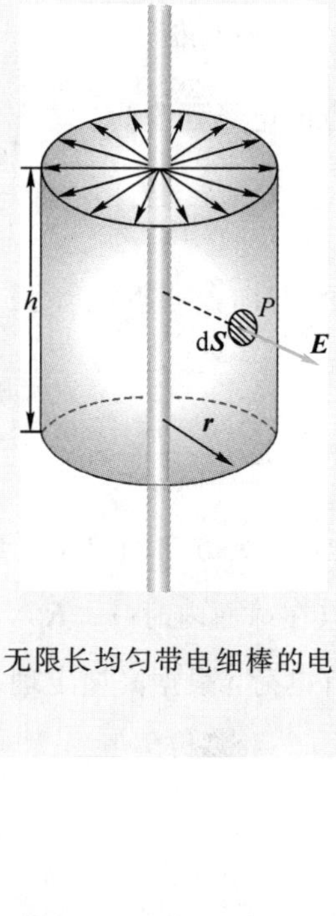

图5-20 无限长均匀带电细棒的电场强度分布

例 5-7　求"无限大"的均匀带电平面的电场强度分布。

解　设平面上电荷面密度为 σ。根据对称性分析，平面两侧的电场强度分布具有对称性。两侧离平面等距离处的电场强度大小相等，方向处处与平板垂直。如图 5-21 所示，作圆柱形高斯面 S，垂直于平面且被平面左右等分。由于圆柱侧面上各点 $\boldsymbol{E}$ 的方向与侧面上各面元 $\mathrm{d}\boldsymbol{S}$ 法线方向垂直，所以通过侧面的电通量为零。设底面的面积为 ΔS，则通过整个圆柱形高斯面的电通量为

$$\Phi_e=\oint_S \boldsymbol{E}\cdot \mathrm{d}\boldsymbol{S}=\int_{侧面}\boldsymbol{E}\cdot \mathrm{d}\boldsymbol{S}+\int_{两底面}\boldsymbol{E}\cdot \mathrm{d}\boldsymbol{S}$$

$$=\int_{两底面}\boldsymbol{E}\cdot \mathrm{d}\boldsymbol{S}=2E\Delta S$$

该高斯面中包围的电荷为 $\sigma\,\Delta S$，根据高斯定理，有

$$2E\Delta S=\frac{\sigma\Delta S}{\varepsilon_0}$$

因此无限大均匀带电平面外的电场强度为

$$E=\frac{\sigma}{2\varepsilon_0} \tag{5-28}$$

可见无限大均匀带电平面两侧的电场是均匀的。

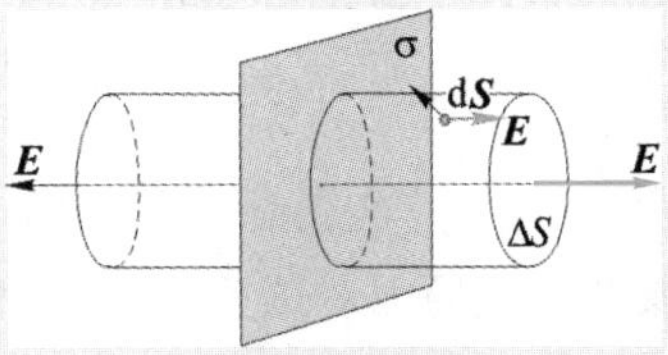

图 5-21　无限大均匀带电平面的电场

综合以上几个例题可以看出，利用高斯定理可以很容易地求得具有特定对称性的电荷分布的电场。而且，由于高斯定理是反映静电场性质的一条普遍规律，因此不论电荷的分布对称与否，高斯定理对各种情形下的静电场总是成立的。

5.4　静电场的环路定理与电势

前文从电荷在静电场中的受力特点出发，揭示了静电场是有源场，并引入了电场强度作为描述电场力学性质的物理量。本节将研究电荷在静电场中移动时电场力所做的功，进而从功能观点来阐述静电场的能量性质，并引入电势来描述电场的特性。

5.4.1　静电场的环路定理

首先，我们讨论一下静电力做功的特点。设试验电荷 q_0（设 $q_0>0$）在均匀电场 $\boldsymbol{E}$ 中沿几条不同路径从 a 点移动到 b 点，如图 5-22 所示，下面分别计算这几种情况下静电力对电荷做的功。

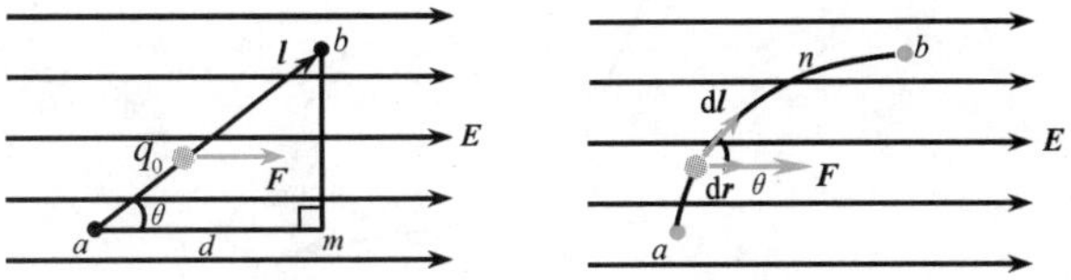

（a）q_0沿直线路径从a运动到b　（b）q_0沿曲线路径从a运动到b

图 5-22　电场力做功图一

q_0 沿直线从 a 点移到 b 点，如图 5-22(a)所示。在这个过程中，它受到的电场力 $\boldsymbol{F}=q_0\boldsymbol{E}$，电场力与位移 $\boldsymbol{l}$ 的夹角始终为 θ，电场力对 q_0 做的功为

$$W=\boldsymbol{F}\cdot\boldsymbol{l}=Fl\cos\theta=q_0Ed \tag{5-29}$$

q_0 沿折线 amb 从 a 点移到 b 点的过程中，am 段电场力做功为 $W_1=q_0Ed$。在 mb 段上，由于移动方向与电场力垂直，电场力不做功，$W_2=0$。整个过程中电场力做的总功为

$$W=W_1+W_2=q_0Ed$$

q_0 沿任意曲线 anb 从 a 点移到 b 点，如图 5-22(b)所示。在路径中任一点处取一位移元 $\mathrm{d}\boldsymbol{l}$，$\boldsymbol{F}$ 与 $\mathrm{d}\boldsymbol{l}$ 的夹角为 θ，则电场力对 q_0 做的元功为

$$\mathrm{d}W=\boldsymbol{F}\cdot\mathrm{d}\boldsymbol{l}=q_0E\cdot\mathrm{d}\boldsymbol{l}=q_0E\,\mathrm{d}l\cos\theta$$

由于电场是均匀电场，E 为常量。由图可知，$\mathrm{d}l\cos\theta=\mathrm{d}r$，当 q_0 从 a 点移到 b 点时，电场力做的功为

$$W=\int_a^b\mathrm{d}W=\int_a^b q_0E\,\mathrm{d}l\cos\theta=q_0E\int_a^b\mathrm{d}r=q_0Ed \tag{5-30}$$

可见，不论 q_0 经由什么路径从 a 点移动到 b 点，电场力做的功都是一样的。因此，在均匀电场中，电场力对试验电荷 q_0 做的功只与电荷的始、末位置有关，而与电荷经过的路径无关。

上述结论是在均匀电场中得到的，下面我们讨论在点电荷产生的电场中电场力做功的情况。如图 5-23 所示，在点电荷 q(设 $q>0$)的电场中，试验电荷 q_0 从 a 点沿任意路径 L 移动到 b 点。取电荷 q 所在处为坐标原点，在 q_0 移动过程中的某一位置(其位矢为 $\boldsymbol{r}$)取元位移 $\mathrm{d}\boldsymbol{l}$，该处电场强度为 $\boldsymbol{E}$，则电场力对 q_0 所做的元功为

$$\mathrm{d}W=\boldsymbol{F}\cdot\mathrm{d}\boldsymbol{l}=q_0\boldsymbol{E}\cdot\mathrm{d}\boldsymbol{l}=q_0E\,\mathrm{d}l\cos\theta$$

式中，θ 为 $\boldsymbol{E}$ 与 $\mathrm{d}\boldsymbol{l}$ 之间的夹角。$\mathrm{d}l\cos\theta=r'-r=\mathrm{d}r$，为位矢模的增量，代入上式后得

$$\mathrm{d}W=q_0E\,\mathrm{d}r=\frac{1}{4\pi\varepsilon_0}\frac{q_0q}{r^2}\mathrm{d}r$$

当 q_0 从 a 点移到 b 点时，电场力做功为

$$W=\int_a^b\mathrm{d}W=\int_a^b\frac{1}{4\pi\varepsilon_0}\frac{q_0q}{r^2}\mathrm{d}r=\frac{q_0q}{4\pi\varepsilon_0}\left(\frac{1}{r_a}-\frac{1}{r_b}\right) \tag{5-31}$$

式中，r_a，r_b 分别为试验电荷 q_0 在起点 a 和终点 b 的位矢大小。

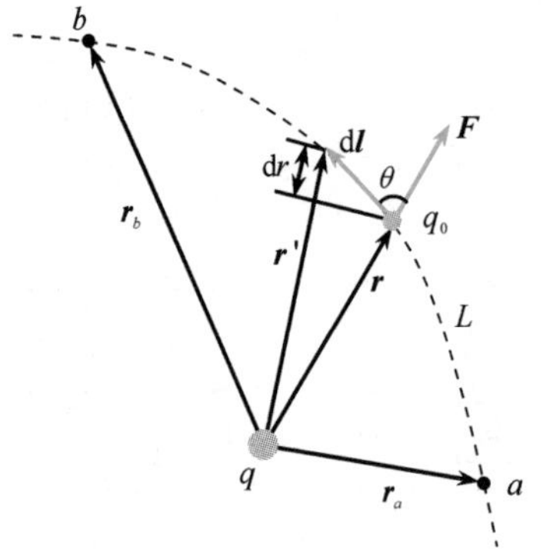

图 5-23　电场力做功图二

可见，与均匀电场一样，在点电荷的电场中，电场力对试验电荷 q_0 所做的功与路径无关，只和试验电荷 q_0 的始、末位置有关。

如果试验电荷 q_0 在点电荷系的电场中移动，根据电场强度叠加原理，电场力对试验电荷 q_0 所做的功等于各个点电荷单独存在时对 q_0 做功的代数和，即

$$W_{ab}=W_1+W_2+\cdots+W_n=\frac{q_0}{4\pi\varepsilon_0}\sum_i q_i\left(\frac{1}{r_{ia}}-\frac{1}{r_{ib}}\right) \tag{5-32}$$

式中，r_{ia}，r_{ib} 分别表示试验电荷 q_0 相对于各个点电荷 q_i 的起点和终点的位矢。

由于式(5-32)中的每一项都与路径无关，因此它们的代数和也必与路径无关。任何一个带电体可以看成是许多点电荷的集合，所以可得出结论：**试验电荷 $\boldsymbol{q_0}$ 在任何静电场中移动时，静电场力所做的功只与 $\boldsymbol{q_0}$ 及其始、末位置有关，而与路径无关**。这是静电场力的一个重要特性，与重力场中重力对物体做功与路径无关的特性相同，所以静电场力是保守力，静电场是保守场。

静电场力做功与路径无关的特性还可以用另一种形式来表达，如图 5-24 所示，设试验电荷 q_0 在静电场中从某点 a 经任意路径 acb 到达 b 点，再从 b 点经另一路径 bda 回到 a 点，则电场力在整个闭合路径 $acbda$ 上做的功为

$$\begin{aligned}W&=q_0\oint_L \boldsymbol{E}\cdot\mathrm{d}\boldsymbol{l}=q_0\int_{acb}\boldsymbol{E}\cdot\mathrm{d}\boldsymbol{l}+q_0\int_{bda}\boldsymbol{E}\cdot\mathrm{d}\boldsymbol{l}\\&=q_0\int_{acb}\boldsymbol{E}\cdot\mathrm{d}\boldsymbol{l}-q_0\int_{adb}\boldsymbol{E}\cdot\mathrm{d}\boldsymbol{l}=0\end{aligned} \tag{5-33}$$

由于 $q_0\neq0$，所以

$$\oint_L \boldsymbol{E}\cdot\mathrm{d}\boldsymbol{l}=0 \tag{5-34}$$

式中，$\oint_L \boldsymbol{E}\cdot\mathrm{d}\boldsymbol{l}$ 是电场强度 $\boldsymbol{E}$ 沿闭合路径 L 的积分，称为电场强度 $\boldsymbol{E}$ 的环流。上式表明，**在静电场中，电场强度 $\boldsymbol{E}$ 的环流恒等于零**。这一结论与电场力做功与路径无关等价，称为**静电场的环路定理**，它是静电场为保守场的数学表述。由于这一性质，我们才能引进电势能和电势的概念。

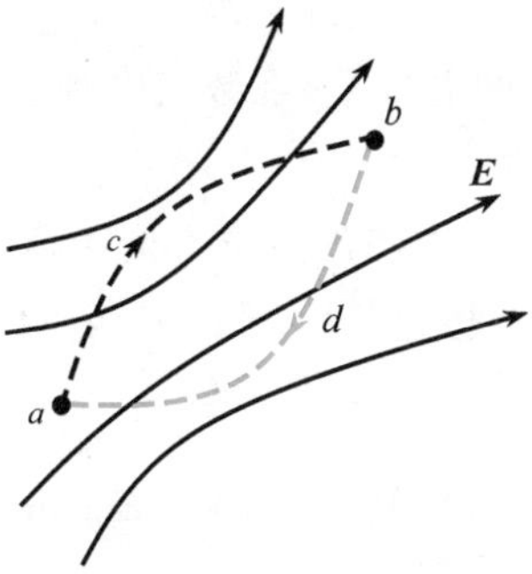

图 5-24 静电场的环流等于零

5.4.2 电势能

在力学中，重力是保守力，因此可以引入重力势能的概念；弹性力是保守力，同样可

以引入弹性势能。静电场力同样也是保守力，因此也可以引入相应的**电势能**，记作 E_p。

功是能量变化的量度。在保守场中，保守力做功等于相应势能的减少。例如，物体在地面附近下降时，重力对物体做正功，物体的重力势能减少；物体上升时，重力对物体做负功，物体的重力势能增加。既然静电场力也是一种保守力，那么静电场力做功应该等于电势能的减少。在电场力作用下，试验电荷 q_0 从 a 点移动到 b 点，电势能也从 E_{pa} 变为 E_{pb}，电场力做功与电势能的关系可表示为

$$W_{ab}=q_0\int_a^b \boldsymbol{E}\cdot \mathrm{d}\boldsymbol{l}=E_{pa}-E_{pb}=-(E_{pb}-E_{pa}) \tag{5-35}$$

电场力做正功时，$W_{ab}>0$，则 $E_{pa}>E_{pb}$，电势能减少；电场力做负功时，$W_{ab}<0$，则 $E_{pa}<E_{pb}$，电势能增加。与其他形式的势能一样，电势能也是相对量，只有先选定一个电势能为零的参考点，才能确定电荷在某一点的电势能的量值。电势能零点可以任意选择，当场源电荷为有限大小的带电体时，习惯上取无穷远处作为电势能零点。设式(5-35)中的 b 点在无穷远处，即 $E_{pb}=E_{p\infty}=0$。则试验电荷 q_0 在 a 点的电势能为

$$E_{pa}=W_{a\infty}=q_0\int_a^\infty \boldsymbol{E}\cdot \mathrm{d}\boldsymbol{l} \tag{5-36}$$

在规定无穷远处电势能为零时，试验电荷 q_0 在电场中某点 a 处的电势能，在数值上等于将 q_0 从 a 点移到无穷远处时电场力所做的功。

应该指出，与任何形式的势能相同，电势能是试验电荷和电场的相互作用能，它属于试验电荷和电场组成的系统。电势能是标量，可正可负。

5.4.3 电势和电势差

由式(5-36)可知，电势能 E_{pa} 不仅与电场性质和 a 点的位置有关，还与试验电荷 q_0 的电荷量有关，然而比值 E_{pa}/q_0 则与 q_0 无关，仅由电场性质和 a 点的位置决定。因此 E_{pa}/q_0 是描述电场中任一点 a 处电场性质的一个基本物理量，称为 a 点的**电势**，用 V_a 表示，即

$$V_a=\frac{E_{pa}}{q_0}=\int_a^\infty \boldsymbol{E}\cdot \mathrm{d}\boldsymbol{l} \tag{5-37}$$

式(5-37)表明，电场中某一点 a 的电势 V_a 在数值上等于把单位正电荷从该点移到无穷远处(电势能零点)时电场力所做的功。

电势是标量。在国际单位制中，电势的单位为伏特(V)。

静电场中任意两点 a 和 b 的电势之差称为 a、b 两点间的电势差，也称为电压，用 V_{ab} 表示，即

$$V_{ab}=V_a-V_b=\int_a^b \boldsymbol{E}\cdot \mathrm{d}\boldsymbol{l} \tag{5-38}$$

静电场中 a、b 两点的电势差等于把单位正电荷从 a 点移到 b 点时电场力做的功。显然，只要知道 a、b 两点之间的电势差，就可以很容易计算出把电荷 q_0 从 a 点移到 b 点时电场力做的功，即

$$W_{ab}=q_0(V_a-V_b) \tag{5-39}$$

式(5-39)在计算电场力做功或计算电势能增减变化时经常被用到。

需要注意，与电势能的零点一样，电势零点的选择也是任意的。在理论计算中，对一个有限大小的带电体，通常取无穷远处为电势零点。如果是一个分布于无限空间的带电体，就只能在电场中选一个合适位置作为电势零点。在实际问题中，通常选取大地作为电势零点。

5.4.4 电势的计算

1. 点电荷电场中的电势

在点电荷 q 激发的电场中，电场强度为

$$\boldsymbol{E}=\frac{1}{4\pi\varepsilon_0}\frac{q}{r^2}\boldsymbol{e}_r$$

若选取无穷远处为电势零点，根据电势定义式(5-37)，可得电场中任意一点 P 的电势。由于积分与路径无关，因此可沿径向积分，即

$$V_P=\int_P^{\infty}\boldsymbol{E}\cdot \mathrm{d}\boldsymbol{l}=\int_r^{\infty}\frac{1}{4\pi\varepsilon_0}\frac{q}{r^2}\mathrm{d}r=\frac{q}{4\pi\varepsilon_0 r} \tag{5-40}$$

2. 点电荷系电场中的电势

在点电荷系所激发的电场中，总电场强度是各个点电荷所激发的电场强度的矢量和，即

$$\boldsymbol{E}=\boldsymbol{E}_1+\boldsymbol{E}_2+\cdots+\boldsymbol{E}_n$$

所以电场中 P 点的电势为

$$\begin{aligned}V_P&=\int_P^{\infty}\boldsymbol{E}\cdot \mathrm{d}\boldsymbol{l}=\int_P^{\infty}(\boldsymbol{E}_1+\boldsymbol{E}_2+\cdots+\boldsymbol{E}_n)\cdot \mathrm{d}\boldsymbol{l}\\&=\int_P^{\infty}\boldsymbol{E}_1\cdot \mathrm{d}\boldsymbol{l}+\int_P^{\infty}\boldsymbol{E}_2\cdot \mathrm{d}\boldsymbol{l}+\cdots+\int_P^{\infty}\boldsymbol{E}_n\cdot \mathrm{d}\boldsymbol{l}\end{aligned}$$

亦即

$$V_P=V_{P1}+V_{P2}+\cdots+V_{Pn}=\sum_i\frac{q_i}{4\pi\varepsilon_0 r_i} \tag{5-41}$$

上式是**电势叠加原理**的表达式，它表明：**点电荷系电场中任一点处的电势，等于各点电荷单独存在时在该点处的电势的代数和。**显然，电势叠加是一种标量叠加。

3. 连续分布电荷电场中的电势

对于电荷连续分布的带电体，可将其看作无限多个电荷元 $\mathrm{d}q$ 的集合，每个电荷元可被看作一个点电荷，它在电场中某点 P 处产生的电势为

$$\mathrm{d}V=\frac{\mathrm{d}q}{4\pi\varepsilon_0 r}$$

根据电势叠加原理，可得 P 点的总电势为

$$V=\int_V \mathrm{d}V=\int_V\frac{\mathrm{d}q}{4\pi\varepsilon_0 r} \tag{5-42}$$

其中，r 是电荷元 $\mathrm{d}q$ 到场点 P 的距离，V 是电荷连续分布的带电体的体积，电势零点取在无穷远处。

例 5-8 半径为 R 的均匀带电球面，所带电荷量为 q，求该带电球面的电场中电势的分布。

解 用电势定义法求解，由高斯定理已求得均匀带电球面电场强度分布为

$$E=\begin{cases}0 & (r<R)\\ \dfrac{q}{4\pi\varepsilon_0 r^2} & (r>R)\end{cases}$$

电场强度沿半径方向。

取无穷远处为电势零点。设球面外任一点 P 与球心 O 的距离为 r，从 P 点出发沿径向积分，则得球面外任一点 P 的电势为

$$V_P=\int_P^{\infty}\boldsymbol{E}\cdot \mathrm{d}\boldsymbol{l}=\int_r^{\infty}\frac{1}{4\pi\varepsilon_0}\frac{q}{r^2}\mathrm{d}r$$

$$=\frac{q}{4\pi\varepsilon_0 r}\quad (r>R)$$

同理，球面内任一点 P 的电势为

$$V_P=\int_P^{\infty}\boldsymbol{E}\cdot \mathrm{d}\boldsymbol{l}=\int_r^{R}\boldsymbol{E}_{内}\cdot \mathrm{d}\boldsymbol{l}+\int_R^{\infty}\boldsymbol{E}_{外}\cdot \mathrm{d}\boldsymbol{l}$$

$$=\int_R^{\infty}\frac{1}{4\pi\varepsilon_0}\frac{q}{r^2}\mathrm{d}r=\frac{q}{4\pi\varepsilon_0 R}\quad (r<R)$$

可见，均匀带电球面外各点的电势与全部电荷集中在球心时的点电荷的电势相同；球面内任一点的电势都相等，且等于球面上的电势。均匀带电球面电场中的电势分布如图 5-25 所示。

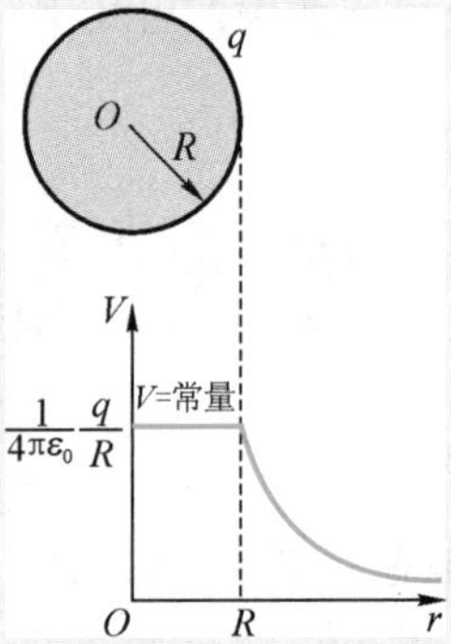

图 5-25 均匀带电球面电场中的电势分布

例 5-9 半径为 R 的均匀带电圆环，所带电荷量为 q，求圆环 Ox 轴上任一点 P 的电势。

解 如图 5-26 所示，设轴线上任一点 P 到环心 O 的距离为 x，电荷线密度 $\lambda=q/2\pi R$，在环上任取一线元 $\mathrm{d}l$，所带电荷量为 $\mathrm{d}q=\lambda\mathrm{d}l$，则 $\mathrm{d}q$ 在 P 点产生的电势为

$$\mathrm{d}V=\frac{1}{4\pi\varepsilon_0}\frac{\lambda\mathrm{d}l}{r}$$

式中，$r=\sqrt{R^2+x^2}$，根据电势叠加原理，带电圆环在 P 点产生的电势为

$$V=\frac{\lambda}{4\pi\varepsilon_0 r}\int_0^{2\pi R}\mathrm{d}l=\frac{\lambda 2\pi R}{4\pi\varepsilon_0 r}=\frac{q}{4\pi\varepsilon_0 r}$$

$$=\frac{q}{4\pi\varepsilon_0\sqrt{R^2+x^2}}$$

由上式可知，当 $x\gg R$ 时，$V=\dfrac{q}{4\pi\varepsilon_0 x}$，这相当于将全部电荷集中于环心形成的点电荷在 P 点产生的电势。电势沿 Ox 轴的分布如图 5-26 所示。

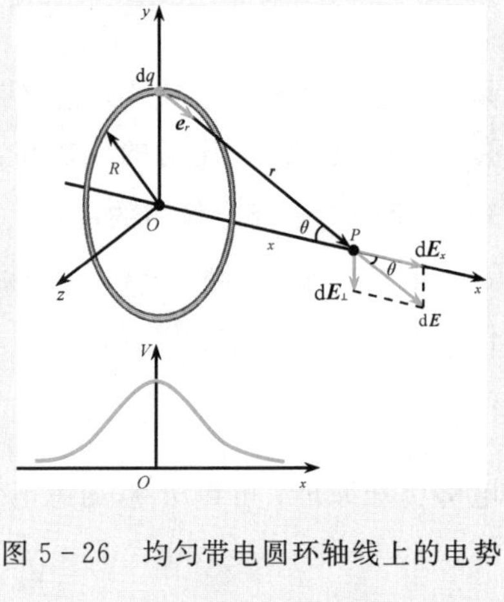

图 5-26 均匀带电圆环轴线上的电势

5.4.5　等势面

在描述电场时，通常引入电场线来描述电场强度的分布。同样，也可以用等势面来描述电场中电势的分布。

在静电场中，将电势相等的各点连起来所形成的曲面，称为等势面。把对应于不同电势值的等势面逐个画出来，并使相邻两等势面间的电势差为一常量，这样作出的等势面就能直观反映出静电场中电势的分布情况。图 5-27 给出了正点电荷、电偶极子和不规则形状带电体的电场线与等势面的分布，其中，实线表示电场线，虚线表示等势面。

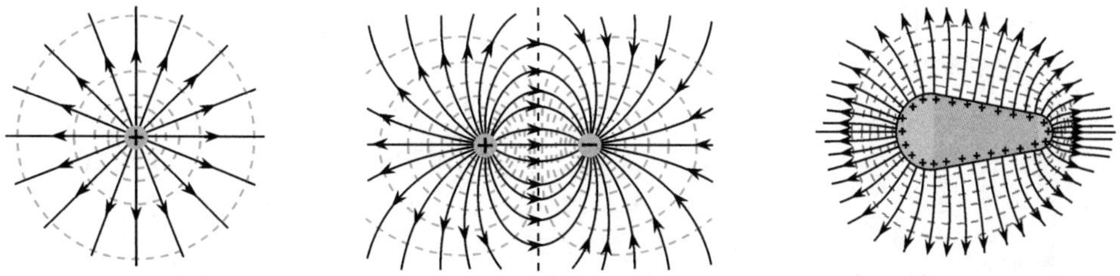

(a) 正点电荷　(b) 电偶极子　(c) 不规则形状的带电导体

图 5-27　几种常见电场的等势面和电场线图

等势面具有以下几个特点：

(1) 等势面密集的地方电场强度较大，稀疏的地方电场强度较小。

(2) 等势面处处与电场线正交。电荷沿等势面移动时，电场力不做功。

(3) 电场线总是由电势高的等势面指向电势低的等势面。

习　题

5-1　一个带电粒子在电场中运动，如果它从静止开始运动，是否总能沿着通过出发点的一条电场线运动？为什么？

5-2　如图 5-28 所示，电荷量都是 q 的三个点电荷，分别放在正三角形的三个顶点。试问：

(1) 在这三角形的中心放一个什么样的电荷，就可以使这四个电荷都达到平衡(即每个电荷受其他三个电荷的库仑力之和都为零)？

(2) 这种平衡与三角形的边长有无关系？

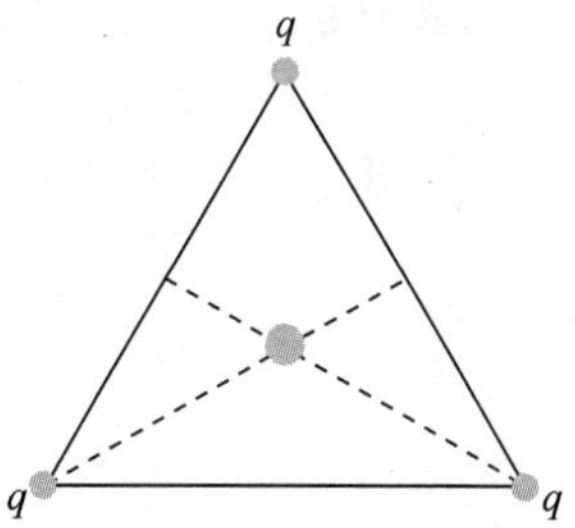

图 5-28　习题 5-2 图

5-3　两小球的质量都是 m，都用长为 l 的细绳挂在同一点，它们带有相同电荷量 q，静止时两线夹角为 2θ，如图 5-29 所示，设小球的半径和线的质量都可以忽略不计，求每个小球所带的电荷量。

5-4　求如图 5-30 所示各种情况下 P 点处的电场强度 $\boldsymbol{E}$ 和电势 V_P。

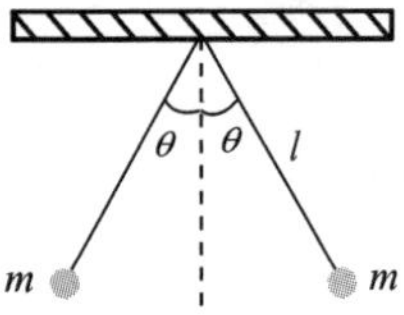

图 5-29　习题 5-3 图

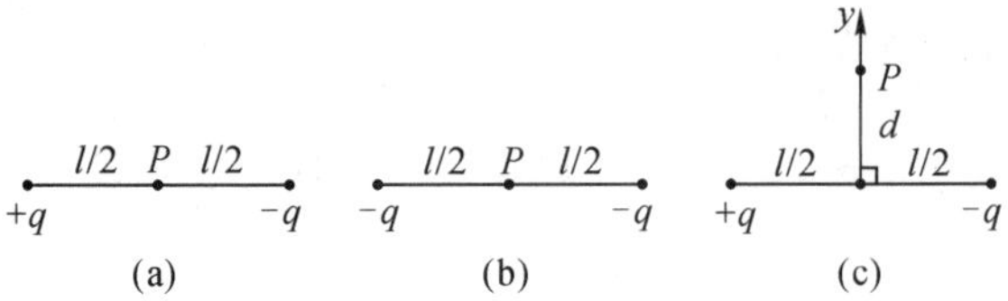

图 5-30　习题 5-4 图

5-5　如图 5-31 所示，四个点电荷 $q_1=q_2=q_3=q_4=1.25\times10^{-8}$ C，分别放置在正方形的四个顶点上，各顶点到正方形中心 O 点的距离为 $r=5\times10^{-2}$ m。求：

(1) 中心 O 点的电势；

(2) 若把试验电荷从无穷远处移到中心 O 点，电场力所做的功。

5-6　如图 5-32 所示，在 A、B 两点处放有电荷量分别为 $+q$、$-q$ 的点电荷，两点间距离为 $2R$，现将一正试验点电荷 q_0 从 O 点经过半圆弧移到 C 点，求移动过程中电场力做的功。

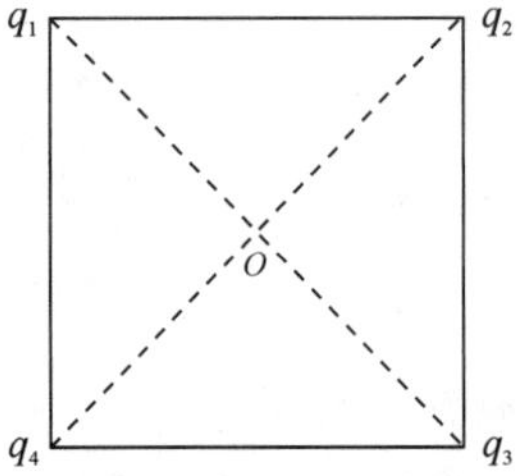

图 5-31　习题 5-5 图

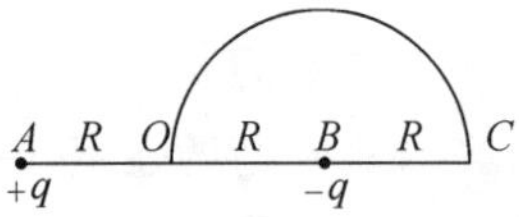

图 5-32　习题 5-6 图

5-7　如图 5-33 所示，一均匀带电球壳，半径为 R，球壳带电荷量为 q，求球壳内、外空间的电场强度和电势的大小。

5-8　如图 5-34 所示，一均匀带电球体，半径为 R，电荷量为 q，求球体内、外空间的电场强度和电势的大小。

5-9　两个无限大的平行平面都均匀带电，电荷的面密度分别为 σ 和 $-\sigma$，试求空间各处电场强度。

5-10　如图 5-35 所示，绝缘细线上均匀分布着线密度为 λ 的正电荷，两段直导线的长度和半圆环的半径都等于 R。试求环中心 O 点处的场强和电势。

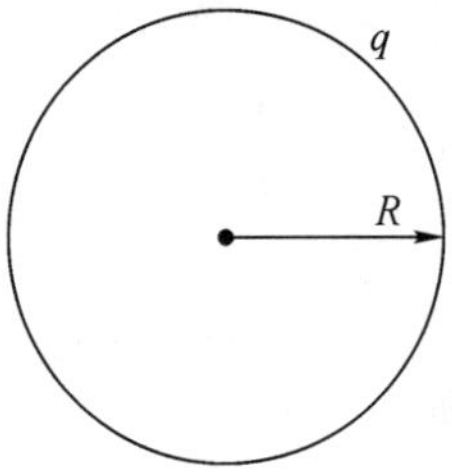

图 5-33　习题 5-7 图

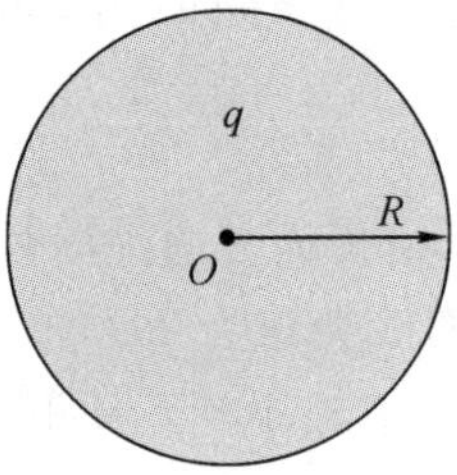

图 5-34　习题 5-8 图

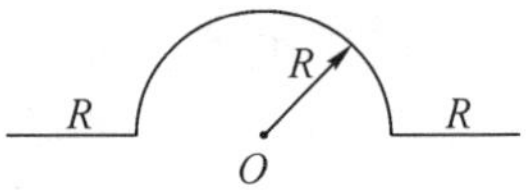

图 5-35　习题 5-10 图

第6章 静电场中的导体和电介质

上一章讨论了真空中的静电场，介绍了静电场的一些基本性质和规律。然而，在实际的电场中，往往存在各种导体或电介质，这些物体会与电场产生相互作用和相互影响，从而出现一些新的现象。本章首先讨论导体和电介质在静电场中的性质，然后介绍与上述性质相关的电子设备中的基本元件——电容器，电容器的带电过程就是静电场建立的过程，最后简述静电场的能量。

6-1 课程思政

6.1 导体的静电平衡性质

金属是一种常见的导体，它是由大量带负电的自由电子和带正电的晶格构成的。在没有外电场的情况下，金属中的自由电子做无规则的运动，无论是对整个导体或对导体中某一小部分来说，自由电子的负电荷与晶格的正电荷总量是相等的，故导体呈现电中性。

6.1.1 导体的静电平衡条件

若把金属导体放在外电场中，导体内部的自由电子将在电场力的作用下做定向运动，从而使导体中的电荷重新分布，导体一侧形成自由电子堆积而带负电，另一侧失去自由电子而带正电，这种现象称为**静电感应**，导体两侧表面上出现的电荷称为**感应电荷**。

如图 6-1 所示，把一块金属导体置于外电场 $\boldsymbol{E}_0$ 中，在电场力的作用下，导体内部的自由电子将逆着外电场的方向运动，使得导体两侧出现了等量异号电荷。同时，这些电荷在导体内部建立起一个**附加电场** $\boldsymbol{E}'$，其电场方向与外电场方向相反。导体内部的电场强度 $\boldsymbol{E}$ 是外电场 $\boldsymbol{E}_0$ 与附加电场 $\boldsymbol{E}'$ 叠加后的总场强，即 $\boldsymbol{E}=\boldsymbol{E}_0+\boldsymbol{E}'$。随着导体两侧的电荷积累，附加电场逐渐增强，直至导体内部电场强度 $\boldsymbol{E}$ 处处为零。这时，自由电子停止定向移动，我们便说导体达到了**静电平衡**。导体达到静电平衡的时间极短，几乎在瞬间完成。

显然，导体处于静电平衡状态的条件是：

(1) 导体内部的电场强度处处为零。

(2) 导体表面附近电场强度的方向都垂直于导体表面。

可以设想，如果导体内部电场强度不是处处为零，则在场强不为零的地方，自由电子将在电场力的作用下做定向运动。如果电场强度与导体表面不垂直，则电场强度在沿导体表面的切向分量将使自由电子沿表面做定向运动。因此在静电平衡时，以上两个假设皆不可能出现。

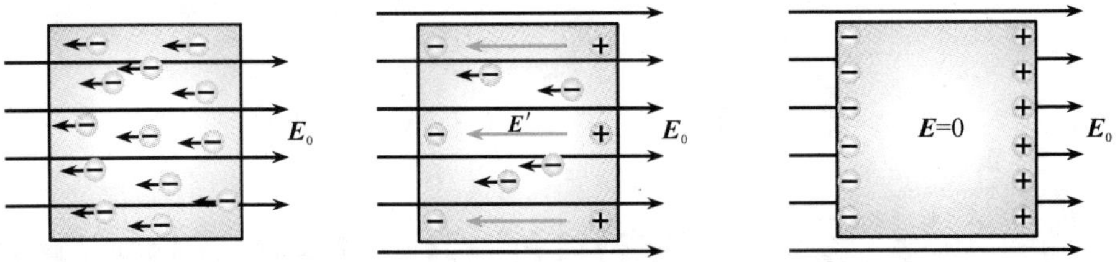

(a) 自由电子在电场力的作用下发生定向移动　(b) 电荷重新分布产生附加电场　(c) 电荷停止定向移动，处于静电平衡状态

图 6－1　静电场中的导体

导体的静电平衡条件也可以用电势来表述。在静电平衡时，导体内部的电场强度处处为零，导体表面的电场强度与表面垂直，所以导体内部及表面任意两点 P 和 Q 之间的电势差 $U_{PQ}=\int_P^Q \boldsymbol{E}\cdot\mathrm{d}\boldsymbol{l}=0$。也就是说，**当导体处于静电平衡时，导体上的电势处处相等，导体为等势体，其表面为等势面。**

6.1.2　静电平衡时导体上的电荷分布

导体达到静电平衡时，导体内部各处的净电荷为零，电荷只分布在导体表面上。利用高斯定理，我们来证明这一结论。如图 6－2 所示，设想在导体内部任取一高斯面 S。由于静电平衡时导体内部电场强度处处为零，所以对于这个高斯面，其电通量必然为零。根据高斯定理可知，高斯面内必然没有净电荷。由于高斯面的大小和位置是可以任取的，所以在导体内任一点处均没有净电荷。电荷只能分布在导体的外表面上。

当导体达到静电平衡时，导体表面附近的电场强度大小与其表面处的电荷面密度成正比。如图 6－3 所示，设 P 是导体外侧紧靠表面处的任意一点，$\boldsymbol{E}$ 为该处的电场强度。在 P 点处的导体表面上取一面元 ΔS，当面元足够小时，其上的电荷面密度 σ 可认为是均匀的。作一底面积为 ΔS 的扁平圆柱形高斯面，其轴线与导体表面相垂直，上底面在导体外侧通过 P 点，下底面在导体内侧。由于导体内部电场强度为零，导体外表面的电场强度垂直于导体表面，所以通过下底面和侧面的电通量均为零。高斯面内包围的净电荷为 $\sigma\Delta S$，根据高斯定理有

$$\oint_S \boldsymbol{E}\cdot\mathrm{d}\boldsymbol{S}=E\Delta S=\frac{\sigma\Delta S}{\varepsilon_0}$$

即

$$E=\frac{\sigma}{\varepsilon_0} \tag{6-1}$$

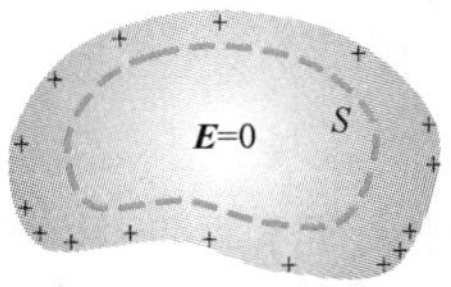

图 6－2　静电平衡时电荷分布在导体的外表面

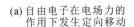

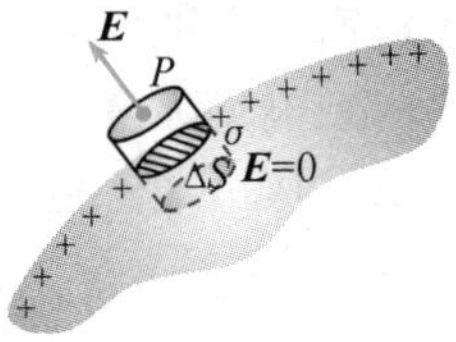

图 6－3　导体表面的电场强度

通常情况下，导体表面各部分的电荷分布是不均匀的。实验表明，对于孤立的带电导体来说，导体表面凸出而尖锐处曲率较大，则该处的电荷面密度也较大；导体表面较平坦处曲率较小，则该处的电荷面密度也较小；导体表面内凹处曲率为负，则该处的电荷面密度最小，如图 6-4 所示。

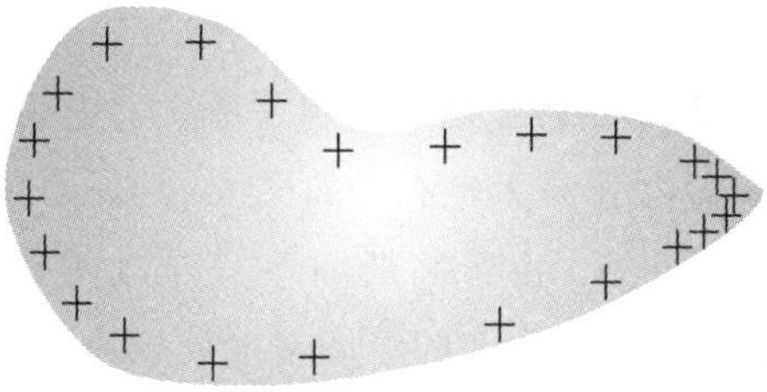

图 6-4　孤立带电导体表面的电荷分布

导体表面电场强度与电荷面密度成正比，因此对于有尖端的带电导体，尖端处的电荷面密度会很大，尖端附近的电场强度非常强。当电场强度足够大时就会使空气分子发生电离而放电，这一现象被称为尖端放电，这类放电只发生在靠近导体表面很薄的一层空气里。空气中少量残留的带电离子在强电场作用下激烈运动，当它与空气分子碰撞时会使空气分子电离，产生大量新的离子，使原先不导电的空气变得易于导电。与导体尖端电荷异号的离子受到吸引趋向尖端，而与导体尖端电荷同号的离子受到排斥而加速离开尖端，形成高速离子流，即通常所说的“电风”，如图 6-5 所示。尖端附近空气电离时，在黑暗中可以看到尖端附近隐隐地笼罩着一层光晕，这层光晕叫作电晕。高压输电线附近的电晕效应会浪费大量电能。为避免这种现象，高压输电线的表面应做得极为光滑，且截面半径也不能过小。此外，一些高压设备的电极也常常做成光滑的球面，以避免放电，从而维持高电压。而避雷针则是利用尖端放电原理来防止雷击对建筑物的破坏，但避雷针必须保持良好接地，否则会适得其反，如图 6-6 所示。

图 6-5　“电风”

图 6-6　避雷针

6.1.3 空腔导体

通过前面的讨论我们知道，对于实心导体，在静电平衡时其电荷只能分布在导体的表面。接下来，我们将分两种情况讨论空腔导体在静电平衡时的电荷分布。

1. 腔内无带电体

当空腔导体内没有其他带电体，且处于静电平衡时，**电荷只能分布在导体的外表面上，内表面无电荷**。如图 6－7 所示，在空腔内、外表面之间作高斯面 S。由于高斯面 S 完全处于导体内部，根据静电平衡条件，高斯面 S 上的电场强度处处为零，根据高斯定理，有

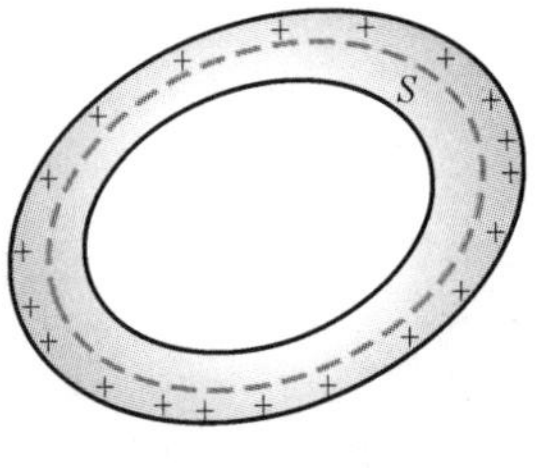

图 6－7 腔内无带电体情况

$$\oint_S \boldsymbol{E} \cdot \mathrm{d}\boldsymbol{S} = \frac{1}{\varepsilon_0}\sum_i q_i = 0$$

由此可知，高斯面内电荷的代数和为零，说明在内表面上净电荷为零。净电荷为零可能存在两种情形：一种是内表面处处没有电荷；另一种是在内表面的不同位置分布有等量异号电荷。假设空腔内表面一部分带有正电荷，另一部分带有负电荷，则在空腔内就会有从正电荷指向负电荷的电场线。电场强度沿此电场线的积分将不等于零，空腔内表面间存在电势差。这显然与导体在静电平衡时是一个等势体的结论相矛盾。因此，静电平衡时，空腔导体内表面处处没有电荷，电荷只能分布在空腔导体的外表面上。

2. 腔内有带电体

当空腔导体内有其他带电体，且处于静电平衡时，空腔导体具有如下的性质：**电荷分布在导体内、外两个表面，其中内表面的电荷是空腔内带电体的感应电荷，与腔内带电体的电荷等量异号。**

当导体壳腔内有带电体时，如图 6－8 所示，设空腔内带电体的电荷为 $+q$，空腔导体本身不带电。我们可以同样在空腔内、外表面间作高斯面 S。由静电平衡条件和高斯定理可知，空腔内表面所带的电荷与空腔内电荷的代数和为零，则空腔内表面所带的感应电荷必为 $-q$，即空腔内表面所带电荷与空腔内带电体的电荷等量异号。腔内电场线始于带电体电荷 $+q$ 而止于内表面上的感应电荷 $-q$。根据电荷守恒定律，整个空腔导体不带电，所以在空腔外表面上也会出现感应电荷 $+q$。

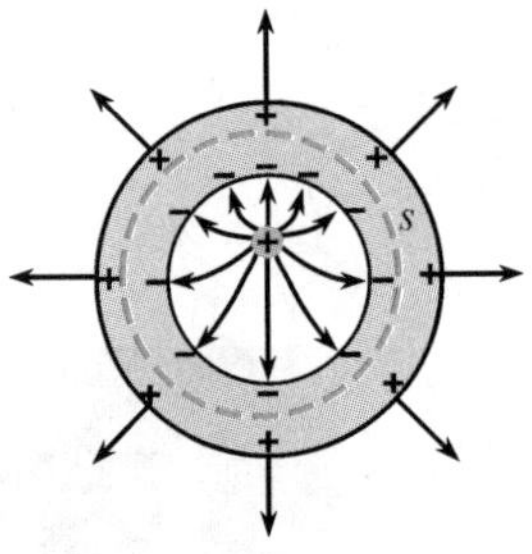

图 6－8 腔内有带电体情况

6.1.4 静电屏蔽

如前所述，在静电平衡条件下，只要空腔导体内没有带电体，则即使在外电场中，导体和空腔内必定不存在电场，如图 6－9 所示。这样空腔导体就屏蔽了外电场或空腔导体外表面的电荷，使它们无法影响空腔内部。

此外，如果空腔导体内部存在带电体，空腔外表面则会出现感应电荷，感应电荷激发的电场会对外界产生影响，如图 6-8 所示。但是如果我们将空腔外壳接地，如图 6-10 所示，由于此时空腔导体的电势与大地的电势相同，则导体外表面的感应电荷将被大地里的电荷中和，因此腔内带电体不会对空腔外部产生影响。

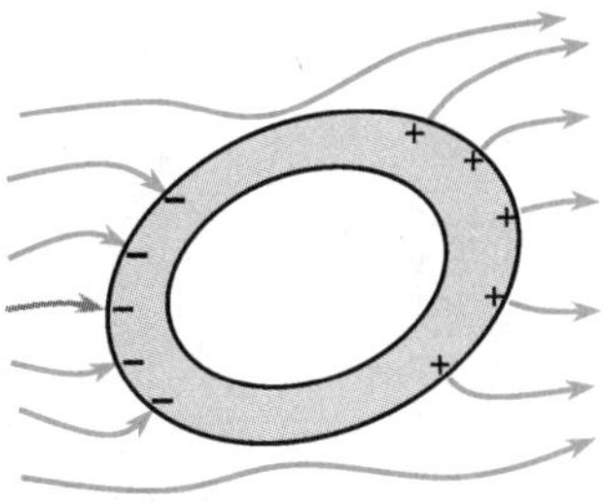

图 6-9　空腔导体屏蔽外电场的影响

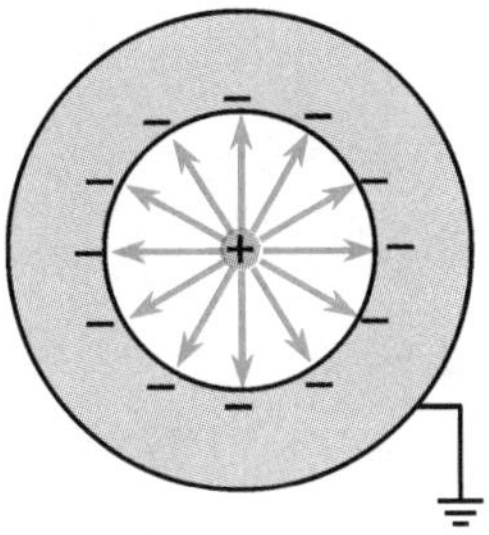

图 6-10　接地的空腔导体可以屏蔽空腔内外电场的相互影响

综上所述，空腔导体的内部空间不受腔外电荷和电场的影响；**接地的空腔导体，腔外空间不受腔内电荷和电场的影响**，这种现象统称为**静电屏蔽**。

静电屏蔽原理在实际中有着广泛的应用。例如，一些精密的电子测量仪器常采用金属外壳以使内部电路不受外界电场的干扰。传送弱电信号的导线为了增强抗干扰性能，往往在其绝缘层外再加一层金属编织网，这种线缆称为屏蔽线缆，如图 6-11 所示。可利用在高压设备的外面罩上接地的金属网栅来屏蔽高压带电体对外界的影响。

图 6-11　屏蔽线缆

例 6-1　如图 6-12 所示，半径为 R_1 的导体球 A 所带的电荷量为 $+q$，外面套有一内、外半径分别为 R_2、R_3，所带电荷量为 $+Q$ 的同心导体球壳 B。求：

（1）导体球和球壳的电势；

（2）导体球与球壳间的电势差；

（3）将球壳接地时二者间的电势差。

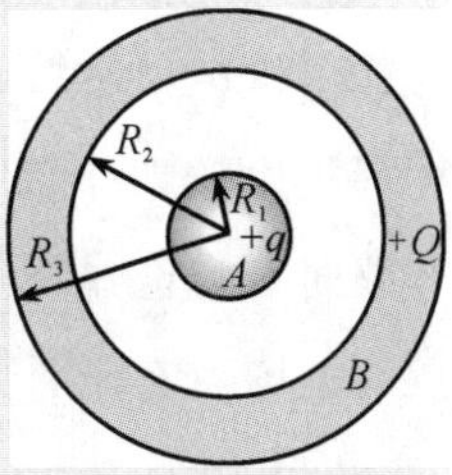

图 6-12　例 6-1 用图

解　（1）由静电平衡条件可知，导体球 A 上的电荷 $+q$ 只能分布在表面上，且由于静电感应，在导体球壳 B 的内表面将感应出电荷 $-q$。球壳本身带电量为 $+Q$，根据电荷守恒定律，则球壳的外表面所带电荷量为 $Q+q$。此时空间电场强度分布为

$$E=\begin{cases} 0 & (r<R_1) \\ \dfrac{q}{4\pi\varepsilon_0 r^2} & (R_1\leqslant r\leqslant R_2) \\ 0 & (R_2<r<R_3) \\ \dfrac{Q+q}{4\pi\varepsilon_0 r^2} & (r\geqslant R_3) \end{cases}$$

由静电平衡条件知，静电平衡时，导体上的电势处处相等，导体为等势体。我们只需计算出导体球球心处的电势便可得知导体球的电势，即

$$V_A=\int_0^{\infty}\boldsymbol{E}\cdot\mathrm{d}\boldsymbol{l}=\int_{R_1}^{R_2}\frac{q}{4\pi\varepsilon_0 r^2}\mathrm{d}r+\int_{R_3}^{\infty}\frac{Q+q}{4\pi\varepsilon_0 r^2}\mathrm{d}r$$

$$=\frac{q}{4\pi\varepsilon_0}\left(\frac{1}{R_1}-\frac{1}{R_2}\right)+\frac{Q+q}{4\pi\varepsilon_0 R_3}$$

同理，球壳的电势为

$$V_B=\int_0^{\infty}\boldsymbol{E}\cdot\mathrm{d}\boldsymbol{l}=\int_{R_3}^{\infty}\frac{Q+q}{4\pi\varepsilon_0 r^2}\mathrm{d}r$$

$$=\frac{Q+q}{4\pi\varepsilon_0 R_3}$$

(2) 导体球与球壳间的电势差为

$$V_A-V_B=\frac{q}{4\pi\varepsilon_0}\left(\frac{1}{R_1}-\frac{1}{R_2}\right)$$

(3) 设球壳接地，则球壳外表面的电荷消失，导体球和球壳的电势分别为

$$V_A=\frac{q}{4\pi\varepsilon_0}\left(\frac{1}{R_1}-\frac{1}{R_2}\right)$$

$$V_B=0$$

两者间的电势差仍为

$$V_A-V_B=\frac{q}{4\pi\varepsilon_0}\left(\frac{1}{R_1}-\frac{1}{R_2}\right)$$

由以上结果可知，不管球壳接地与否，导体球与球壳间的电势差保持不变。

例 6-2 如图 6-13 所示，两块大导体平板 A 和 B 相向平行放置，平板面积都为 S，所带电荷量分别为 q_1 和 q_2，如果两极板间距远小于平板的线度，求平板各表面上的电荷面密度。

解 由于在静电平衡时导体内部无净电荷，电荷只能分布在两个导体平板的表面上。忽略边缘效应，可以认为 A、B 平板的四个平面上的电荷是均匀分布的。如图所示，设四个面的电荷面密度分别为 σ_1、σ_2、σ_3 和 σ_4。显然，空间任一点的电场强度都是由这四个面上的电荷共同激发的。若取向右为正方向，则导体板内 P 点和 Q 点的电场强度分别为

$$E_P=\frac{\sigma_1}{2\varepsilon_0}-\frac{\sigma_2}{2\varepsilon_0}-\frac{\sigma_3}{2\varepsilon_0}-\frac{\sigma_4}{2\varepsilon_0}=0$$

$$E_Q=\frac{\sigma_1}{2\varepsilon_0}+\frac{\sigma_2}{2\varepsilon_0}+\frac{\sigma_3}{2\varepsilon_0}-\frac{\sigma_4}{2\varepsilon_0}=0$$

由电荷守恒定律可得

$$\sigma_1+\sigma_2=\frac{q_1}{S}$$

$$\sigma_3+\sigma_4=\frac{q_2}{S}$$

由以上四个方程可得

$$\sigma_1=\sigma_4=\frac{q_1+q_2}{2S}$$

$$\sigma_2=-\sigma_3=\frac{q_1-q_2}{2S}$$

由此我们可以知道，对于两块无限大的导体平板，两个相对的内侧表面上的电荷面密度大小相等，符号相反；两个外侧表面上的电荷面密度大小相等，符号相同。

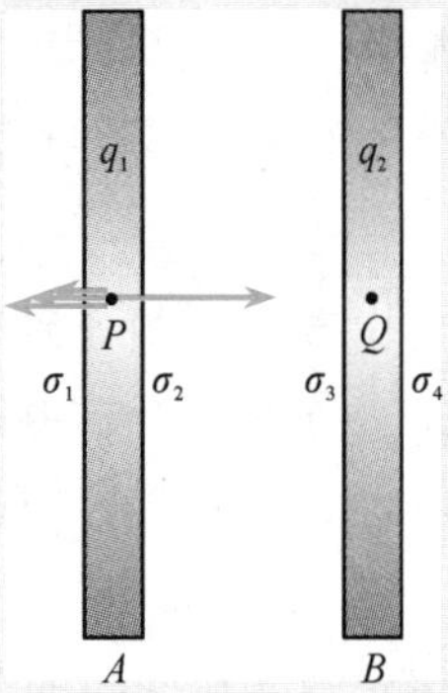

图 6-13 例 6-2 用图

6.2 静电场中的电介质

电介质通常是指不导电的绝缘体。电介质与导体不同，分子中的电子被原子核紧紧束缚，不存在自由电子。因此在外电场中，电介质不会像导体那样由于大量自由电荷的定向迁移而在表面出现感应电荷。但是实验发现，在外电场的作用下，电介质的表面也会出现电荷。这是由于电介质的极化所造成的。

6.2.1 电介质的极化

一般来说，电介质分子中的正、负电荷并不集中于一点，而是分散于分子所占的体积中。按照正、负电荷中心是否重合，电介质分子可分为**无极分子**和**有极分子**两类。在没有外电场作用时，无极分子(如 He、N_2、H_2、CH_4 等分子)中每个分子的正、负电荷中心重合，分子的电矩为零，如图 6-14 所示。而有极分子(如 H_2O、SO_2、H_2S 等分子)中每个分子的正、负电荷中心不重合，形成一个电偶极子，本身具有固定的电矩 $\boldsymbol{p}$，如图 6-15 所示。

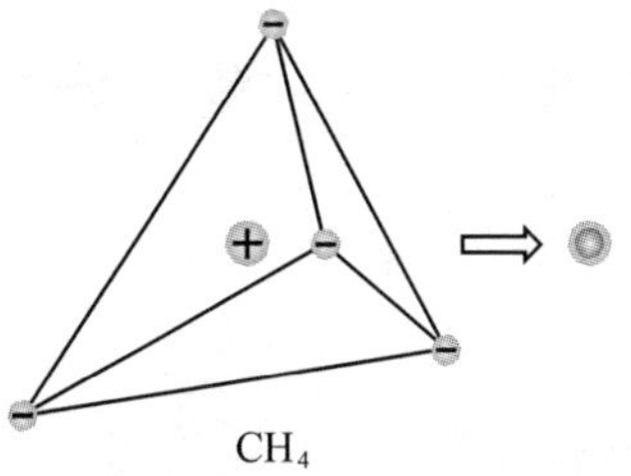

图 6-14 无极分子(CH_4)结构

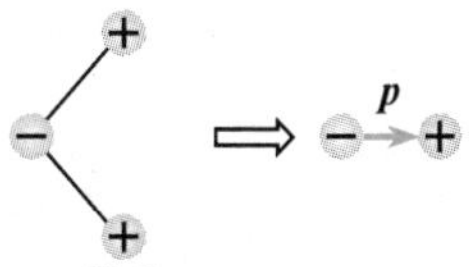

图 6-15 有极分子(H_2O)结构

无极分子在外电场作用下，正、负电荷的中心将在电场力的作用下发生相对位移，形成电偶极子，如图 6-16 所示。这些电偶极子的方向都沿着外电场的方向有序排列。对于整块电介质而言，这时电介质内部正、负电荷的代数和为零，但在垂直于外电场方向的两个介质端面上分别出现了正、负电荷，这种电荷称为**极化电荷**。在外电场作用下电介质表面出现极化电荷的现象称为电介质的**极化**。无极分子电介质的极化是一种**位移极化**。

在有极分子电介质中，尽管单个分子具有固有电矩，但在没有外电场时，由于分子的热运动，分子电矩的排列十分混乱，电介质对外不显电性。当有外电场作用时，每个有极分子都将受到电场的作用而发生偏转，使分子电矩转向外电场方向排列，如图 6-17 所示。虽然由于分子的热运动，分子沿外电场方向的有序排列并不整齐。但从整体趋势看，在电介质的表面上仍有极化电荷出现，这种极化称为**取向极化**。

这两类电介质极化的微观机制虽有不同，但宏观结果都是一样的，所以在作宏观描述时，不必加以区别。电介质表面的极化电荷会产生附加电场 $\boldsymbol{E}'$，因此在电介质内部的电场强度 $\boldsymbol{E}$ 是外电场 $\boldsymbol{E}_0$ 与附加电场 $\boldsymbol{E}'$ 的矢量和，即 $\boldsymbol{E}=\boldsymbol{E}_0+\boldsymbol{E}'$。

当外电场足够强时，电介质分子中的正、负电荷可能被拉开而变成自由电荷，这时电介质的绝缘性消失，变成了导体。这种在强电场作用下电介质变成导体的现象称为电介质的击穿。

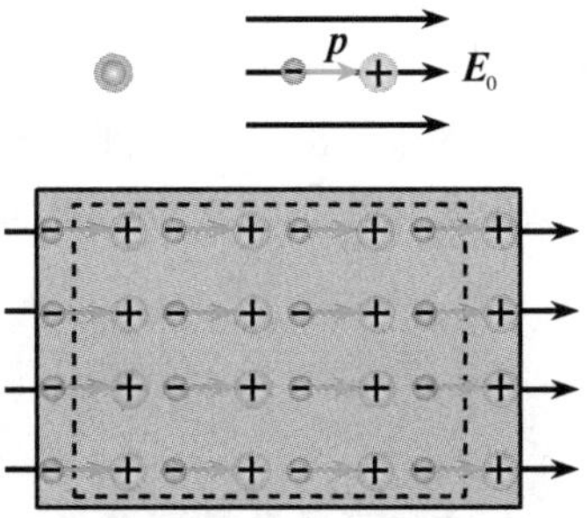

图 6-16　无极分子电介质的位移极化

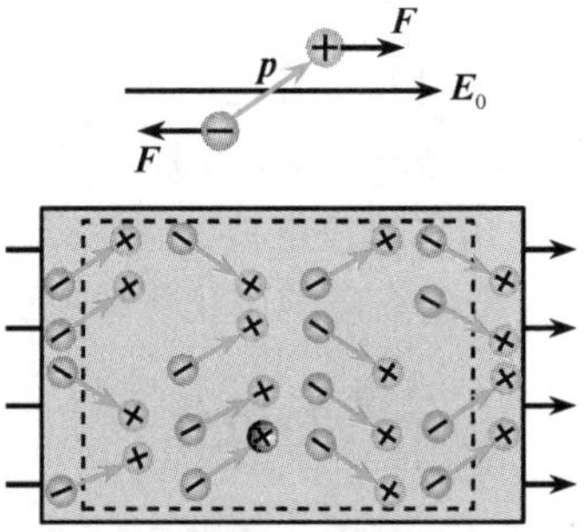

图 6-17　有极分子电介质的取向极化

6.2.2　极化强度

在电介质中任取一体积元 ΔV(其中包含有大量分子)，在没有外电场时，ΔV 内的分子电矩的矢量和 $\sum_i \boldsymbol{p}_i=0$；当存在外电场时，电介质发生极化，$\sum_i \boldsymbol{p}_i \neq 0$。我们把单位体积内分子电矩的矢量和作为表述电介质的极化程度的物理量，称为**电极化强度**，用 $\boldsymbol{P}$ 表示，表达式为

$$\boldsymbol{P}=\frac{\sum_i \boldsymbol{p}_i}{\Delta V} \tag{6-2}$$

在国际单位制中，电极化强度 $\boldsymbol{P}$ 的单位是库仑每平方米($C \cdot m^{-2}$)。

实验表明，在各向同性的电介质中的任一点，电极化强度 $\boldsymbol{P}$ 与该处的电场强度 $\boldsymbol{E}$ 成正比，即

$$\boldsymbol{P}=\chi_e \varepsilon_0 \boldsymbol{E} \tag{6-3}$$

式中，χ_e 为电介质的电极化率，它与电场强度 $\boldsymbol{E}$ 无关，只与电介质的种类有关，是用来表征介质材料的一种属性。如果电介质中各点的 χ_e 相同，表明电介质各点的性质相同，这种电介质称为均匀电介质。

6.2.3　有电介质时的高斯定理

有电介质时，总电场 $\boldsymbol{E}$ 包括自由电荷产生的电场 $\boldsymbol{E}_0$ 和极化电荷产生的附加电场 $\boldsymbol{E}'$，即 $\boldsymbol{E}=\boldsymbol{E}_0+\boldsymbol{E}'$。所以有电介质时需引入辅助矢量 $\boldsymbol{D}$，称为电位移，即

$$\boldsymbol{D}=\varepsilon_0\varepsilon_r \boldsymbol{E}=\varepsilon \boldsymbol{E} \tag{6-4}$$

式中，ε_r 为电介质的相对介电常数或相对电容率，ε 为电介质的介电常数。在没有介质时 $\boldsymbol{E}_0=\frac{\boldsymbol{D}}{\varepsilon_0}$，它表示在真空或空气中电场强度与电位移的关系；而在有介质时 $\boldsymbol{E}=\frac{\boldsymbol{D}}{\varepsilon_0\varepsilon_r}$，因为 $\varepsilon_r>1$，所以 $E<E_0$，即介质中的电场强度小于真空中的电场强度。这是因为介质上的极化电荷在介质中产生的附加电场 $\boldsymbol{E}'$ 与 $\boldsymbol{E}_0$ 的方向相反，因而减弱了外电场的缘故。

表 6-1　真空中几种电介质的相对电容率

电介质	相对介电常数 ε_r	击穿场强/($kV \cdot mm^{-1}$)
真空	1	
干燥空气	1.0006	4.7
蒸馏水	81	30
变压器油	2.4	20
石英玻璃	4.2	25
普通玻璃	7	15
石蜡	2.1	40
蜡纸	5	30
电木	5～7.6	10～20
云母	4～7	80
聚乙烯	2.3	18
聚四氟乙烯	2.0	35
氧化钽	11.6	15
二氧化钛	100	6

可以证明：有电介质时的高斯定理为

$$\oint_S \boldsymbol{D} \cdot \mathrm{d}\boldsymbol{S} = \sum_i q_i \tag{6-5}$$

即在静电场中通过任意高斯面的电位移通量等于高斯面内自由电荷的代数和。

6.3 电容和电容器

6.3.1 孤立导体的电容

设真空中有一个半径为 R，电荷量为 q 的孤立导体球，若取无穷远处为电势零点，则其电势为

$$V=\frac{1}{4\pi\varepsilon_0}\frac{q}{R}$$

由上式可知，孤立导体所带电荷量 q 与其电势 V 成正比，但 $\frac{q}{V}$ 却是一个常量。于是，我们把孤立导体所带电荷量 q 与其电势 V 的比值称为孤立导体的电容，记做 C，即

$$C=\frac{q}{V} \tag{6-6}$$

对于两个不同的孤立导体，达到相同的电势 V 时，储存的电荷 q 越多，则电容 C 越大。因此电容是反映导体储存电荷能力的物理量。对于真空中的孤立导体球来说，其电

容为

$$C=\frac{q}{V}=4\pi\varepsilon_0 R \tag{6-7}$$

上式表明，真空中孤立导体球的电容正比于导体球的半径。类似的结论适用于任意孤立导体，即电容与导体的大小和形状有关，而与导体是否带电无关。

在国际单位制中，电容的单位为法拉(F)。实际应用中，常用微法(μF)、皮法(pF)等作为电容的单位，它们之间的换算关系为

$$1\ \text{F}=10^6\ \mu\text{F}=10^{12}\ \text{pF}$$

6.3.2 电容器

电容器是专门用于储存电荷和电能的元件，在无线电、计算机、电器和输电系统等电子线路方面起着重要的作用，外观如图 6-18 所示。电容器是由两个靠得很近的导体 A、B 构成的，两个导体分别称为电容器的两个极板。电容器带电时，两极板分别带有等量异号电荷$+q$ 和$-q$，如图 6-19 所示。如果它们的电势分别为 V_A 和 V_B，则电容器的电容为

$$C=\frac{q}{V_A-V_B}=\frac{q}{V_{AB}} \tag{6-8}$$

虽然两极板的电势 V_A 和 V_B 与外界的导体有关，但是它们的电势差 V_{AB} 却不受外界影响，且与所带电荷量成正比。因此，电容器的电容也不受外界的影响。

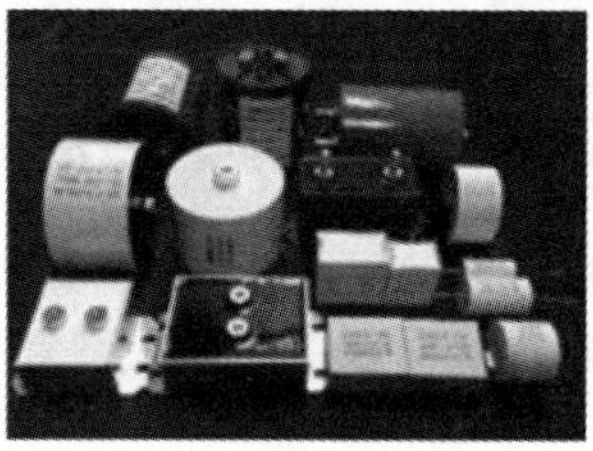

图 6-18 部分电容器外观图

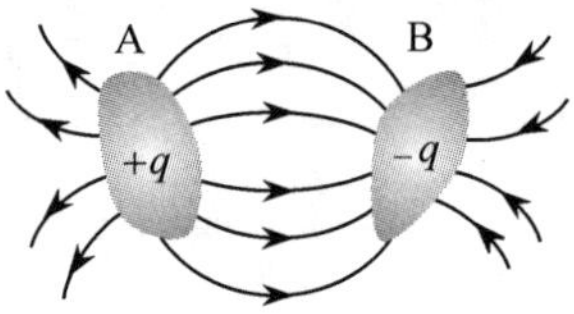

图 6-19 电容器

下面我们计算几种常见电容器的电容。

1. 平行板电容器

平行板电容器是一种最简单的电容器，它是由两个靠得很近、相互平行且大小相同的金属极板组成的，如图 6-20 所示。设两极板面积均为 S，电荷面密度分别为$+\sigma$ 和$-\sigma$，极间距离为 d，充满了相对介电常量为 ε_r 的电介质。忽略边缘效应，两极板间的电场可以认为是均匀电场。由高斯定理可得两极板间的电位移矢量的大小 $D=\sigma$，则两极板间的场强为

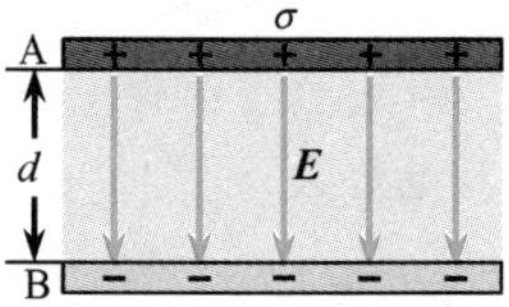

图 6-20 平行板电容器

$$E=\frac{D}{\varepsilon_0\varepsilon_r}=\frac{\sigma}{\varepsilon_0\varepsilon_r}$$

两极板间的电势差为

$$V_{AB}=Ed=\frac{\sigma d}{\varepsilon_0\varepsilon_r}=\frac{qd}{\varepsilon_0\varepsilon_r S}$$

所以平行板电容器的电容为

$$C=\frac{q}{V_{AB}}=\frac{\varepsilon_0\varepsilon_r S}{d} \tag{6-9}$$

由上式可知，当减小两极板间距 d 或增大两极板的面积 S 时，平行板电容器的电容就增大。

2. 圆柱形电容器

圆柱形电容器由半径分别为 R_A 和 R_B 的两同轴金属圆筒 A、B 组成，如图 6-21 所示。圆筒的长度 l 远大于半径 R_B，在两筒之间充满相对介电常量为 ε_r 的电介质。设内、外圆柱面各带有 $+q$ 和 $-q$ 的电荷，则单位长度内的电荷为 $\lambda=\frac{q}{l}$。根据高斯定理，两圆柱面之间的电场强度为

$$E=\frac{\lambda}{2\pi\varepsilon_0\varepsilon_r r}=\frac{q}{2\pi\varepsilon_0\varepsilon_r lr}$$

电场强度的方向沿半径方向由 A 筒指向 B 筒，因此，两圆柱面间的电势差为

$$V_{AB}=\int_l \boldsymbol{E}\cdot d\boldsymbol{r}=\int_{R_A}^{R_B}\frac{q}{2\pi\varepsilon_0\varepsilon_r l}\frac{dr}{r}=\frac{q}{2\pi\varepsilon_0\varepsilon_r l}\ln\frac{R_B}{R_A}$$

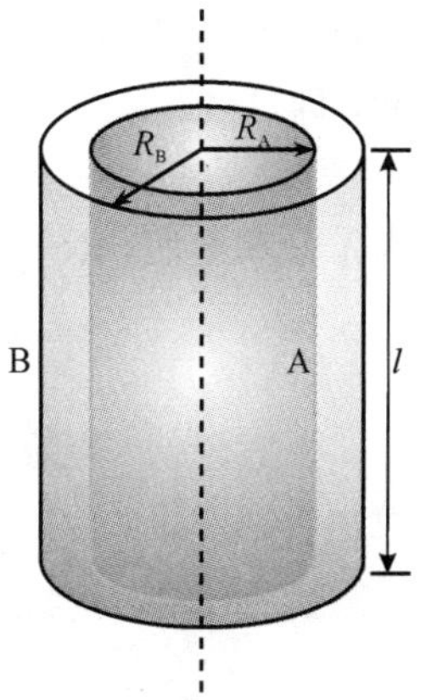

图 6-21 圆柱形电容器

则圆柱形电容器的电容为

$$C=\frac{q}{V_{AB}}=\frac{2\pi\varepsilon_0\varepsilon_r l}{\ln\frac{R_B}{R_A}} \tag{6-10}$$

3. 球形电容器

球形电容器是由半径分别为 R_A 和 R_B 的两个同心金属球壳组成，如图 6-22 所示。两球壳之间充满相对介电常量为 ε_r 的电介质。设内、外球壳各带有 $+q$ 和 $-q$ 的电荷，则两球壳即为电容器的两极板。根据高斯定理，两球壳间的电场强度为

$$E=\frac{q}{4\pi\varepsilon_0\varepsilon_r r^2}$$

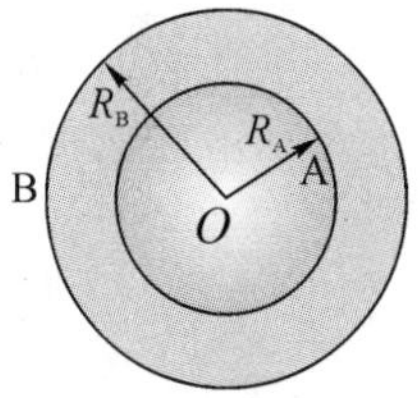

图 6-22 球形电容器

两极板间的电势差为

$$V_{AB}=\int_{R_A}^{R_B}\frac{q}{2\pi\varepsilon_0\varepsilon_r}\frac{dr}{r^2}=\frac{q}{2\pi\varepsilon_0\varepsilon_r}\left(\frac{1}{R_A}-\frac{1}{R_B}\right)$$

由电容器电容的定义式，可得

$$C=\frac{q}{V_{AB}}=\frac{4\pi\varepsilon_0\varepsilon_r R_A R_B}{R_A-R_B} \tag{6-11}$$

6.3.3 电容器的连接

电容器的电容值和耐压值是两个非常重要的性能指标。在实际工作中，两极板上的电压不能超过所规定的耐压值，否则电容器中的电介质容易被击穿。当一个单独电容器的电

容值或耐压值不能满足实际需求时，这时需要把几个电容器连接起来构成一个电容器组，电容器的基本连接方式有串联和并联两种。

1. 串联电容器

图 6-23 所示为 n 个电容器的串联，设它们的电容分别为 C_1，C_2，…，C_n，组合后的等效电容为 C。充电后，由于静电感应，各电容器上的电荷量相等，均为 q。总电压等于各电容器上分电压之和，即

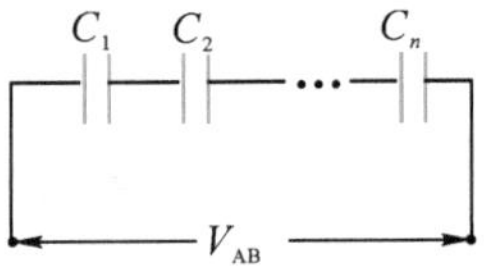

图 6-23 电容器的串联

$$V_{AB}=V_1+V_2+\cdots+V_n$$

为了计算方便，取等效电容 C 的倒数，即

$$\frac{1}{C}=\frac{V_{AB}}{q}=\frac{V_1+V_2+\cdots+V_n}{q}=\frac{1}{C_1}+\frac{1}{C_2}+\cdots+\frac{1}{C_n} \tag{6-12}$$

上式说明，电容器串联时，等效电容的倒数等于各个电容的倒数之和。显然串联后的总电容减小了，但耐压能力提高了。

2. 电容器的并联

图 6-24 所示为 n 个电容的并联，设它们的电容分别为 C_1，C_2，…，C_n，组合后的等效电容为 C。充电后，每个电容器两极板之间的电压都相等，均为 V_{AB}。并联后等效电容器所带电荷量 q 应等于各电容器所带电荷量之和，即

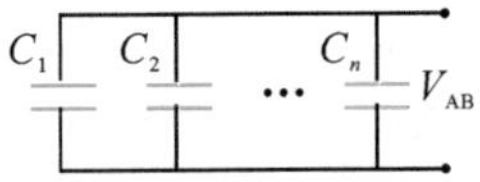

图 6-24 电容器的并联

$$q=q_1+q_2+\cdots+q_n$$

并联电容器组合后的等效电容为

$$C=\frac{q}{V_{AB}}=\frac{q_1+q_2+\cdots+q_n}{V_{AB}}=C_1+C_2+\cdots+C_n \tag{6-13}$$

上式表明，电容器并联时，等效电容等于各个电容器的电容之和。可见，电容器的并联可使电容增加，但耐压不变。在实际应用中一般采用混联组合，即既有串联也有并联。

6.4 静电场的能量

6.4.1 电容器的能量

带电过程本质上是正、负电荷的分离或迁移的过程。在这一过程中，外界必须克服电荷之间的静电力而做功，将其他形式的能量转化为带电系统的静电能。例如，一个电容器在未充电时是没有电能的，在充电过程中，外力要克服电荷间的电场力而做功，将其他形式的能量转化为静电能。

如图 6-25 所示，设平行板电容器的电容为 C，最初电容器不带电，在充电过程中，正电荷不断从 B 极板移到 A 极板。一段时间后，两极板上的电荷分别为 $+q$ 和 $-q$，两极板之间的电势差 $V=q/C$。这时，如果再将电荷 $+\mathrm{d}q$ 从 B 极板移到 A 极板，则外力克服电场力所做的功为

$$\mathrm{d}W=V\mathrm{d}q=\frac{1}{C}q\mathrm{d}q$$

当电容器充电到 Q 时，外力克服电场力所做的总功为

$$W=\int_0^Q \frac{1}{C}q\,\mathrm{d}q=\frac{1}{2}\frac{Q^2}{C}=\frac{1}{2}CV_{AB}^2=\frac{1}{2}QV_{AB} \tag{6-14}$$

式中，Q 为电容器极板上所带的电荷，V_{AB} 为两极板之间的电势差。不管电容器的结构如何，这一结果对任何电容器都是适用的。

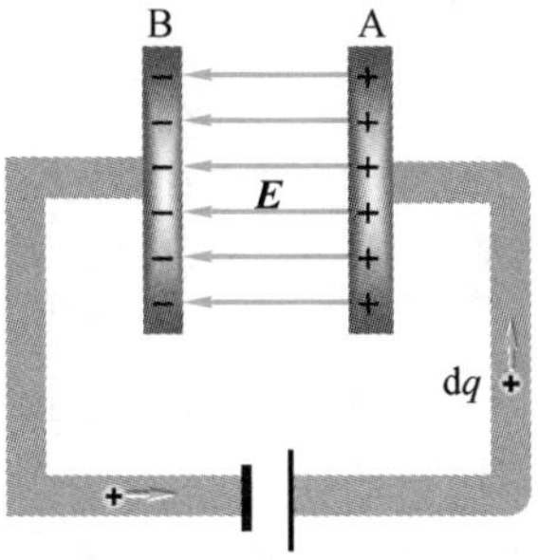

图 6-25 电容器的充电过程

6.4.2 电场的能量

前文以电容器为例说明了带电系统在带电过程中是如何从外界获得能量的。在不随时间变化的静电场中，电荷和电场总是同时存在的，因此我们无法分辨电能是储存在电荷中还是在电场中。实验证明，随时间迅速变化的电场和磁场将以电磁波的形式在空间传播，电场可以脱离电荷而传播到很远的地方去，这些事实证明了能量是储存在电场中的。接下来将仍以电容器为例说明这些能量是如何分布的。

设平行板电容器的极板面积为 S，两极板间距为 d，极板间充满介电常量为 ε 的电介质。忽略边缘效应，电场所占据的空间体积为 Sd，因此，电容器内的电场能量可表示为

$$W_e=\frac{1}{2}CV_{AB}^2=\frac{1}{2}\frac{\varepsilon S}{d}(Ed)^2=\frac{1}{2}\varepsilon E^2 Sd=\frac{1}{2}\varepsilon E^2 V \tag{6-15}$$

上式表明，静电能与电场强度的平方成正比。由于平行板电容器中的电场是均匀电场，因此电场能量的分布也是均匀的，所以我们可以求出单位体积内的电场能量，即**能量密度**：

$$w_e=\frac{W_e}{V}=\frac{1}{2}\varepsilon E^2 \tag{6-16}$$

上式说明，电场强度越大，电场能量密度也越大。从而进一步说明了电场能量是储存在电场中的。虽然式(6-16)是从平行板电容器这个特例给出的，但可以证明，对于任意电场，它也是普遍适用的。

习 题

6-1 何谓尖端放电现象？若将一个带电体靠近一个导体壳，带电体单独在导体空腔内激发的电场是否等于零？静电屏蔽效应如何体现？

6－2　将一个带负电的导体A靠近一个不带电的绝缘导体B时，由于静电感应，B导体近端将出现电荷，远端将出现负电荷，这时B导体两端的电势是否相等？

6－3　介质的极化与导体的静电感应有什么相似之处？有什么不同之处？感应电荷与极化电荷有什么区别？

6－4　如图6－26所示，$C_1=0.25\ \mu F$，$C_2=0.15\ \mu F$，$C_3=0.20\ \mu F$，C_1 上电压为50 V。求 V_{AB}。

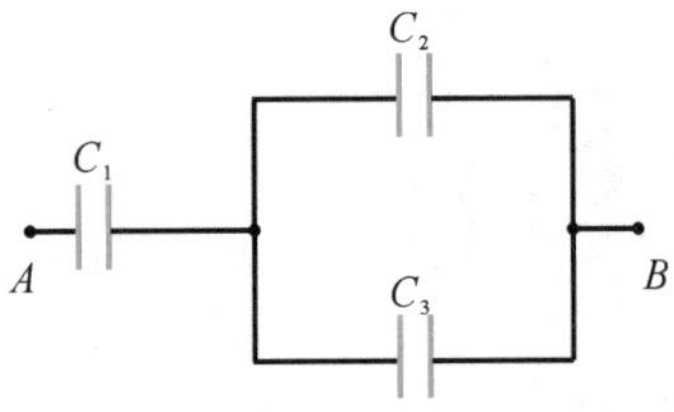

图6－26　习题6－4图

6－5　如图6－27所示，半径为 R_1 的导体球，带有电荷量 $-q$，球外是一个内、外半径分别为 R_2、R_3 的同心导体球壳，球壳上所带电荷量为 $+Q$。求：

(1) 导体球壳内外表面的电荷量；

(2) Ⅰ、Ⅱ、Ⅲ、Ⅳ空间的电场强度分布；

(3) 球心 O 点处的电势。

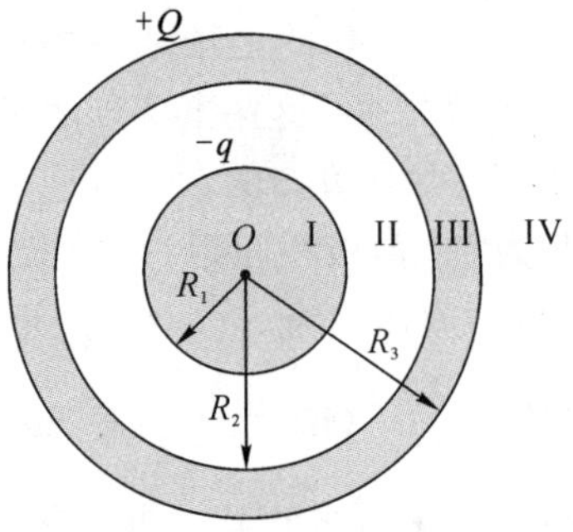

图6－27　习题6－5图

第7章 恒定电流的磁场

7-1 课程思政　7-2 课程思政

在了解了静电场的相关知识后，我们知道相对于观察者静止的电荷会在周围空间激发电场。而实验发现，在运动电荷周围，不仅存在着电场，还存在着磁场。磁场和电场一样，也是物质的一种形态。人类对于磁现象的研究要远远早于电现象，并且一直贯穿着人类的历史，伴随着人类文明的进程而发展。从电气时代发电机、电动机的使用，到信息时代的银行卡、磁悬浮列车、核磁共振等的普及，都离不开磁的应用，而磁性信息存储也极大地推进了大数据时代的到来。从本章开始，我们将研究由恒定电流激发的磁场即恒定磁场的基本性质和规律。

7.1 恒定电流

7.1.1 电流强度

上一章介绍了静电感应和静电平衡。在静电平衡条件下，导体内部场强 $\boldsymbol{E}=\mathbf{0}$，所以导体内的自由电荷无宏观定向运动。但如果在导体两端加上电势差，导体内部就会出现电场，内部的自由电荷将在电场力的作用下做宏观定向运动，从而形成电流。换言之，**电流是大量自由电荷做有规则的定向运动形成的**。载流子（电荷的携带者）在金属中是自由电子；在电解质中是正、负离子；在半导体材料中是电子和空穴。在电场作用下，由带电粒子定向运动而形成的电流称为**传导电流**；带电物体做机械运动形成的电流称为**运流电流**。一般来说，产生电流需要两个条件：

（1）存在可以自由运动的电荷（自由电荷）；

（2）存在电场。

电流的大小用**电流强度**（简称**电流**）来描述，符号用 I 表示，定义为**单位时间内通过导体任一横截面积上的电量**。如果在一段时间 Δt 内，通过导体任一横截面的电荷量为 Δq，则通过该截面的电流强度 I 可以表示为

$$I=\frac{\Delta q}{\Delta t}$$

若取 $\Delta t\to 0$ 的极限，可表述为在 $\mathrm{d}t$ 时间内，通过导体任一横截面的电荷量为 $\mathrm{d}q$，则通过导体该横截面的电流强度为

$$I=\frac{\mathrm{d}q}{\mathrm{d}t} \tag{7-1}$$

电流强度的单位为安培(简称安)，用符号 A 表示，$1\ \mathrm{A}=1\ \mathrm{C}\cdot\mathrm{s}^{-1}$。常用的电流单位还有毫安(mA)和微安($\mu$A)，换算关系为

$$1\ \mathrm{A}=10^{3}\ \mathrm{mA}=10^{6}\ \mu\mathrm{A}$$

电流强度是标量，但有方向性，**规定电流强度的正方向为正电荷在导体中的运动方向**，与自由电子运动的方向正好相反。所以，在导体中电流的方向总是沿着电场的方向，从高电势处指向低电势处。

安培(1775—1836)，法国物理学家、化学家和数学家。最主要的成就是1820—1827年对电磁作用的研究，他被麦克斯韦誉为“电学中的牛顿”，在电磁作用方面的研究成就卓著。安培的兴趣很广泛，在历史、旅行、诗歌、哲学及自然科学等多方面都有涉猎。

7.1.2 电流密度

虽然电流强度可以描述导体中通过某一横截面上电流的整体特征，但在实际应用中，经常会遇到电流在粗细不均匀的导线或大块导体中流动的情况，此时导体的不同部分电流的大小和方向都不一样，这时必须引入一个描述电流分布的物理量——**电流密度矢量 $\boldsymbol{j}$**，规定：**电流密度矢量 $\boldsymbol{j}$ 的方向为沿该点电流的方向**(如图 7-1 所示)，**大小等于通过与该点电流方向垂直的单位面积的电流强度**，即

$$\boldsymbol{j}=\frac{\mathrm{d}I}{\mathrm{d}S_{\perp}}\boldsymbol{e}_{\mathrm{n}} \tag{7-2}$$

式中，$\boldsymbol{e}_{\mathrm{n}}$ 是与电流方向垂直的面积 $\mathrm{d}S_{\perp}$ 的法线方向单位矢量，它的方向与电场 $\boldsymbol{E}$ 方向一致。

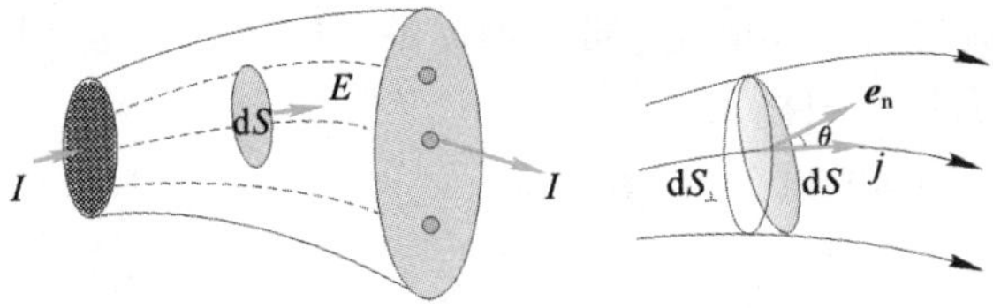

图 7-1 电流密度矢量的引出

在国际单位制中，电流密度矢量的单位是安培每平方米($\mathrm{A}\cdot\mathrm{m}^{-2}$)。由此可以求出通过导体任一有限截面 $\boldsymbol{S}$ 的电流，即通过任意截面的电流等于通过各个面积元电流的积分：

$$I=\int_{S}\mathrm{d}I=\int_{S}\boldsymbol{j}\cdot\mathrm{d}\boldsymbol{S}=\int_{S}j\cos\theta\,\mathrm{d}S \tag{7-3}$$

由此我们可以看出，电流 I 是宏观量，可以描述导体的整体特征；电流密度矢量 $\boldsymbol{j}$ 是微观量，能够描述导体内部某一点的特征。

7.1.3 电流的连续性方程

由式(7-3)可知，通过某一面积的电流就等于通过该面积的电流密度的通量，则通过任一闭合曲面 $\boldsymbol{S}$ 的电流可以表示为

$$I=\oint_S \boldsymbol{j}\cdot \mathrm{d}\boldsymbol{S}=\oint_S j\cos\theta\,\mathrm{d}S \tag{7-4}$$

由电流密度矢量 $\boldsymbol{j}$ 的意义并结合电荷守恒定律可知，式(7-4)表示净流出闭合面的电流，即单位时间从闭合面向外流出的正电荷的电量等于闭合面内电荷 q 的减少率，即

$$\oint_S \boldsymbol{j}\cdot \mathrm{d}\boldsymbol{S}=-\frac{\mathrm{d}q}{\mathrm{d}t} \tag{7-5}$$

上式称为**电流的连续性方程**。

若闭合面内的电荷不随时间发生变化，即导体内各处的电流密度都不随时间变化，这种电流称为**恒定电流**。对于恒定电流来说，有

$$\oint_S \boldsymbol{j}\cdot \mathrm{d}\boldsymbol{S}=0 \tag{7-6}$$

上式表明：对于恒定电流，导体内电荷的分布不随时间变化，电流密度矢量 $\boldsymbol{j}$ 对闭合面的面积分等于零。

7.1.4 电动势

我们知道家用电器的正常工作需要持续不断的电流，若要在导体中维持恒定电流，必须在其两端维持恒定不变的电势差。那么怎样才能维持恒定的电势差呢？下面以电容器放电为例来分析。如图7-2所示，当用导线把电容器两极板A、B连接起来时，就有电流从A板通过导线流向B板，但电流不能保持恒定。原因是两个极板上的正、负电荷中和而逐渐减少，最终全部中和，极板间的电势差也逐渐减小直至为零，电流随即停止。因此，仅仅依靠静电力的作用，在导体两端不可能维持恒定的电势差，也不可能获得恒定的电流。

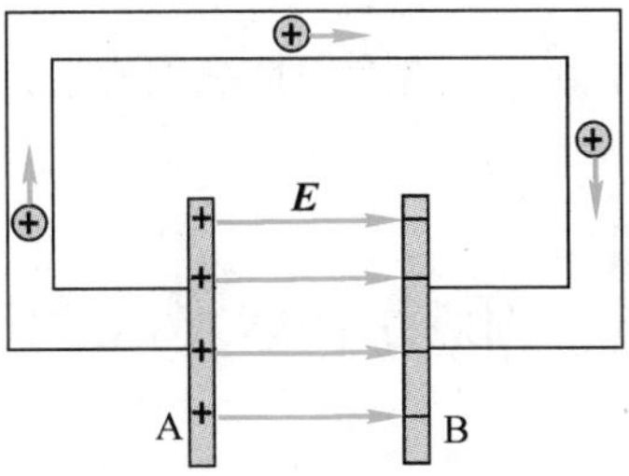

图7-2 电容器放电

为了获得恒定电流，必须有一种本质上与静电力性质完全不同的力把由极板A经导线流向极板B的正电荷再运送回到极板A，进而使两极板间保持恒定的电势差来维持由A到B的恒定电流，如图7-3所示。我们把能将正电荷从电势较低的点(如电源负极板)送到电势较高的点(如电源正极板)的作用力称为**非静电力**，记作 $\boldsymbol{F}_k$。**能够提供非静电力而把其他形式的能量转化为电能的装置称为电源**。电源中非静电力 $\boldsymbol{F}_k$ 做功的过程就是把其他形式的能量转化为电能的过程。常见的电源的种类有很多，例如干电池、蓄电池、燃料电池、

太阳能电池和发电机等，在不同类型的电源中，非静电力的本质也不相同。

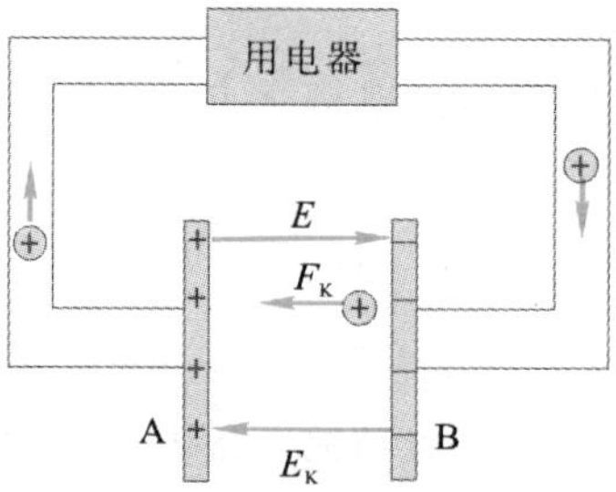

图 7-3　电源及非静电力

作用在单位正电荷上的非静电力为**非静电场场强**，用 $\boldsymbol{E}_k$ 表示，即

$$\boldsymbol{E}_k=\frac{\boldsymbol{F}_k}{q} \tag{7-7}$$

为了描述电源转化能量的本领，可以通过引入电源**电动势**ε来描述，定义为：**把单位正电荷从负极通过电源内部移到正极时，电源中的非静电力所做的功**，即

$$\varepsilon=\int_{-}^{+}\boldsymbol{E}_k\cdot d\boldsymbol{l} \tag{7-8}$$

电动势与电势一样，是标量。但**通常把电源内部电势升高的方向，即自负极经电源内部到正极的方向规定为电动势的正方向**。在国际单位制中，电源电动势的单位和电势的单位相同，都是伏特(V)，但它们是两个截然不同的物理量。电源电动势的大小完全取决于电源本身的性质，与外电路无关，但电路中电势的分布则和外电路有关；电源电动势是与非静电力相关的，但电势是和静电力密切相关的。

由于电源外部 $\boldsymbol{E}_k$ 为零，所以电源电动势又可定义为：**单位正电荷绕闭合回路一周时，非静电力所做的功**。即

$$\varepsilon=\oint_L\boldsymbol{E}_k\cdot d\boldsymbol{l} \tag{7-9}$$

上述定义对非静电力作用在整个回路上的情况同样适用，此时电动势 ε 的方向与回路中电流的方向一致。

7.2　磁场与磁感应强度

7.2.1　基本磁现象

我国是用文字记载磁现象和应用磁性最早的国家之一，公元前 4 世纪左右的《管子》中就有“上有慈石者，其下有铜金”的记载。类似的记载有很多，公元前 3 世纪的《吕氏春秋》中所写的“慈石召铁，或引之也”，描述了磁石吸铁现象；《淮南子·览冥训》写道：“慈石能吸铁，及其于铜则不通矣”这表明磁石只能吸铁，不能吸铜等其他金属，也早为我国古人所知。磁现象的应用，在我国古代后魏的《水经注》等书中就曾提到：秦始皇为了防备刺客行刺，曾用磁石建造阿房宫的北阙门，以阻止身带刀剑的刺客入内；医书上还谈到用磁石吸

铁的作用，来治疗吞针；东汉的王充在《论衡》中所描述的“司南勺”(见图 7-4)已被公认为是最早的磁性指南器具。在磁现象早期应用方面，最光辉的成就是指南针的发明和应用，这也是我国对人类所作出的巨大贡献。北宋科学家沈括在《梦溪笔谈》中第一次明确地记载了指南针，还记载了以天然强磁体摩擦进行人工磁化制作指南针的方法，尤其是关于磁偏角的发现，比哥伦布早 400 多年。北宋时还有利用地磁场磁化方法的记载，比西方类似的记载早了 200 多年。12 世纪初，我国已有关于指南针用于航海的明确记载，借助丝绸之路，指南针才经由阿拉伯传入欧洲。从那以后，指南针愈来愈广泛地应用于航海上，用以确定船只的航向。那个时期的世界各国得益于指南针的推广，迎来了大航海时代。

图 7-4　司南勺

但在那时，无论是在中国还是在欧洲，都还没建立起以研究磁现象为中心的学科——磁学。磁学和电学一样也诞生在欧洲，它的标志是英国皇家御医吉尔伯特在 1600 年发表的《论磁》，但这比沈括在《梦溪笔谈》里记载的指南针要晚了 500 多年。对磁的研究，和电一样，也是先从技术开始，然后再到科学的形成。我国现代对磁的系统研究可以认为是从施汝为先生开始的，他当年从美国耶鲁大学博士毕业之后，于 1934 年回到祖国，建立了第一个现代磁学研究的实验室，施汝为先生毕生从事磁学研究，培养了一大批磁学人才，为中国的磁学事业的发展奠定了坚实的基础。磁一直伴随着人类文明的进程而发展，时至今日，几乎所有的高科技产品都会用到磁。

人们最早发现的天然磁铁矿矿石的化学成分是四氧化三铁，这种磁铁称为**永久磁体**。磁铁具有吸引铁、钴、镍等物质的性质，这种性质称为**磁性**。磁体上不同部位的磁性大小不一样，将条形磁铁投入铁屑中，靠近两端的地方吸引的铁屑比较多，即磁性强，该区域称为**磁极**，中部没有磁性的区域称为中性区。如果将条形磁铁水平自由悬挂，磁铁将自动地转向地球的南北方向，指向北方的磁极称为**磁北极**，指向南方的磁极称为**磁南极**。

我们知道自然界中存在着两种电荷，同样自然界中的磁体也存在着两个磁极，但与电荷不同，两种不同性质的磁极总是成对出现的。1932 年，著名的英国物理学家狄拉克，从理论上预言**磁单极**是可以独立存在的。但是迄今为止，人们在实验中还没有找到令人信服的证据。无论将磁体怎样切割，切割后得到的每一段小磁体总是具有磁北极(N 极)、磁南极(S 极)两个不同的磁极，如图 7-5 所示。因此，人们认为磁体的两极总是成对出现，自然界中不会存在单个磁极。此外，磁极之间的相互作用，与电荷之间的相互作用具有相似的特征：**同名磁极相互排斥，异名磁极相互吸引**。

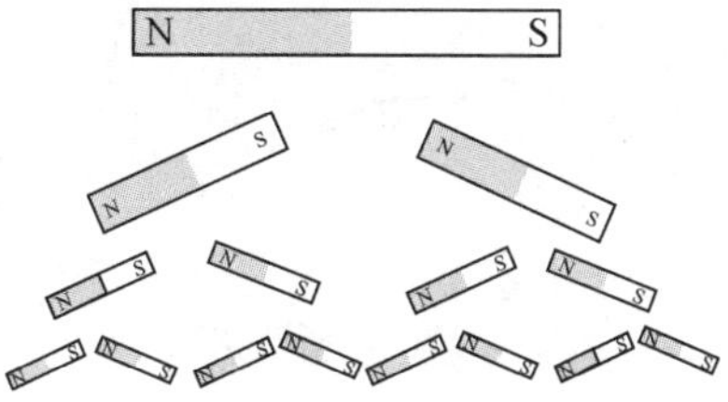

图 7-5　无法切割出磁单极

地球周围空间存在着的磁场，致使小磁针受其作用总是沿南北指向。地磁北极在地理南极附近，地磁南极在地理北极附近。赤道处磁场最弱，两极最强。现代科学证实，地磁两极在地面上的位置不是固定的，随着时间发生变化。地磁场的两极方向与地理上的南北极方向之间的夹角叫做**磁偏角**，如图 7-6 所示，目前为 11.5°，磁偏角的数值在地球上的不同地点是不同的。在我国磁偏角最大可达 11°，大部分地区为 2°～5°，不仅如此，由于地球磁极的缓慢移动，磁偏角也在缓慢变化。不但地球具有磁场，宇宙中的许多天体也具有磁场，太阳表面的黑子、耀斑和太阳风等活动都与太阳磁场有关。

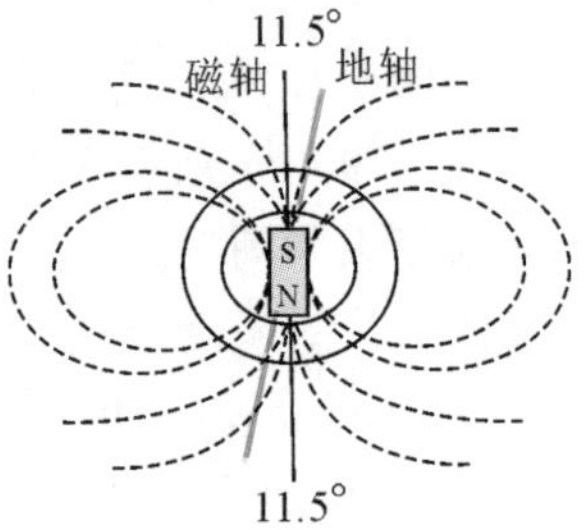

图 7-6　地磁场的磁偏角

7.2.2　电流的磁效应

很长一段时间里，科学家都认为电和磁之间没有任何关联，对它们的研究是沿着两个相互独立的方向发展的，因而进展极其缓慢。但丹麦物理学家奥斯特坚信客观世界的各种力具有统一性，认为电和磁之间一定存在关联。富兰克林发现的莱顿瓶放电可使缝衣针磁化现象对奥斯特启发很大，奥斯特一直从事这方面的研究，但实验研究并非一帆风顺。直至 1820 年 4 月的一天，奥斯特在上课的时候偶然间发现把导线沿南北方向放置在一个带玻璃罩的小磁针的上方，通电时磁针转动了。小磁针的摆动，对听课的听众来说并没什么，但对奥斯特来说实在太重要了，多年来盼望出现的现象，终于出现了，他又改变电流方向，发现小磁针向相反方向偏转，说明电流方向与磁针的转动之间存在某种联系。在接下来的三个月的时间里，他连续进行了大量研究，做了六十多个实验，并于同年 7 月发表论文，向科学界宣布了**电流的磁效应**，这就是历史上著名的**奥斯特实验**，如图 7-7 所示，奥斯特实验第一次指出了磁现象与电现象之间的联系。1820 年 7 月 21 日作为一个划时代的日子载入史册，揭开了电磁学的序幕，标志着电磁学时代的到来。

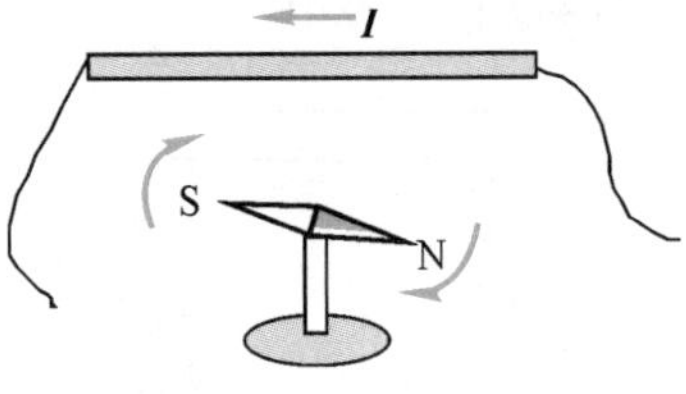

图 7-7　奥斯特实验

这一消息极大震惊了当时的学术界，远在法国的安培听到消息之后马上集中精力做了大量的实验：他重复做了电流对磁针影响的实验，还提出了圆形电流产生磁性的可能性。

并且通过实验展示出：若所载电流的流向相同，则两条平行的载流导线会互相吸引；否则，电流流向相反，则会互相排斥，如图 7-8 所示。之后的实验还发现：放在磁铁附近的载流导线也会受到力的作用而发生运动，如图 7-9 所示；电子束在磁场中路径发生偏转，如图 7-10 所示。

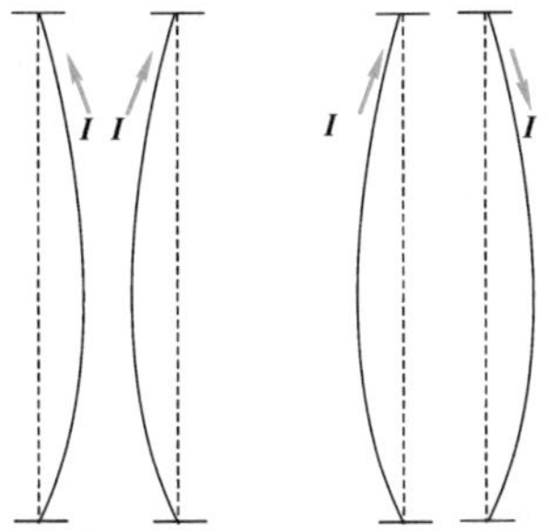

图 7-8　载流导线之间的相互作用

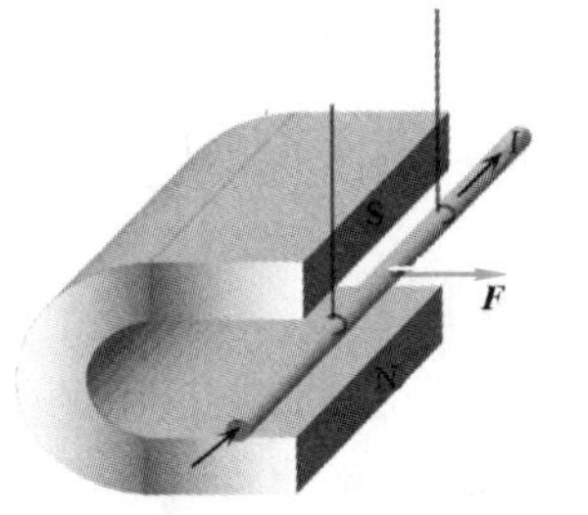

图 7-9　磁铁对载流导线的作用

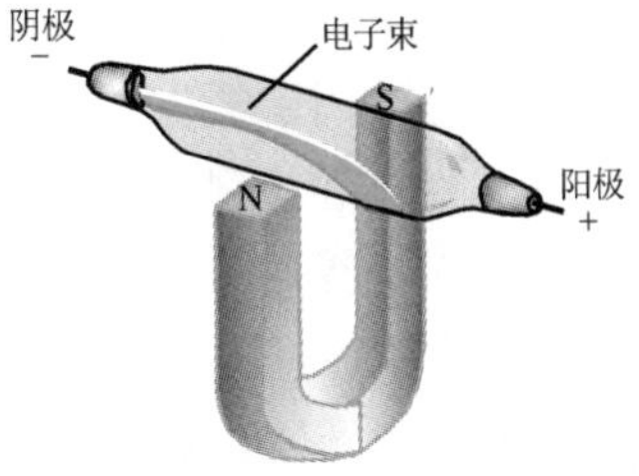

图 7-10　电子束在磁场中发生偏转

电流的磁效应在当时的科学界引起了巨大的反响，科学家纷纷转向对这方面的讨论，进而推动了整个电磁学的发展。1821 年初，安培又进一步提出了物质磁性起源的假说。安培认为：在原子、分子等物质微粒的内部，存在着一种环形电流——**分子电流**，每个分子相当于一个环形电流，分子的两侧相当于两个磁极。磁体的最小基元由分子电流构成，通常情况下，磁体分子的分子电流取向是杂乱无章的，它们产生的磁场互相抵消，因而对外不显磁性。当外界磁场作用后，分子电流的取向大致相同，分子间相邻的电流作用抵消，而表面部分未抵消，在宏观上就会显示出 N、S 极，从而使整个物体宏观上呈现磁性，这就是著名的**安培分子电流假说**，如图 7-11 所示。在安培所处的时代，人们对物质内部为什么会有分子电流还不清楚。直到 20 世纪初，才知道分子电流是由原子内部电子绕原子核的转动及电子自旋形成的，也进一步说明安培的假说与现代对物质磁性的理解相符合，使我们认识到：磁铁的磁场和电流的磁场一样，都是由电荷的运动产生的。

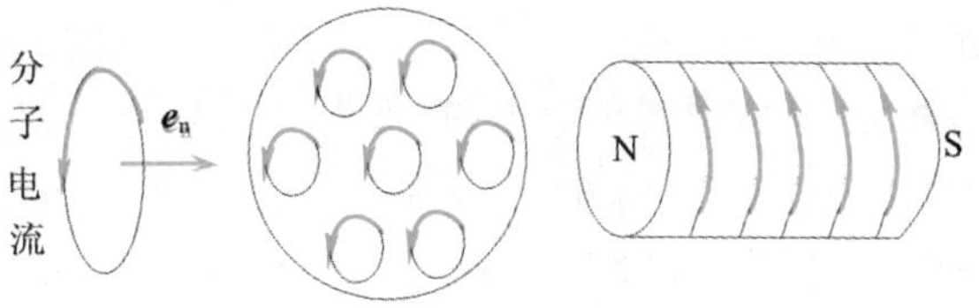

图 7-11　安培分子电流假说

7.2.3　磁感应强度

通过之前的学习可以得出，**无论是导线中的电流(传导电流)还是磁铁，它们的本源都一样，即电荷的运动**。那磁铁和磁铁之间、磁铁和电流之间以及电流和电流之间的相互作用是怎样发生的？通过对电场的学习，我们知道电荷之间的相互作用是通过电场发生的。同样，磁体周围存在磁场，磁体之间的相互作用就是通过以**磁场**为媒介，不用在物理层面接触就能发生作用。**磁场**就是电流、运动电荷、磁体或变化的电场周围空间存在的一种特殊形态的物质，虽然看不见摸不到，但却是真实存在的。这种相互作用关系如图 7－12 所示。

图 7－12　磁铁(或电流)与磁场的相互作用

恒定电流周围激发的磁场不随时间发生变化，称为**恒定磁场**。本章将着重讨论恒定磁场的基本性质和规律。

磁场对外界的相互关系体现在以下两点：

(1) 磁场对进入场中的运动电荷或载流导体有磁力的作用。

(2) 载流导体在磁场中移动时，磁场作用力将对载流导体做功，表明磁场具有能量。

和电场一样，磁场也是一个矢量场，在电场中，我们引入电场强度矢量 $\boldsymbol{E}$ 来描述电场的强弱和方向。同样，为了描述磁场空间各场点的性质，我们将引入一个新的物理量——**磁感应强度**，用矢量 $\boldsymbol{B}$ 表示，空间某一场点磁感应强度 $\boldsymbol{B}$ 的方向即表示该处磁场的方向。

对于磁场的方向，可以把一枚可以自由转动的小磁针作为检验用的磁体放在磁场中的某一点，通过观察它的受力情况来确定。小磁针在磁场中因为受力而发生转动，当小磁针稳定不动后，它的指向也就确定了，物理学中把**小磁针静止时 N 极所指的方向规定为该点的磁感应强度的方向，简称磁场的方向**。但是，N 极不能单独存在，因而不可能测量 N 极受力的大小，那么如何确定磁感应强度的大小呢？

我们将利用磁场对运动电荷有作用力这一性质，引入磁感应强度 $\boldsymbol{B}$ 来定量地描述磁场。(作为检验用的运动电荷其本身的磁场要足够弱，不至于影响被检验的磁场的分布)。实验表明，磁场作用在运动电荷上的力不仅与运动电荷所带的电量 q 有关，而且与电荷运动的速度$\boldsymbol{v}$ 及方向有关，如图 7－13 所示，结果表明：

(1) 试验电荷在磁场运动中所受的力 $\boldsymbol{F}$ 总是垂直于运动速度$\boldsymbol{v}$ 与磁场方向所组成的平面；试验电荷在磁场运动所受的力 $\boldsymbol{F}$ 的大小正比于运动电荷的电量和电荷运动的速度。

(2) 试验电荷沿着磁场方向(或磁场的反方向)运动时，不受磁场力的作用，即 $\boldsymbol{F}=0$；试验电荷运动方向与磁场方向(或磁场的反方向)垂直时，试验电荷受力最大为 $\boldsymbol{F}_{\max}$。

(3) 试验电荷运动方向垂直于磁场方向(或磁场的反方向)时所受力最大值 $\boldsymbol{F}_{\max}$ 与 $q\boldsymbol{v}$ 的比值为一恒量，与在磁场中某一位置上 q 或$\boldsymbol{v}$ 无关，仅与该点的磁场的性质有关。

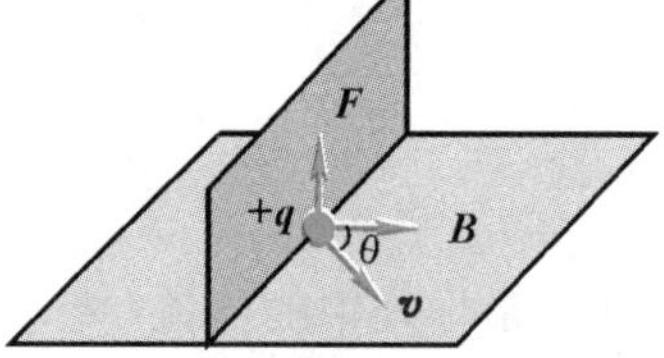

图 7－13　运动电荷在磁场中所受的力

在磁场较强处，$F_{\max}$ 与 qv 的比值较大；在磁场较弱处，该比值较小。可见，比值 $F_{\max}/qv$ 的大小反映了磁场中各处磁场的强弱。

因此，我们定义磁场中某点的磁感应强度 **B** 的大小为

$$B=\frac{F_{\max}}{qv} \tag{7-10}$$

磁感应强度 **B** 的方向为小磁针在该点处时 N 极的指向。

如果磁场中某一区域内各点磁感应强度 **B** 的方向一致、大小相等，那么该区域内的磁场称为均匀磁场，否则为非均匀磁场。

在国际单位制中，磁感应强度 **B** 的单位为特斯拉(T)，$1\ \mathrm{T}=1\ \mathrm{N}\cdot\mathrm{A}^{-1}\cdot\mathrm{m}^{-1}$。

目前常使用的另一个非国际单位制单位是高斯(Gs)，它与特斯拉的换算关系为 $1\ \mathrm{T}=10^4\ \mathrm{Gs}$。

自然界中一些磁场感应强度的近似值如表 7-1 所示。

表 7-1　自然界中一些磁场磁感应强度的近似值　(单位：T)

原子核表面	10^{12}
中子星表面	10^{8}
原子核附近	10^{4}
超导电磁铁	5～40
大型电磁铁	1～2
一般永磁铁	10^{-2}
小型条形磁铁附近	10^{-1}
地球表面附近	5×10^{-5}
人体磁场	10^{-12}
磁屏蔽室内	3×10^{-14}

7.3 毕奥-萨伐尔定律

电流的磁效应揭示了磁场是由电流激发的，但该实验并没有定量说明电流产生磁场的规律。本节将引入真空中恒定电流与其在空间任一点所激发的磁场之间的定量关系：毕奥-萨伐尔定律。

7.3.1 毕奥-萨伐尔定律

在静电场中，为了求解任意形状带电体所激发的电场强度 **E**，通常将其分割为无穷多的电荷元 $\mathrm{d}q$，带电体所产生的电场强度 **E** 可视为由各个电荷元 $\mathrm{d}q$ 产生的电场强度 $\mathrm{d}\boldsymbol{E}$ 的矢量叠加。同样，在磁场中也可以把电流看成由无穷多个电流元(载流导线的各个微小线元称为电流元，电流元常用矢量 $I\mathrm{d}\boldsymbol{l}$ 表示，其中 $\mathrm{d}\boldsymbol{l}$ 是矢量，表示在载流导线上沿电流方向所取的线元，I 为导线中的电流强度)组合而成。求解载流导线在给定任一点 P 处所激发的磁感应强度 **B**，则可看成是导线上各个电流元 $I\mathrm{d}\boldsymbol{l}$ 在该点处所激发的磁感应强度 $\mathrm{d}\boldsymbol{B}$ 的矢量叠加。如果能找到电流元激发的磁感应强度的表达式，并结合磁场的叠加原理，即可

求得任意载流导线在空间激发的磁场。

1820 年，在奥斯特发现电流磁效应后不久，法国物理学家毕奥和萨伐尔由实验得出：载流直导线周围场点的磁感应强度 $\boldsymbol{B}$ 与电流 I 成正比，与场点到直线电流的距离 r 成反比。不久之后，法国数学家兼物理学家拉普拉斯根据毕奥和萨伐尔由实验得出的结论，从数学上给出了电流元产生的磁场磁感应强度的数学表达式，从而建立了著名的毕奥-萨伐尔定律：任一电流元 $I\mathrm{d}\boldsymbol{l}$ 在给定点 P 所产生的磁感应强度 $\mathrm{d}\boldsymbol{B}$ 的大小与电流元的大小成正比，与电流元和由电流元到 P 点的位矢 $\boldsymbol{r}$ 的夹角的正弦成正比，而与电流元到 P 点距离 $\boldsymbol{r}$ 的平方成反比。其数学达式为

$$\mathrm{d}B=k\,\frac{I\mathrm{d}l\sin\theta}{r^2} \tag{7-11}$$

式中，k 为比例系数，与磁场中的磁介质和单位制有关。在国际单位制中，比例系数 $k=\mu_0/4\pi$，其中，μ_0 为真空中的磁导率，值为 $\mu_0=4\pi\times10^{-7}\ \mathrm{T\cdot m\cdot A^{-1}}$。电流元 $I\mathrm{d}\boldsymbol{l}$ 所产生的磁感应强度 $\mathrm{d}\boldsymbol{B}$ 的方向总是垂直于 $\mathrm{d}\boldsymbol{l}$ 和 $\boldsymbol{r}$ 所组成的平面，并沿 $I\mathrm{d}\boldsymbol{l}\times\boldsymbol{r}$ 的方向，如图 7-14 所示，为此我们便可以把式(7-11)的毕奥-萨伐尔定律的表达式写成如下的矢量表达式：

$$\mathrm{d}\boldsymbol{B}=\frac{\mu_0}{4\pi}\frac{I\mathrm{d}\boldsymbol{l}\times\boldsymbol{r}}{r^3}=\frac{\mu_0}{4\pi}\frac{I\mathrm{d}\boldsymbol{l}\times\boldsymbol{e}_r}{r^2} \tag{7-12}$$

式中，$\boldsymbol{e}_r=\boldsymbol{r}/r$ 是沿位矢 $\boldsymbol{r}$ 方向的单位矢量。

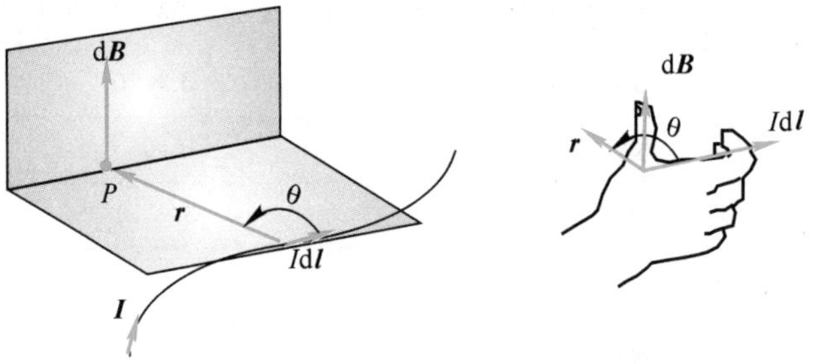

图 7-14 毕奥-萨伐尔定律中的方向判定

利用场的叠加原理，可得任意载流导线在给定点P 激发的磁场，等于各段电流元单独存在时在该点激发的磁感应强度的矢量和，即

$$\boldsymbol{B}=\int\mathrm{d}\boldsymbol{B}=\frac{\mu_0}{4\pi}\int\frac{I\mathrm{d}\boldsymbol{l}\times\boldsymbol{r}}{r^3}=\frac{\mu_0}{4\pi}\int\frac{I\mathrm{d}\boldsymbol{l}\times\boldsymbol{e}_r}{r^2} \tag{7-13}$$

虽然毕奥-萨伐尔定律不能直接由实验验证，但是，由定律计算出的通电导线在场点产生的磁场和实验测量的结果较为符合，从而间接地证实了毕奥-萨伐尔定律的正确性。

7.3.2 毕奥-萨伐尔定律的应用

应用毕奥-萨伐尔定律计算载流导线所激发的磁场中任一点磁感应强度的具体步骤如下：

(1) 在载流导线上任选一段电流元 $I\mathrm{d}\boldsymbol{l}$，并标示出 $I\mathrm{d}\boldsymbol{l}$ 到给定点 P 的位置矢量$\boldsymbol{r}$，确定二者之间的夹角。

（2）利用毕奥-萨伐尔定律，求出电流元 $I\mathrm{d}\boldsymbol{l}$ 在给定点 P 所产生的磁感应强度 $\mathrm{d}\boldsymbol{B}$ 的大小，并根据右手螺旋法则确定 $\mathrm{d}\boldsymbol{B}$ 的方向。

（3）建立恰当的坐标系，将 $\mathrm{d}\boldsymbol{B}$ 在坐标系中进行分解。在直角坐标系中可分解为

$$\mathrm{d}\boldsymbol{B}=\mathrm{d}B_x\boldsymbol{i}+\mathrm{d}B_y\boldsymbol{j}+\mathrm{d}B_z\boldsymbol{k}$$

（4）对各个分量分别进行积分：

$$\begin{cases}B_x=\int\mathrm{d}B_x\\B_y=\int\mathrm{d}B_y\\B_z=\int\mathrm{d}B_z\end{cases}$$

（5）对积分结果进行矢量合成，可得

$$\boldsymbol{B}=B_x\boldsymbol{i}+B_y\boldsymbol{j}+B_z\boldsymbol{k}$$

下面我们应用毕奥-萨伐尔定律和磁场叠加原理计算几种常见载流导线所产生的磁场分布。

例 7－1　计算一段载流直导线的磁场。设真空中有一长为 L 的载流直导线（简称直电流），电流为 I，试求距离载流直导线为 a 的场点 P 处的磁感应强度。

解　以 P 点在直导线上的垂足为坐标原点 O 建立如图 7－15 所示的坐标系。

亥姆霍兹线圈

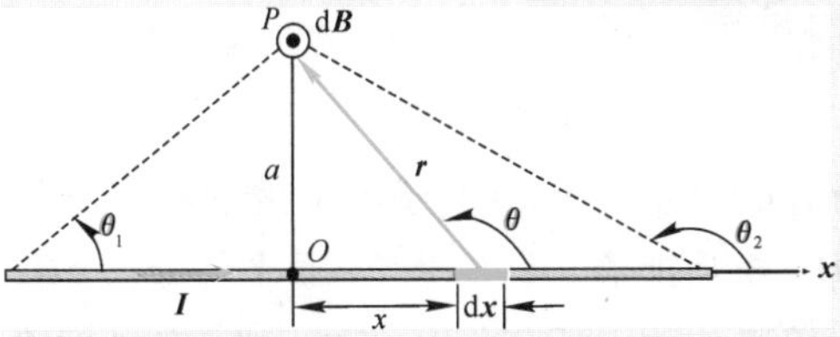

图 7－15　例 7－1 用图

将直导线分割成无穷多个电流元，在导线上任取电流元 $I\mathrm{d}\boldsymbol{x}$，到 P 点的位矢为 $\boldsymbol{r}$，根据毕奥-萨伐尔定律中的方向判定，所有电流元在 P 点的磁感应强度 $\mathrm{d}\boldsymbol{B}$ 的方向都相同，垂直于纸面向外，在图中用⊙表示（如果是垂直于纸面向里则用⊗表示），其计算式为

$$\mathrm{d}B=\frac{\mu_0}{4\pi}\frac{I\,\mathrm{d}x\sin\theta}{r^2}$$

式中，θ 为电流元 $I\mathrm{d}\boldsymbol{x}$ 与位矢 $\boldsymbol{r}$ 之间的夹角。由于各电流元在 P 点的磁感应强度方向一致，因此可得

$$B=\int\mathrm{d}B=\frac{\mu_0}{4\pi}\int_L\frac{I\,\mathrm{d}x\sin\theta}{r^2}$$

式中，x、r、θ 均为变量。

根据图中几何关系可得

$$r=\frac{a}{\sin(\pi-\theta)}=\frac{a}{\sin\theta}$$

$$x=a\cot(\pi-\theta)=-a\cot\theta$$

$$\mathrm{d}x=\frac{a\,\mathrm{d}\theta}{\sin^2\theta}$$

将上述关系式代入，可得

$$B=\int\mathrm{d}B=\int\frac{\mu_0 I}{4\pi}\frac{a}{\sin^2\theta}\frac{\sin^2\theta}{a^2}\sin\theta\,\mathrm{d}\theta$$

并将积分上、下限代入表达式，可得到有限长载流直导线在周围空间 P 点激发的磁感应强度大小的表达式为

$$B=\frac{\mu_0 I}{4\pi a}\int_{\theta_1}^{\theta_2}\sin\theta\,\mathrm{d}\theta=\frac{\mu_0 I}{4\pi a}(\cos\theta_1-\cos\theta_2)\tag{7-14}$$

式中，θ_1 和 θ_2 分别为载流直导线起点处和终点处电流元与位矢之间的夹角。

下面讨论两种特殊情况：

(1) 对于无限长的直电流(简称长直电流),即 $\theta_1=0°$和 $\theta_2=180°$,则场点 P 的磁感应强度的大小为

$$B=\frac{\mu_0 I}{2\pi a} \tag{7-15}$$

但在实际应用中,不可能存在真正的无限长直电流,但如果所考察的场点离直电流的距离远比直电流的长度及离两端的距离小,上式依然成立。

(2) 对于半无限长的直电流,即 $\theta_1=0°$或 $\theta_1=90°$和 $\theta_2=90°$或 $\theta_2=180°$,则场点 P 处的磁感应强度的大小为

$$B=\frac{\mu_0 I}{4\pi a} \tag{7-16}$$

(3) 若所求场点位于直电流的延长线上,则磁感应强度 $B=0$。

例 7-2 **载流圆形导线轴线上的磁场。**如图 7-16 所示,真空中有一半径为R,电流为 I 的圆形载流导线(简称为圆电流),求其轴线上距圆心 O 点相距为 x 处任一点 P 处的磁感应强度 $\boldsymbol{B}$。

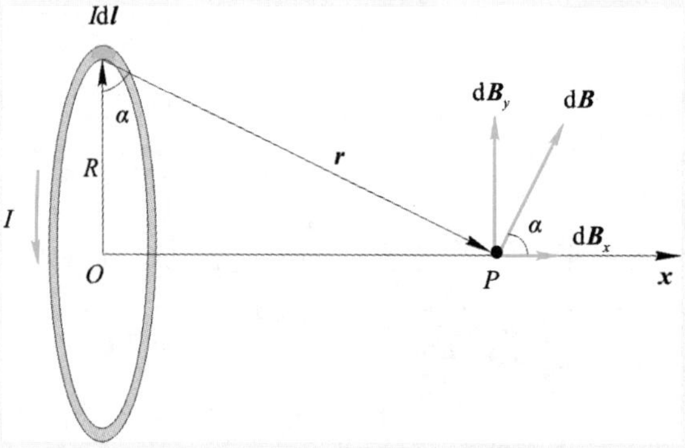

图 7-16 例 7-2 用图

解 如图 7-16 所示,在圆电流上任取一电流元,电流元 $I\mathrm{d}\boldsymbol{l}$ 到 P 点的位矢为 $\boldsymbol{r}$,与位矢的夹角为 90°,根据毕奥-萨伐尔定律,此电流元在 P 点所激发的磁感应强度 $\mathrm{d}\boldsymbol{B}$ 的大小为

$$\mathrm{d}B=\frac{\mu_0}{4\pi}\frac{I\mathrm{d}l\sin 90°}{r^2}=\frac{\mu_0}{4\pi}\frac{I\mathrm{d}l}{r^2}$$

(因为 $\mathrm{d}\boldsymbol{l}\perp\boldsymbol{r}$,所以 $\theta=90°$)

由磁场分布的对称性可知,各电流元在 P 点的磁感应强度 $\mathrm{d}\boldsymbol{B}$ 的大小都相等,且与垂直于 Ox 轴方向的夹角均为 α,但各个电流元分别在该点激发的磁感应强度 $\mathrm{d}\boldsymbol{B}$ 的方向不同。我们把 $\mathrm{d}\boldsymbol{B}$ 分解为平行于 Ox 轴的分量 $\mathrm{d}B_x$,和垂直于 Ox 轴的分量 $\mathrm{d}B_y$,考虑到各个电流元关于 Ox 轴的对称关系,所有电流元在 P 点的感应强度的垂直分量 $\mathrm{d}B_y$ 相互抵消,即 $B_y=0$,而平行分量 $\mathrm{d}\boldsymbol{B}_x$ 则相互加强。所以,P 点的磁感应强度 $\boldsymbol{B}$ 沿 Ox 轴方向,其大小为

$$B=B_x=\int \mathrm{d}B\cos\alpha=\int\frac{\mu_0}{4\pi}\frac{I\mathrm{d}l\sin 90°\cos\alpha}{r^2}$$

将 $\cos\alpha=R/r=R/\sqrt{R^2+x^2}$,$r=\sqrt{R^2+x^2}$ 代入上式,可得

$$B=\int_0^{2\pi R}\frac{\mu_0}{4\pi}\frac{IR\mathrm{d}l}{(R^2+x^2)^{3/2}}=\frac{\mu_0 IR^2}{2(R^2+x^2)^{3/2}} \tag{7-17}$$

磁感应强度 $\boldsymbol{B}$ 的方向与圆电流环绕方向呈右手螺旋关系。下面我们讨论两种特殊情况:

(1) 场点 P 在圆心 O 处，$x=0$，该处磁感应强度大小为

$$B=\frac{\mu_0 I}{2R} \tag{7-18}$$

(2) 场点 P 远离圆电流 $x\geqslant R$ 时，P 点的磁感应强度大小为

$$B\approx\frac{\mu_0 IR^2}{2x^3}=\frac{\mu_0 IS}{2\pi x^3} \tag{7-19}$$

式中，$S=\pi R^2$，为圆电流的面积。

(3) 圆心角为 θ 的圆弧形电流在圆心处激发的磁感应强度的大小为

$$B=\int_0^\theta \mathrm{d}B=\int_0^\theta\frac{\mu_0 I\mathrm{d}l}{4\pi R^2}=\int_0^\theta\frac{\mu_0 IR\mathrm{d}\theta}{4\pi R^2}$$

$$=\int_0^\theta\frac{\mu_0 I\mathrm{d}\theta}{4\pi R}=\frac{\mu_0 I\theta}{4\pi R} \tag{7-20}$$

磁感应强度的方向为垂直于纸面向外，如图 7-17 所示。

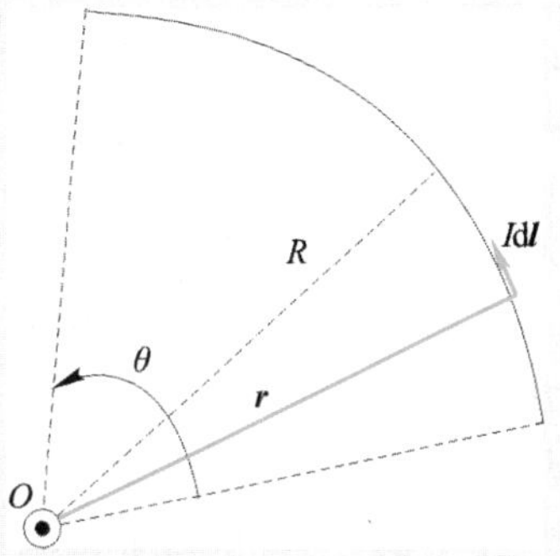

图 7-17　圆弧形载流导线圆心处的磁场

例 7-3　一根无限长载流直导线被弯成图 7-18 所示的形状，计算圆心 O 点的磁感应强度。

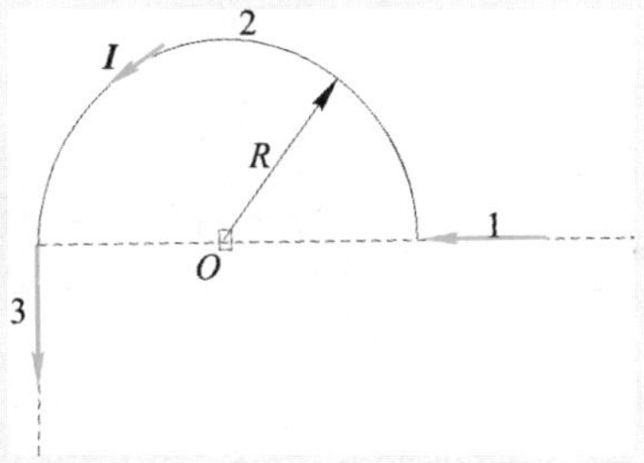

图 7-18　例 7-3 用图

解　载流直导线可视为由三段载流导线组成，圆心处的磁感应强度则为三段导线分别激发的磁感应强度的矢量叠加。

1 段：O 点位于长直电流延长线上，1 段在 O 点产生的磁场为零，$B_1=0$。

2 段：1/2 圆弧电流在 O 点激发的磁感强度为：$B_2=\dfrac{\mu_0 I}{4R}$，方向：垂直纸面向外。

3 段：一段半无限长直电流在 O 点激发的磁感强度为：$B_3=\dfrac{\mu_0 I}{4\pi R}$，方向：垂直纸面向外。

则由叠加原理可得，圆心处的磁感应强度的大小为

$$B_0=\frac{\mu_0 I}{4R}+\frac{\mu_0 I}{4\pi R}+0=\frac{\mu_0 I}{4R}+\frac{\mu_0 I}{4\pi R}$$

方向：垂直纸面向外。

7.4 磁场中的高斯定理

7.4.1 磁感应线

类似于引入电场线来描述静电场一样，在磁场中将引入**磁感应线**(也称磁力线、$\boldsymbol{B}$ 线)来形象地描述磁场。磁感应线的概念是著名物理学家法拉第最先提出的，它的定义为：**磁感应线上任意一点的切线方向表示该点磁感应强度 $\boldsymbol{B}$ 的方向(即磁场方向)，且该处垂直于磁感应强度 $\boldsymbol{B}$ 的单位面积上通过的磁感应线的数目等于该处 $\boldsymbol{B}$ 的大小**，即磁感应线的疏密程度反映了磁场的强弱。因此，磁场较强的地方，磁感应线较密集，反之，磁感应线较稀疏。磁感应线是为了形象地研究磁场而人为引入的一簇有方向的曲线，并不是客观存在于磁场中的真实曲线。

磁场中磁感应线的分布状态可借助小磁针或铁屑通过实验方法模拟出来。几种典型的载流导线所产生的磁场的磁感应线分布如图 7-19(a)所示。

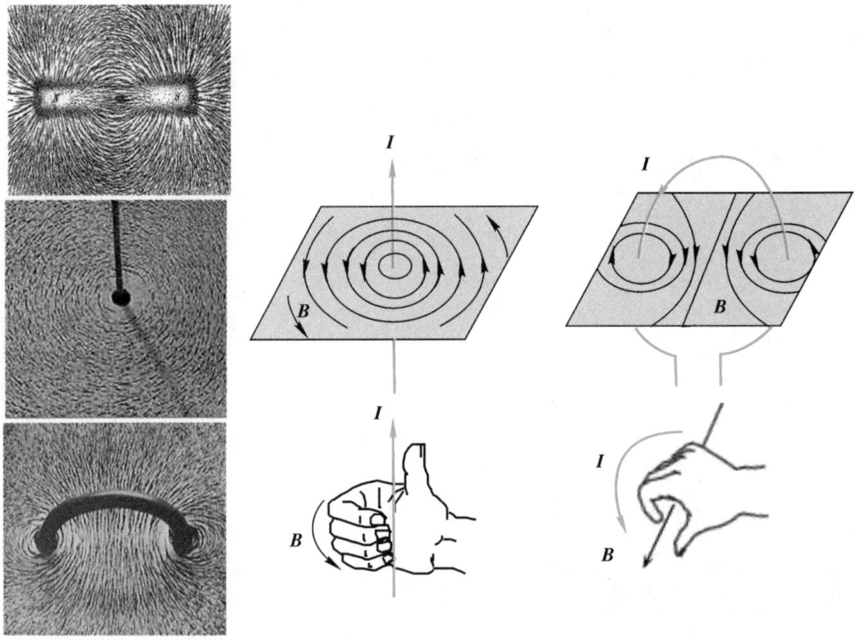

(a) 条形磁铁周围磁感应线的分布 (b) 直线电流周围磁感应线的分布 (c) 圆环电流周围磁感应线的分布

图 7-19 几种典型载流导线的磁感应线分布

从上述几种典型的磁感应线分布图示中可以看出其特性如下：

(1) **载流导线周围的磁感应线都是围绕电流的闭合曲线**，没有起点，也没有终点，而且每条闭合磁感应线都与闭合电路互相嵌套，因此磁场是涡旋场。

(2) 由于磁场中某点的磁场方向是确定的，因此**任意两条磁感应线在空间永不相交**。

(3) **磁感应线的环绕方向与电流方向之间可以用右手螺旋定则表示**。若拇指指向电流方向，则四指方向为磁感应线方向，如图 7-19(b)所示；若四指方向为电流方向，则拇指指向为磁感应线方向，如图 7-19(c)所示。

7.4.2 磁通量

研究电磁现象时，常常需要讨论穿过某一面积的磁场及其变化，所以类似于静电场中引入电场强度通量（$\boldsymbol{E}$ 通量）的概念一样，在磁场中引入一个新的物理量——磁感应强度通量（磁通量、$\boldsymbol{B}$ 通量），其定义为：穿过磁场中某一曲面的磁感应线总数为穿过该曲面的磁通量，记作 Φ_m。

设在磁感应强度为 $\boldsymbol{B}$ 的均匀磁场中，有一个与磁场方向垂直的平面，面积为 S，如图 7-20(a)所示，我们把 B 与 S 的乘积记为穿过这个面积的磁通量，表示为 $\Phi_m = BS$。

如果磁场 $\boldsymbol{B}$ 与研究的平面不垂直，如图 7-20(b)所示，那么我们以这个面在垂直于磁场 $\boldsymbol{B}$ 方向上的投影面积 S' 与 B 的乘积表示该面的磁通量，记为 $\Phi_m = BS' = BS\cos\theta = \boldsymbol{B} \cdot \boldsymbol{S}'$。

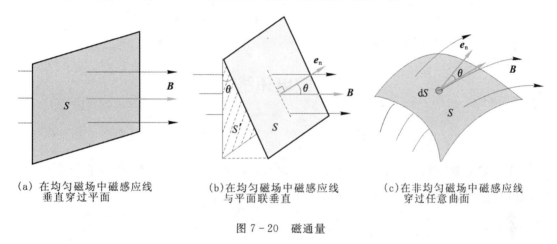

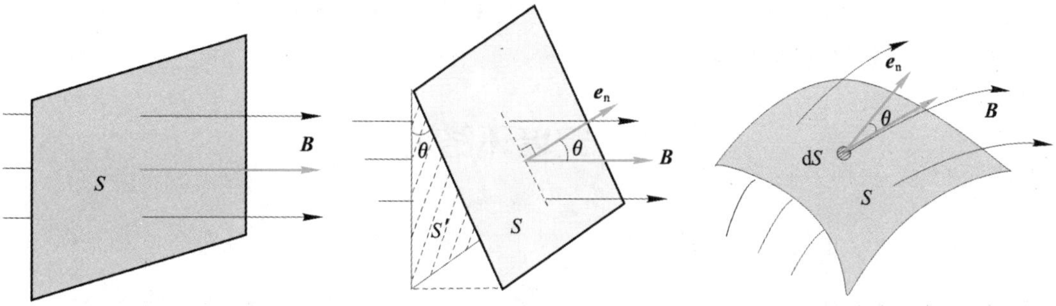

(a) 在均匀磁场中磁感应线垂直穿过平面　　(b)在均匀磁场中磁感应线与平面联垂直　　(c)在非均匀磁场中磁感应线穿过任意曲面

图 7-20　磁通量

对于更为一般的情况，在非均匀磁场中，要通过积分计算穿过任一曲面 S 的磁通量，可在曲面 S 上取一面积元 $\mathrm{d}S$，$\mathrm{d}S$ 上的磁感应强度可视为均匀的，面积元可视为平面，则转化为平面在均匀磁场求磁通量的问题。若其法线方向的单位矢量 $\boldsymbol{e}_n$ 与该处的磁感应强度 $\boldsymbol{B}$ 夹角为 θ，如图 7-20(c)所示，则通过该面积元 $\mathrm{d}\boldsymbol{S}$ 的磁通量为 $\mathrm{d}\Phi_m = B\mathrm{d}S\cos\theta = \boldsymbol{B} \cdot \mathrm{d}\boldsymbol{S}$，式中 $\mathrm{d}\boldsymbol{S}$ 是面积元矢量，其大小等于 $\mathrm{d}S$，方向沿法线 $\boldsymbol{e}_n$ 的方向。

通过整个曲面 S 的磁通量等于通过此面积上所有面积元磁通量的代数和，即

$$\Phi_m = \int_S \mathrm{d}\Phi_m = \int_S B\mathrm{d}S\cos\theta = \int_S \boldsymbol{B} \cdot \mathrm{d}\boldsymbol{S} \tag{7-21}$$

在国际单位制中，磁通量的单位是韦伯，符号为 Wb，$1\ \mathrm{Wb} = 1\ \mathrm{T} \cdot \mathrm{m}^2$。

7.4.3 磁场中的高斯定理

对于闭合曲面来说，通常规定垂直于曲面向外的指向为面元法线的正方向。因此，磁感应线从闭合曲面穿出时的磁通量为正值（穿出为正，$\theta < 90°$），磁感应线穿入闭合曲面时的磁通量为负值（穿入为负，$\theta > 90°$）。

由于磁感应线是闭合曲线，因此任何一条穿入闭合曲面的磁感应线必定会从曲面内部

穿出来，所以穿入闭合曲面的磁感应线条数必然等于穿出闭合曲面的磁感应线条数。因此对于任何闭合曲面来说，有多少条磁感应线穿入闭合曲面，就有多少条磁感应线穿出该闭合曲面，如图 7-21 所示。

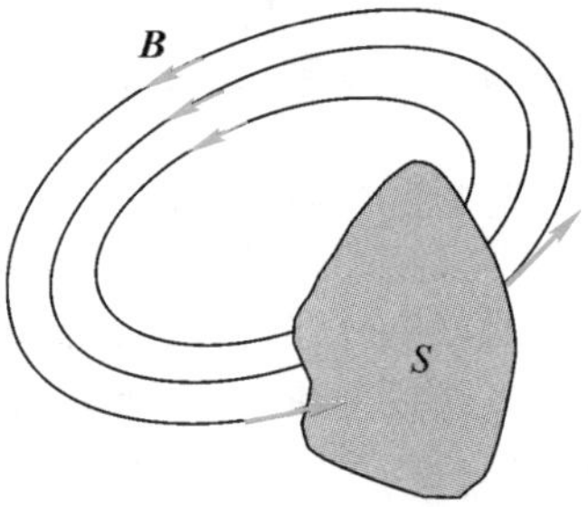

图 7-21　磁感应线穿过闭合曲面

也就是说，在磁场中通过任意闭合曲面 $\boldsymbol{B}$ 的总通量等于零，即

$$\oint_S \boldsymbol{B} \cdot \mathrm{d}\boldsymbol{S} = \oint_S B\cos\theta\,\mathrm{d}\theta = 0 \qquad (7-22)$$

上式是表明磁场基本性质的重要方程之一。因此，**通过磁场中任一闭合曲面的总磁通量恒等于零，即真空中磁场的高斯定理。**

在磁场中，由于自然界尚未发现有磁单极存在，磁极总是成对出现的，因此通过任意闭合曲面的磁通量一定等于零，磁感应线都是环绕电流的、无头无尾的闭合曲线。这样的场在数学上称为无源场，或有旋场。而在静电场中，由于自然界存在单独的正、负电荷，电场线是由电荷发出的，总是始于正电荷，止于负电荷，因此通过任意闭合曲面的电通量可以不等于零，所以静电场是有源场。

7.5 安培环路定理

在静电场中，电场强度 $\boldsymbol{E}$ 的环路积分等于零，即 $\oint_L \boldsymbol{E} \cdot \mathrm{d}\boldsymbol{l} = 0$，说明静电场是保守力场；而在恒定磁场中，磁感应线是闭合的，那么磁场沿任意闭合路径的环路积分 $\oint_L \boldsymbol{B} \cdot \mathrm{d}\boldsymbol{l}$ 应为多少？又反映恒定磁场的什么性质呢？

7.5.1 安培环路定理

1821 年，法国物理学家安培研究了磁感应强度 $\boldsymbol{B}$ 沿任一闭合环路 L 的线积分的规律，提出了著名的安培环路定理，其定义为：**在磁场中，磁感应强度 $\boldsymbol{B}$ 沿任一闭合环路 $\boldsymbol{L}$ 的线积分，等于穿过环路所有电流强度 I 的代数和的 μ_0 倍，而与路径的形状和大小无关**，其数学表达式为

$$\oint_L \boldsymbol{B} \cdot \mathrm{d}\boldsymbol{l} = \mu_0 \sum I_i \qquad (7-23)$$

上式称为**真空中恒定磁场的安培环路定理**。安培环路定理是反映磁场基本性质的重要方程之一，说明磁场是有旋场。

下面我们通过真空中无限长载流直导线(如图 7-22 所示)产生的磁场来进行定理的验证。取与电流方向垂直的平面上任一包围载流导线的闭合环路 L。通过之前的学习，可得到磁感应线是以长直载流导线为中心的一系列同心圆，其绕向与电流方向成右手螺旋关系，曲线上任意一点 P 处磁感应强度的大小(见例 7-1)为 $B=\dfrac{\mu_0 I}{2\pi r}$，式中 I 为载流直导线中的电流强度，r 为 P 到直导线的垂直距离，$\boldsymbol{B}$ 的方向在平面上且与位矢 $\boldsymbol{r}$ 垂直，由图中三角关系近似可得 $\mathrm{d}l\cos\theta = r\mathrm{d}\varphi$。则磁感应强度 $\boldsymbol{B}$ 沿垂直于长直载流导线的平面上任意闭

合环路 L 的线积分为

$$\oint_L \boldsymbol{B} \cdot \mathrm{d}\boldsymbol{l} = \oint_L B\mathrm{d}l\cos\theta = \oint_L Br\mathrm{d}\varphi = \oint_L \frac{\mu_0 I}{2\pi r} r\mathrm{d}\varphi = \frac{\mu_0 I}{2\pi}\int_0^{2\pi}\mathrm{d}\varphi = \mu_0 I \tag{7-24}$$

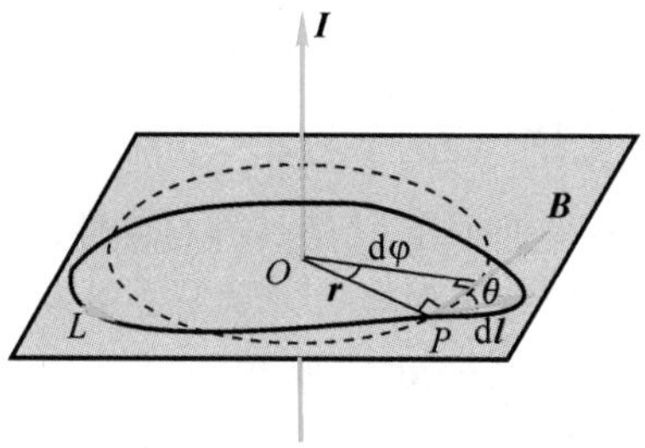

图 7-22 安培环路定理

如果闭合环路 L 不包围长直载流导线，则可以从长直载流导线出发，引出与闭合环路 L 相切的两条切线，切点把闭合环路 L 分为两部分，如图 7-23 所示，则

$$\begin{aligned}\oint_L \boldsymbol{B} \cdot \mathrm{d}\boldsymbol{l} &= \int_{L_1} \boldsymbol{B}_1 \cdot \mathrm{d}\boldsymbol{l}_1 + \int_{L_2} \boldsymbol{B}_2 \cdot \mathrm{d}\boldsymbol{l}_2 = \frac{\mu_0 I}{2\pi}\left(\int_{L_1}\mathrm{d}\varphi + \int_{L_2}\mathrm{d}\varphi\right) \\ &= \frac{\mu_0 I}{2\pi}[\varphi + (-\varphi)] = 0\end{aligned} \tag{7-25}$$

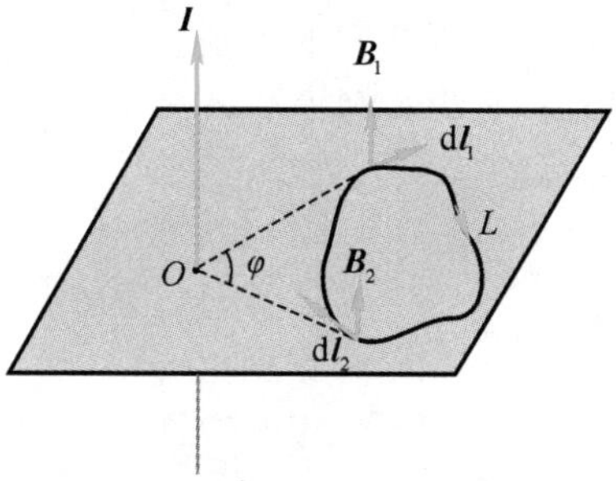

图 7-23 安培环路定理(载流导线不在环路内)

可见，闭合环路 L 外的电流对磁感应强度 $\boldsymbol{B}$ 沿闭合环路的线积分没有贡献。

虽然我们仅以长直载流导线这个特例对安培环路定理作了验证，但其结论具有普遍性：对真空中任意恒定电流而言，磁感应强度 $\boldsymbol{B}$ 沿闭合环路的线积分与路径的形状无关，只与闭合环路内的电流有关。

这一定理说明如下：

(1) 电流的正负与积分所取闭合环路的绕向有关，若穿过闭合环路的电流流向与环路的绕行方向满足右手螺旋关系，则电流为正；反之为负。

(2) 线积分中的 $\boldsymbol{B}$ 是闭合环路内、外电流积分环路上共同激发的。$\oint_L \boldsymbol{B} \cdot \mathrm{d}\boldsymbol{l} = 0$ 时，只说明环路 L 所包围的电流强度的代数和等于零，并不意味着闭合回路上各点的 $\boldsymbol{B}$ 都等于零。

(3) 对于闭合环路中包围多根电流的情况，定理同样适用，但需明确磁感应强度 $\boldsymbol{B}$ 对闭合环路 L 的线积分仅与闭合环路内的电流有关，而与闭合环路外的电流无关。

安培环路定理只适用于真空中恒定电流产生的磁场。如果电流随时间发生变化或空间存在其他磁性材料，则需要对安培环路定理的形式进行修正。

安培环路定理揭示了磁场与静电场的不同，磁场不是保守场，而是有旋场，是非保守力场，所以在磁场中不能引入相应的磁势能概念，这是磁场与静电场的区别。

7.5.2 安培环路定理的应用

正如在静电场中可以用高斯定理求解某些具有对称性的带电体的电场强度一样，在某些情况下，同样可以用安培环路定理求解具有对称分布载流导体周围的磁感应强度。

应用安培环路定理计算磁感应强度 $\boldsymbol{B}$ 的步骤如下：

(1) 首先根据电流分布的对称性，分析磁场分布的对称性。

(2) 选取恰当的闭合回路 L 使其通过所求的场点，且在所取回路 L 上要求磁感应强度 $\boldsymbol{B}$ 的大小处处相等；或使积分在回路 L 某些段上的积分为零，剩余路径上的磁感应强度 $\boldsymbol{B}$ 值处处相等，而且磁感应强度 $\boldsymbol{B}$ 与路径的夹角也处处相同。

(3) 规定一个闭合回路 L 的绕行方向，根据右手螺旋定则判定电流的正、负，从而求出闭合回路所包围所有电流的代数和。

(4) 根据安培环路定理列方程求解。

应用安培环路定理可较为简便地计算某些具有特定对称性的载流导线的磁场分布，下面我们通过几个例题来理解上述应用安培环路定理计算磁感应强度 $\boldsymbol{B}$ 的方法。

例 7-4 **求无限长载流圆柱体周围空间的磁场分布。**如图 7-24 所示，设一无限长载流圆柱体半径为 R，电流 I 沿轴线方向均匀地分布在导体的整个横截面上，求其周围空间磁感应强度的分布。

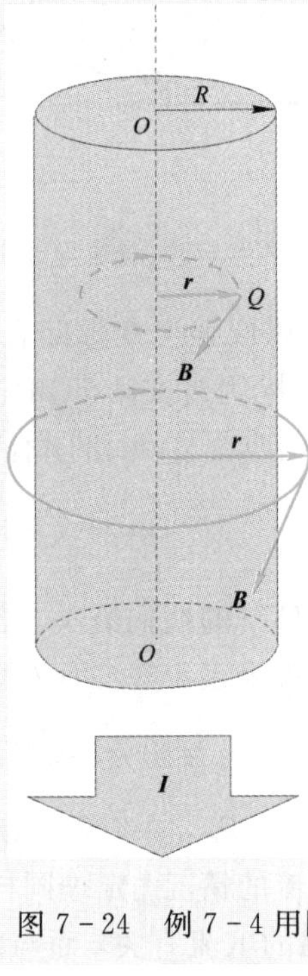

图 7-24 例 7-4 用图

解　分析：恒定电流呈轴对称分布，激发的磁场对中心轴也具有对称性。磁力线是一组分布在垂直于轴线的平面上并以轴线为中心的同心圆。与圆柱轴线等距离位置处的磁感应强度 $\boldsymbol{B}$ 的大小相等，方向与电流构成右手螺旋关系。

首先计算圆柱体外任一点 P 的磁感应强度；

设圆柱体外任一点 P 与轴线的距离为 r，过 P 点沿磁感应线方向作圆形回路，并规定顺时针方向为回路绕行方向，则 $\boldsymbol{B}$ 沿此回路的环流为

$$\oint_L \boldsymbol{B}\cdot \mathrm{d}\boldsymbol{l}=\oint_L B\,\mathrm{d}l=B\oint_L \mathrm{d}l=2\pi rB$$

代入安培环路定理得

$$\oint_L \boldsymbol{B}\cdot \mathrm{d}\boldsymbol{l}=2\pi rB=\mu_0 I$$

可得　$$B=\frac{\mu_0 I}{2\pi r}\quad (r>R)$$

可以看出，无限长载流圆柱体外的磁场与无限长载流直导线产生的磁场表达式相同。

接着计算圆柱体内任一点 Q 的磁场：

设圆柱体内任一点 Q，过 Q 点沿磁感应线方向作圆形回路，并规定顺时针方向为回路绕行方向，则包围在这一回路之内的电流为 $\frac{I}{\pi R^2}\pi r^2$，代入安培环路定理，可得 $\boldsymbol{B}$ 沿此回路的环流为

$$\oint_L \boldsymbol{B}\cdot \mathrm{d}\boldsymbol{l}=2\pi rB=\mu_0\frac{I}{\pi R^2}\pi r^2$$

可得　$$B=\frac{\mu_0 Ir}{2\pi R^2}\quad (r<R)$$

由计算结果可知，在圆柱体内部，磁感应强度 $\boldsymbol{B}$ 的大小与离轴线的距离 r 成正比；而在圆柱体外部，磁感应强度 $\boldsymbol{B}$ 的大小与离轴线的距离 r 成反比，如图 7－25 所示。磁感应强度 $\boldsymbol{B}$ 的方向与电流 $\boldsymbol{I}$ 成右手螺旋。

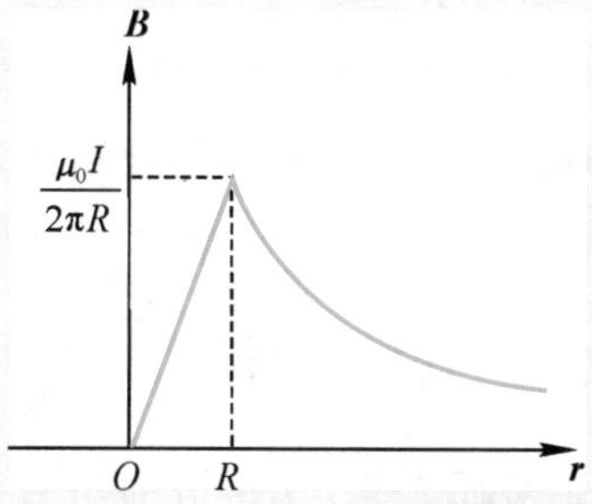

图 7－25　无限长载流圆柱体周围磁场与位置关系曲线

例 7－5　求长直载流螺线管内的磁场分布。如图 7－26 所示，设有一长直螺线管，单位长度上密绕 n 匝线圈，通过每匝的电流强度为 I，求管内某点 P 的磁感应强度。

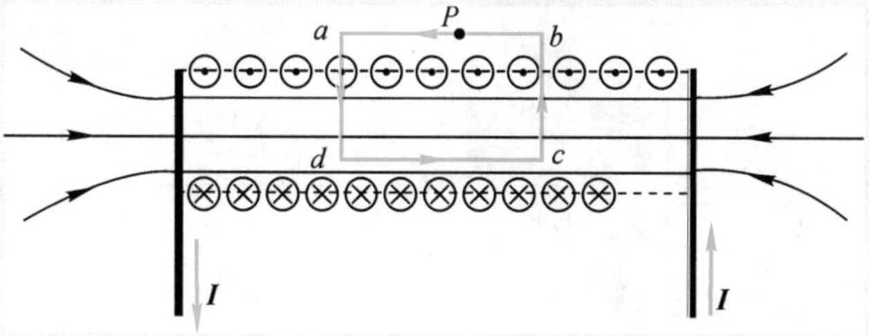

图 7－26　长直载流螺线管内的磁场分布　例 7－5 用图

解 分析：根据电流分布的对称性，可得螺线管内中央部分的磁场是均匀的，方向与螺线管轴线平行，而且同一条磁感应线上的 $\boldsymbol{B}$ 相同，管外侧的磁场沿着与轴线垂直的圆周方向且与管内磁场相比很微弱，通常忽略不计。

如图 7-26 所示，为了计算管内某点 P 的磁感应强度，过 P 点作一矩形回路 $abcda$，则磁感应强度沿此闭合回路的环流为

$$\oint_L \boldsymbol{B}\cdot \mathrm{d}\boldsymbol{l}=\int_a^b \boldsymbol{B}\cdot \mathrm{d}\boldsymbol{l}+\int_b^c \boldsymbol{B}\cdot \mathrm{d}\boldsymbol{l}+\int_c^d \boldsymbol{B}\cdot \mathrm{d}\boldsymbol{l}+\int_d^a \boldsymbol{B}\cdot \mathrm{d}\boldsymbol{l}$$

因为管外侧的磁场忽略不计，管内磁场沿着轴线方向，所以

$$\oint_L \boldsymbol{B}\cdot \mathrm{d}\boldsymbol{l}=\int_a^b \boldsymbol{B}\cdot \mathrm{d}\boldsymbol{l}=B\overline{ab}=Bl$$

闭合回路 $abcda$ 所包围的电流强度的代数和为 $\sum I_i=Inl$，根据安培环路定理，得

$$\oint_L \boldsymbol{B}\cdot \mathrm{d}\boldsymbol{l}=Bl=\mu_0 Inl$$

可得

$$B=\mu_0 nI$$

上式说明：“无限长”载流密绕螺线管内部任意一点的磁感应强度大小均为 $B=\mu_0 nI$，方向平行于轴线，即无限长直螺线管内中间部分的磁场是均匀磁场，磁场方向与螺线管线圈中的电流流向成右手螺旋关系。

7.6 磁场对载流导线的作用

通过前面的学习，我们知道磁场对载流导线有力的作用。这种力最早是由法国物理学家安培通过实验确定的，人们为了纪念他，把这种力称为安培力。本节将对安培力做进一步的讨论。

7.6.1 安培定律

首先来研究安培力的方向与哪些因素有关。如图 7-27 所示进行实验演示，步骤如下：

(1) 上下交换磁极的位置以改变磁场的方向，观察受力方向是否改变。

(2) 改变导线中电流的方向，观察受力方向是否改变。

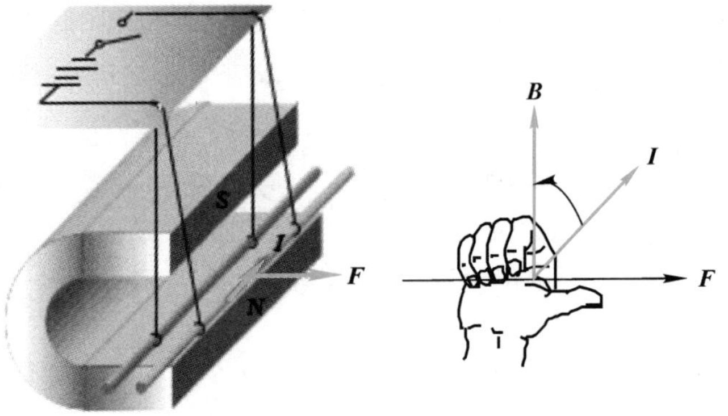

图 7-27 在均匀磁场中探究影响通电导线受力的方向

我们发现改变磁场的方向或改变导线中电流的方向，受力方向均发生改变。载流导线在磁场中所受安培力的方向与导线、磁感应强度的方向都垂直，即安培力的方向垂直于电流和磁感应强度所在的平面。

其次，我们研究安培力的大小与哪些因素有关，如图 7－28 所示。

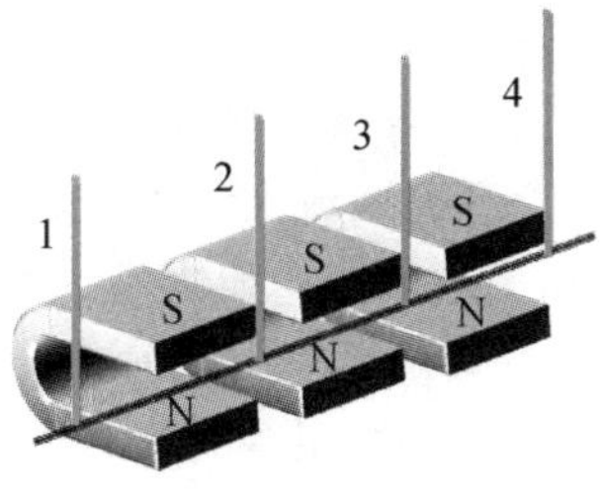

图 7－28　在均匀磁场中探究影响通电导线受力的大小

通过实验可以发现，有电流通过时导线将摆动一个角度，通过摆动角度的大小可以很直观地比较导线受力的大小。分列接通“2、3”和“1、4”，可以改变导线载流部分的长度。电流由外部电路控制，先保持导线载流部分的长度不变，改变电流的大小，发现电流越大，摆角越大；然后保持电流不变，改变导线载流部分的长度，同样发现，导线越长，摆角越大。

分析了众多实验事实后，可对影响安培力的因素作出如下总结，如图 7－29 所示。

（1）当载流导线与磁场方向垂直时，所受安培力的大小既与导线的长度 L 成正比，又与导线中的电流 I 成正比，即与 I 和 L 的乘积成正比，所受安培力的大小为 $F=IBL$。

（2）当载流导线与磁场方向平行时，导线所受安培力为 0。

（3）当磁场方向与载流导线成 θ 角时，可以将磁感应强度分解为与导线垂直的分量 $B_{\perp}$ 和与导线平行的分量 $B_{/\!/}$，$B_{\perp}=B\sin\theta$，$B_{/\!/}=B\cos\theta$。由于其中的 $B_{/\!/}$ 不产生安培力，载流导线所受的安培力只是 $B_{\perp}$ 产生的，因此可以得到

$$F=IBL\sin\theta \tag{7-26}$$

上式为**均匀磁场中载流直导线所受安培力的一般表达式**，其中，θ 为电流 I 与磁场 $\boldsymbol{B}$ 之间的夹角。由式(7－26)可以看出，当直导线与磁场平行时($\theta=0°$ 或 $\theta=180°$ 时)，$F=0$，即载流导线不受磁力作用；当直导线与磁场垂直时($\theta=90°$时)，载流导线所受磁力最大，其值为 $F_{max}=IBL$，与实验结论相吻合。

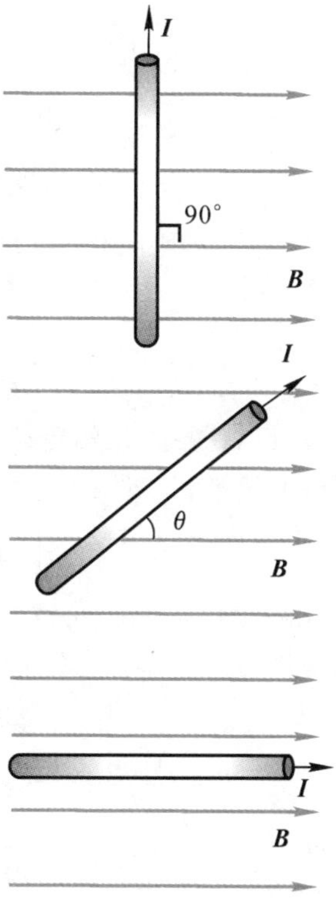

图 7－29　载流直导线在磁场中的受力

安培力

磁场中安培力的问题，虽然在很多方面都与电场中库仑力的问题相似，但安培力要比库仑力复杂得多。研究库仑力时，用来检验电场的是点电荷，试验电荷受力的方向与电场的方向相同或相反。但在研究安培力时，用来检验磁场力的是有方向的电流元，电流元受力的方向、磁场的方向与电流元的方向三者不在同一条直线上，而且不在一个平面里。所以，研究安培力的问题要涉及三维空间。

因此，对于更一般的情况，磁场是非均匀磁场，在载流导线为任意形状的情况下，仿照毕奥-萨伐尔定律，可以把有限长载流导线看成由许多个电流元 $Id\boldsymbol{l}$ 组合而成。研究载流导线所受安培力，可以先求解导线上任意电流元 $Id\boldsymbol{l}$ 所受到的安培力 $d\boldsymbol{F}$，有限长载流导线所受到的安培力可以利用力的叠加原理求出，其值等于各个电流元所受安培力的矢量和。如何求出电流元 $Id\boldsymbol{l}$ 所受安培力表达式是解决问题的关键，安培总结了大量实验结果，描述了磁场对载流导线的作用力，故称为**安培定律**，其定义为：**位于磁场中某点处的电流元 $Id\boldsymbol{l}$ 受到磁场的作用力大小与电流强度 I、电流元的长度 dl、磁感应强度的大小以及电流元 $Id\boldsymbol{l}$ 与磁感应强度 $\boldsymbol{B}$ 夹角的正弦成正比**，即

$$dF = kIBdl\sin(Id\boldsymbol{l}, \boldsymbol{B}) \tag{7-27}$$

$d\boldsymbol{F}$ 的方向垂直于 $Id\boldsymbol{l}$ 与 $\boldsymbol{B}$ 所组成的平面，**指向由右手螺旋法则决定**，如图 7-30 所示。式中，k 为比例系数，与式中各物理量所采用的单位有关。

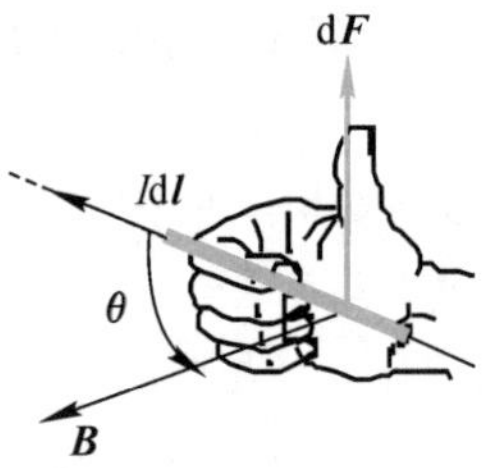

图 7-30　安培力的方向(右手螺旋法则)

在国际单位制中 $k=1$，则上式可以写成

$$dF = IBdl\sin(Id\boldsymbol{l}, \boldsymbol{B}) \tag{7-28}$$

矢量式为

$$d\boldsymbol{F} = Id\boldsymbol{l} \times \boldsymbol{B} \tag{7-29}$$

利用安培定律，可以计算一段给定载流导线在磁场中所受到安培力，其值等于对各个电流元所受的力 $d\boldsymbol{F}$ 求矢量和，即

$$\boldsymbol{F} = \int_L d\boldsymbol{F} = \int_L Id\boldsymbol{l} \times \boldsymbol{B} \tag{7-30}$$

如果载流导线上各个电流元所受磁力 $d\boldsymbol{F}$ 的方向不相同，则式(7-30)的矢量积分不能直接计算。应选取适当的坐标系，先将 $d\boldsymbol{F}$ 沿各坐标分解成分量，然后对各个分量进行标量积分，即

$$F_x = \int_L dF_x,\ F_y = \int_L dF_y,\ F_z = \int_L dF_z$$

最后再求出合力，即

$$\boldsymbol{F} = F_x\boldsymbol{i} + F_y\boldsymbol{j} + F_z\boldsymbol{k}$$

由于电流元不能单独获取，因此无法用实验直接证明安培定律。但是由(7-30)式，我们可以计算各种形状的载流导线在磁场中所受的安培力，结果都与实验相符合。

例 7-6 如图 7-31 所示，在均匀磁场 $\boldsymbol{B}$ 中有一长度为 L 的载流直导线 MN，导线与 $\boldsymbol{B}$ 相互垂直，计算载流直导线 MN 所受的磁场力。(其中导线通有的电流强度为 I)。

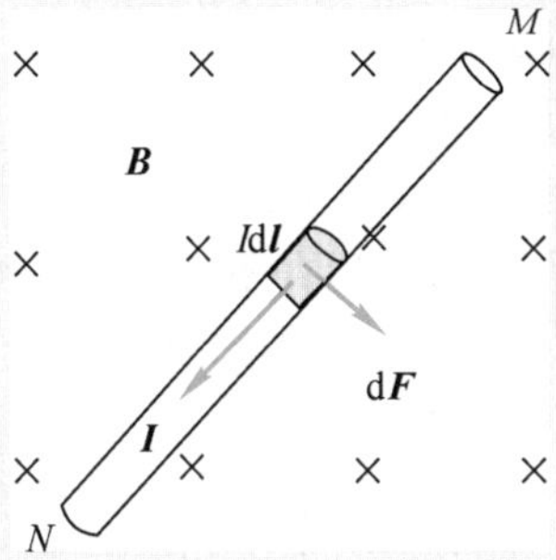

图 7-31 例题 7-6 用图

解 在载流直导线上任取一电流元 $I\mathrm{d}\boldsymbol{l}$，由安培定律可得

$$\mathrm{d}\boldsymbol{F}=I\mathrm{d}\boldsymbol{l}\times\boldsymbol{B}$$

可求得电流元所受的磁力的大小：

$$\mathrm{d}F=IB\mathrm{d}l\sin\theta=IB\mathrm{d}l\ \sin 90^\circ=IB\mathrm{d}l$$

方向：垂直于导线 MN 向下(右手螺旋法则)

由于导线上所有电流元受力方向相同，因此整段导线受到的磁力大小为

$$F=\int_L \mathrm{d}F=\int_M^N IB\mathrm{d}l=\int_0^L IB\mathrm{d}l=IBL$$

方向：垂直于导线 MN 向下。

例 7-7 在无限长载流直导线 I_1 的磁场中，有一长度为 l 的载流 I_2 直导线与 I_1 垂直，近端距离 I_1 为 d，计算载流直导线 I_2 所受的磁场力。

解 建立如图 7-32 所示的坐标系，以载流直导线 I_2 所在水平方向的延长线与 I_1 交点为坐标原点 O，建立 Ox 轴。

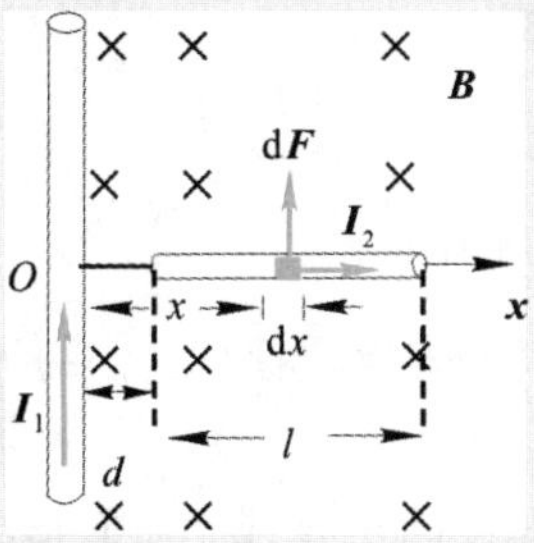

图 7-32 例 7-7 用图

载流直导线 I_1 在空间激发的磁场为非均匀磁场，与场点到导线的距离有关。在导线 I_2 上选取任一的电流元 $I\mathrm{d}\boldsymbol{x}$，则 I_1 在电流元 $I\mathrm{d}\boldsymbol{x}$ 所在位置激发的磁感应强度的大小为

$$B=\frac{\mu_0 I_1}{2\pi x}$$

方向：垂直于纸面向里。

导线 I_2 上任一电流元 $I\mathrm{d}\boldsymbol{x}$ 所受的磁力的大小由安培定律 $\mathrm{d}\boldsymbol{F}=I\mathrm{d}\boldsymbol{l}\times\boldsymbol{B}$ 可得

$$\mathrm{d}F=I_2B\mathrm{d}x\sin 90^\circ=I_2B\mathrm{d}x\sin 90^\circ$$

$$=\frac{\mu_0 I_1 I_2}{2\pi x}\mathrm{d}x$$

方向：垂直于 Ox 轴向上。

由于导线 I_2 上所有电流元受力方向相同，因此整段导线受到的磁力大小为

$$F=\int_L \mathrm{d}F=\int_d^{d+l}\frac{\mu_0 I_1 I_2}{2\pi x}\mathrm{d}x$$

$$=\frac{\mu_0 I_1 I_2}{2\pi}\int_d^{d+l}\frac{\mathrm{d}x}{x}=\frac{\mu_0 I_1 I_2}{2\pi x}\ln\frac{d+l}{d}$$

方向：垂直于 Ox 轴向上。

7.6.2 载流线圈在磁场中所受的磁力矩

一个刚性载流线圈放置在磁场中通常要受到力矩的作用，进而发生转动。下面我们利用安培定律来讨论均匀磁场对平面矩形载流线圈作用的磁力矩。

如图 7-33 所示，在磁感应强度为 $\boldsymbol{B}$ 的均匀磁场中，有一刚性的矩形载流线圈 $abcd$，边长分别为 L_1 和 L_2，通有电流 I。设线圈平面的法线 $\boldsymbol{e}_n$ 的方向($\boldsymbol{e}_n$ 与电流 $\boldsymbol{I}$ 的方向满足右手螺旋法)与磁感应强度 $\boldsymbol{B}$ 的方向所成的夹角为 θ。ab 和 cd 两边与 $\boldsymbol{B}$ 垂直，线圈可绕垂直于磁感应强度 $\boldsymbol{B}$ 的中心轴 OO' 自由转动。根据安培定律，导线 da 和 bc 所受磁场的作用力分别为 $\boldsymbol{F}_{da}$ 和 $\boldsymbol{F}_{bc}$，其大小为

$$F_{da}=BIL_1\sin\left(\frac{\pi}{2}+\theta\right)=BIL_1\cos\theta$$

$$F_{bc}=BIL_1\sin\left(\frac{\pi}{2}-\theta\right)=BIL_1\cos\theta$$

可见，$\boldsymbol{F}_{da}$ 和 $\boldsymbol{F}_{bc}$ 大小相等，方向相反，过同一直线，所以两力平衡，合力为零，对线圈不产生力矩。

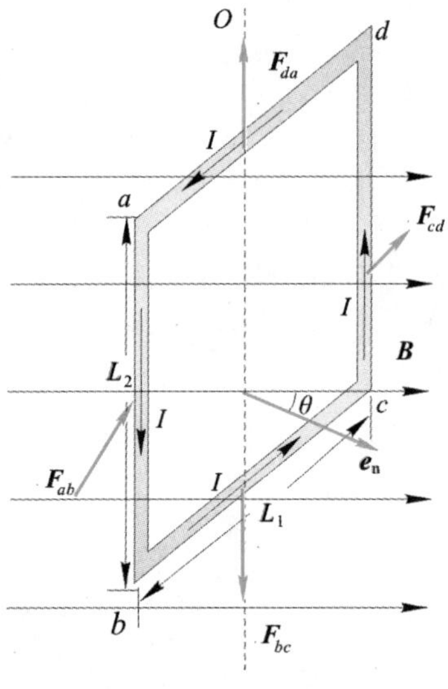

图 7-33 矩形载流线圈在均匀磁场中所受的磁力矩

导线 ab 和 cd 所受磁场的作用力分别为 $\boldsymbol{F}_{ab}$ 和 $\boldsymbol{F}_{cd}$，根据安培定律，它们的大小为

$$F_{ab}=F_{cd}=IBL_2$$

$\boldsymbol{F}_{ab}$ 和 $\boldsymbol{F}_{cd}$ 大小相等，方向相反，虽然合力为零，但不作用在同一直线上，而形成一力偶，其力臂为 $L_1\sin\theta$，因此，均匀磁场作用在矩形线圈上的力矩 $\boldsymbol{M}$ 的大小为

$$M=F_{ab}d=F_{ab}L_1\sin\theta=BIL_1L_2\sin\theta=BIS\sin\theta \tag{7-31}$$

式中，$S=L_1L_2$ 为矩形线圈的面积。$\boldsymbol{M}$ 的方向为沿 ac 中点和 bd 中点的连线向上。

如果线圈有 N 匝，则线圈所受力矩为一匝时的 N 倍，即

$$M=NIBS\sin\theta=P_mB\sin\theta \tag{7-32}$$

式中，$P_m=NIS$ 为载流线圈磁矩的大小，$\boldsymbol{P}_m$ 的方向就是载流线圈平面的法线 $\boldsymbol{e}_n$ 的方向。

所以上式可以写成矢量形式，即

$$\boldsymbol{M}=\boldsymbol{P}_m\times\boldsymbol{B} \tag{7-33}$$

其中 $\boldsymbol{M}$ 的方向与 $\boldsymbol{P}_m\times\boldsymbol{B}$ 的方向一致。

当线圈磁矩 $\boldsymbol{P}_m$ 与磁场 $\boldsymbol{B}$ 方向一致时，$\theta=0°$，$\sin\theta=0$，此时线圈平面与磁场 $\boldsymbol{B}$ 方向垂直，此时线圈处于稳定平衡状态，磁力矩 $M=0$；当线圈磁矩 $\boldsymbol{P}_m$ 与磁场 $\boldsymbol{B}$ 方向垂直时，$\theta=90°$，$\sin\theta=1$，此时线圈平面与磁场 $\boldsymbol{B}$ 方向平行，线圈所受磁力矩最大，即 $M_{\max}=P_mB=NBIS$；当线圈磁矩 $\boldsymbol{P}_m$ 与磁场 $\boldsymbol{B}$ 方向相反时，$\theta=180°$，$\sin\theta=0$，此时线圈平面所受到的磁力矩 $M=0$，线圈平面与磁场 $\boldsymbol{B}$ 方向也垂直，但此时线圈处于非稳定平衡状态。一旦外界扰动使线圈稍稍偏离这一平衡位置，磁场对线圈的磁力矩作用就将使线圈继续偏离，直到线圈磁矩 $\boldsymbol{P}_m$ 与磁场 $\boldsymbol{B}$ 同方向(即线圈达到稳定平衡状态)时为止。总之，任何一个载流平面线圈在均匀磁场中，虽然所受磁力的合力为零，但它还受一个磁力矩的作用。这个磁力矩 $\boldsymbol{M}$ 总是力图使线圈的磁矩 $\boldsymbol{P}_m$ 转到磁场 $\boldsymbol{B}$ 的方向上来。

虽然式(7－31)和式(7－33)是由矩形载流线圈推导出来的，但在均匀磁场中对于任意形状的载流平面线圈所受的磁力矩，以上二式都是普遍适用的。

从上面的讨论可知，平面载流刚性线圈在均匀磁场中，由于只受到磁力矩作用，因此只发生转动，而不会发生整个线圈的平动。

电动机和磁电式电流计的基本原理都是利用了磁场对载流线圈的力矩的规律。

7.6.3　磁场力的功

当载流导线或载流线圈在磁场中受到磁场力作用后，其运动状态要发生变化，磁场力要做功。

1. 载流导线在磁场中运动时磁力所做的功

如图 7－34 所示，在磁感应强度为 $\boldsymbol{B}$ 的均匀磁场中，磁场方向垂直于纸面向外，有一闭合线圈 $abcda$，电流强度 I 保持恒定，ab 边的边长为 l，ab 可沿着平行导轨自由滑动，则根据安培定律，ab 边所受磁场力大小为 $F=IBL$，方向水平向右。

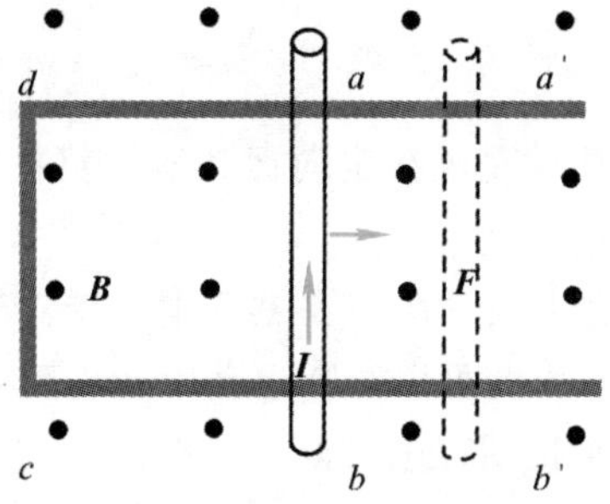

图 7－34　磁力所做的功

当导线 ab 移到 $a'b'$ 位置时，磁场力所做的功为

$$W=F\Delta x=IlB\Delta x \tag{7-34}$$

其中，$lB\Delta x$ 为导线 ab 平移后线框平面磁通量的增量 $\Delta\Phi_m$，所以有

$$W=I\Delta\Phi_m \tag{7-35}$$

上式说明磁场力对运动载流导线所做的功等于回路中的电流乘以通过回路所环绕的面积内磁通量的增量。

2. 载流线圈在磁场中转动时磁力矩所做的功

如图 7-35 所示，当载流线圈放在均匀磁场中转动时，若线圈中的电流恒定不变，线圈所受的磁力矩大小为

$$M=P_{\mathrm{m}}B\sin\theta=ISB\sin\theta$$

如果线圈转动 $\mathrm{d}\theta$ 角度，则磁场力所做的功为

$$\begin{aligned}\mathrm{d}W&=-M\mathrm{d}\theta=-ISB\sin\theta\mathrm{d}\theta\\&=I\mathrm{d}(SB\cos\theta)=I\mathrm{d}\Phi_m\end{aligned}$$

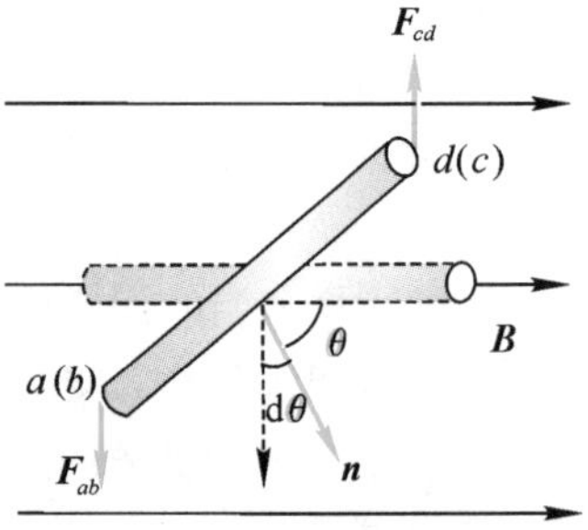

图 7-35　磁力矩所做的功

式中的负号表示磁力矩做正功时将使 θ 减小。

如果线圈从 θ_1 角转到 θ_2 角，则在这个过程中磁力矩所做功为

$$W=\int\mathrm{d}W=\int_{\Phi_1}^{\Phi_2}I\mathrm{d}\Phi_m=I(\Phi_{m2}-\Phi_{m1})=I\Delta\Phi_m \tag{7-36}$$

式中，Φ_{m1} 和 Φ_{m2} 分别对应角度为 θ_1 和角度为 θ_2 时通过线圈的磁通量。

式(7-35)和式(7-36)在形式上完全相同。可以证明，一个任意的闭合电流回路在磁场中改变位置或形状时，如果保持回路中电流不变，则磁场力或磁力矩所做的功都可按 $W=I\Delta\Phi_m$ 计算，即磁场力或磁力矩所做的功等于电流强度乘以通过载流线圈的磁通量的增量，这也是磁场力做功的一般表示。

7.7 磁场对运动电荷的作用

载流导线中电荷的定向运动会形成电流，所以载流导线所受的安培力在微观上来看是电荷定向运动所受磁场作用力的结果。荷兰物理学家洛伦兹首先提出了运动电荷产生磁场和有作用力的观点，因此磁场对运动电荷的作用被称为**洛伦兹力**。

7.7.1 洛伦兹力

载流导线所受的安培力本质就是电荷定向运动所受洛伦兹力的矢量和。因此，可由安培力的表达式推导出洛伦兹力的表达式。

在 7.2.3 节中我们已经知道，运动电荷在磁场中将受到磁场力的作用，磁场力的大小与电荷所带电荷量及速度有关。由此可以推断运动电荷在磁场中所受洛伦兹力的方向与 $\boldsymbol{v}$ 和 $\boldsymbol{B}$ 的方向都垂直，实验事实也证明以上推断是正确的。

在载流导线中电流的方向与磁场的方向垂直的情况下，安培力的大小可以表示为 $F=ILB$。此时，电荷定向运动的方向也与磁场方向垂直。

设载流导线中每个运动电荷的运动速度都是 v，单位体积的粒子数密度为 n，则一段载流导线中的粒子数，就是在时间 t 内通过横截面的粒子数。如果运动电荷携带的电荷量为 q，S 为电流元的截面积，则由此可得电流 $I=nqSv$。

由以上分析可得，这段长为 vt 的导线所受的安培力为 $F=IBvt$。

载流导线在磁场中受到的安培力是全部运动电荷所受洛伦兹力的集体反映，则 $F=IBvt=BnqSv^2t$，且可得这段导线内的粒子总数为 $N=nSvt$。所以，每个粒子所受的安培力即洛伦兹力为 $F=BnqSv^2t/N=BnqSv^2t/nSvt=qvB$。

电荷量为 q 的粒子以速度 $\boldsymbol{v}$ 运动时，如果速度方向与磁感应强度方向垂直，那么粒子受到的洛伦兹力为

$$F=qvB \tag{7-37}$$

按照上一节对于安培力大小的讨论，可得在一般情况下，当电荷的运动方向与磁场方向夹角为 θ 时，电荷所受到的洛伦兹力为

$$F=qvB\sin\theta \tag{7-38}$$

则运动电荷所受磁场力(洛伦兹力)的矢量表达为

$$\boldsymbol{F}=q\boldsymbol{v}\times\boldsymbol{B} \tag{7-39}$$

上式称为洛伦兹力公式。洛伦兹力的大小可表示为 $F=qvB\sin\theta$。如图 7-36 所示，洛伦兹力 $\boldsymbol{F}$ 的方向总是垂直于 $\boldsymbol{v}$ 和 $\boldsymbol{B}$ 所在的平面，当 $q>0$ 时，方向为由速度 $\boldsymbol{v}$ 经小于 180°的角转向磁感应强度 $\boldsymbol{B}$ 时右螺旋前进的方向，满足右手螺旋法则；当 $q<0$ 时，方向与右手螺旋法则相反。由于洛伦兹力 $\boldsymbol{F}$ 的方向总是垂直于速度 $\boldsymbol{v}$，因此洛伦兹力对运动电荷不做功，它只改变运动电荷的运动方向，而不改变它的速率和动能，从而使运动电荷的运动路径弯曲。

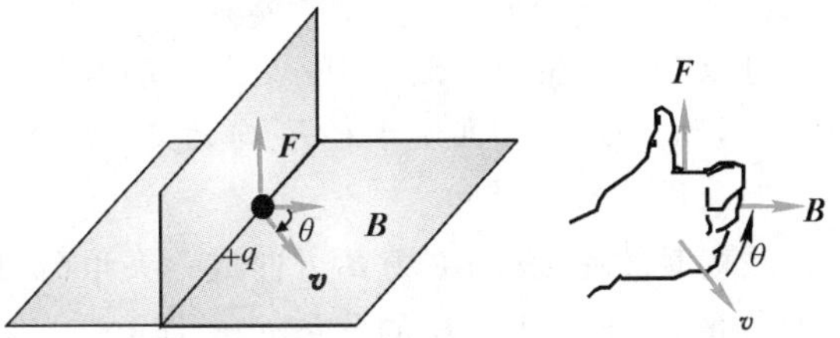

图 7-36　洛伦兹力的方向

当运动电荷在同时存在电场和磁场的空间运动时，其所受合力为

$$\boldsymbol{F}=q\boldsymbol{E}+q\,\boldsymbol{v}\times\boldsymbol{B} \tag{7-40}$$

其中包含电场力 $q\boldsymbol{E}$ 与磁场力(洛仑兹力)$q\boldsymbol{v}\times\boldsymbol{B}$ 两部分。

下面我们分三种情况来讨论运动电荷在均匀磁场中的运动规律。

(1) 运动电荷 q 以速率 v 沿磁场 $\boldsymbol{B}$ 方向进入均匀磁场(如图 7-37 所示)，由洛伦兹力公式可知，粒子将不受磁场力的作用，它将沿磁场方向做匀速直线运动。

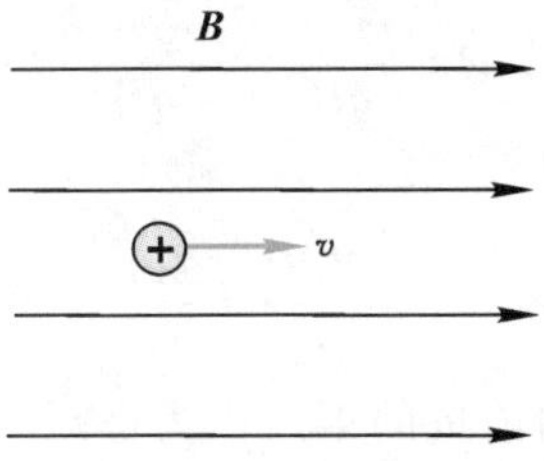

图 7-37　运动电荷沿磁场方向进入

(2) 运动电荷 q 以速率 v 沿垂直于磁场 $\boldsymbol{B}$ 的方向进入均匀磁场(如图 7－38 所示)，洛伦兹力的大小为 $F=qvB$。由于洛伦兹力方向始终与粒子的运动方向垂直，因此运动电荷将在垂直于磁场的平面内做半径为 R 的匀速率圆周运动。

洛仑兹力提供了圆周运动的向心力，因此可得

$$F=qvB=m\frac{v^2}{R}$$

根据上式可得到运动电荷圆周运动的轨道半径(又称回旋半径)：

$$R=\frac{mv}{qB} \tag{7-41}$$

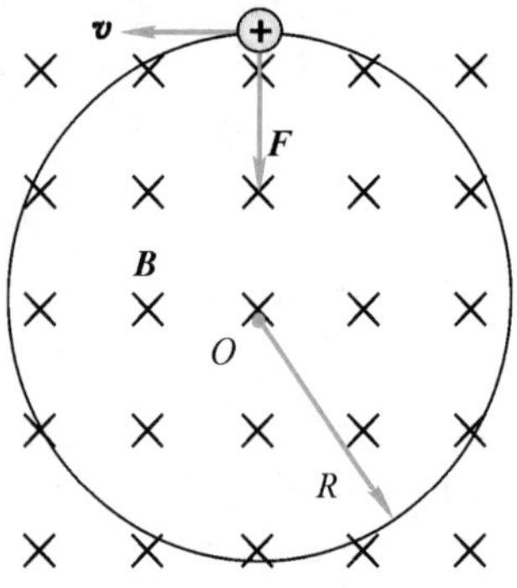

图 7－38 运动电荷垂直于磁场方向进入

从上式可以看出，轨道半径 R 与速率 v 成正比，与磁感应强度 $\boldsymbol{B}$ 的大小成反比。

运动电荷沿圆形轨道绕行一周所需的时间为周期，用 T 表示，表达式为

$$T=\frac{2\pi R}{v}=\frac{2\pi m}{qB} \tag{7-42}$$

单位时间内，运动电荷的绕行圈数称为回旋频率，用 ν 表示，等于周期的倒数，即

$$\nu=\frac{1}{T}=\frac{v}{2\pi R}=\frac{qB}{2\pi m} \tag{7-43}$$

由式(7－38)和式(7－39)可以看出，在同一磁场中，只要运动电荷的 q、m 相同，其回旋频率 ν 相同，与运动速率 v、运动周期 T 和回旋半径 R 均无关，这个特性在粒子回旋加速器上得到了广泛应用。

(3) 运动电荷 q 进入磁场时的速度$\boldsymbol{v}$和磁场 $\boldsymbol{B}$ 方向成一夹角 θ。此时可将运动电荷的初速度$\boldsymbol{v}$ 分解为平行于 $\boldsymbol{B}$ 的分量 $v_{/\!/}$和垂直于 $\boldsymbol{B}$ 的分量 $v_{\perp}$。即

$$v_{/\!/}=v\cos\theta,\quad v_{\perp}=v\sin\theta$$

通过(1)(2)的讨论，我们可以知道平行于磁场方向的速度分量 $v_{/\!/}$不受磁场力作用，电荷做匀速直线运动；垂直于磁场方向的速度分量 $v_{\perp}$ 使粒子还同时做匀速圆周运动。因此，运动电荷同时参与两种运动，最终的合成效果是以磁场方向为轴的等螺距螺旋运动，如图 7－39 所示。

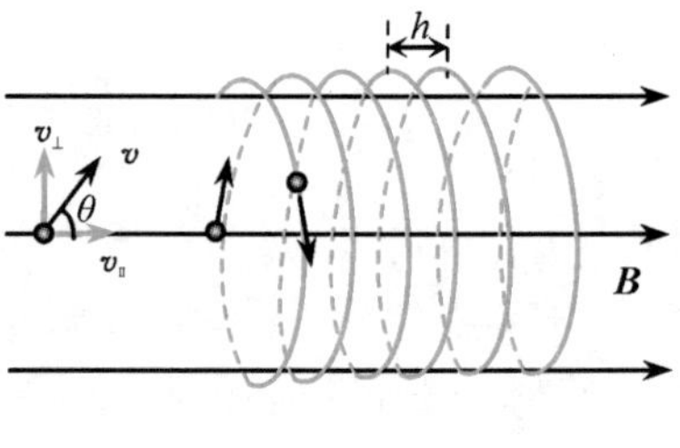

图 7－39 运动电荷在磁场中的螺旋运动

螺旋线半径为

$$R=\frac{mv_{\perp}}{qB}=\frac{mv\sin\theta}{qB} \tag{7-44}$$

等距螺旋运动周期为

$$T=\frac{2\pi R}{v_{\perp}}=\frac{2\pi m}{qB} \tag{7-45}$$

一个周期内，粒子沿磁场方向前进的距离称为螺距，表达式为

$$h=Tv_{/\!/}=\frac{2\pi mv\cos\theta}{qB} \tag{7-46}$$

运动电荷在磁场中的螺旋运动，被广泛地应用在磁聚焦等技术领域。

7.7.2　霍尔效应

1879年，就读于美国霍普金斯大学的研究生霍尔在研究金属导电机构时发现：当电流垂直于外磁场通过载流导体薄片时，垂直于电流和磁场的方向会产生一附加电场，从而在薄片的上、下两个表面产生微弱的电势差，这一现象称为**霍尔现象**，该电势差称为**霍尔电势差**(霍尔电压)。

如图7-40所示，将一导体板放在垂直于板面的磁场$\boldsymbol{B}$中，当有电流I沿着垂直于$\boldsymbol{B}$的方向通过导体时，在金属板上下两个表面M、N之间就会出现横向电势差V_{H}即霍尔电势差。实验表明，霍尔电势差V_{H}与电流强度I及磁感应强度$\boldsymbol{B}$的大小成正比，与导体板的厚度d成反比，即

$$V_{\mathrm{H}}=R_{\mathrm{H}}\frac{IB}{d} \tag{7-47}$$

式中，R_{H}是仅与导体材料有关的常数，称为霍尔系数。

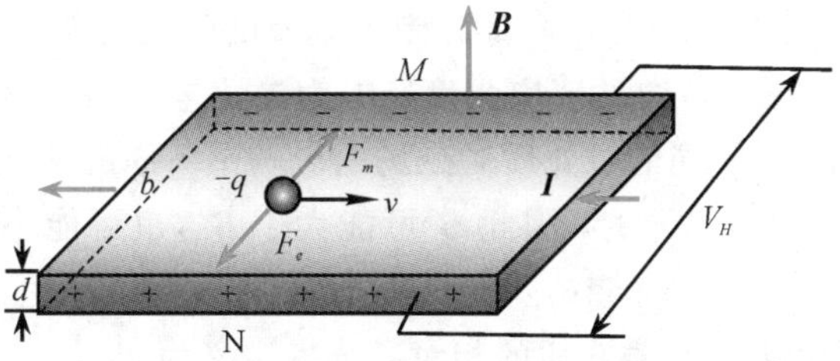

图7-40　霍尔效应

霍尔效应本质上是运动的带电粒子在磁场中受洛仑兹力的作用而引起的带电粒子的偏转。当带电粒子(电子或空穴)被约束在固体材料中时，偏转就会导致在垂直于电流和磁场方向的两个端面产生正负电荷的聚积，从而形成附加的横向电场即霍尔电势差。我们知道载流子的定向运动会在导体中形成电流。以金属为例，载流子为电子，运动方向与电流I方向相反，所受洛伦兹力$\boldsymbol{F}_m$方向如图7-40所示，因此电子即向图中的M侧偏转，使导体的上表面M聚集负电荷，下表面N聚集正电荷，在M、N两个表面间产生方向向上的电场，与此同时，运动的电子还受到由于两侧积累的异种电荷形成电场力$\boldsymbol{F}_e$的作用。随着电荷的积累，$\boldsymbol{F}_e$逐渐增大，当电场对运动电荷的电场力$\boldsymbol{F}_e$正好与磁场对运动电荷的洛仑兹力$\boldsymbol{F}_m$大小相等，方向相反时，电子积累便达到动态平衡。这时在M、N两端面之间建立的电场为霍尔电场，相应的电势差为霍尔电压V_{H}。

根据实验测定霍尔电势差后，则可判断载流子是正电荷还是负电荷，进而可以判断半导体类型是空穴型的(P型)还是电子型的(N型)。此外，根据霍尔系数的大小，还可测定载流子的浓度，也可以测量金属中电子的漂流速度。

随着半导体材料和制造工艺的发展，人们利用半导体材料制成的霍尔元件，广泛被用于非电量检测、电动控制、电磁测量和计算装置等方面。在电流体中的霍尔效应也是目前正在研究的“磁流体发电”的理论基础。在霍尔效应被发现约100年后，德国物理学家克利青、美籍华裔物理学家崔琦先后发现了整数量子霍尔效应和分数量子霍尔效应，这是当代

凝聚态物理学领域令人惊异的进展之一。2013年，由薛其坤院士领衔的团队从实验中首次观测到量子反常霍尔效应，这是我国科学家从实验中独立观测到的一个重要物理现象，也是物理学基础研究领域的一项重要科学发现，具有极高的应用前景。

7.8 磁介质

7.8.1 磁介质的分类

在静电场中我们学习过，电场中的电介质会被电场极化，极化后的极化电荷会激发附加电场，附加电场反过来会影响原电场。与此类似，磁介质会使实物物质处于一种特殊状态，从而改变原来磁场的分布。这种在磁场作用下，其内部状态发生变化，并反过来影响磁场存在或分布的物质，称为磁介质。磁介质在磁场作用下内部状态的变化，即物质产生磁性的过程称为磁化。

与电场中的电介质类似，磁介质在磁场中会被磁化，产生磁化电流会激发附加磁场，则磁介质中总的磁感应强度 $\boldsymbol{B}$ 应为这两部分磁感应强度的矢量叠加，即 $\boldsymbol{B}=\boldsymbol{B}_0+\boldsymbol{B}'$。其中 $\boldsymbol{B}_0$ 为外磁场(即真空中的磁场)的磁感应强度，$\boldsymbol{B}'$ 为磁化电流所激发的附加磁场的磁感应强度。通过实验可以测定，不同的磁介质对磁场的影响是不同的。因此对于不同的磁介质，附加磁场 $\boldsymbol{B}'$ 的大小和方向是不同的，因此 $\boldsymbol{B}$ 可能大于 $\boldsymbol{B}_0$，也可能小于 $\boldsymbol{B}_0$。为了便于讨论磁介质的分类，我们引入相对磁导率 μ_r，用来描述不同磁介质磁化后对原外磁场的影响。当均匀磁介质充满整个磁场时，磁介质的相对磁导率定义为

$$\mu_r=\frac{B}{B_0} \tag{7-48}$$

类似于介电常数的定义，我们还可以定义磁介质的磁导率 $\mu=\mu_0\mu_r$。

通过实验测定，根据磁化机构的不同，磁介质大体可分为三类：

(1) 顺磁质：顺磁质的相对磁导率 $\mu_r>1$，磁化后的附加磁场 $\boldsymbol{B}'$ 与外磁场 $\boldsymbol{B}_0$ 方向相同，因此总磁感应强度被加强，即 $B>B_0$。例如铝、钠、锰、铬、铂、氧等。

(2) 抗磁质：抗磁质的相对磁导率 $\mu_r<1$，磁化后的附加磁场 $\boldsymbol{B}'$ 与外磁场 $\boldsymbol{B}_0$ 方向相反，因此总磁感应强度被减弱，即 $B<B_0$。例如铜、铅、铋、银、氢、锌、汞、水等。

(3) 铁磁质：铁磁质的相对磁导率 $\mu_r\geqslant 1$，磁化后的附加磁场 $\boldsymbol{B}'$ 与外磁场 $\boldsymbol{B}_0$ 方向相同，且附加磁场很强，因此总磁感应强度被大大加强，即 $B'\geqslant B_0$。通常均为磁性很强的物质，例如铁、钴、镍及其合金等。

抗磁质和顺磁质的磁性都很弱，对原磁场影响不明显，统称为弱磁质。铁磁质的磁性都很强，磁化后对原磁场影响显著，且还具有一些特殊的性质。

7.8.2 磁介质中的高斯定理

磁介质中总的磁感应强度为传导电流产生的磁感应强度 $\boldsymbol{B}_0$ 与磁化电流产生的附加磁感应强度 $\boldsymbol{B}'$ 之和，即 $\boldsymbol{B}=\boldsymbol{B}_0+\boldsymbol{B}'$，理论研究表明，传导电流和磁化电流所产生的磁场的磁感应线都是闭合曲线，则对于任意闭合曲面，可得

$$\oint_S \boldsymbol{B} \cdot \mathrm{d}\boldsymbol{S} = \oint_S (\boldsymbol{B}_0 + \boldsymbol{B}') \cdot \mathrm{d}\boldsymbol{S} = \oint_S \boldsymbol{B}_0 \cdot \mathrm{d}\boldsymbol{S} + \oint_S \boldsymbol{B}' \cdot \mathrm{d}\boldsymbol{S} = 0 \tag{7-49}$$

上式即为有磁介质时磁场高斯定理。可以表明有磁介质存在时，磁感应线仍是闭合的曲线。

7.8.3 磁介质中的安培环路定理

当有磁介质存在时，磁介质的磁化会影响并改变原磁场，通常在研究磁介质中的磁场时引入一个辅助物理量，即磁场强度 $\boldsymbol{H}$，它与 $\boldsymbol{B}$ 的关系为

$$\boldsymbol{H} = \frac{\boldsymbol{B}}{\mu_0 \mu_r} = \frac{\boldsymbol{B}}{\mu}$$

其中 μ_0 为真空中的磁导率，μ_r 为磁介质的相对磁导率，$\mu = \mu_0 \mu_r$ 为磁介质的磁导率。

引入辅助物理量磁场强度 $\boldsymbol{H}$ 后，磁介质中的安培环路定理就可以表示为

$$\oint_L \boldsymbol{H} \cdot \mathrm{d}\boldsymbol{l} = \sum I \tag{7-50}$$

上式就是有磁介质时的安培环路定理。对于整个磁场中充满均匀磁介质且磁场分布又具有某些对称性时，我们可以用磁介质中的安培环路定理先求出 $\boldsymbol{H}$，利用 $\boldsymbol{B} = \mu \boldsymbol{H}$ 即可求出介质中磁感应强度 $\boldsymbol{B}$ 的分布。

习　题

7-1　如图 7-41 所示，已知磁感应强度 $B = 1.0\ \mathrm{Wb \cdot m^{-2}}$ 的均匀磁场，方向沿 x 轴正方向。求：

(1) 通过图中 $abcd$ 面的磁通量；

(2) 通过图中 $becf$ 面的磁通量；

(3) 通过图中 $aefd$ 面的磁通量。

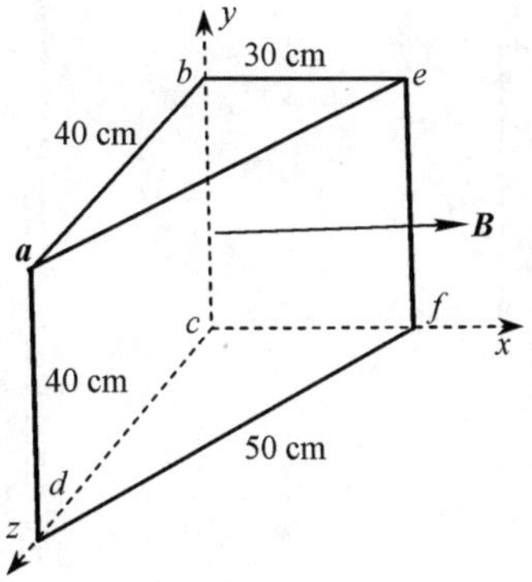

图 7-41　习题 7-1 图

7-2　如图 7-42 所示，几种载流导线在平面内分布，电流均为 I，分别求解圆心 O 点的磁感强度。

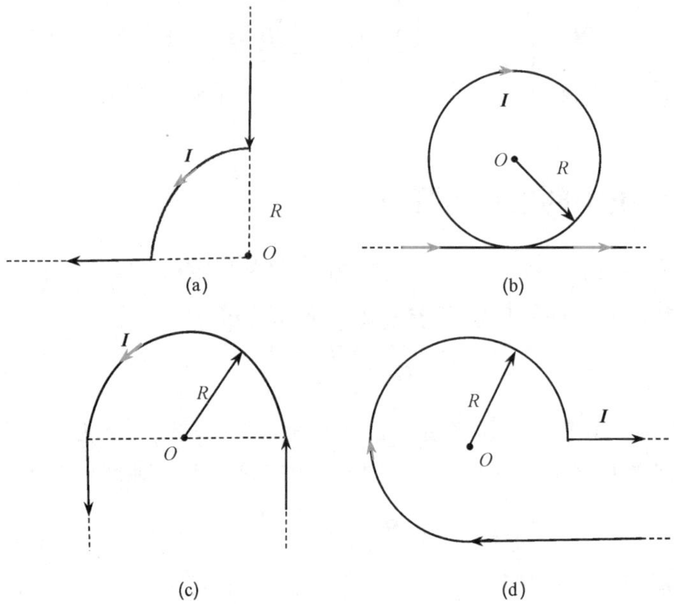

图 7-42 习题 7-2 图

7-3 如图 7-43 所示，在真空中，两根互相平行的无限长直导线相距为 a，通有方向相同的电流 I 和 $3I$，试求：

(1) $x=\dfrac{a}{2}$处的磁感应强度；

(2) 磁感应强度为零的位置。

7-4 如图 7-44 所示，在真空中，两条无限长载流直导线垂直而不相交，其间最近距离为 $a=2.0$ cm，通有的电流分别为 $I_1=3.0$ A 和 $I_2=4.0$ A，P 点到两导线的距离都是 a，试求 P 点磁感应强度。

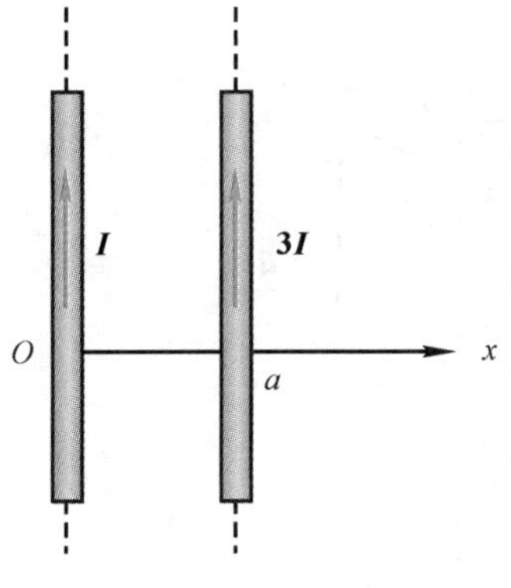

图 7-43 习题 7-3 图

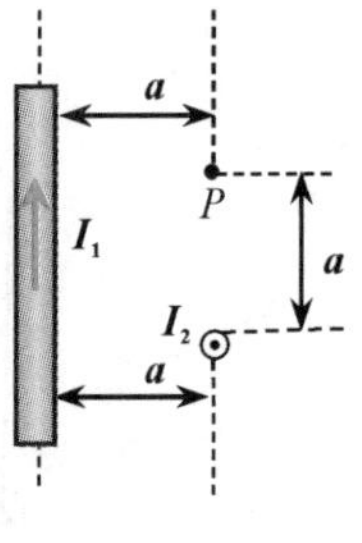

图 7-44 习题 7-4 图

7-5 如图 7-45 所示，两条导线中的电流 $I_1=I_2=I_3$，大小均为 I，对于图示的三条闭合曲线 a，b，c，分别写出安培环路定理并讨论：

(1) 在各条闭合曲线上，各点的磁感应强度 B 的大小是否相等？

(2) 在闭合曲线 c 上各点的磁感应强度 B 的是否为零？为什么？

7-6 如图 7-46 所示，同轴的两筒状导体通有等值反向的电流 I，内筒半径为 R_1、外筒半径为 R_2，求磁感应强度 B 的分布情况。

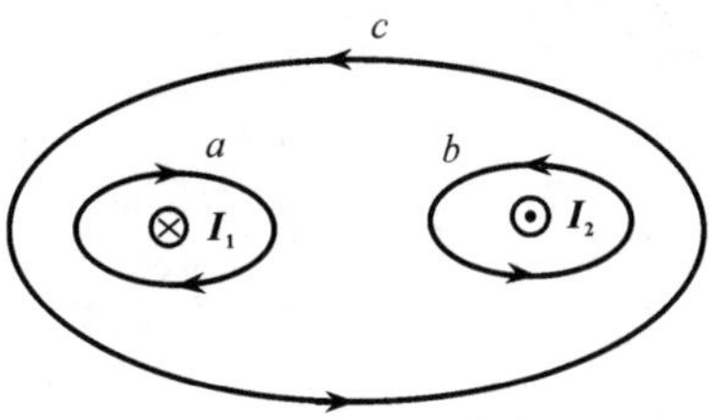

图 7-45 习题 7-5 图

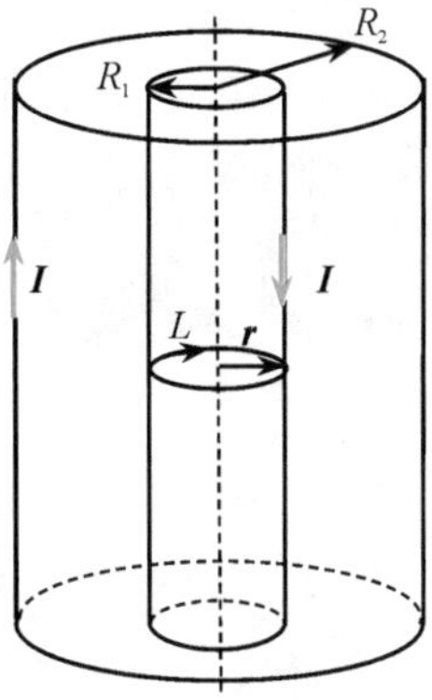

图 7-46 习题 7-6 图

7-7 如图 7-47 所示，一根很长的同轴电缆，由一导体圆柱(半径为 a)和一同轴的导体圆管(内、外半径分别为 b、c)构成。使用时，电流 I 从一导体流去，从另一导体流回。设电流都是均匀地分布在导体的横截面上，求以下几种情况下各点处磁感应强度的大小：

(1) 导体圆柱内($r<a$)；

(2) 两导体之间($a<r<b$)；

(3) 导体圆筒内($b<r<c$)；

(4) 电缆外($r>c$)。

7-8 如图 7-48 所示，一根长直导线载有电流 $I_1=40$ A，矩形回路载有电流 $I_2=20$ A，且已知图中 $d=0.8$ cm，$a=1.2$ cm，$b=2.0$ m，计算作用在回路上的合力。

7-9 一根导线长 0.10 m，载有电流 2.0 A，放在磁感应强度为 6.0 T 的均匀磁场中，并与磁场成 30°角，求导线受到的磁场力有多大？

7-10 如图 7-49 所示，有一长为 25 cm 的直导线，质量 $m=30$ g，用轻绳平挂在 $B=2.0$ T 的外磁场中，导线通有电流 I，方向与外磁场方向垂直，若每根绳能承受的拉力最大为 0.2 N，问：导线中电流 I 为多大时，刚好使轻绳被拉断？

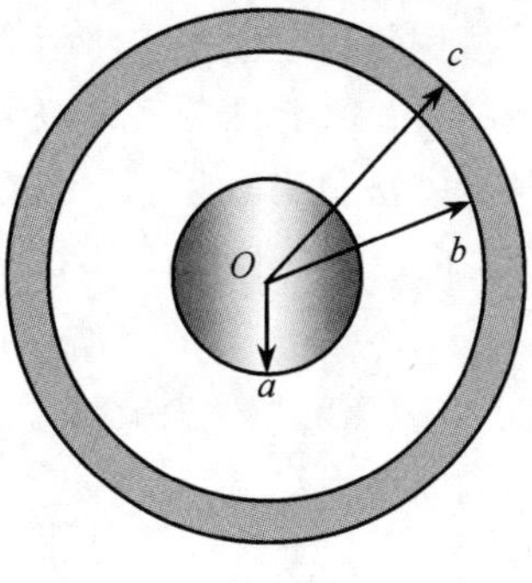

图 7-47 习题 7-7 图

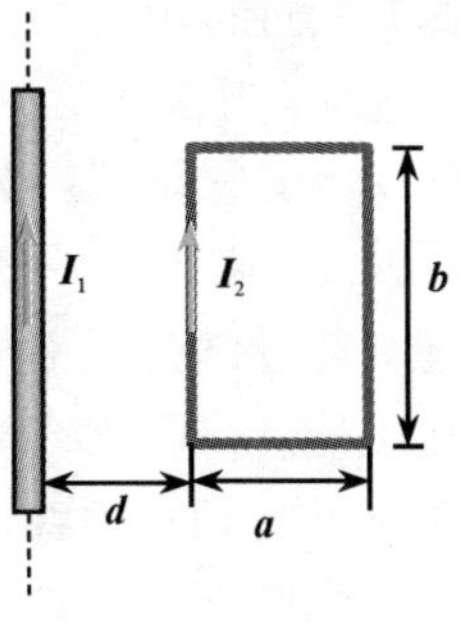

图 7-48 习题 7-8 图

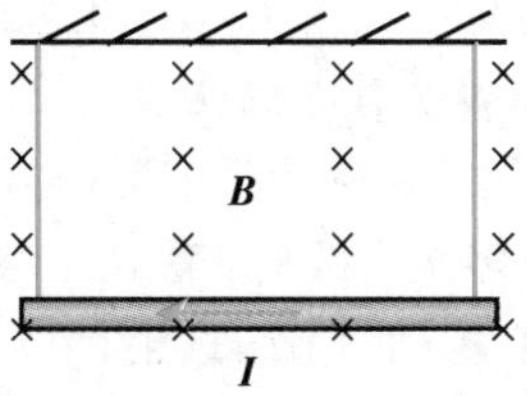

图 7-49 习题 7-10 图

第8章　电磁感应

8-1　课程思政　8-2　课程思政

电磁感应现象的发现在科学上和技术上都具有划时代的意义，不仅丰富了人们对电磁现象本质的认识，揭示了电与磁之间的内在联系，而且为电与磁之间的相互转化奠定了实验基础，推动了电磁理论的发展，标志着一场重大的工业和技术革命的到来。电磁感应在实践上有广泛的应用前途：在电工技术中，运用电磁感应原理制造的发电机、感应电动机和变压器等电气设备，为人类获取并利用巨大而廉价的电能开辟了道路；在电磁技术中，广泛采用了电感元件来控制电压或电流的分配发射接收和传输电磁信号；在电磁测量中，除了许多重要电磁量的测量直接应用电磁感应原理外，一些非电磁量也可以转换成电磁量来测量，从而发展了多种自动化仪表。这些应用对推动社会生产力和科学技术的进步发挥了重要作用。

8.1　电磁感应定律

8.1.1　电磁感应现象

1820 年，丹麦著名物理学家奥斯特发现了电流的磁效应，打破了人们对电与磁认识的局限性，揭开了研究电磁本质联系的序幕。这个重大发现很快便传遍了欧洲，并被许多物理学家所证实，人们确信电流能够产生磁场。当时人们已经认识了磁化现象，知道磁体能使附近的铁棒产生磁性，也发现带电体能使它附近的导体感应出电荷。那么反过来，磁是不是也能产生电呢？物理学家们为此开始进行艰苦的探索。法国物理学家安培将恒定电流或磁铁放在导体线圈附近，尝试激发电流，但多次尝试均无结果；瑞士科学家科拉顿也进行了大量的实验研究，但却遗憾地与成功擦肩而过；英国科学家法拉第意识到，既然奥斯特的实验表明有电流就会激发磁场，那么有磁场就一定会产生电流，并于 1822 年在一篇日记中留下了“由磁产生电”这样的思想。经过坚持不懈的努力，历经多次失败后，法拉第终于在 1831 年 8 月发现了电磁感应现象：把两个线圈绕在一个铁环上，线圈 A 直接接电源，线圈 B 接电流表，如图 8-1 所示。将线圈 A 的电路接通或断开的瞬间，线圈 B 中的电流表指针便会发生偏转，即产生了瞬时电流。寻找 10 年之久的“磁生电”的效应终于被发现了。1831 年 11 月，在法拉第提交的一个报告中，他把这种现象命名为“**电磁感应现象**”，产生的电流叫

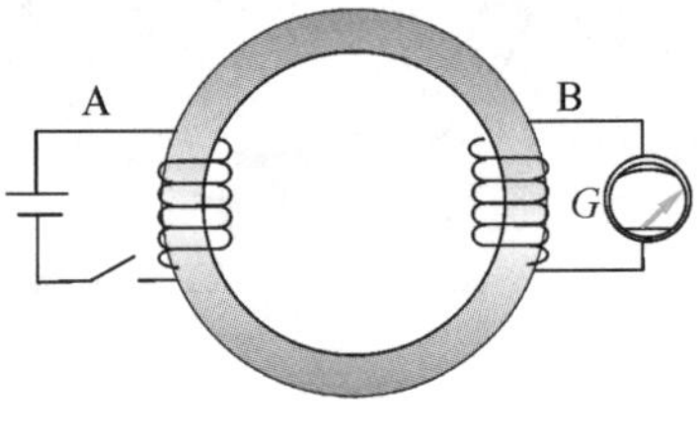

图 8-1　法拉第电磁感应实验

做感应电流，并概括了可以产生感应电流的五种类型：变化的电流、变化的磁场、运动的恒定电流、运动的磁铁、在磁场中运动的导体。这一发现进一步揭示了电与磁的内在联系，为建立完整的电磁理论奠定了坚实的基础，宣告了电磁学作为一门统一学科的诞生。

法拉第(1791—1867)，英国物理学家、化学家，也是著名的自学成才的科学家，他出生于一个贫苦铁匠家庭，仅上过小学。1831年，法拉第首次发现电磁感应现象，进而得到产生交流电的方法，发明了人类历史上的第一个发电机——圆盘发电机。法拉第的发现奠定了电磁学的基础，是麦克斯韦的先导。

在电磁感应现象被发现后，物理学家们意识到："磁生电"是一种在变化、运动的过程中才能出现的效应，于是又做了一系列实验证实了电磁感应现象的存在及其规律。下面我们选取几个产生电磁感应现象的实验作进一步讨论：

(1) 如图 8-2 所示，将磁铁(N 极或 S 极)插入或抽出与检流计 G 组成闭合回路的线圈中时，检流计的指针会发生偏转，说明回路中有电流通过，并且电流的大小和方向与磁铁相对于线圈运动的快慢和磁铁的极性及运动方向有关。如果用通有恒定电流的闭合线圈代替图 8-2 中的磁铁(见图 8-3)，当两线圈有相对运动时，也会产生相同的现象。

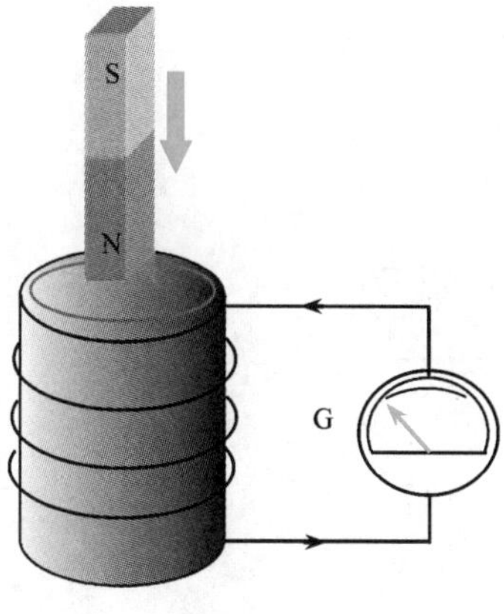

图 8-2　磁铁插入闭合回路的线圈

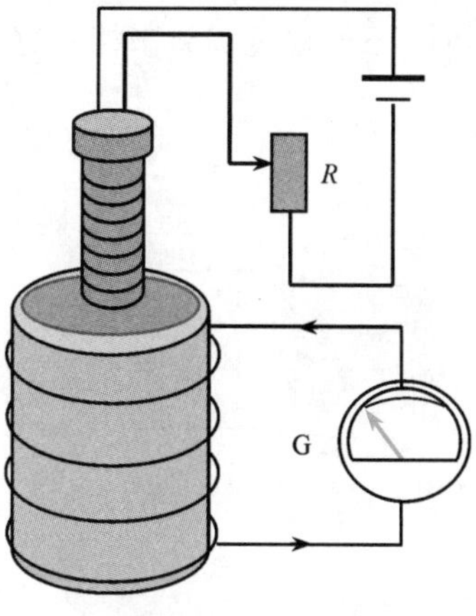

图 8-3　通有恒定电流的闭合线圈插入另一闭合回路的线圈

(2) 如图 8-4 所示，将闭合回路置于恒定磁场中，当导体棒在导体轨道上滑行时，回路中的检流计 G 指针发生偏转，说明回路中有电流通过。导体棒运动得越快，回路中电流的越大。

(3) 如图 8-5 所示，将两个载流线圈邻近放置，其中一个线圈中的电流发生变化时，另一个线圈回路中的检流计 G 指针发生偏转，说明回路中有电流通过。

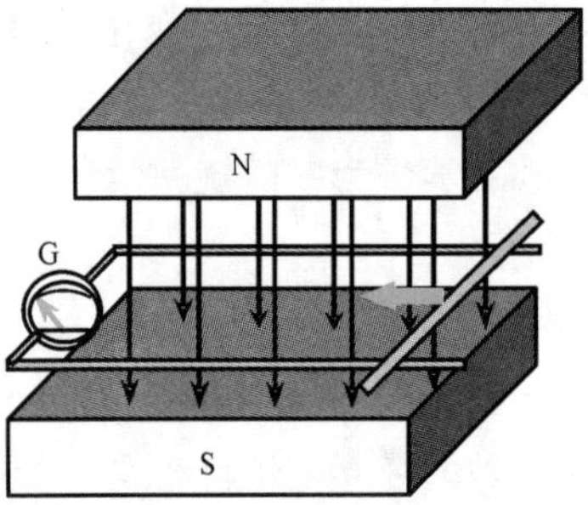
N
G
S

图 8-4　导体棒在恒定磁场中的闭合轨道上滑行

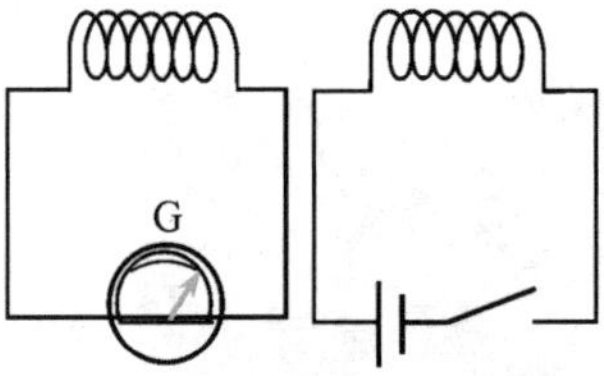
G

图 8-5　相邻放置的两个载流线圈

从上述实验可以看出，产生感应电流的条件不仅与磁场(磁感应强度)的变化有关系，还与闭合导体回路(或线圈)包围的面积有关系。**闭合导体回路的面积与垂直穿过它的磁感应强度的乘积称为磁通量**，所以只要穿过闭合导体回路(或线圈)的磁通量发生变化，闭合导体回路(或线圈)中就会产生感应电流。需要注意的是，**出现电磁感应现象的必要条件，不是磁通量本身，而是磁通量的变化**。于是，可以得到如下结论：**当穿过一个闭合导体回路(或线圈)所围面积的磁通量发生变化时**，不管这种变化是由于什么原因所引起的，回路中都会产生电流，这种现象叫做**电磁感应现象**，所产生的电流叫做**感应电流**。在回路中出现电流，表明回路中有电动势存在，这种在回路中由于磁通量的变化而引起的电动势，称为**感应电动势**。

8.1.2　楞次定律

在上述列举的出现电磁感应现象的实验中，我们发现：不同情况下产生的感应电流的方向是不同的。下面通过实验来探究感应电流的方向遵循的规律，如图 8-6 所示。

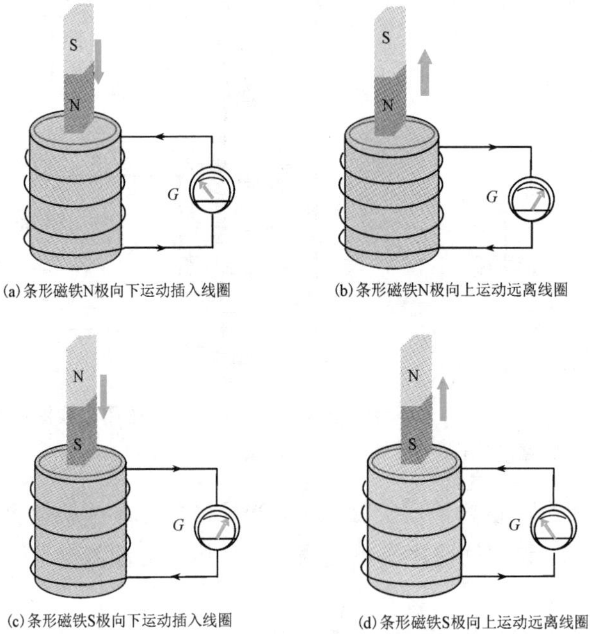
S
N
G
(a) 条形磁铁N极向下运动插入线圈
S
N
G
(b) 条形磁铁N极向上运动远离线圈
N
S
G
(c) 条形磁铁S极向下运动插入线圈
N
S
G
(d) 条形磁铁S极向上运动远离线圈

图 8-6　探究感应电流的方向

楞次定律

我们将实验结果以表格形式呈现，见表 8-1。

表 8-1　实验结果

图号	原磁场方向	线圈中磁通量的改变	感应电流的方向	感应电流产生的磁场方向
图 8-6(a)	向下	增加	逆时针	向上
图 8-6(b)	向下	减少	顺时针	向下
图 8-6(c)	向上	增加	顺时针	向下
图 8-6(d)	向上	减少	逆时针	向上

从实验结果可以看出，感应电流产生的磁场方向既跟感应电流的方向有关系(右手螺旋法则)，又跟引起磁通量变化的磁场有关系。图 8-6(a)、图 8-6(c)中线圈内磁通量增加，原磁场方向与感应电流的磁场方向相反；图 8-6(b)、8-6(d)中线圈内磁通量减少，原磁场方向与感应电流的磁场方向相同。也就是说，当线圈内磁通量增加时，感应电流的磁场阻碍磁通量的增加，当线圈内磁通量减少时，感应电流的磁场补充磁通量的减少。

1834 年，俄国物理学家楞次总结了大量实验事实后发现：当穿过回路所围面积的原磁通量增加时，感应电流磁场的方向和原磁场方向相反，从而达到阻碍磁通量增加的效果；当穿过回路所围面积的原磁通量减少时，感应电流磁场的方向和原磁场方向相同，从而达到阻碍磁通量减小的效果，即感应电流的磁场去阻碍的是原磁通量的“变化”，而不是原磁通量。楞次进而提出了著名的**楞次定律：感应电流产生的磁通量总是阻碍(或反抗)原磁通量的变化，或感应电流的效果总是反抗引起它的原因**。这里感应电流的“效果”是在回路中产生了磁通量，而产生感应电流的原因则是“原磁通量的变化”。也就是说，如果原磁通量是增加的，感应电流的磁通量就要反抗原磁通量的增加，则与原磁通量的方向相反；如果原磁通量是减少的，感应电流的磁通量就要反抗原磁通量的减少，则与原磁通量的方向相同。

楞次定律并没有直接给出感应电流的方向，但指出了判断感应电流方向的基本思路：

(1) 明确原磁场的方向及磁通量的变化情况(增加或减少)；

(2) 根据楞次定律的表述可以简化为“增反减同”，从而确定感应电流产生的磁场的方向；

(3) 根据感应电流产生的磁场方向由右手螺旋法则确定回路中感应电流的方向。

应用以上思路可以很容易判断出感应电流的方向，如图 8-7 所示。

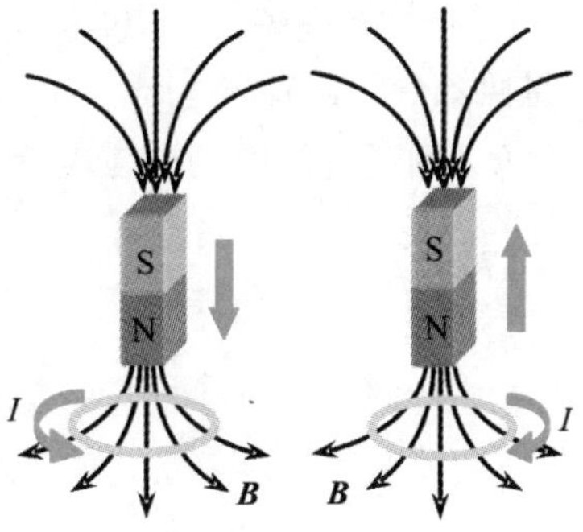

图 8-7　楞次定律判断感应电流的方向

(1) 当磁铁向下(向上)运动时，原磁场的方向向下(向上)，磁通量增加(减少)；

(2) 根据楞次定律的“增反减同”可知，当磁铁向下(向上)运动，原磁场的方向向下(向上)，磁通量增加(减少)，感应电流产生磁场的方向与原磁场方向相反(相同)，即向上(向下)；

(3) 根据右手螺旋法则，判定回路中感应电流的方向为逆时针(顺时针)。

8.1.3 法拉第电磁感应定律

穿过闭合导体回路的磁通量发生变化，回路中就会产生感应电流。如果存在感应电流，电路中就一定有电动势。如果不是闭合回路，则没有感应电流，但依然存在电动势。在电磁感应现象中产生的电动势叫作**感应电动势**。那么感应电动势的大小跟哪些因素有关呢？在条形磁铁插入线圈的实验中，磁铁的磁场越强、插入的速度越快，产生的感应电流就越大；在导体棒切割磁感线的实验中，导体棒运动的速度越快、磁体的磁场越强，产生的感应电流就越大。所以可以推断，感应电动势与磁通量变化的快慢有关，而磁通量变化的快慢可以用磁通量的变化率进行表示。

1845 年—1846 年，纽曼、韦伯在对理论和实验资料进行严格分析后，先后指出：闭合电路中感应电动势的大小，跟穿过该电路的磁通量的变化率成正比，后人为了纪念法拉第，称之为**法拉第电磁感应定律**，其定义为：**不论任何原因使穿过回路所包围面积的磁通量发生变化时，回路中产生的感应电动势与穿过回路的磁通量对时间变化率的负值成正比，即**

$$\varepsilon_i = -k\frac{\mathrm{d}\Phi_m}{\mathrm{d}t} \tag{8-1}$$

其中，k 是比例系数，在国际单位制中，电动势 ε_i 的单位是伏(V)，磁通量 Φ_m 的单位是韦伯(Wb)，时间 t 的单位是秒(s)，比例系数 $k=1$。式中的负号反映了感应电动势的方向，是楞次定律的数学表示。

如果回路是由 N 匝线圈密匝组成的，穿过每匝线圈的磁通量都等于 Φ_m，那么通过 N 匝线圈中的总电动势为

$$\varepsilon_i = -N\frac{\mathrm{d}\Phi_m}{\mathrm{d}t} = -\frac{\mathrm{d}(N\Phi_m)}{\mathrm{d}t} \tag{8-2}$$

其中，$N\Phi_m$ 是密匝线圈的磁通量匝数(磁通链)。

如果闭合线圈回路的电阻为 R，则通过线圈的感应电流为

$$I_i = \frac{\varepsilon_i}{R} = -\frac{1}{R}\frac{\mathrm{d}(N\Phi_m)}{\mathrm{d}t} \tag{8-3}$$

由于 $I=\frac{\mathrm{d}q}{\mathrm{d}t}$，因此可得在 t_1 到 t_2 的一段时间内通过回路导线中任一截面的感应电量为

$$q = \int_{t_1}^{t_2} I_i\,\mathrm{d}t = -\frac{1}{R}\int_{\Phi_{m1}}^{\Phi_{m2}}\mathrm{d}\Phi_m = \frac{1}{R}(\Phi_{m1} - \Phi_{m2}) \tag{8-4}$$

式中，Φ_{m1} 和 Φ_{m2} 分别是时刻 t_1 和 t_2 通过回路的磁通量。上式表明，一段时间内通过导线任一截面的电量与这段时间内导线所包围面积的磁通量的变化量成正比，而与磁通量变化的快慢无关。常用的测量磁感应强度的磁通计(又称高斯计)就是根据这个原理制成的。

8.2　动生电动势和感生电动势

通过上一节的学习我们知道，只要穿过回路的磁通量发生变化，回路中就一定会产生感应电动势。穿过回路所包围的面积 S 的磁通量 Φ_m 的大小是由磁感应强度 $\boldsymbol{B}$、所包围的回路面积的大小 S 以及面积在磁场中的取向三个因素决定的。这三个因素只要其中一个发生变化都会导致磁通量发生变化，就会在回路中产生感应电动势。根据磁通量改变的原因不同，可将产生的感应电动势分为动生电动势和感生电动势。**磁场保持不变，由于导体回路或导体在磁场中运动(即所包围的回路面积的大小或面积在磁场中的取向变化)而产生的感应电动势为动生电动势；导体回路在磁场中无运动，但由于磁感应强度变化而产生的感应电动势为感生电动势。**

8.2.1　动生电动势

产生动生电动势最常见的一种情况是磁场保持不变，导体棒做切割磁感应线运动而使磁通量发生变化。如图 8-8 所示，把矩形线框 $ABCD$ 放在磁感应强度为 $\boldsymbol{B}$ 的均匀磁场里，线框平面跟磁感应强度 $\boldsymbol{B}$(磁场方向)垂直。设线框可动部分 CD 的长度为 l，它以速度 $\boldsymbol{v}$ 向右运动。在 t 时间内，由原来的位置 CD 平行移动到 $C'D'$，这个过程中穿过该闭合电路的磁通量的变化量是

$$\Phi_m = Blvt - Blx_0 = Bl(vt - x_0)$$

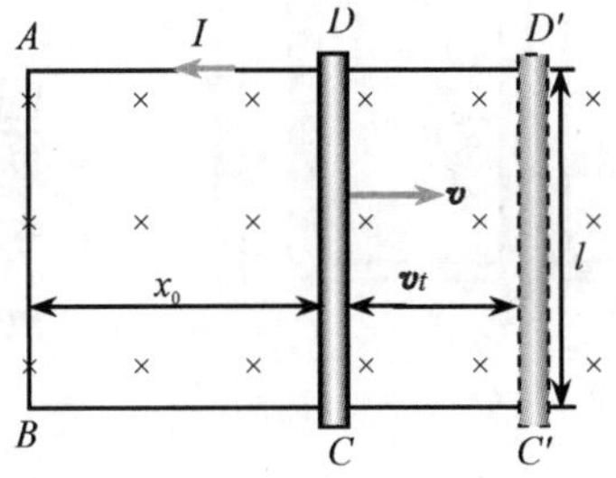

图 8-8　动生电动势

根据法拉第电磁感应定律，在国际单位制中，闭合回路 $ABC'D'$ 产生的动生电动势的大小为

$$\varepsilon_i = \left| -k\frac{\mathrm{d}\Phi_m}{\mathrm{d}t} \right| = \left| -\frac{\mathrm{d}[Bl(vt - x_0)]}{\mathrm{d}t} \right| = \left| -\frac{\mathrm{d}(Blvt)}{\mathrm{d}t} \right| = |-Blv| = Blv \quad (8-5)$$

由于在回路 $ABC'D'$ 中，除 $C'D'$ 边外，其余三条边均固定不动，不产生动生电动势，所以闭合回路 $ABC'D'$ 产生的动生电动势就等于可动部分导体棒产生的动生电动势。

导体棒切割磁感应线运动而产生动生电动势从微观上可以用电子在磁场中运动所受的洛伦兹力来解释。如图 8-9 所示，导体棒在运动过程中，棒内的自由电子将随着导体棒以相同的速度$\boldsymbol{v}$ 在磁感应强度为$\boldsymbol{B}$ 的均匀磁场里向右运动，自由电子受到的洛伦兹力为

$$\boldsymbol{F}_{\mathrm{m}}=-e\boldsymbol{v}\times\boldsymbol{B}$$

其中，e 是自由电子电量的绝对值，洛伦兹力 $\boldsymbol{F}_{\mathrm{m}}$ 的方向由 D'端指向 C'端，即电子在洛伦兹力作用下沿导体棒向下运动。于是在导体棒的 C'端聚集负电荷，D'端由于缺少负电荷而出现正电荷的累积，从而在导体棒 $C'D'$上激发从上至下的静电场，因而自由电子还要受到电场力 $\boldsymbol{F}_{\mathrm{e}}$ 的作用：

$$\boldsymbol{F}_{\mathrm{e}}=-e\boldsymbol{E}$$

方向由 C'端指向 D'端。随着电荷的积累，电场力 $\boldsymbol{F}_{\mathrm{e}}$ 逐渐增大，当自由电荷所受电场力 $\boldsymbol{F}_{\mathrm{e}}$ 正好与洛仑兹力 $\boldsymbol{F}_{\mathrm{m}}$ 大小相等时，电荷积累便达到动态平衡，这时在导体棒 $C'D'$上产生恒定电势差。此时导体棒 $C'D'$可以视为一个等效电源，C'端聚集负电荷为负极，电势较低，D'端聚集正电荷为正极，电势较高。可以看出作用在自由电子上的洛伦兹力提供了产生动生电动势的非静电力。所以单位正电荷所受的非静电力为

$$\boldsymbol{E}_{\mathrm{k}}=\frac{\boldsymbol{F}_{\mathrm{e}}}{-e}=\frac{\boldsymbol{F}_{\mathrm{m}}}{-e}=\frac{-e\boldsymbol{v}\times\boldsymbol{B}}{-e}=\boldsymbol{v}\times\boldsymbol{B}$$

根据电动势的定义式可得导体棒 $C'D'$产生的动生电动势为

$$\varepsilon_i=\int_{C'}^{D'}\boldsymbol{E}_{\mathrm{k}}\cdot\mathrm{d}\boldsymbol{l}=\int_{C'}^{D'}(\boldsymbol{v}\times\boldsymbol{B})\cdot\mathrm{d}\boldsymbol{l}=Blv \tag{8-6}$$

上式等同于式(8-5)，说明导体棒切割磁感线产生动生电动势本质就是由于运动电荷所受洛伦兹力的结果。

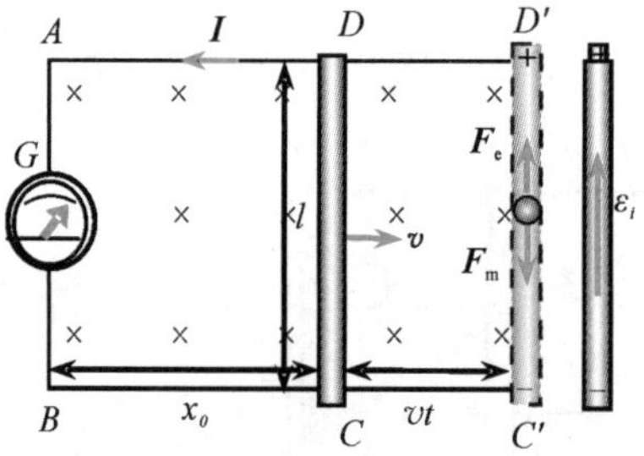

图 8-9　动生电动势产生的原因

电磁阻尼

对于更为一般的情况，当任意形状的一段导线，在恒定的非均匀磁场中以速度$\boldsymbol{v}$ 运动时，可以把导线看成由许多线元 $\mathrm{d}\boldsymbol{l}$ 组成。在任意线元 $\mathrm{d}\boldsymbol{l}$ 上，各点的速度$\boldsymbol{v}$ 和磁感应强度$\boldsymbol{B}$ 处处相等，因此在线元 $\mathrm{d}\boldsymbol{l}$ 上产生的动生电动势为

$$\mathrm{d}\varepsilon_i=\boldsymbol{E}_{\mathrm{k}}\cdot\mathrm{d}\boldsymbol{l}=(\boldsymbol{v}\times\boldsymbol{B})\cdot\mathrm{d}\boldsymbol{l} \tag{8-7}$$

则长为 L 的导体棒内总的动生电动势的表达式为

$$\varepsilon_i=\int_L\mathrm{d}\varepsilon_i=\int_L(\boldsymbol{v}\times\boldsymbol{B})\cdot\mathrm{d}\boldsymbol{l} \tag{8-8}$$

如果导体棒为直线，且$\boldsymbol{B}$、L、$\boldsymbol{v}$ 相互垂直，则 $\varepsilon_i=BL\boldsymbol{v}$ ；若$\boldsymbol{v}$ 与$\boldsymbol{B}$ 成 θ 角，则 $\varepsilon_i=BLv\sin\theta$。

例 8-1　如图 8-10 所示，无限长直导线中通有电流 I，有一长为 L 的金属棒 MN 与导线垂直共面放置。金属棒近端(M 端)到导线的垂直距离为 a，求当棒以速度$\boldsymbol{v}$平行于导线在平面内向上匀速运动时，金属棒产生的动生电动势。

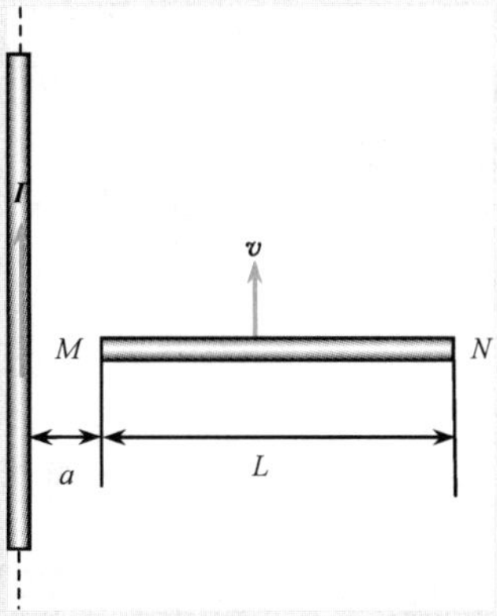

图 8-10　例题 8-1 用图

解　由于金属棒处于通电导线产生的垂直于纸面向里的非均匀磁场中，因此必须将金属棒切割为无限多个小线元 $\mathrm{d}x$，则每一线元 $\mathrm{d}x$ 处的磁场可以视为均匀磁场。建立如图 8-11 所示的坐标系，在导体棒上任选长为 $\mathrm{d}x$，距原点为 x 的线元，则无限长载流直导线在线元处激发的磁感应强度大小为 $B=\dfrac{\mu_0 I}{2\pi x}$，方向垂直于纸面向里(右手螺旋法则)。

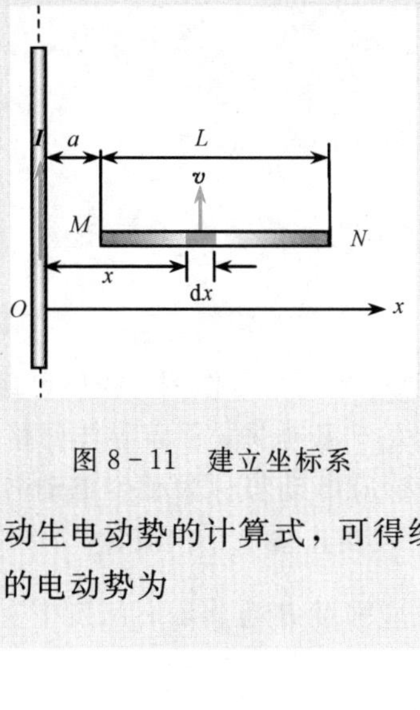

图 8-11　建立坐标系

由动生电动势的计算式，可得线元 $\mathrm{d}x$ 上产生的电动势为

$$\begin{aligned}\mathrm{d}\varepsilon_i &= (\boldsymbol{v}\times\boldsymbol{B})\cdot\mathrm{d}\boldsymbol{x}\\ &= vB\sin\theta\,\mathrm{d}x\cos\alpha\\ &= v\,\frac{\mu_0 I}{2\pi x}\sin 90^\circ\mathrm{d}x\cos 180^\circ\\ &= -v\,\frac{\mu_0 I}{2\pi x}\mathrm{d}x\end{aligned}$$

其中，负号代表动生电动势的方向与 ox 轴正方向相反，即从 N 指向 M。可以判定金属棒上所有线元产生的动生电动势方向都一致，所以金属棒中总的电动势为

$$\begin{aligned}\varepsilon_i &= \int_a^{a+L}\mathrm{d}\varepsilon_i\\ &= \int_a^{a+L} -v\,\frac{\mu_0 I}{2\pi x}\mathrm{d}x\\ &= \int_a^{a+L}\frac{\mu_0 I}{2\pi x}\mathrm{d}x\\ &= -\frac{\mu_0 I v}{2\pi}\ln\left(\frac{a+L}{a}\right)\end{aligned}$$

方向：由 N 指向 M，即 M 点的电势高于 N 点电势。

例 8-2 一根长为 L 的铜棒 OA，在垂直于纸面向里的均匀磁场 $\boldsymbol{B}$ 中以角速度 ω 在与磁场方向垂直的平面内做匀速转动。求铜棒两端之间产生的感应电动势大小。

解 方法一(动生电动势定义)：

当铜棒在平面内匀速转动时，铜棒上各点的线速度大小不相同，因此必须将铜棒切割为无限多个小线元 $\mathrm{d}l$。选取如图 8-12 所示的坐标系，在铜棒上选距原点 O 为 l 的线元 $\mathrm{d}l$，其线速度为

$$v=\omega l$$

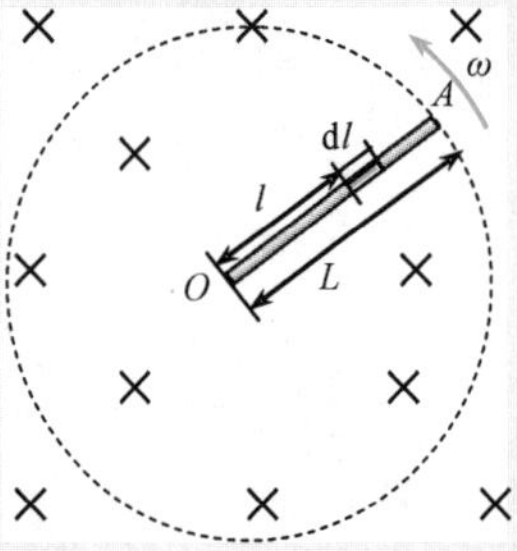

图 8-12 例题 8-2 方法一

由动生电动势的计算式，可得线元 $\mathrm{d}l$ 上产生的电动势为

$$\begin{aligned}\mathrm{d}\varepsilon_i&=(\boldsymbol{v}\times\boldsymbol{B})\cdot\mathrm{d}\boldsymbol{l}=vB\sin\theta\,\mathrm{d}l\cos\alpha\\&=\omega lB\sin90^\circ\,\mathrm{d}l\cos180^\circ=-\omega lB\,\mathrm{d}l\end{aligned}$$

其中，负号代表动生电动势的方向与坐标正方向(由 O 到 A)相反，即从 A 指向 O。可以判定金属棒上所有线元产生的动生电动势方向都一致，所以金属棒中总的电动势为

$$\varepsilon_i=\int_0^L\mathrm{d}\varepsilon_i=\int_0^L-\omega lB\,\mathrm{d}l=-\frac{1}{2}B\omega L^2$$

方向：由 A 指向 O，即 O 点的电势高于 A 点电势。

方法二(法拉第电磁感应定律)：

如图 8-13 所示，设铜棒 OA 在 $\mathrm{d}t$ 时间内转动了 $\mathrm{d}\theta$，则铜棒 OA 扫过的扇形面积为

$$S=\frac{1}{2}L^2\theta$$

则穿过面积 S 的磁通量为

$$\Phi_m=BS\cos180^\circ=-BS=-\frac{1}{2}BL^2\theta$$

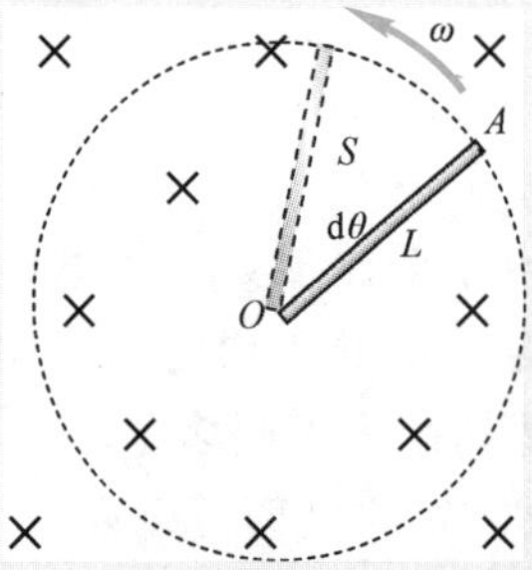

图 8-13 例题 8-2 方法二

根据法拉第电磁感应定律，在面积为 S 的扇形回路中只有铜棒 OA 切割磁感应线，则铜棒 OA 产生动生电动势的大小为

$$\begin{aligned}\varepsilon_i&=\left|-k\frac{\mathrm{d}\Phi_m}{\mathrm{d}t}\right|=\left|\frac{\mathrm{d}\left(\frac{1}{2}BL^2\theta\right)}{\mathrm{d}t}\right|\\&=\frac{1}{2}BL^2\frac{\mathrm{d}\theta}{\mathrm{d}t}=\frac{1}{2}B\omega L^2\end{aligned}$$

8.2.2 感生电动势

导体在磁场中运动时，内部的自由电子也随之运动，受到磁力作用，我们已经知道，洛仑兹力是产生动生电动势的根源，即产生动生电动势的非静电力，但若导体回路在磁场中无运动，磁场发生变化时也会产生感应电动势，这种感应电动势称为感生电动势。如图 8-14 所示，一长直螺线管，螺线管外套一个闭合线圈，线圈连接一个检流计，当螺线管通以随时间发生变化的电流$\frac{\mathrm{d}I}{\mathrm{d}t}$时，在螺线管内激发的磁感应强度 $\boldsymbol{B}$ 也将随时间发生变化，回

路中产生了感生电动势，我们就会观察到检流计指针发生偏转。但是，是什么力使闭合线圈中的自由电子绕线圈做定向运动呢？当然不是洛伦兹力，因为闭合线圈没有运动；也不是静电力，因为静电力是由静止电荷产生的，与磁场的变化无关。为此英国物理学家麦克斯韦分析了这种情况以后提出了如下假说：变化的磁场在它周围空间激发一种电场，这种电场与静电场不同，它不是由电荷产生的，只要磁场变化，就有这种场存在，这种场被称为**感生电场**(**涡旋电场**)。他还进一步指出，只要空间有变化的磁场，就有感生电场存在，而与空间中是否有导体或回路无关，与在真空中或在介质中也无关。

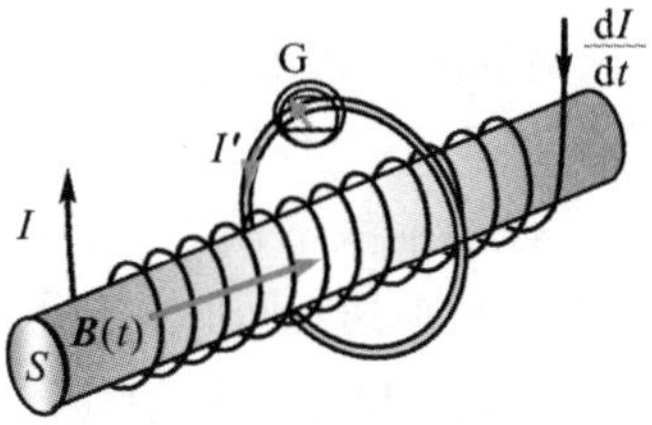

图 8-14　感生电动势

当导体回路处在变化的磁场中时，感生电场就会作用于导体中的自由电荷，从而在导体中引起感生电动势和感应电流。根据电动势的定义，可得闭合导体回路上的感生电动势为

$$\varepsilon_i = \oint_L \boldsymbol{E}_{感} \cdot \mathrm{d}\boldsymbol{l} \tag{8-9}$$

其中，$\boldsymbol{E}_{感}$是感生电场强度。根据法拉第电磁感应定律，可得

$$\varepsilon_i = \oint_L \boldsymbol{E}_{感} \cdot \mathrm{d}\boldsymbol{l} = -\frac{\mathrm{d}\Phi_m}{\mathrm{d}t} = -\frac{\mathrm{d}}{\mathrm{d}t}\int_S \boldsymbol{B} \cdot \mathrm{d}\boldsymbol{S} \tag{8-10}$$

式中，L 代表任一闭合回路，S 表示以闭合回路 L 为边界的任意曲面的面积，则上式可以改写为

$$\varepsilon_i = \oint_L \boldsymbol{E}_{感} \cdot \mathrm{d}\boldsymbol{l} = -\iint_S \frac{\partial \boldsymbol{B}}{\partial t} \cdot \mathrm{d}\boldsymbol{S} \tag{8-11}$$

上式说明感生电场场强 $\boldsymbol{E}_{感}$ 沿闭合回路 L 的线积分等于磁感应强度 $\boldsymbol{B}$ 穿过回路所包围面积的 $\boldsymbol{B}$ 通量变化率的负值。负号表示 $\boldsymbol{E}_{感}$ 的方向与磁场的变化率$\dfrac{\partial \boldsymbol{B}}{\partial t}$遵循左手螺旋关系，如图 8-15 所示，式(8-11)是电磁场的基本方程之一。

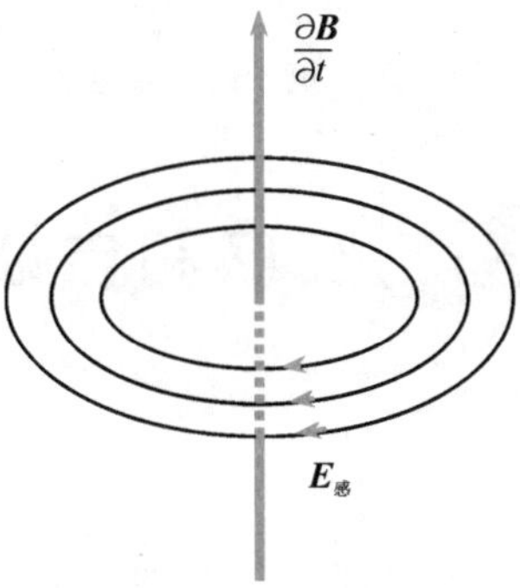

图 8-15　感生电场的电场线分布

感生电场和静电场对带电粒子都有力的作用，但与静电场不同，感生电场不是由电荷激发而是由变化的磁场所激发，而且描述感生电场的电力线是闭合的、无头无尾的，故感生电场又称涡旋电场，它不是保守场，其环流不等于零。

麦克斯韦的这些假说，从理论上揭示了电磁场的内在联系，并已被近代众多的实验结果所证实。应用感应电场加速电子的电子感应加速器，是感生电场存在的最重要的例证之一。

电子感应加速器是回旋加速器的一种，它利用变化的磁场激发的感生电场来给电子加速。如图 8-16 所示，在电磁铁的两极间有一环形真空室，电磁铁受交变电流激发，在两极间产生一个由中心向外逐渐减弱并具有对称分布的交变磁场，这个交变磁场又在真空室内激发感生电场，其电场线是一系列绕磁感应线的同心圆。用电子枪将电子沿切线方向射入环形真空室，电子在感生电场的作用下被加速，同时，电子还受到真空室所在处磁场的洛伦兹力的作用，使电子在圆形轨道上运动。电子在适当作用下不断被加速，成为高能电子，速度可达到 0.99998 c(c 是真空中的光速，约为 3×10^8 m/s)，能量可达几百兆电子伏特。利用高能电子束轰击各种靶子，可得到穿透力极强的 X 射线，可用于研究某些物质的核反应，制备同位素，亦可以用于工业探伤和医学上治疗癌症等，用途极为广泛。

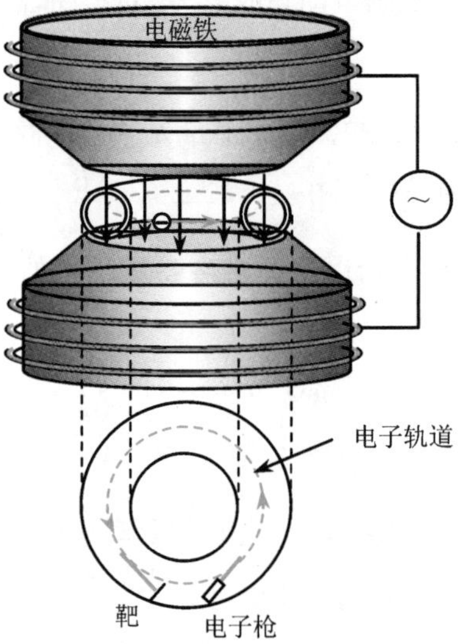

图 8-16　电子感应加速器

8.3 互感和自感

8.3.1 互感

法拉第在电磁感应实验中发现，虽然两个线圈绕在同一铁环上，但并没有用导线直接相连，当一个线圈中的电流发生变化时，另一个线圈中也出现了感应电流，即产生了感应电动势。两个邻近的线圈 1 和 2，分别通有电流 I_1 和 I_2，则其中任一线圈中的电流所产生的磁通量，将通过另一线圈所包围的面积，如图 8－17 所示。根据法拉第电磁感应定律，当其中一个回路中的电流发生变化时，将引起通过另一回路中磁通量的变化，从而在该回路中产生感应电动势。为此，可以将由于一个回路中电流变化所产生的变化的磁场在另一个相邻的回路中产生感应电动势的现象定义为**互感现象**，这种感应电动势称为**互感电动势**。

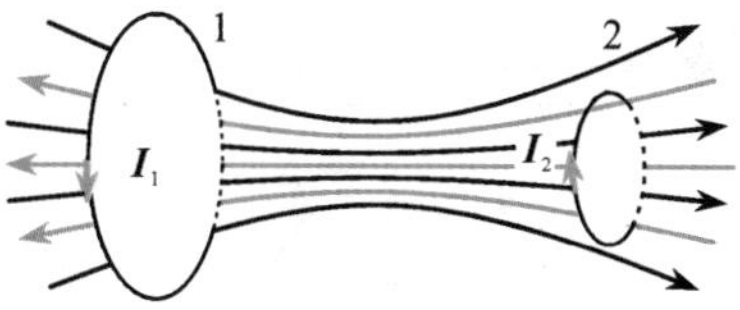

图 8－17 互感现象

设回路 1 中的电流为 I_1，在回路 2 中产生的磁通量为 Φ_{m21}，回路 2 中的电流 I_2 在回路 1 中产生的磁通量为 Φ_{m21}，保持两个线圈的形状、相互位置不变，根据毕奥-萨伐尔定律，电流在空间激发的磁场与电流强度大小成正比，所以磁通量与激发的电流强度的大小也成正比，即

$$\Phi_{m21}=M_{21}I_1 \tag{8-12a}$$

$$\Phi_{m12}=M_{12}I_2 \tag{8-12b}$$

式中，比例系数 M_{21} 和 M_{12} 称为回路的互感系数，简称互感，它取决于回路的几何形状、尺寸、匝数、周围介质的情况及两个回路的相对位置。由于互感系数很难计算，一般用实验进行测定。可以证明，$M_{21}=M_{12}$，二者可统一用 M 表示，则

$$\Phi_{m21}=MI_1 \tag{8-13a}$$

$$\Phi_{m12}=MI_2 \tag{8-13b}$$

根据法拉第电磁感应定律，回路 1 中的电流强度 I_1 发生变化时，通过回路 2 的磁通量也将发生变化，从而在回路 2 中引起感应电动势，即

$$\varepsilon_{21}=-\frac{\mathrm{d}\Phi_{m21}}{\mathrm{d}t}=-M\frac{\mathrm{d}I_1}{\mathrm{d}t} \tag{8-14a}$$

同理，回路 2 中的电流强度 I_2 发生变化时，通过回路 1 的磁通量也将发生变化，从而在回路 1 中引起感应电动势，即

$$\varepsilon_{12}=-\frac{\mathrm{d}\Phi_{m12}}{\mathrm{d}t}=-M\frac{\mathrm{d}I_2}{\mathrm{d}t} \tag{8-14b}$$

不难看出，若电流的时间变化率一定，互感系数越大，互感现象就越显著，说明互感系数是表征两个邻近回路耦合强弱的物理量。互感系数的单位是亨利，用符号 H 表示。

互感现象是一种常见的电磁感应现象，通过互感线圈可以使能量或信号由一个线圈便捷地传递到另一个线圈，因而在电工和电子技术中有广泛的应用：可以升降电压或变化电流的变压器；可将低压直流变为高达几万伏高压的感应圈；能用小量程的电表来测量交流高压或交流大电流的互感器等。在某些电子线路中，还可以利用互感现象来进行信号的接收和耦合，例如收音机天线、各种电感、拾音器、麦克风、耳机等都利用了互感现象的相关原理。但在有些情况下，互感也有害处：有线电话往往由于两路电话线之间的互感而有可能造成串音；收录机、电视机及电子设备中也会由于导线或部件间的互感而妨碍正常工作；在电子仪器中，导线与导线间、导线与器件之间和器件与器件之间的互感也会影响仪器的正常工作。因此必须合理地布置线路，如使两线圈远离，或调整它们的相对位置，以使它们之间的互感系数为零或最小，或者是采用磁屏蔽的方法，将它们屏蔽起来。

8.3.2 自感

从前面的学习中我们已经知道，当回路通有电流时，就有这一电流所产生的磁通量通过回路本身。当回路中的电流、回路的形状或回路周围的磁介质发生变化时，通过本身回路的磁通量也将发生变化，从而在本身回路中也将产生感应电动势，这种由于**回路中的电流产生的磁通量发生变化，而在本身回路中激起感应电动势的现象，称为自感现象**，这样产生的**感应电动势，称为自感电动势**。

如图 8－18 所示，A、B 是两个相同的小灯泡，L 是带铁芯的多匝线圈(置入铁芯可使在同样电流下获得强得多的磁场，从而使自感现象变得明显)，R 是电阻，其阻值与线圈的阻值相同。S 接通时，灯泡 A 立刻就亮，灯泡 B 则逐渐变亮，最后与 A 亮度相同。此实验说明，由于 L 中存在自感电动势，电流的增大是比较迟缓的(楞次定律)。自感的作用有点像力学中的惯性作用，也可称为电磁惯性。

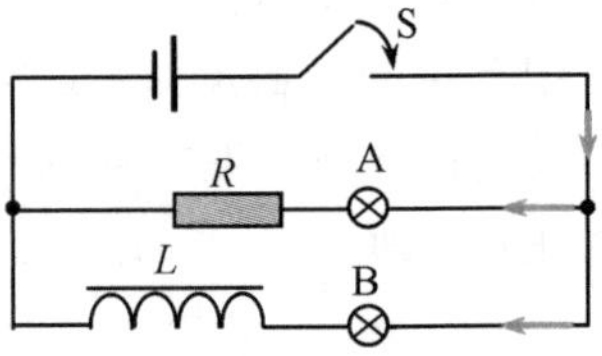

图 8－18 电流增大时的自感现象

线圈电流减小时自感现象的演示装置如图 8－19 所示，设开关 S 原来是接通的，灯泡 A 以某一亮度发光，当切断开关 S 时，看到灯泡 A 瞬时猛然一亮，然后逐渐熄灭。这个现象同样可以用自感来解释，当开关 S 切断时，线圈 L 与电源脱离，电流从有到无，是一个减小的过程，根据楞次定律，自感电动势应阻碍电流的减小，因此线圈的电流不会立刻减小为零，然而这时开关 S 已经切断，线圈 L 的电流只能通过灯泡而闭合，因此灯泡不会立刻熄灭。如果线圈的电阻远小于灯泡的电阻(实际的演示仪器都按照这一要求制作)，当开关处于接通状态时线圈的电流就远大于灯泡的电流，在切断电源的瞬间，线圈的这一电流流过灯泡，则会出现灯泡比之前还亮的现象，但由于线圈及灯泡回路已脱离电源，电流必将逐渐减小为零，因而灯泡依旧逐渐熄灭。

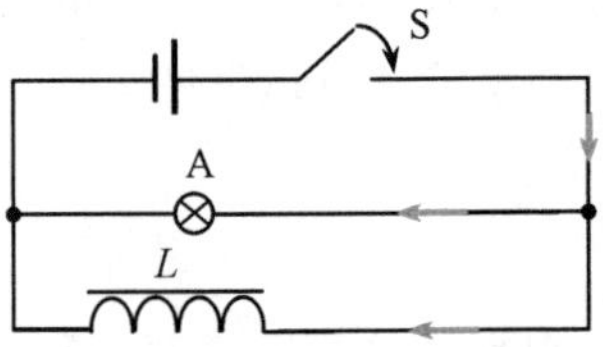

图 8－19 电流减小时的自感现象

设闭合回路通有的电流为 I，根据毕奥-萨伐尔定律，电流在空间激发的磁场与电流强度大小成正比，所以磁通量与激发的电流强度的大小也成正比，即

$$\Phi_{\mathrm{m}}=LI \tag{8-15}$$

式中，比例系数 L 称为回路的自感系数，简称自感，它取决于回路的几何形状、尺寸、匝数、周围介质的情况。和互感系数一样，自感系数很难计算，一般通过实验来进行测定。根据法拉第电磁感应定律，回路中的自感电动势为

$$\varepsilon_L=-\frac{\mathrm{d}\Phi_{\mathrm{m}}}{\mathrm{d}t}=-\left(L\frac{\mathrm{d}I}{\mathrm{d}t}+I\frac{\mathrm{d}L}{\mathrm{d}t}\right) \tag{8-16}$$

假设回路形状、大小等均不随时间发生变化，则自感电动势为

$$\varepsilon_i=-L\frac{\mathrm{d}I}{\mathrm{d}t} \tag{8-17}$$

自感系数的单位也是亨利(H)。上式表明，当电流变化率相同时，自感系数 L 越大的回路，其自感电动势也越大。式中的负号是楞次定律的数学表示，它指出自感电动势的方

向总是反抗回路中电流的改变。即当电流增加时，自感电动势使回路中的感应电流方向与原有电流方向相反；当电流减小时，自感电动势使回路中感应电流的方向与原有电流方向相同。实验表明，自感系数是由线圈回路的几何形状、大小、匝数及线圈内介质的磁导率决定的，而与回路中的电流无关。总之，任何回路中只要有电流的改变，就必将在回路中产生自感电动势，以反抗回路中电流的改变。显然，回路的自感系数越大，自感的作用也越大，则改变该回路中的电流也越不容易。换句话说，回路的自感有使回路保持原有电流不变的性质，这一特性和力学中物体的惯性相仿。因而，自感系数可认为是描述回路"电磁惯性"的一个物理量。所以，自感系数表征了回路本身的一种电磁属性。

在工程技术和日常生活中，自感现象有广泛的应用：无线电技术和电工中常用的扼流圈，日光灯上用的镇流器等，都是利用自感原理控制回路中电流变化的。自感现象有时也会带来害处，例如在变压器、电动机等设备中有多匝数的线圈，由于电路中自感元件的作用，断开时会产生很大的自感电动势，可能使得开关中的金属片之间产生电火花，造成火灾并直接危及人身安全。为了避免事故，切断大电流电路时必须使用带有灭弧结构的特殊开关，如油浸开关(即把开关的接触点浸在绝缘油中，避免出现电火花)及其稳压装置等。电机和强力电磁铁，在电路中都相当于自感很大的线圈，在启动和断开电路时，往往会因自感在电路形成瞬时的过大电流，有时会造成事故。为减少这种危险，可对电机采用降压启动，断路时，增加电阻使电流减小，然后再断开电路。

8.4 磁场的能量

8.4.1 自感磁能

在静电场中，电容器可以储存电能。同样，在磁场中载流线圈也可以储存磁能。

在图 8-19 所示的实验中，当开关 S 打开后，电源已不再向灯泡供给能量了，它突然强烈地闪亮一下所消耗的能量是哪里来的呢? 由于使灯泡闪亮的电流是线圈中的自感电动势产生的电流，而这电流随着线圈中的磁场的消失而逐渐消失，所以可以认为使灯泡闪亮的能量是原来储存在通有电流的线圈中的，或者说是储存在线圈内的磁场中的，这种能量叫做磁能。

自感为 L 的线圈中通有电流 I 时所储存的能量应该等于这电流消失时自感电动势所做的功。以 $i\mathrm{d}t$ 表示在短路后某一时间 $\mathrm{d}t$ 内通过灯泡的电量，则在这段时间内自感电动势做的功为

$$W=\int \mathrm{d}W=\int_I^0 \varepsilon_L i\,\mathrm{d}t=\int_I^0 -L\frac{\mathrm{d}i}{\mathrm{d}t}i\,\mathrm{d}t=\int_I^0 -Li\,\mathrm{d}i=\frac{1}{2}LI^2 \tag{8-18}$$

因此，具有自感为 L 的线圈通有电流 I 时所具有的磁能为

$$W_{\mathrm{m}}=\frac{1}{2}LI^2 \tag{8-19}$$

上式为自感磁能公式。

8.4.2 磁场能量密度与磁场能量

对于磁场的能量也可以引入能量密度的概念，下面我们用特例导出磁场能量的密度公式。

对于一个长直螺线管，通过计算可得通有电流为 I、体积为 V 的螺线管的自感系数为

$$L=\mu n^2 V \tag{8-20}$$

将式(8-20)代入式(8-19)，可得长直螺线管的磁场能量是

$$W_m=\frac{1}{2}LI^2=\frac{1}{2}I^2\mu n^2 V$$

由于螺线管内的磁场 $B=\mu nI$，所以上式可写作

$$W_m=\frac{1}{2}LI^2=\frac{1}{2}I^2\mu n^2 V=\frac{1}{2}\left(\frac{B}{\mu n}\right)^2\mu n^2 V=\frac{1}{2}\frac{B^2}{\mu}V \tag{8-21}$$

由于螺线管内部的磁场是均匀的，所以设管内的磁场能量密度，即单位体积内的磁场的能量为

$$w_m=\frac{W_m}{V}=\frac{1}{2}\frac{B^2}{\mu} \tag{8-22}$$

此式虽然是从一个特例中推出的，但是可以证明它对磁场普遍有效。利用它可以求得任意磁场所储存的能量为

$$W_m=\int_V w_m \mathrm{d}V \tag{8-23}$$

此式的积分应遍及整个磁场分布的空间。

习　题

8-1　楞次定律可以理解为“感应电流的磁通量总是与原磁通量相反”，对以上说法说出你的理解并解释原因。

8-2　灵敏电流计的线圈处于永磁体的磁场中，通入电流后，线圈就发生偏转，即可显示出电流的大小。切断电流后，线圈在回到原来位置前要来回摆动好多次，这时如果用导线把线圈的两个接头短路，则其摆动会马上停止，请利用所学习过的知识解释其中原因。

8-3　什么叫感生电场(又称涡旋电场)？它是如何产生的？感生电场和静止电荷产生的电场有何异同？

8-4　当一圆形线圈在均匀磁场中做以下运动时，判断是否会产生感应电流，并说明原因：

(1) 沿垂直磁场方向平移；

(2) 以直径为轴转动，轴跟磁场垂直；

(3) 沿平行磁场方向平移；

(4) 以直径为轴转动，轴跟磁场平行。

8-5　长为 a 的金属直导线在垂直于平面向内的均匀磁场中以角速度 ω 转动，试计算：

(1) 转轴在金属直导线的什么位置时，在整个导线上产生的电动势最大？数值是多少？

(2) 转轴在金属直导线的什么位置时，在整个导线上产生的电动势最小？数值是多少？

8-6　在磁感应强度 B 为 0.5 T 的均匀磁场中放置一圆形回路，回路平面与 B 垂直，回路的面积与时间的关系为：$S=5t^2+2(\mathrm{cm}^2)$，求 $t=3$ s 时回路中感应电动势的大小。

8-7　如图 8-20 所示，一导体细棒折成 N 形，其中平行的两段长为 l，当这导体细棒在磁感应强度为 B(方向垂直向外)的均匀磁场中沿图示方向匀速运动时，求导体细棒两端 a、d 间的电势差 V_{ad}。

8-8　如图 8-21 所示，一无限长载流直导线中通有电流 $I=I_0\cos\omega t$，式中 I_0 表示电流的最大值(称为电流振幅)，ω 是角频率(I_0 和 ω 都是常量)，旁边放置一个长为 a，宽为 b 的矩形线圈，线圈的一边与长直导线的距离为 x，求任一时刻矩形线框中的感应电动势。

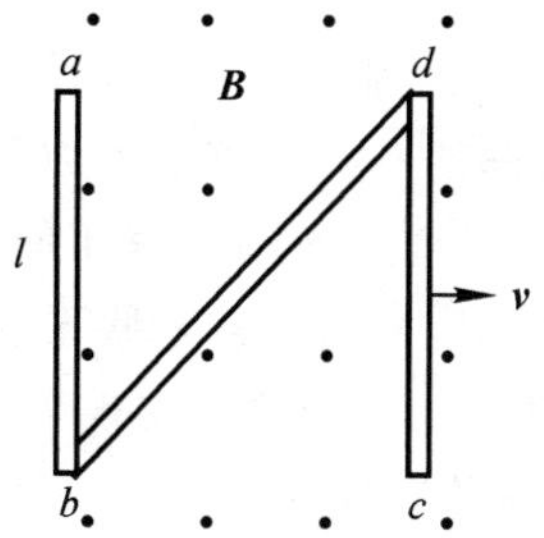

图 8-20　习题 8-7 图

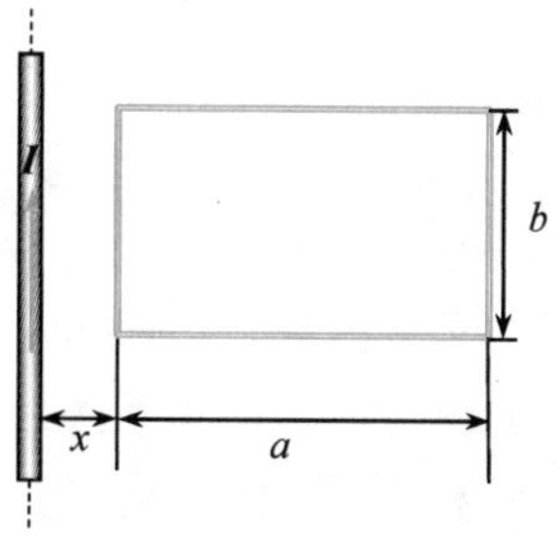

图 8-21　习题 8-8 图

8-9　如图 8-22 所示，在两平行流的无限长载流直导线的平面内有一矩形线圈，线圈的一边与两根长直导线的距离分别为 d 和 b，线圈边长分别为 a 和 l。两导线中的电流 I 方向相反、大小相等，且电流以 $\frac{\mathrm{d}I}{\mathrm{d}t}$ 的变化率增大，求：

(1) 任一时刻线圈内所通过的磁通量；

(2) 线圈中的感应电动势。

8-10　导线 MN 长为 l，绕过 O 点的垂直轴以匀角速度 ω 转动，$MO=\frac{l}{3}$，磁感应强度 $\boldsymbol{B}$ 平行于转轴，如图 8-23 所示，试求：

(1) MN 两端的电势差；

(2) 判断 MN 两端哪一端电势高并阐述原因。

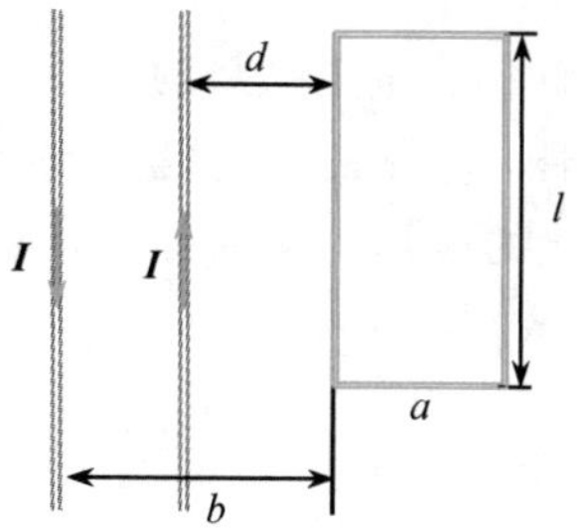

图 8-22　习题 8-9 图

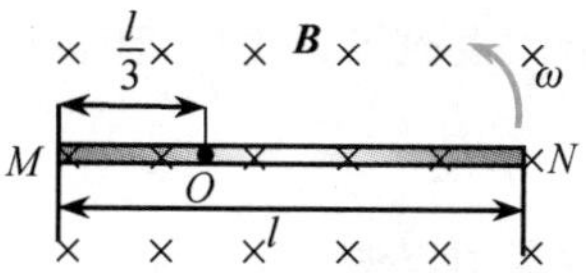

图 8-23　习题 8-10 图

第9章 电磁场理论

19 世纪中期，随着生产技术的发展，人们开始更深入地研究电磁现象的本质：不仅电荷和电流可以产生电场，而且变化着的电场和磁场也可以相互产生，因此电场和磁场是一个统一的整体——电磁场。经典电磁理论的奠基人——英国物理学家麦克斯韦系统地总结了库伦、安培、法拉第等人在电磁学方面的成就，并在此基础上加以发展，提出“涡旋电场”和“位移电流”的假说，建立了电磁场的基本理论框架——麦克斯韦方程组。麦克斯韦还进一步指出，电磁场以波动形式运动，其传播速度与真空中的光速相同，称为电磁波，并意识到光也是一种电磁波，这使得人们对光的本质和物质世界普遍联系的认识大大加深了。20 多年后，德国物理学家赫兹通过实验证实了电磁波的存在，实现了电、磁、光的统一，为现代通信技术和信息技术奠定了基础。

麦克斯韦(1831—1879)，英国物理学家、数学家，经典电动力学的创始人，统计物理学的奠基人之一。主要从事电磁理论、分子物理学、统计物理学、光学、力学、弹性理论方面的研究，尤其是他所建立的电磁场理论，将电学、磁学、光学统一起来，是 19 世纪物理学发展的最光辉的成果，是科学史上最伟大的综合理论之一。

9.1 位移电流与全电流定律

法拉第电磁感应定律被发现后，麦克斯韦为了解释感生电动势的产生，提出了变化的磁场产生电场的假说，联想到电场和磁场具有对称性，变化的磁场既然能激发电场，变化的电场也必然能激发磁场。就其产生磁场来说，变化的电场与电流等效，这个等效电流被称为位移电流。

9.1.1 位移电流

在一个不含电容器的闭合电路中，传导电流是连续的，即在任意时刻，通过导体上某一截面的电流等于通过任何其他截面的电流。由磁介质中恒定电流的磁场的安培环路定理

和电流密度矢量的定义，可得

$$\oint_L \boldsymbol{H} \cdot \mathrm{d}\boldsymbol{l} = \sum I_i = \int_S \boldsymbol{j}_c \cdot \mathrm{d}\boldsymbol{S} \tag{9-1}$$

式中，$\sum I_i$ 是穿过以回路 L 为边界的任意曲面 S 的传导电流的代数和，$\boldsymbol{j}_c$ 表示传导电流密度。

定理表明，磁场强度沿任意闭合回路的环流等于此闭合回路所包围的传导电流的代数和。那么该定理在非恒定电流的磁场中是否仍然成立呢？我们知道在含电容器的电路中，情况是不同的，无论电容器是充电还是放电，传导电流都不能在电容器的两极板间通过，此时电流就不再连续。下面以电容器的充、放电过程为例进行讨论。如图 9-1 所示，在包含电容器的电路中作闭合回路 L，并以 L 为边界作两个任意曲面 S_1 和 S_2，其中曲面 S_1 与导线相交有传导电流穿过，曲面 S_2 过两极板之间，根据安培环路定理，应有

$$\oint_L \boldsymbol{H} \cdot \mathrm{d}\boldsymbol{l} = \sum I_c \quad (\text{对曲面 } S_1) \tag{9-2}$$

式中，I_c 是穿过曲面 S_1 的传导电流。曲面 S_2 位于电容器两极板之间，由于没有传导电流穿过，则根据安培环路定理，应有

$$\oint_L \boldsymbol{H} \cdot \mathrm{d}\boldsymbol{l} = 0 \quad (\text{对曲面 } S_2) \tag{9-3}$$

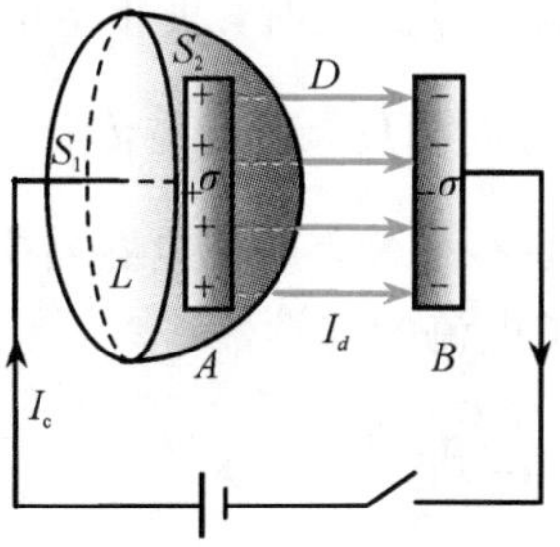

图 9-1　电容器的充、放电

可见，在非恒定电流的磁场中，对同一闭合回路以 L 为边界的不同曲面应用安培环路定理时得到了截然不同的结果。可见电容器的存在破坏了电路中传导电流的连续性，安培环路定理已经不适用于非恒定电流磁场的情况，需要寻找更普遍的规律来对定理进行修正。麦克斯韦注意到，电容器充、放电时，极板间虽然没有传导电流，但却存在着变化的电场，在任何时刻，单位时间内极板上所带电荷量 q 的增量应等于此时的传导电流，所以麦克斯韦提出了位移电流的假设，把变化的电场视为电流，称为**位移电流**。

在图 9-1 所示的电路中，当电容器充电或放电时，电容器两极板上的电荷和电荷面密度都随时间而变化(充电时增加，放电时减少)。电容器充、放电时，设 t 时刻 A 极板电荷为 $+q$，电荷面密度为 $+\sigma$，B 极板电荷为 $-q$，电荷面密度为 $-\sigma$，极板面积为 S，则导线中的传导电流为

$$I_c = \frac{\mathrm{d}q}{\mathrm{d}t} = \frac{\mathrm{d}(\sigma S)}{\mathrm{d}t} = S\,\frac{\mathrm{d}\sigma}{\mathrm{d}t} \tag{9-4}$$

传导电流密度为

$$j_c=\frac{I_c}{S}=\frac{\frac{dq}{dt}}{S}=\frac{d\sigma}{dt} \tag{9-5}$$

虽然传导电流在电容器的极板处终止，但极板上电荷的积累会在两极板之间产生电场。电容器充、放电时，平行板电容器两极板之间的电位移矢量的大小在数值上等于极板上的自由电荷面密度(国际单位制)，即 $D=\sigma=\frac{q}{S}$，则电位移通量等于极板上的总电荷量，即 $\Phi_d=DS=\sigma S=q$。此处麦克斯韦引入了位移电流的概念，其定义为：**通过电场中某一截面的位移电流等于通过该截面电位移通量对时间的变化率。**因此，**电容器两极板之间电位移 D 通量随时间的变化率在数值上等于传导电流**，则有

$$I_d=\frac{d\Phi_d}{dt}=\frac{d(DS)}{dt}=S\frac{dD}{dt}=S\frac{d\sigma}{dt}=I_c \tag{9-6}$$

则位移电流密度为

$$j_d=\frac{dD}{dt} \tag{9-7}$$

式(9-6)和式(9-7)表明，通过某截面的位移电流在电容器充电时，极板上的电荷面密度 σ 增大，两极板间的电场强度增大，电位移随时间的变化率 $\frac{d\boldsymbol{D}}{dt}$ 的方向与场的方向一致，也与传导电流方向一致；当电容器放电时，极板上的电荷面密度 σ 减小，两极板间的电场强度减弱，$\frac{d\boldsymbol{D}}{dt}$ 的方向与场的方向相反，但仍与传导电流方向一致。如果把电路中的传导电流和电容器内的电场变化联系在一起，并把电容器中变化的电场视为一种电流，即位移电流，则在整个回路中就保持了电流的连续性。

9.1.2 全电流安培环路定理

在图 9-1 包含电容器的电路中，根据上述内容，在电容器两极板间中断的传导电流 I_c 可以由位移电流 I_d 替代而被接续，二者合在一起维持了电路中电流的连续性。传导电流 I_c 和位移电流 I_d 可以共存，二者的代数和称为**全电流**，用 $I_{全}$ 表示，即

$$I_{全}=I_c+I_d \tag{9-8}$$

由此麦克斯韦引入了**全电流的概念**，即**通过某截面的全电流为通过该截面的传导电流和位移电流的代数和**。由于在电容器两极板间中断的传导电流，可由位移电流接续下去，因此在任何情况下，**全电流总是连续的**。全电流概念的引入，不仅修正了电流连续性的概念，而且扩充了安培环路定理的应用范围。

引入全电流后，可将安培环路定理推广至非恒定电流的情况下的更一般形式，其普遍表达式为

$$\oint_L H\cdot dl=I_c+I_d=I_c+\int_S\frac{\partial \boldsymbol{D}}{\partial t}\cdot d\boldsymbol{S} \tag{9-9}$$

式(9-9)表明，**磁场强度 $\boldsymbol{H}$ 沿任意闭合回路的线积分等于穿过此闭合回路所围曲面的全电流，这就是全电流安培环路定理。**

通过上一章的学习，我们知道变化磁场能够产生涡旋电场，变化磁场与它产生的电场

之间满足左螺旋关系；而位移电流假设则表明变化电场能够产生涡旋磁场，变化电场与它产生的磁场之间满足右螺旋关系。比较发现，两方程是完美对称的，其对称图像如图 9－2 所示。

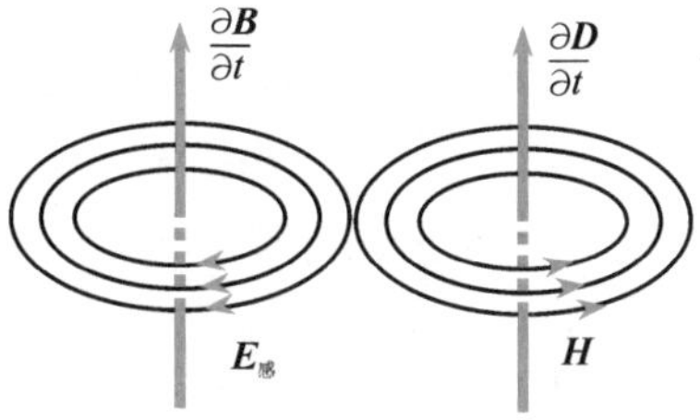

图 9－2　变化磁场与其产生的电场和磁场之间的关系

虽然位移电流并非真正意义上的电流，但却能和传导电流一样激发磁场。但应该注意，位移电流与传导电流是两个截然不同的概念：传导电流意味着电荷的流动，而位移电流意味着电场的变化。传导电流在通过电阻时会产生焦耳热，而位移电流通过空间或电介质时，不会产生热效应。在通常情况下，电介质中的电流主要是位移电流，而在导体中则主要是传导电流，但在高频电流情况下，导体内的位移电流和传导电流同样起作用，不可忽略。

9.2　麦克斯韦方程组

前面几章系统地研究了静电场和恒定磁场的基本性质及它们所遵循的规律，现将其总结如下：

（1）**静电场的高斯定理：**

$$\oint_S \boldsymbol{D} \cdot \mathrm{d}\boldsymbol{S} = \int_V \rho \mathrm{d}V = q \tag{9-10}$$

即静电场中通过任意闭合曲面的电位移通量等于该闭合曲面内自由电荷量的代数和。此方程不仅在静电场中成立，在电荷和电场都随时间变化时也成立。静电场的高斯定理反映了电场是有源场，电荷是电场的源。

（2）**静电场的安培环路定理：**

$$\oint_L \boldsymbol{E} \cdot \mathrm{d}\boldsymbol{l} = 0 \tag{9-11}$$

即在静电场中，电场强度沿任意闭合回路的线积分等于零。此定理表明由静止电荷激发的静电场中的电场线不是闭合的，静电场是无旋场。

（3）**恒定磁场的高斯定理：**

$$\oint_S \boldsymbol{B} \cdot \mathrm{d}\boldsymbol{S} = 0 \tag{9-12}$$

即在恒定磁场中，通过任何封闭曲面的磁通量总是等于零。此定理不仅在恒定磁场中成立，在随时间变化的非稳性磁场中也成立。此定理反映了磁场是无源场。

（4）**恒定电流磁场的安培环路定理：**

$$\oint_L \boldsymbol{H} \cdot \mathrm{d}\boldsymbol{l} = \sum I_c = \int_S \boldsymbol{j}_c \cdot \mathrm{d}\boldsymbol{S} \tag{9-13}$$

即在恒定电流磁场中，磁场强度沿任意闭合曲线的积分等于通过该曲线所包围任意曲面的电流的代数和。

上述定理分别孤立地给出了静电场和恒定磁场的规律，但对变化电场和变化磁场并不适用。麦克斯韦通过引入“涡旋电场”和“位移电流”两个重要概念，对静电场和恒定电流的磁场所遵从的场方程组加以修正和推广，使之适用于更一般的电磁场，建立了麦克斯韦方程组，四个基本方程如下：

$$\oint_S \boldsymbol{D} \cdot \mathrm{d}\boldsymbol{S} = q \tag{9-14}$$

$$\oint_L \boldsymbol{E} \cdot \mathrm{d}\boldsymbol{l} = -\int_S \frac{\partial \boldsymbol{B}}{\partial t} \cdot \mathrm{d}\boldsymbol{S} \tag{9-15}$$

$$\oint_S \boldsymbol{B} \cdot \mathrm{d}\boldsymbol{S} = 0 \tag{9-16}$$

$$\oint_L \boldsymbol{H} \cdot \mathrm{d}\boldsymbol{l} = I_c + \int_S \frac{\partial \boldsymbol{D}}{\partial t} \cdot \mathrm{d}\boldsymbol{S} \tag{9-17}$$

麦克斯韦方程组全面而准确地反映了电磁场的基本性质和规律。除了上述四个积分形式的方程，在实际应用中还经常会用到麦克斯韦方程组的微分形式：

$$\nabla \cdot \boldsymbol{D} = \rho \tag{9-18}$$

$$\nabla \times \boldsymbol{E} = -\frac{\partial \boldsymbol{B}}{\partial t} \tag{9-19}$$

$$\nabla \cdot \boldsymbol{B} = 0 \tag{9-20}$$

$$\nabla \times \boldsymbol{H} = \boldsymbol{j}_c + \frac{\partial \boldsymbol{D}}{\partial t} \tag{9-21}$$

麦克斯韦方程组是电磁场理论的核心，半个世纪后，爱因斯坦建立了相对论，人们发现在高速运动情况下牛顿定律必须进行修改，而麦克斯韦方程组却不必修改。因此爱因斯坦说：“这是自牛顿以来物理学上所经历的最深刻和最有成果的一次变革。”二十年后，量子论的建立使人们又发现在微观世界中牛顿定律不再适用，而麦克斯韦方程组却仍然适用。正如杨振宁所说：“麦克斯韦方程组的重要性无论怎样估计也不会过分。麦克斯韦方程就是电磁论。假如没有我们对麦克斯韦方程组的理解，那就不可能有今天这样的世界。”

9.3 电 磁 波

“涡旋电场”假设的实质是变化的磁场能够激发电场，“位移电流”假设的实质则是变化的电场能够激发磁场，电场和磁场二者相互连续激发，以波动的形式在空间内以有限的速度由近及远地向周围传播，从而形成了**电磁波**(见图 9-3)。

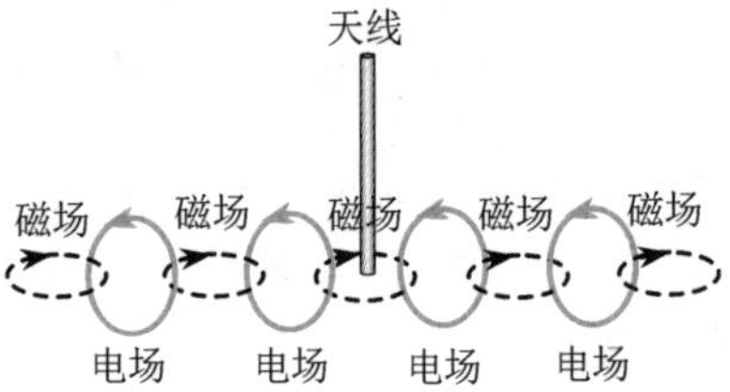

图 9-3 变化的电场和变化的磁场传播示意图

9.3.1　电磁波的发现

电磁波是电磁场的一种运动形态，凡是高于绝对零度的物体，都会释放出电磁波。尽管自然界到处存在着电磁波，但直到19世纪末，人类才第一次主动地发射、接收电磁波。麦克斯韦预言电磁波的存在完全是凭借他的理论推断，当时并没有得到实验的支持。直至20多年后，德国物理学家赫兹用线圈做火花放电的实验证实了电磁波的存在，在当时轰动了整个物理学界。赫兹的实验包括了对电磁波的发射、接收、反射、折射、偏振等一系列研究，这些实验为无线电技术的发展开拓了道路，后人为了纪念他，把频率的单位定为赫兹。此后，全世界许多实验室立即投入对电磁波及其应用的研究。在赫兹宣布他的发现后不到6年，意大利人马可尼于1895年制成了第一台电报机，他也因此被公认为“无线电通信之父”，并获得了1909年度的诺贝尔物理学奖，马可尼的电报机为无线电通信开了先河。俄罗斯人波波夫实现了无线电远距离传播，并很快投入实际应用。在此后的三四十年间，无线电报、无线电广播、导航、无线电话、短波通信、传真、电视、微波通信、雷达等无线电技术像雨后春笋般地涌现了出来，改变着我们的世界。

9.3.2　平面电磁波的性质

根据麦克斯韦的电磁场理论，平面电磁波的性质如下：

(1) 电场强度 $\boldsymbol{E}$ 与磁场强度 $\boldsymbol{H}$ 互相垂直，而且二者均与波的传播方向垂直(见图9-4)，因此电磁波是横波。

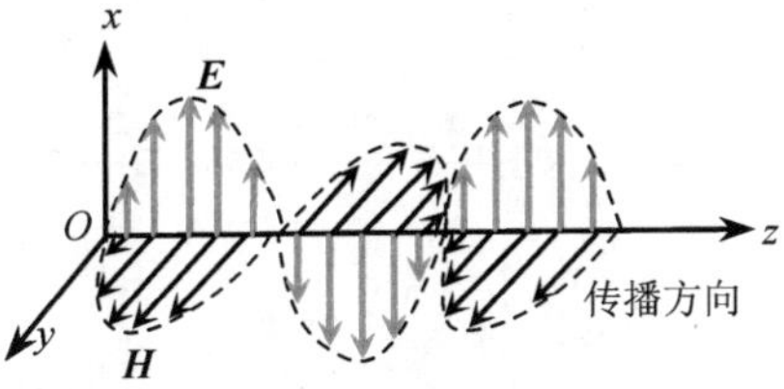

图9-4　自由空间传播的平面电磁波

(2) 在机械波中，位移随时间和空间做周期性的变化，而在电磁波中，电场强度 $\boldsymbol{E}$ 与磁场强度 $\boldsymbol{H}$ 这两个物理量随时间和空间做周期性的变化，而且相位相同，即同地同时达到最大，同地同时达到最小。

(3) 电场强度 $\boldsymbol{E}$ 与磁场强度 $\boldsymbol{H}$ 的量值成比例，任意时刻在任意位置处，满足如下关系：

$$\sqrt{\varepsilon}E=\sqrt{\mu}H \tag{9-22}$$

(4) 电磁波的传播速度 u 的大小与介质的介电常量 ε 和磁导率 μ 满足下式关系：

$$u=\frac{1}{\sqrt{\varepsilon\mu}} \tag{9-23}$$

代入相应常量，可得真空中($\varepsilon_r=\mu_r=1$)电磁波的传播速度 u 的大小为

$$u=\frac{1}{\sqrt{\varepsilon_0\varepsilon_r\mu_0\mu_r}}=\frac{1}{\sqrt{\varepsilon_0\mu_0}}=\frac{1}{\sqrt{8.854\times10^{-12}\times4\pi\times10^{-7}}}=2.998\times10^8\ (\mathrm{m\cdot s^{-1}}) \tag{9-24}$$

电磁波的波速 u 的数值恰好等于真空中的光速 c。因此，麦克斯韦预言光也是电磁波，从而揭示了光的电磁本质。

9.3.3 电磁波谱

自从赫兹通过实验证实了电磁波的存在后，人们认识到光波是电磁波，之后又陆续发现了伦琴射线、γ 射线等，它们都是电磁波。电磁波的范围很广，其频率或波长的范围不受限制，不同波段的电磁波产生的机理不同，但它们的本质完全相同，在真空中的传播速度为 c，波长为 λ，频率为 ν，三者之间的关系为 $c=\lambda\nu$。按电磁波的波长或频率大小顺序把它们排列成谱(图 9－5)，称为电磁波谱。

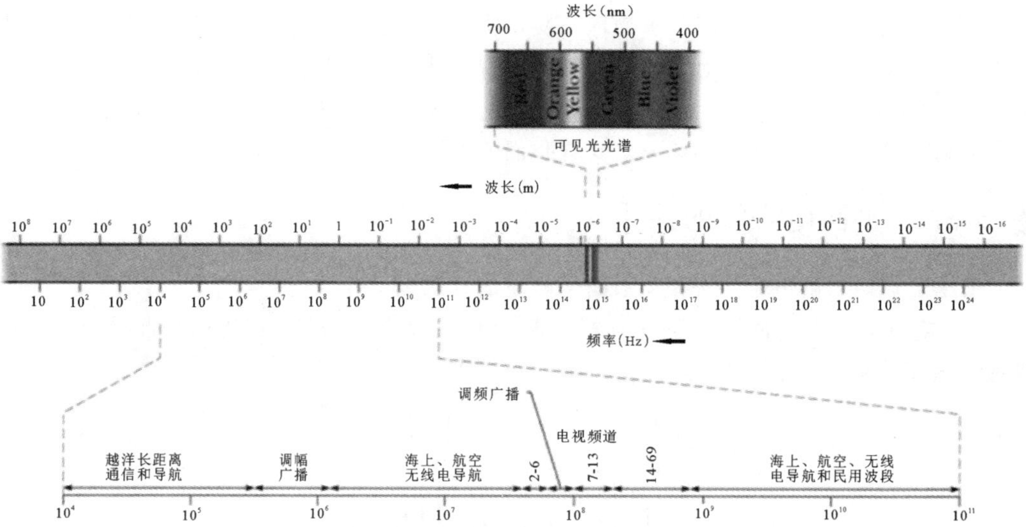

图 9－5 电磁波谱

无线电波是电磁波谱中波长最长的一个波段，波长大于 1 mm 的电磁波为无线电波。无线电波用于通信、广播及其他信号传输。许多自然过程也会辐射无线电波，如天文学家用射电望远镜接收天体辐射的无线电波，进行天体物理研究。

红外线是一种光波，波长比无线电波短，比可见光长。红外线的热效应显著，所有物体都发射红外线，热物体的红外辐射比冷物体的红外辐射强。红外体温计虽然不与身体直接接触，但也可以用于测体温；红外探测器能在较冷的背景上探测出较热物体的红外辐射，这是夜视仪器和红外摄影的基础；用灵敏的红外探测器吸收远处物体发出的红外线，然后用电子电路对信号进行处理，可以得知被测对象的形状及温度、湿度等参数，即红外遥感技术。利用红外遥感技术可以在飞机或人造地球卫星上勘测地热、寻找水源、监视森林火情、预报风暴和寒潮。红外遥感在军事上的应用也十分重要。许多动物具有发达的红外感受器官，因此在夜间也可以“看到”物体。

可见光的波长范围在 400～760 nm 之间。这些电磁波能使人眼产生光的感觉，所以称为光波。科学研究发现，不同颜色的光是波长(频率)范围不同的电磁波。由于波长较短的光比波长较长的光更容易被大气散射，所以天空看起来是蓝色的。大气对波长较短的光的吸收也比较强，傍晚的阳光在穿过厚厚的大气层时，蓝光、紫光大部分被吸收掉了，剩下红光、橙光透过大气射入我们的眼睛，所以傍晚的阳光比较红。

紫外线比可见光的紫光波长更短，人眼也看不见，波长范围在 5～400 nm 之间。紫外线具有较高的能量，足以破坏细胞核，有明显的化学效应和荧光效应，也有较强的杀菌本领，可以利用紫外线消杀病菌。此外，很多物质在紫外线的照射下会发出荧光，人民币的防伪技术就是利用了这一点。

X 射线和 γ 射线的波长比紫外线更短。X 射线曾被称为伦琴射线，具有很强的穿透能力，在医疗上用于透视和病理检查，在工业上用于检查金属材料内部的缺陷和分析晶体结构等。X 射线对生命物质有较强的作用，过量的 X 射线辐射会引起生物体的病变。X 射线能够穿透物质，可以用来检查人体内部器官，也可用于机场、车站等地的安全检查。“CT”是计算机辅助 X 射线断层摄影，X 射线以不同角度照射人体，计算机对其投影进行分析，给出类似于生理切片一样的人体组织结构照片，进而判定是否发生了病变。

波长更短的电磁波是 γ 射线，具有很高的能量。γ 射线能破坏生命物质，应用在医学上可以摧毁病变的细胞，用于治疗某些癌症。还可用于探测金属部件内部的缺陷或分析原子核结构。

习 题

9-1 如何理解位移电流这一概念？它与传导电流有哪些异同之处？

9-2 什么是电磁波？它与机械波在本质上有何区别？简述电磁波的产生方法及其在传播时的性质。

9-3 列举日常生活中涉及的电磁波，分析它们的异同之处。

9-4 结合实际生活经验，列举电磁波谱中除可见光外的其他成员的具体应用。

9-5 判断下列结论包含或等效于麦克斯韦方程组中哪一个方程：

(1) 表示变化的磁场一定伴随有电场的方程；

(2) 表示磁感应线是无头无尾的方程；

(3) 表示电荷总伴随有电场的方程；

(4) 表示变化的电场与磁场关系的方程；

(5) 代表磁场为无源场的方程；

(6) 代表全电路安培环路定理的方程。

参考文献

［1］ 毛骏健，顾牡．大学物理学［M］．北京：高等教育出版社，2013.
［2］ 赵近芳，王登龙．大学物理简明教程［M］．北京：北京邮电大学出版社，2017.
［3］ 张宇，赵远．大学物理：少学时［M］．北京：机械工业出版社，2011.
［4］ 程守洙，江之永．普通物理学［M］．北京：高等教育出版社，2016.
［5］ 马文蔚，周雨青．物理学教程［M］．北京：高等教育出版社，2016.
［6］ 胡盘新，汤毓骏，钟季康．普通物理学简明教程［M］．北京：高等教育出版社，2017.
［7］ 马文蔚，周雨青．物理学简明教程［M］．北京：高等教育出版社，2012.
［8］ SHANKAR R．耶鲁大学开放课程：基础物理．力学、相对论和热力学［M］．刘兆龙，李军刚译．北京：机械工业出版社，2017.
［9］ 周群益，侯兆阳，刘让苏．MATLAB 可视化大学物理学［M］．北京：清华大学出版社，2015.
［10］ 向义和．大学物理导论．下册［M］．北京：清华大学出版社，2013.
［11］ 曹贺鑫，王敬修．大学物理基础［M］．北京：化学工业出版社，2012.
［12］ 王建邦．大学物理学．第一卷：经典物理基础［M］．北京：机械工业出版社，2014.